"十三五"国家重点出版物出版规划项目
卓越工程能力培养与工程教育专业认证系列规划教材
（电气工程及其自动化、自动化专业）
首批国家级线下一流本科课程配套教材

电 机 学

主　编　刘慧娟

参　编　刘瑞芳　曹君慈

主　审　范　瑜

U0258151

机 械 工 业 出 版 社

本书为教育部认定的首批国家级线下一流本科课程"电机学"（北京交通大学）的配套教材。全书共6章：第0章为绪论；第1、2、4、5章分别介绍直流电机、变压器、感应电机及同步电机的实物模型——基本结构，物理模型——空载和负载运行的电磁过程，数学模型——电压方程（等效电路、相量图）、功率方程和转矩方程，以及工程应用——稳态运行特性、起动、调速、制动、并联运行等；第3章介绍交流电机的绕组及其电动势与磁动势。为加强学生对相关知识点的理解和方便学生自学，各章都配有相应的例题；为激发学生思维并启发思考，开拓思路，每一节后附有针对性的思考题；为帮助学生课后练习、复习与归纳梳理，每一章后都附有本章内容小结和相应数量的习题。

本书可作为普通高等院校电气工程及其自动化专业和其他电气类、自动化类专业的教材，亦可供相关专业技术人员参考使用。与本书配套的"电机学"MOOC网址：http://www.icourse163.org/course/NJTU-1003243003.

图书在版编目（CIP）数据

电机学/刘慧娟主编．—北京：机械工业出版社，2021.5（2024.8重印）

"十三五"国家重点出版物出版规划项目　卓越工程能力培养与工程教育专业认证系列规划教材．电气工程及其自动化、自动化专业

ISBN 978-7-111-67607-2

Ⅰ.①电…　Ⅱ.①刘…　Ⅲ.①电机学-高等学校-教材　Ⅳ.①TM3

中国版本图书馆CIP数据核字（2021）第034855号

机械工业出版社（北京市百万庄大街22号　邮政编码100037）
策划编辑：王雅新　责任编辑：王雅新　杨晓花
责任校对：梁　静　封面设计：严娅萍
责任印制：张　博
北京建宏印刷有限公司印刷
2024年8月第1版第7次印刷
184mm×260mm · 21.5印张 · 492千字
标准书号：ISBN 978-7-111-67607-2
定价：65.00元

电话服务　　　　　　　　　网络服务
客服电话：010-88361066　　机　工　官　网：www.cmpbook.com
　　　　　010-88379833　　机　工　官　博：weibo.com/cmp1952
　　　　　010-68326294　　金　书　网：www.golden-book.com
封底无防伪标均为盗版　　机工教育服务网：www.cmpedu.com

序

工程教育在我国高等教育中占有重要地位，高素质工程科技人才是支撑产业转型升级、实施国家重大发展战略的重要保障。当前，世界范围内新一轮科技革命和产业变革加速进行，以新技术、新业态、新产业、新模式为特点的新经济蓬勃发展，迫切需要培养、造就一大批多样化、创新型卓越工程科技人才。目前，我国高等工程教育规模世界第一。我国工科本科在校生约占我国本科在校生总数的 1/3。近年来我国每年工科本科毕业生占世界总数的 1/3 以上。如何保证和提高高等工程教育质量，如何适应国家战略需求和企业需要，一直受到教育界、工程界和社会各方面的关注。多年以来，我国一直致力于提高高等教育的质量，组织并实施了多项重大工程，包括卓越工程师教育培养计划（以下简称卓越计划）、工程教育专业认证和新工科建设等。

卓越计划的主要任务是探索建立高校与行业企业联合培养人才的新机制，创新工程教育人才培养模式，建设高水平工程教育教师队伍，扩大工程教育的对外开放。计划实施以来，各相关部门建立了协同育人机制。卓越计划要求试点专业要大力改革课程体系和教学形式，依据卓越计划培养标准，遵循工程的集成与创新特征，以强化工程实践能力、工程设计能力与工程创新能力为核心，重构课程体系和教学内容，加强跨专业、跨学科的复合型人才培养，着力推动基于问题的学习、基于项目的学习、基于案例的学习等多种研究性学习方法，加强学生创新能力训练，"真刀真枪"做毕业设计。卓越计划实施以来，培养了一批获得行业认可、具备很好的国际视野和创新能力、适应经济社会发展需要的各类型高质量人才，教育培养模式改革创新取得突破，教师队伍建设初见成效，为卓越计划的后续实施和最终目标的达成奠定了坚实基础。各高校以卓越计划为突破口，逐渐形成各具特色的人才培养模式。

2016 年 6 月 2 日，我国正式成为工程教育"华盛顿协议"第 18 个成员，标志着我国工程教育真正融入世界工程教育，人才培养质量开始与其他成员达到了实质等效，同时，也为以后我国参加国际工程师认证奠定了基础，为我国工程师走向世界创造了条件。专业认证把以学生为中心、以产出为导向和持续改进作为三大基本理念，与传统的内容驱动、重视投入的教育形成了鲜明对比，是一种教育范式的革新。通过专业认证，把先进的教育理念引入我国工程教育，有力地推动了我国工程教育专业教学改革，逐步引导我国高等工程教育实现从以教师为中心向学生为中心转变、从以课程为导向向以产出为导向转变、从质量监控向持续改进转变。

在实施卓越计划和开展工程教育专业认证的过程中，许多高校的电气工程及其自动化、自动化专业结合自身的办学特色，引入先进的教育理念，在专业建设、人才培养模式、教学内容、教学方法、课程建设等方面积极开展教学改革，取得了较好的效果，建设了一大批优质课程。为了将这些优秀的教学改革经验和教学内容推广给广大高校，中国工程教育专业认证协会电子信息与电气工程类专业认证分委员会、教育部高等学校电气类专业教学指导委员会、教育部高等学校自动化类专业教学指导委员会、中国机械工业教育协会自动化学科教学委员会、中国机械工业教育协会电气工程及其自动化学科教学委员会联合组织规划了"卓越工程能力培养与工程教育专业认证系列规划教材（电气工程及其自动化、自动化专业）"。本套教材通过国家新闻出版广电总局的评审，入选了"十三五"国家重点图书。本套教材密切联系行业和市场需求，以学生工程能力培养为主线，以教育培养优秀工程师为目标，突出学生工程理念、工程思维和工程能力的培养。本套教材在广泛吸纳相关学校在"卓越工程师教育培养计划"实施和工程教育专业认证过程中的经验和成果的基础上，针对目前同类教材存在的内容滞后、与工程脱节等问题，紧密结合工程应用和行业企业需求，突出实际工程案例，强化学生工程能力的教育培养，积极进行教材内容、结构、体系和展现形式的改革。

经过全体教材编审委员会委员和编者的努力，本套教材陆续跟读者见面了。由于时间紧迫，各校相关专业教学改革推进的程度不同，本套教材还存在许多问题。希望各位老师对本套教材多提宝贵意见，以使教材内容不断完善提高。也希望通过本套教材在高校的推广使用，促进我国高等工程教育教学质量的提高，为实现高等教育的内涵式发展贡献一份力量。

卓越工程能力培养与工程教育专业认证系列规划教材
（电气工程及其自动化、自动化专业）
编审委员会

前　言

近年来，国家教育部陆续颁发了一系列高等教育教学改革文件，特别是2019年10月颁发的《关于一流本科课程建设的实施意见》中强调：各高校要全面开展一流本科课程建设，树立课程建设新理念，推进课程改革创新，形成多类型、多样化的教学内容与课程体系。可见，要建设好一门一流本科课程，不仅要有优化的课程体系，科学的教学方案，还要有丰富的课程资源，而教材是课程资源的重要部分。

"电机学"是电气工程及其自动化专业本科生的核心课程，也是一门承上启下的平台课程，是学生从前期基础理论课和技术理论课的学习走向后续专业课学习和工程应用研究之间的桥梁和纽带课程，具有理论性强、概念抽象、专业特征明显的特点，在整个电气工程及其自动化专业教学中占有十分重要的地位。

北京交通大学的"电机学"课程在2020年11月获评教育部首批国家级线下一流本科课程。

本书是编者响应教育部持续改进和建设国家级一流本科课程的号召，探索教育教学与信息技术的深度融合，在总结近30年"电机学"课程教学经验的基础上，以"电机学"课程目标为指引，结合电气工程及其自动化专业的"电机学"教学大纲，对多本"电机学"教材的教学内容和阐释方式进行梳理优化、调整补充、更新完善，并采用现代信息技术，实现电机结构、磁场等抽象内容的可视化、形象化，难解要点和延展工程应用内容生动化的一本新形态教材，以期从不同维度、不同层面激发学生学习"电机学"的兴趣，促进其理解和掌握电机学的核心内容，强化学习效果。

因此，本书的编写原则是激发学生思考的积极性和学习的主动性，提高学生的自主学习能力。在内容上，侧重基本概念的阐释、基本分析方法的阐述和示范引导，增加概念解释与分析段落的编写。在内容结构上，强调由浅入深贯穿一根主线，即磁场/磁路及其基本定律（基础知识）—直流电机（静止磁场）—变压器（交变磁场）—交流绕组（脉振磁场和旋转磁场）—感应电机（旋转磁场）—同步电机（旋转磁场），各部分相对独立又紧密联系成为一个有机的整体。在每一部分又遵循"实物模型—物理模型—数学模型—工程应用"的顺序进行内容安排，构建符合认知规律的内容体系。

本书的主要特点是：

1）融合现代信息技术，在纸质版教材中实现抽象磁场可视化、复杂结构形象化、难解要点和延展内容生动化。

2）与中国大学MOOC课程结合，实现教材内容的可视化学习和讨论。"电机学"MOOC网址：http://www.icourse163.org/course/NJTU-1003243003.

3）在课程体系优化中，突出"电机学"的工程应用特点，将四种典型电机的工程应用（如起动、调速、制动、运行系统稳定性等）与原"电机学"内容有机融合，培养学生解决工程实际问题的能力。

4）按照符合认知规律的"实物模型—物理模型—数学模型—工程应用"的顺序阐述每一种电机的内容体系。

5）将磁场/磁路及其基本定律等电机分析的基础知识放在绪论中，供学生学习参考。

6）每一节后附有针对本节知识点的思考题，激发学生思维并启发思考，开拓分析思路，提高分析和解决实际工程问题的能力。

7）每章配以一定数量的典型例题，辅助学生对重点和难点知识的理解和自学，还配以一定数量的习题，帮助学生课后练习和复习，引导学生理解和掌握本章节的重点内容，此外还附有本章小结，帮助学生归纳梳理章节知识，提高对各章内容整体性的把握。

8）各章内容具有相对独立性，可根据实际需要和学时决定取舍，各章的次序在具体讲授时也可以根据需要调整改变。

本书由北京交通大学刘慧娟教授、刘瑞芳教授、曹君慈副教授共同编写。刘慧娟编写绪论、第1章、第3章和第5章，曹君慈编写第2章，刘瑞芳编写第4章。全书内容由刘慧娟统稿和策划。本书由北京交通大学范瑜教授主审，范瑜教授对全书进行了非常仔细的审阅，并提出了许多宝贵的修改意见和建议，在此表示衷心的感谢！本书的编写还得到了北京交通大学电气学院领导的关怀，以及各位同仁的热心帮助，在此表示感谢！

由于编者的学识水平有限，书中难免有不妥之处，恳请读者提出宝贵意见，以便再版时修正。

编　者

（邮箱：hjliu@ bjtu. edu. cn）

目　录

序

前言

绪论 ·· 1

0.1　电机在国民经济中的作用 ············ 1

0.2　电机的定义与分类 ····················· 2

0.3　电机中所用的材料 ····················· 3

0.4　电机分析的基础知识 ·················· 4

　0.4.1　磁场和磁路中的常用物理量 ······ 4

　0.4.2　磁路的概念 ························ 7

　0.4.3　铁磁材料的特性 ·················· 8

　0.4.4　常用基本定律 ···················· 12

　0.4.5　简单磁路的计算 ················· 17

　0.4.6　磁路与电路的类比 ············· 22

0.5　电机的可逆性原理 ··············· 22

习题 ······································ 23

第1章　直流电机 ····················· 26

1.1　直流电机的基本结构与工作原理 ··· 26

　1.1.1　直流电机的基本结构 ·········· 26

　1.1.2　直流电机的工作原理 ·········· 29

　1.1.3　直流电机的励磁方式 ·········· 31

　1.1.4　直流电机的铭牌数据与型号 ··· 32

　思考题 ······························· 34

1.2　直流电机的电枢绕组 ············· 34

　1.2.1　直流电枢绕组的基本特点 ····· 34

　1.2.2　直流电枢绕组的基本形式 ····· 36

　思考题 ······························· 40

1.3　直流电机的磁场 ·················· 40

　1.3.1　空载运行的气隙磁场 ·········· 41

　1.3.2　负载运行的气隙磁场和电枢

　　　　反应 ························· 42

　思考题 ······························· 46

1.4　直流电机的感应电动势和电磁

　　转矩 ····························· 46

　1.4.1　直流电机的感应电动势 ········ 46

　1.4.2　直流电机的电磁转矩 ··········· 47

　思考题 ······························· 49

1.5　直流电机的基本方程 ··········· 49

　1.5.1　直流电机的电压方程 ········· 49

　1.5.2　直流电机的功率方程 ········· 50

　1.5.3　直流电机的转矩方程 ········· 52

　思考题 ······························· 55

1.6　直流发电机的运行特性 ·········· 55

　1.6.1　他励直流发电机的运行特性 ··· 55

　1.6.2　并励直流发电机的运行特性 ··· 57

　1.6.3　复励直流发电机的运行特性 ··· 59

　思考题 ······························· 61

1.7　直流电动机的运行特性与应用 ··· 61

　1.7.1　直流电动机的运行特性 ········ 61

　1.7.2　电力拖动系统的稳定运行

　　　　条件 ························· 70

　1.7.3　他励直流电动机的起动 ········ 72

　1.7.4　他励/并励直流电动机的

　　　　调速 ························· 75

　1.7.5　他励直流电动机的制动 ········ 79

　思考题 ······························· 85

1.8　直流电机的换向 ·················· 86

　思考题 ······························· 88

本章小结 ································ 88

习题 ······································ 89

第2章　变压器 ····················· 93

2.1　变压器的主要用途和分类 ········ 93

　思考题 ······························· 95

2.2　变压器的基本结构与额定值 ····· 95

　2.2.1　变压器的基本结构 ············ 95

　2.2.2　变压器的型号与额定值 ········ 98

　思考题 ······························ 100

2.3　变压器的空载运行 ·············· 100

　2.3.1　空载运行的物理过程 ········· 100

2.3.2　空载运行的主要物理量及其
相互关系 ·············· 103
2.3.3　空载运行的电压方程、等效
电路和相量图 ·········· 107
思考题 ···················· 110
2.4　变压器的负载运行 ············· 110
2.4.1　负载运行的物理过程 ········ 110
2.4.2　绕组归算 ················ 112
2.4.3　负载运行的等效电路和
相量图 ·············· 113
思考题 ···················· 115
2.5　变压器等效电路参数的测定 ····· 115
2.5.1　空载试验 ················ 115
2.5.2　短路试验 ················ 116
思考题 ···················· 119
2.6　标幺值 ···················· 119
思考题 ···················· 124
2.7　变压器的运行特性 ············· 124
2.7.1　电压变化率和外特性 ······· 124
2.7.2　效率特性 ················ 126
思考题 ···················· 127
2.8　三相变压器 ················· 128
2.8.1　三相变压器的磁路系统 ····· 128
2.8.2　三相变压器的联结组 ······· 129
2.8.3　三相变压器绕组连接方式及
磁路系统对电动势波形的
影响 ················ 135
思考题 ···················· 137
2.9　变压器的并联运行 ············· 138
2.9.1　并联运行的条件 ··········· 138
2.9.2　电压比不等时的并联运行 ····· 138
2.9.3　联结组不同时的并联运行 ···· 139
2.9.4　短路阻抗标幺值不等时的
并联运行 ············· 139
思考题 ···················· 140
2.10　其他变压器 ················ 140
2.10.1　三绕组变压器 ··········· 140
2.10.2　分裂绕组变压器 ········· 143
2.10.3　自耦变压器 ············· 144
2.10.4　仪用互感器 ············· 146
思考题 ···················· 147

本章小结 ·················· 147
习题 ······················ 148

第3章　交流电机的绕组及其电动势
与磁动势 ·············· 152
3.1　交流电机的基本工作原理 ······· 152
思考题 ···················· 153
3.2　交流绕组 ··················· 153
3.2.1　交流绕组的构成原则和
分类 ················ 153
3.2.2　交流绕组的基本概念 ······· 154
3.2.3　三相单层绕组 ············· 157
3.2.4　三相双层绕组 ············· 161
思考题 ···················· 164
3.3　交流绕组的感应电动势 ········· 164
3.3.1　导体感应电动势 ··········· 164
3.3.2　线圈电动势和节距因数 ····· 166
3.3.3　线圈组电动势和分布因数 ···· 167
3.3.4　相电动势 ················ 168
思考题 ···················· 169
3.4　感应电动势的高次谐波 ········· 170
思考题 ···················· 175
3.5　单相交流绕组的磁动势 ········· 175
3.5.1　整距线圈的磁动势 ········· 175
3.5.2　整距线圈组的磁动势 ······· 177
3.5.3　相绕组的磁动势 ··········· 178
思考题 ···················· 183
3.6　三相交流绕组的合成磁动势 ····· 183
3.6.1　三相交流绕组的基波合成
磁动势 ·············· 183
3.6.2　三相合成磁动势中的高次
谐波磁动势 ··········· 188
思考题 ···················· 191
本章小结 ·················· 191
习题 ······················ 192

第4章　感应电机 ················ 194
4.1　三相感应电动机的基本结构
与工作原理 ·············· 194
4.1.1　三相感应电动机的基本
结构 ················ 194
4.1.2　三相感应电机的工作原理
与运行状态 ··········· 199

4.1.3 三相感应电动机的额定值
与型号 …………… 202
思考题 …………… 203
4.2 三相感应电动机的运行原理 …… 204
4.2.1 三相感应电动机的空载
运行 …………… 204
4.2.2 三相感应电动机的负载
运行 …………… 209
思考题 …………… 215
4.3 三相感应电动机的等效电路 …… 215
4.3.1 频率归算 …………… 215
4.3.2 绕组归算 …………… 217
4.3.3 等效电路与相量图 …… 218
思考题 …………… 222
4.4 三相感应电动机的参数测定 …… 222
4.4.1 空载试验 …………… 222
4.4.2 堵转试验 …………… 224
思考题 …………… 226
4.5 三相感应电动机的功率方程与转矩
方程 …………… 226
4.5.1 功率方程 …………… 226
4.5.2 转矩方程 …………… 228
思考题 …………… 229
4.6 三相感应电动机的机械特性 …… 229
4.6.1 三相感应电动机的电磁转矩 … 229
4.6.2 三相感应电动机的固有机械
特性 …………… 231
4.6.3 三相感应电动机的人为机械
特性 …………… 235
4.6.4 机械特性的实用公式 …… 236
思考题 …………… 238
4.7 三相感应电动机的工作特性 …… 239
思考题 …………… 240
4.8 三相感应电动机的起动 …… 241
4.8.1 三相感应电动机的直接
起动 …………… 241
4.8.2 笼型感应电动机的减压
起动 …………… 242
4.8.3 高起动转矩的笼型感应
电动机 …………… 243

4.8.4 绕线转子感应电动机的
起动 …………… 246
思考题 …………… 246
4.9 三相感应电动机的调速 …………… 247
4.9.1 变频调速 …………… 247
4.9.2 变极调速 …………… 249
4.9.3 调压调速 …………… 250
4.9.4 绕线转子感应电动机转子
回路串电阻调速 …………… 250
思考题 …………… 251
4.10 三相感应电动机的电磁制动 …… 251
4.10.1 能耗制动 …………… 251
4.10.2 反接制动 …………… 252
4.10.3 回馈制动 …………… 254
思考题 …………… 255
4.11 其他常用感应电机 …………… 256
4.11.1 三相感应发电机 …………… 256
4.11.2 单相感应电动机 …………… 257
4.11.3 直线感应电动机 …………… 260
思考题 …………… 262
本章小结 …………… 262
习题 …………… 264

第5章 同步电机 …………… 268
5.1 同步电机的基本结构、工作原理
与运行状态 …………… 268
5.1.1 同步电机的基本结构 …… 269
5.1.2 同步电机的工作原理 …… 274
5.1.3 同步电机的运行状态 …… 275
5.1.4 同步电机的额定值、型号
与励磁方式 …………… 276
思考题 …………… 277
5.2 空载和负载运行时同步发电机的
磁场 …………… 277
5.2.1 空载运行时的磁场 …… 277
5.2.2 负载运行时的电枢反应与
磁场 …………… 279
思考题 …………… 284
5.3 隐极同步发电机的电压方程、
相量图和等效电路 …………… 284
5.3.1 不考虑铁心磁饱和的情况 …… 284
5.3.2 考虑铁心磁饱和的情况 …… 286
思考题 …………… 289
5.4 凸极同步发电机的电压方程、

相量图和等效电路 ················ 289

5.4.1　双反应理论 ············ 289

5.4.2　不考虑磁饱和的电压方程和
相量图 ············ 290

5.4.3　考虑磁饱和的电压方程和
相量图 ············ 293

思考题 ············ 294

5.5　同步发电机的功率方程与转矩
方程 ············ 294

5.5.1　功率方程 ············ 294

5.5.2　电磁功率 ············ 295

5.5.3　转矩方程 ············ 295

思考题 ············ 296

5.6　同步发电机参数的测定 ·········· 296

5.6.1　利用空载特性和短路特性
求取直轴同步电抗 X_d ········ 296

5.6.2　利用转差法测定直轴、交轴
同步电抗 X_d 和 X_q ·········· 299

5.6.3　定子漏抗 X_σ 和电枢等效
磁动势 $k_{ad}F_a$ 的求取 ·········· 300

思考题 ············ 304

5.7　同步发电机的运行特性 ·········· 304

5.7.1　外特性 ················ 305

5.7.2　调整特性 ·············· 306

5.7.3　效率特性 ················ 306

思考题 ················ 307

5.8　同步发电机与电网的并联运行 ····· 307

5.8.1　并联运行的条件和方法 ···· 307

5.8.2　同步发电机的功角特性 ····· 309

5.8.3　有功功率的调节和静态
稳定 ················ 313

5.8.4　无功功率的调节和 V 形
曲线 ·················· 316

思考题 ················ 320

5.9　同步电动机与同步补偿机 ········ 320

5.9.1　同步电动机的电压方程、
相量图和等效电路 ·········· 321

5.9.2　同步电动机的功角特性、
功率方程和转矩方程 ·········· 321

5.9.3　同步电动机的无功功率和
功率因数调节 ·········· 322

5.9.4　同步电动机的起动 ········ 323

5.9.5　同步补偿机 ············ 325

思考题 ················ 326

本章小结 ·················· 327

习题 ················ 329

参考文献 ················· 332

绪 论

0.1 电机在国民经济中的作用

电能是现代能源中应用最广的二次能源，它适宜于大量生产、集中管理、远距离传输、灵活分配及自动控制，是现代最常用的一种能源。而电机是与电能的生产、变换、分配、使用和控制有关的能量转换设备，它在国民经济的各个方面都起着极其重要的作用。

1. 电机是电能的生产、传输和分配中的主要设备

电力工业的发展是以电机制造工业的发展为基础的。在发电厂中，发电机由汽轮机、水轮机、柴油机或其他动力机械带动转子旋转，将一次能源（燃料燃烧的热能、水的位能、原子核裂变的原子能、风能、太阳能或潮汐能等）转化而来的机械能进一步转化为电能。显然，没有发电机就没有电能的大规模生产，所以发电机是电力系统中最关键的电气设备。发电厂一般地处偏僻，发电机发出的电压一般为 10.5 ~ 20kV，为了把大量电能经济、远距离地输送出去，应当采用高压输电，一般输电电压为110kV、220kV、330kV、500kV 或更高，此时需要采用升压变压器将发电机输出的电压升高后再进行传输。当电力到达用电地区后，为了安全用电，还需要各种等级的降压变压器将电压降低。一般电力系统及电网所需要的变压器的总容量，达发电设备总容量的 7 ~ 8 倍。因此，在电力工业中，发电机和变压器是发电厂和变电站的主要电气设备，如图 0-1 所示。

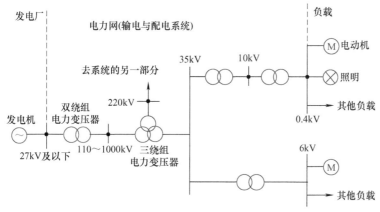

图 0-1 电力系统示意简图

2. 电机是各种生产机械和装备的动力设备

在工农业、交通运输及日常生活中，各种电动机被广泛用来拖动生产机械和装备。

例如，在机械工业中，各种工作母机都需要一台或多台不同容量的电动机来拖动和控制，磨床用电动机的转速可达每分钟数万转，甚至更高，有些机床需要多速可控电动机；在冶金工业中，各种高炉、转炉和平炉都需要多台电动机来驱动，大型轧钢机要用5000kW或更大功率的直流电动机拖动；农业中的电力排灌、农副产品加工，各类企业中的鼓风、起吊、运输传送，采矿场的矿石采掘和传送，交通运输中的城市电车、铁道电力机车的牵引，以及造纸、医疗器械、家用电器等都需要各种交、直流电动机来驱动。所以，电动机是各种生产机械和装备的动力设备。

3. 电机是自动控制系统中的重要部件

随着科学技术的发展，工农业和国防设施的自动化程度越来越高。各种各样的控制电机被用作执行、检测、放大和解算部件。这类电机一般功率较小、品种繁多、用途各异、精度要求较高。例如，火炮和雷达的自动定位、人造卫星发射和飞行的控制、舰船方向舵的自动控制、机床加工的自动控制和显示、电梯的自动选层与显示，以及计算机、自动记录仪表等的运行控制、监测或记录显示等，都离不开各种各样的控制电机。所以，众多各种容量的精密控制电机是整个自动控制系统中的重要部件。

总之，在电力工业中，产生电能的发电机和对电能进行变换、传输与分配的变压器是发电厂和变电站的主要电气设备。在机械、冶金、纺织、石油、煤炭、化工、交通运输业及其他工农业中，需要大量的电动机作为各种生产机械的动力设备。在航天、航空和国防科技等领域的自动控制技术中，需要各种各样的控制电机作为检测、随动、执行和解算部件。因此，电机在国民经济的各个方面都起着极其重要的作用。

0.2 电机的定义与分类

1. 电机的定义

电机是以磁场为媒介，利用电磁感应原理，实现机电能量转换或信号转换与传递的电磁机械装置，其构造的一般原则是：用适当的有效材料（导磁和导电材料）构成能相互进行电磁感应的磁路和电路，并以磁场为媒介，产生电磁功率和电磁转矩，实现能量形式的转换或传递。

需要明确以下几点：①电机只能对输入的能量进行转换或传递，自身不能产生能量，因此，电机在能量转换和传递过程中必须遵守能量守恒原则；②电机是利用电磁感应原理工作的，利用其他原理，如光电效应、化学效应、磁光效应、压电效应等产生电能的装置通常不属于电机的范畴；③电机的输入、输出能量中，至少有一方必须是电能。因此，电能的生产、变换、传输、分配、使用和控制等都必须利用电机才能实现。

2. 电机的分类

电机的分类方法很多，常用的分类方法有按功能分类、按转换电能的种类分类及按运动方式分类。

按功能可将电机分为：

1）发电机：将机械能转换为电能的装置。

2）电动机：将电能转换为机械能的装置。

3）变压器、移相器、变频机、变流机：实现电能传递的装置，在传递过程中分别改变电能的电压、相位、频率、电流。

4）控制电机：在自动控制系统中，实现信号的产生、传递或转换的装置。通常包括伺服电动机、测速发电机、自整角机、旋转变压器和步进电机等。

按转换电能的种类可将电机分为：

1）直流电机：实现直流电能与机械能之间转换的电磁装置，包括直流发电机和直流电动机。

2）交流电机：实现交流电能与机械能之间转换的电磁装置，通常包括异步电机（也称为感应电机）和同步电机。

按运动方式可将电机分为：

1）变压器：静止的电磁装置，实现电能的传递。

2）旋转电机：以旋转运动方式实现机电能量转换的电磁装置。

3）直线电机：以直线运动方式实现机电能量转换的电磁装置。

综合以上电机分类方法，可归纳如下：

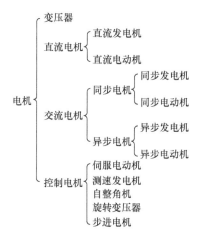

需要注意的是，从电机基本原理来看，发电机和电动机只是电机的两种运行方式，其自身是可逆的，即同一台电机，既可以作为发电机运行，也可以作为电动机运行，只是从设计要求和综合性能考虑，其技术性和经济性不一定能兼得。

本书将从电机的实物模型、物理模型、数学模型和工程应用四个角度，按照直流电机、变压器、异步电机、同步电机的顺序分别讲述四种典型电机的基本结构、工作原理，负载运行电磁过程、基本方程（电压方程、功率方程、转矩方程），稳态运行特性计算方法和试验方法，以及工程应用中的并网运行、起动、制动和调速等。

0.3　电机中所用的材料

电机中所用的材料可分为以下四类。

1）导电材料：用于电机中的电路系统。为减小线路损耗，要求导电材料的电阻率小。常用纯铜及铝作为导电材料。

2）导磁材料：用于电机中的磁路系统。为了在一定励磁磁动势下产生较强的磁场并降低铁耗，要求导磁材料有较高的磁导率和较低的铁耗系数，交流磁路中常用硅钢片、直流磁路常用钢板和铸钢作为导磁材料。

3）绝缘材料：作为带电体之间及带电体与铁心之间的电气隔离。要求绝缘材料的介电强度高且耐热强度好。电机中所用的绝缘材料，按耐热能力可分为 A、E、B、F、H 五级，其最高允许工作温度分别为 105℃、120℃、130℃、155℃、180℃。

4）结构材料：支撑和连接各个部件，使各部件构成整体。要求材料的机械强度好，加工方便、重量轻，常用铸钢、铸铁、钢板、铝合金及工程塑料。

0.4　电机分析的基础知识

0.4.1　磁场和磁路中的常用物理量

在实现机电能量转换的过程中，电机必须借助于磁场的媒介作用。载流导体可以在其周围产生磁场，在工程分析计算时，常把电机内的磁场简化为磁路来处理。

1. 磁场和磁路分析中的常用物理量

描述磁场的物理量主要有磁感应强度（或磁通密度）B、磁场强度 H、磁通 Φ、磁动势 F、磁阻 R_m、磁导 Λ_m、磁链 Ψ 等。

（1）磁感应强度（或磁通密度）B

载流导体周围存在着磁场，描述磁场强弱和方向的物理量是磁感应强度 B，B 是矢量。磁感应强度也称为磁通密度，简称磁密，单位为特斯拉（T）。

常采用磁力线来形象地描绘磁场，磁力线是闭合的曲线，在磁铁外部由 N 极指向 S 极；在磁铁内部，由 S 极指向 N 极。图 0-2 画出了用磁力线表示的载流长导线、线圈和螺线管周围的磁场分布情况。

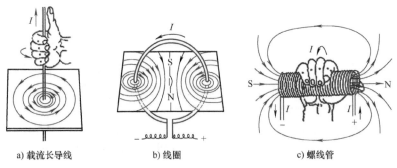

a) 载流长导线　　　　b) 线圈　　　　c) 螺线管

图 0-2　用磁力线表示的载流长导线、线圈和螺线管周围的磁场分布

磁力线的方向与产生它的电流方向符合右手螺旋定则，如图 0-3 所示。磁力线上每一点的切线方向就是该点磁感应强度 B 的方向，磁力线的疏密程度表示磁感应强度 B 的大小，通过某点垂直于 B 的单位面积上磁力线的数量就等于该点磁感应强度 B 的值。

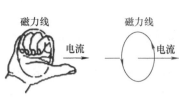

图 0-3　磁力线与电流的右手螺旋关系

（2）磁场强度 H

表征磁场性质的另一个基本物理量是磁场强度

H，H 是矢量，其单位为安/米（A/m）。它与磁感应强度 B 的关系为

$$H = \frac{B}{\mu} \tag{0-1}$$

式中，μ 为介质的磁导率。

电机中所用的材料主要是铁磁材料和非导磁材料。空气、铜、铝和绝缘材料等为非导磁材料，它们的磁导率可认为等于真空的磁导率 μ_0，$\mu_0 = 4\pi \times 10^{-7}\text{H/m}$。

磁感应强度 B 与磁场强度 H 的关系通常也表示为 $B = \mu_0\mu_r H$。其中，μ_r 为材料的相对磁导率，可表示为材料的磁导率与真空磁导率的比值，即

$$\mu_r = \frac{\mu}{\mu_0} \tag{0-2}$$

铁磁材料的磁导率远大于真空的磁导率，如铸钢的相对磁导率 μ_r 约为 1000，各种硅钢片的相对磁导率 μ_r 为 6000 ~ 7000，甚至更高。

（3）磁通 Φ

穿过某一截面面积为 A 的磁感应强度 B 的通量称为磁通，用符号 Φ 表示，即

$$\Phi = \int_A B \cdot \mathrm{d}A \tag{0-3}$$

在均匀磁场中，如果截面 A 与 B 垂直，如图 0-4 所示，则磁通 Φ 和磁感应强度 B 之间的数值关系为

$$\Phi = BA \quad \text{或} \quad B = \frac{\Phi}{A} \tag{0-4}$$

由式(0-4) 可知，磁感应强度 B 即为单位面积上的磁通。在国际单位制中，磁通 Φ 的单位为韦伯（Wb），磁感应强度的单位为 T，$1\text{T} = 1\text{Wb/m}^2$。

（4）磁动势 F

在线圈中通以电流就会产生磁场，若线圈的匝数为 N，电流为 I，则线圈所产生的磁动势 F 为

$$F = NI \tag{0-5}$$

磁动势是产生磁通的“动力”，单位为安匝或安（A）。

（5）磁阻 R_m

磁阻类似于电路中的电阻，表示磁路对磁通所起的阻碍作用。磁阻与磁路的尺寸和磁路所用材料的磁导率有关。在磁路中取一段由磁导率为 μ 的材料构成的均匀磁路，其横截面面积为 A，长度为 l，如图 0-5 所示，则该段磁路的磁阻为

$$R_m = \frac{l}{\mu A} \tag{0-6}$$

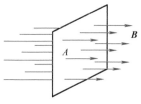

图 0-4　均匀磁场中的磁通

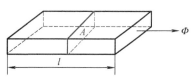

图 0-5　磁路段

磁阻 R_m 的单位为 1/亨（H^{-1}）。

空气的磁导率为常数，因此气隙的磁阻是常量；铁磁材料的 $B - H$ 曲线是非线性的，磁导率不是常数，所以铁磁材料的磁阻不是常数，而随着 B 的变化而变化。

（6）磁导 $\varLambda_m$

磁阻的倒数称为磁导，用 $\varLambda_m$ 表示，即

$$\varLambda_m = \frac{1}{R_m} = \frac{\mu A}{l} \tag{0-7}$$

磁导的单位为亨（H）。

（7）磁链 $\varPsi$

线圈的匝数 N 与通过线圈的磁通 $\varPhi$ 的乘积，称为磁链，用 $\varPsi$ 表示，即

$$\varPsi = N\varPhi \tag{0-8}$$

（8）边缘效应

当磁路中存在气隙，磁通经过气隙时，将由气隙段向外扩散，这种现象称为边缘效应，如图 0-6 所示。边缘效应增大了气隙的有效面积，在磁路计算中应加以考虑。气隙越大，边缘效应相应也越大。

2. 磁场的产生

载流导体在其周围会产生磁场。当存在多根载流导体时，在磁场分析中常采用安培环路定律，即

$$\oint_L \boldsymbol{H} \cdot \mathrm{d}\boldsymbol{l} = \sum i \tag{0-9}$$

式中，$\boldsymbol{H}$ 为由电流 $\sum i$（单位为 A）产生的磁场强度矢量，其单位为安/米（A/m），$\mathrm{d}\boldsymbol{l}$ 是沿积分路径的积分单元。

图 0-7 为由载流线圈产生的简单铁心磁场示意图。其中，铁心柱上所绕线圈的匝数为 N，线圈中的电流为 i，单位为 A；铁心磁路的平均长度为 l_c，单位为 m，铁心的截面积为 A，单位为 m^2。

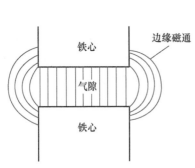

图 0-6　磁通通过气隙时的边缘效应

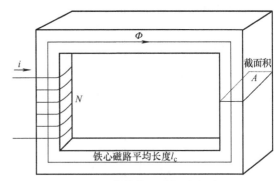

图 0-7　简单铁心磁场示意图

依据安培环路定律，N 匝载流线圈产生磁场的幅值与流过 N 匝线圈的总电流成正比，并且由于铁心材料为导磁性能好的铁磁材料，因此，磁场的磁通主要从铁心中通过。

在图 0-7 中，安培环路定律可表示为

$$Hl_{\mathrm{c}} = Ni \tag{0-10}$$

式中，H 为磁场强度矢量 $\boldsymbol{H}$ 的幅值。式(0-10) 可改写为

$$H = \frac{Ni}{l_{\mathrm{c}}} \tag{0-11}$$

依据式(0-1)、式(0-2)，铁心中的磁感应强度为

$$B = \mu H = \frac{\mu Ni}{l_{\mathrm{c}}} = \frac{\mu_0 \mu_{\mathrm{r}} Ni}{l_{\mathrm{c}}} \tag{0-12}$$

于是，铁心中的磁通为

$$\Phi = BA = \frac{\mu_0 \mu_{\mathrm{r}} Ni}{l_{\mathrm{c}}} A \tag{0-13}$$

0.4.2　磁路的概念

磁通经过的路径称为磁路。图0-8 为变压器磁路与 4 极直流电机磁路的示意图。

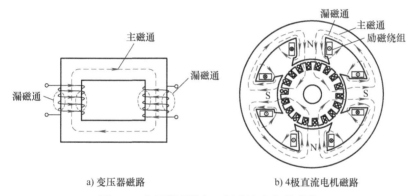

a) 变压器磁路　　　　　　　　b) 4极直流电机磁路

图 0-8　变压器磁路与 4 极直流电机的磁路

在电机和变压器中，当线圈中有电流通过时，线圈内部和周围就会产生磁场。由于铁心的磁导率比空气的磁导率高很多，即铁心的导磁性能好于空气的导磁性能，所以绝大部分磁通将在铁心内通过，这部分磁通称为主磁通；另外还有一小部分磁通经载流线圈和周围的空气闭合，这部分磁通称为漏磁通。主磁通和漏磁通所经过的路径分别构成主磁路和漏磁路，如图0-8 所示。

用以激励磁路中磁通的载流线圈称为励磁线圈（或励磁绕组），励磁线圈中的电流称为励磁电流。励磁电流为直流时的磁路称为直流磁路，直流电机的磁路属于这一类。若励磁电流为交流（常称交流励磁电流为激磁电流），磁路中的磁通和磁动势将随时间交变，这种磁路称为交流磁路，交流铁心线圈、变压器和感应电机的磁路都属于这一类。交流磁路的每一个瞬间可视为直流磁路。

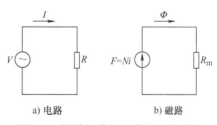

a) 电路　　　　　　　　b) 磁路

图 0-9　简单电路与磁路的对偶关系

磁路与电路有对偶关系。图0-9 为简单电路与磁路的对偶关系。在图 0-9a 中，电

压源 V 驱动产生线路电流 I，电流 I 流经电阻 R，它们的关系可以用电路欧姆定律表示为 $V = IR$。

根据对偶关系，在图 0-9b 中，磁动势 F 与电路中的电动势对应，由于磁路中的磁动势（$F = Ni$）产生铁心中的磁通 Φ，F 与磁通 Φ 的关系可表示为

$$F = \Phi R_{\mathrm{m}} \tag{0-14}$$

式中，R_{m} 为磁路的磁阻。

磁动势 F 的极性决定磁通 Φ 的方向，磁动势 F 的极性与线圈电流方向之间符合右手定则。若右手四指所指为线圈中电流的方向，则大拇指所指方向为磁动势的正方向。

根据式（0-7），磁路的磁导为磁阻的倒数，则式（0-14）可改写为

$$\Phi = F \Lambda_{\mathrm{m}} \tag{0-15}$$

与电路中的电阻一样，磁路中的磁阻也遵循串联与并联等效规则。

串联磁阻的等效磁阻可表示为

$$R_{\mathrm{meq}} = R_{\mathrm{m1}} + R_{\mathrm{m2}} + R_{\mathrm{m3}} + \cdots \tag{0-16}$$

并联磁阻的等效磁阻可表示为

$$\frac{1}{R_{\mathrm{meq}}} = \frac{1}{R_{\mathrm{m1}}} + \frac{1}{R_{\mathrm{m2}}} + \frac{1}{R_{\mathrm{m3}}} + \cdots \tag{0-17}$$

0.4.3 铁磁材料的特性

铁磁材料
的特性

为了在一定的励磁磁动势作用下能产生较强的磁场，电机和变压器的主磁路常采用磁导率较高的铁磁材料制成。

1. 铁磁材料的磁化

铁磁材料包括铁、镍、钴等以及它们的合金。铁磁材料在外磁场中呈现很强磁性的现象称为铁磁材料的磁化。铁磁材料内部存在着许多很小的被称为磁畴的天然磁化区，在未放入磁场之前，这些磁畴杂乱无章地排列着，其磁效应相互抵消，对外部不呈现磁性；当铁磁材料放入外磁场后，在外磁场的作用下，磁畴的轴线将趋于一致，形成一个附加磁场，叠加在外磁场上，使合成磁场大大增强。由于磁畴所产生的附加磁场比非铁磁材料在同一磁场强度下所激励的磁场强得多，所以铁磁材料的磁导率要比非铁磁材料的磁导率大很多。电机中常用的铁磁材料，其磁导率 μ 一般为真空磁导率 μ_0 的 2000 ~ 6000 倍，甚至更高。

磁化是铁磁材料的特性之一。

2. 磁化曲线和磁滞回线

铁磁材料的磁化特性可用磁化曲线和磁滞回线来表示。

（1）起始磁化曲线

非铁磁材料的磁感应强度 B 和磁场强度 H 之间呈线性关系，如图 0-10 中的虚线所示，其斜率为 μ_0。铁磁材料的 B 和 H 之间呈非线性关系，把一块尚未磁化的铁磁材料进行磁化，当磁场强度 H 由零逐渐增大时，磁感应强度 B 将随之增大，此时的曲线 $B = f(H)$ 就称为起始磁化曲线，如图 0-10 所示 $B = f(H)$ 曲线。

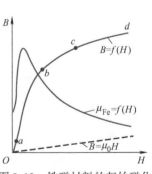

图 0-10　铁磁材料的起始磁化曲线和磁导率曲线

起始磁化曲线基本可以分为四段：开始磁化时，外磁场强度 H 较弱，磁感应强度 B 增加较慢，如图 0-10 中的 Oa 段所示。随着外磁场的增强，材料内部大量磁畴开始转向，趋向于外磁场方向，此时 B 增加较快，如图 0-10 中的 ab 段所示。若继续增大外磁场 H，由于大部分磁畴已经趋向于外磁场方向，可转向的磁畴越来越少，所以 B 增加得越来越慢，如图 0-10 中的 bc 段所示，这种现象称为饱和。达到饱和后，磁化曲线基本成为与非铁磁材料的 $B = \mu_0 H$ 特性相平行的直线，如图 0-10 中的 cd 段所示。磁化曲线开始拐弯的点（见图 0-10 中 b 点）称为膝点。

由于铁磁材料的磁化曲线不是一条直线，所以其磁导率 $\mu_{Fe} = B/H$ 也将随 H 值的变化而变化，如图 0-10 所示磁导率曲线 $\mu_{Fe} = f(H)$。

设计电机和变压器时，为使主磁路内得到较大的磁通而又不过分增大励磁磁动势，通常把铁心内的工作磁感应强度选择在膝点附近。

（2）磁滞回线

变压器和电机的工作电流通常为交流电流，因此变压器和电机的铁心将在交流电流的作用下进行周期性磁化。若加在铁心的交流电流如图 0-11a 所示，则铁心的 B 和 H 之间的变化关系就会变成如图 0-11b 所示曲线 $Oabcdefa$。

假设铁心的初始磁通密度（磁感应强度）B 为 0，当电流从图 0-11a 中的点 0 逐渐增大到点 1 时，铁心的磁通密度 B 随 H 变化的曲线为 Oa，即为图 0-10 中的磁化曲线。由图 0-11b 可见，当磁场强度 H 开始从零增加到 H_m 时，B 也相应地从零增加到 B_m。

当电流从点 1 逐渐降低到点 2（即逐渐减小 H），则 B 将沿

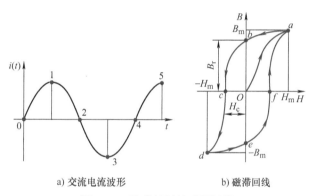

a) 交流电流波形　　　　b) 磁滞回线

图 0-11　铁磁材料的磁滞回线

曲线 ab 下降；当电流从点 2 反向增大到点 3（即反向增加 H）时，B 将沿曲线 bcd 变化；当电流从点 3 变化到点 4（即逐渐减小反向 H）时，B 将沿曲线 de 变化；最后，当电流从点 4 增大到点 5（即逐渐增大正向 H）时，B 将沿曲线 efa 变化。铁磁材料所具有的这种 B 的变化滞后于 H 变化的现象称为磁滞。呈现磁滞现象的 $B-H$ 闭合回线称为磁滞回线，如图 0-11b 所示曲线 $abcdefa$。

磁滞现象是铁磁材料的另一个特性。

注意：在图 0-11b 的磁滞回线 $abcdefa$ 中，当磁场强度 H 从最大值 H_m 减小为 0 时，B 值并不等于零，而等于 B_r。这种去掉外磁场之后，铁磁材料内仍然保留的磁感应强度 B_r，称为剩余磁感应强度，简称剩磁。若要使 B 从 B_r 减小到零，必须加上相应的反向磁场，此反向磁场强度称为矫顽力，用 H_c 表示（见图 0-11b）。B_r 和 H_c 是铁磁材料的两个重要参数。

磁滞回线窄、剩磁 B_r 和矫顽力 H_c 都小的材料，称为软磁材料，如图 0-12a 所示。常用的软磁材料有铸铁、铸钢和硅钢片等，软磁材料的磁导率较高，常用于制造电机和变压器的铁心。

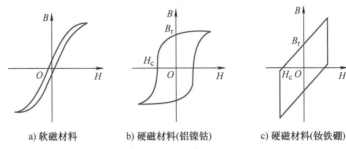

a) 软磁材料　　　b) 硬磁材料(铝镍钴)　　　c) 硬磁材料(钕铁硼)

图 0-12　软磁和硬磁材料的磁滞回线

磁滞回线宽、剩磁 B_r 和矫顽力 H_c 都大的材料，称为硬磁材料，如图 0-12b、c 所示。由于剩磁 B_r 大，可制成永久磁铁，因此硬磁材料也称为永磁材料，如铝镍钴、铁氧体、稀土钴、钕铁硼等。

（3）基本磁化曲线

对同一铁磁材料，选择不同的磁场强度 H_m 进行反复磁化，可得到一系列大小不同的磁滞回线，如图 0-13 所示。将各磁滞回线的顶点连接起来，所得到的曲线称为基本磁化曲线或平均磁化曲线。基本磁化曲线不是起始磁化曲线，但差别不大。直流磁路计算时所用的磁化曲线就是基本磁化曲线。图 0-14 为电机中常用的硅钢片、铸铁和铸钢的基本磁化曲线。

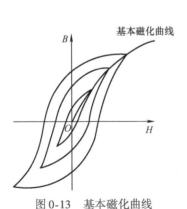

图 0-13　基本磁化曲线

图 0-14　电机中常用铁磁材料的基本磁化曲线

3. 铁心损耗

铁心损耗又称铁损，包括磁滞损耗和涡流损耗。

当铁磁材料置于交变磁场中时，材料被反复交变磁化，与此同时，磁畴间相互不停地摩擦并消耗能量，从而造成损耗，这种损耗称为磁滞损耗，用 p_h 表示。分析表明，磁滞损耗 p_h 与磁场的交变频率 f、铁心的体积 V 和磁滞回线所包围的面积成正比。试验证明，磁滞回线所包围的面积与最大磁感应强度 B_m 的 n 次方成正比，故磁滞损耗 p_h 可写为

$$p_h = C_h f B_m^n V \tag{0-18}$$

式中，C_h 为磁滞损耗系数，其大小取决于材料的性质；n 为常数，对一般的硅钢片，其取值范围 $n = 1.6 \sim 2.3$。由于硅钢片磁滞回线的面积小，故电机和变压器的铁心常采用硅钢片叠成。

由于铁心是导电的，故根据电磁感应定律，当通过铁心的磁通随时间变化时，铁心中将产生感应电动势，并引起环流。这些环流在铁心内部围绕磁通呈旋涡状流动，故称为涡流，如图 0-15 所示。涡流在铁心中引起的损耗称为涡流损耗，用 p_e 表示。分析表明，磁场交变频率 f 越高，磁感应强度 B 越大，铁心中的感应电动势就越大，涡流损耗 p_e 也就越大；若铁心的电阻率越大，涡流所流过的路径越长，涡流损耗 p_e 就越小。对于由硅钢片叠成的铁心，经推导可知，涡流损耗 p_e 为

$$p_e = C_e \Delta^2 f^2 B_m^2 V \tag{0-19}$$

式中，C_e 为涡流损耗系数，其大小取决于材料的电阻率；Δ 为硅钢片的厚度。为了减小涡流损耗，电机和变压器的铁心都用含硅量较高的薄硅钢片（$0.35 \sim 0.5\text{mm}$）叠成。

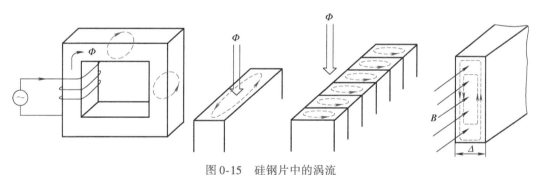

图 0-15　硅钢片中的涡流

铁心中的磁滞损耗和涡流损耗之和称为铁心损耗（简称铁损），用 p_{Fe} 表示。当磁通的交变频率为 f 时，有

$$p_{Fe} = p_h + p_e = C_h f B_m^n V + C_e \Delta^2 f^2 B_m^2 V \tag{0-20}$$

对于一般的硅钢片，在正常的工作磁感应强度范围内（$1\text{T} < B_m < 1.8\text{T}$），式(0-20)可近似写为

$$p_{Fe} \approx C_{Fe} f^{1.3} B_m^2 G \tag{0-21}$$

式中，C_{Fe} 为铁心的损耗系数；G 为铁心的重量。

式(0-21)表明，铁心的损耗与磁通交变频率 f 的 1.3 次方、最大磁感应强度 B_m 的二次方和铁心的重量 G 成正比。

4. 磁场储能

磁场是一种特殊形式的物质，它能够储存能量，这种能量是在磁场建立过程中由外部能源的能量转换而来。电机就是通过磁场储能实现机电能量转换的。

磁场中，单位体积的磁能密度 w_{m} 为

$$w_{\mathrm{m}} = \int_0^{B_0} \boldsymbol{H} \cdot \mathrm{d}\boldsymbol{B} \tag{0-22}$$

对于 μ 为常数的磁性介质，式(0-22) 可写为

$$w_{\mathrm{m}} = \frac{1}{2}\frac{B^2}{\mu} = \frac{1}{2}BH \tag{0-23}$$

式(0-23) 表明，在一定的磁通密度下，介质的磁导率越大，磁场的储能密度就越小。所以，对于通常的机电装置，当磁通从零开始上升时，大部分磁场能量将储存在磁路的气隙中；当磁通减小时，大部分磁场能量将从气隙通过电路释放出来。铁心中的磁场储能很小，常可忽略不计。

常用基本定律

0.4.4　常用基本定律

在电机和变压器的分析与计算中，常用到安培环路定理、磁路欧姆定律、磁路的基尔霍夫定律、电磁感应定律、电磁力定律、电路定律、电路的基尔霍夫定律和能量守恒定律等。

1. 安培环路定理

在磁场中，磁场强度 $\boldsymbol{H}$ 沿任意闭合回路 L 的线积分值 $\oint_L \boldsymbol{H} \cdot \mathrm{d}\boldsymbol{l}$ 等于该闭合磁回路所包围的总电流值 $\sum i$（代数和），这就是安培环路定理，也称为全电流定律，用公式表示为

$$\oint_L \boldsymbol{H} \cdot \mathrm{d}\boldsymbol{l} = \sum i \tag{0-24}$$

式中，若电流的正方向与闭合回路 L 的环行方向符合右手螺旋定则时，i 取正号，否则取负号。如图 0-16 中，i_2 取正号，i_1 和 i_3 取负号，故有 $\oint_L \boldsymbol{H} \cdot \mathrm{d}\boldsymbol{l} = -i_1 + i_2 - i_3$。

若磁场强度 $\boldsymbol{H}$ 沿回路 L 的方向总是切线方向且各点的大小相等，同时闭合回路所包围的总电流是由通入电流 i 的 N 匝线圈所提供，则式(0-24) 可简写为

$$HL = Ni \tag{0-25}$$

2. 磁路欧姆定律

假定有一个无分支铁心磁路，如图 0-17 所示，铁心上绕有 N 匝线圈，其中的电流为 i，铁心截面积为 A，磁路的平均长度为 l，材料的磁导率为 μ。若忽略漏磁通，并认为各截面上的磁通密度均匀且垂直于各截面，则将式(0-1) 和式(0-4) 代入式(0-25) 中，可得

$$Ni = \frac{B}{\mu}l = \Phi\frac{l}{\mu A} \quad \text{或} \quad F = \Phi R_{\mathrm{m}} \tag{0-26}$$

式(0-26) 表明，作用在磁路上的磁动势 F，等于磁路内的磁通 Φ 乘以磁阻 R_{m}。此关系与电路中的欧姆定律在形式上很相似，因此式(0-26) 亦称为磁路欧姆定律。其中，磁路的磁动势 F 被比拟为电路的电动势 E，磁通 Φ 被比拟为电流 I，磁阻 R_{m} 被比拟为电阻 R，如图 0-17b 所示。

3. 磁路的基尔霍夫第一定律

如果铁心不是一个简单回路，而是带有分支的磁路，如图 0-18 所示，则当中间铁心柱上加有磁动势 F 时，磁通的路径将如图中虚线所示。若令进入闭合面 A 的磁通为负，从闭合面 A 穿出的磁通为正，则有

$$-\varPhi_1 + \varPhi_2 + \varPhi_3 = 0 \quad \text{或} \quad \sum \varPhi = 0 \qquad (0\text{-}27)$$

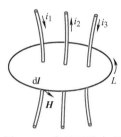

图 0-16　安培环路定理

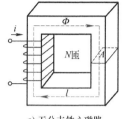

a) 无分支铁心磁路　　　　b) 模拟磁路图

图 0-17　无分支铁心磁路及其模拟磁路

式(0-27) 表明，穿出（进入）任一闭合面的总磁通恒等于零（或者说，进入任一闭合面的磁通恒等于穿出该闭合面的磁通），这就是磁通连续性定律。比拟于电路中的基尔霍夫第一定律 $\sum i = 0$，该定律就称为磁路的基尔霍夫第一定律。

4. 磁路的基尔霍夫第二定律

电机和变压器的磁路总是由数段不同截面积、不同铁磁材料的铁心组成，而且还含有气隙。磁路计算时，总是把整个磁路分成若干段，每段为同一材料、相同截面积，且磁通密度相等，磁场强度亦相等。如图 0-19 所示，磁路由三段组成，其中两段为截面积不同的铁心材料，第三段为气隙。若铁心上的励磁磁动势为 $F(F = Ni)$，则根据安培环路定理和磁路欧姆定律有

$$Ni = \sum_{k=1}^{3} H_k l_k = H_1 l_1 + H_2 l_2 + H_\delta \delta = \varPhi_1 R_{m1} + \varPhi_2 R_{m2} + \varPhi_\delta R_{m\delta} \qquad (0\text{-}28)$$

式中，l_1 和 l_2 分别为第一和第二段铁心的长度，其截面积分别为 A_1 和 A_2；δ 为气隙的长度；H_1 和 H_2 分别为第一和第二段磁路内的磁场强度；H_δ 为气隙内的磁场强度；$\varPhi_1$ 和 $\varPhi_2$ 分别为第一和第二段铁心内的磁通；$\varPhi_\delta$ 为气隙内的磁通；R_{m1} 和 R_{m2} 分别为第一和第二段铁心磁路的磁阻；$R_{m\delta}$ 为气隙的磁阻。

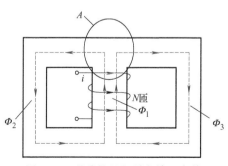

图 0-18　磁路的基尔霍夫第一定律

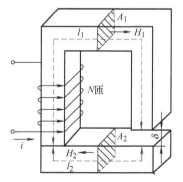

图 0-19　磁路的基尔霍夫第二定律

13

由于磁场强度与单位长度上的磁位降相等，Ni 则是作用在磁路上的总磁动势，因此式（0-28）表明，沿任何闭合磁路的总磁动势恒等于各段磁路中磁位降的代数和。比拟于电路中的基尔霍夫第二定律，该定律亦可称为磁路的基尔霍夫第二定律。可以看出，此定律实际是安培环路定理的另一种表达形式。

5. 电磁感应定律

（1）电磁感应定律

随时间变化的磁场会产生感应电动势，此现象称为电磁感应。

如图 0-20 所示，若线圈的匝数为 N，所通过的磁通为 Φ，当磁通 Φ 随时间变化时，线圈内将产生感应电动势 e，e 的大小与 N 和磁通的变化率 $\dfrac{\mathrm{d}\Phi}{\mathrm{d}t}$ 成正比，e 的实际方向由楞次定律判定如下：在图 0-20a 中，当 Φ 增加时，感应电动势的方向为阻止磁通变化的方向，于是 e 的实际方向由 X 点指向 A 点；当 Φ 减小时，e 的实际方向由 A 点指向 X 点。至于感应电动势 e 的数学表达式，则还与 e 的正方向的规定有关。

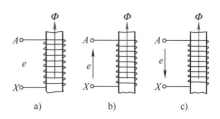

图 0-20　交变磁通及其载流
线圈中的感应电动势

若规定 e 的正方向从 X 指向 A，如图 0-20b 所示，并认为 $e = N\dfrac{\mathrm{d}\Phi}{\mathrm{d}t}$。当 Φ 增加，$\dfrac{\mathrm{d}\Phi}{\mathrm{d}t} > 0$ 时，e 的实际方向与规定的正方向相同；当 Φ 减小，$\dfrac{\mathrm{d}\Phi}{\mathrm{d}t} < 0$ 时，e 的实际方向与规定的正方向相反。可见，两种情况下由 $\dfrac{\mathrm{d}\Phi}{\mathrm{d}t}$ 所确定的实际方向与由楞次定律确定的实际方向相一致，于是 e 的数学表达式可写为

$$e = N\frac{\mathrm{d}\Phi}{\mathrm{d}t} \tag{0-29}$$

若规定 e 的正方向从 A 指向 X，如图 0-20c 所示，并认为 $e = N\dfrac{\mathrm{d}\Phi}{\mathrm{d}t}$。当 Φ 增加，$\dfrac{\mathrm{d}\Phi}{\mathrm{d}t} > 0$ 时，e 的实际方向与规定的正方向相同，从 A 指向 X，这与由楞次定律所确定的实际方向不符；当 Φ 减小，$\dfrac{\mathrm{d}\Phi}{\mathrm{d}t} < 0$ 时，e 的实际方向与规定的正方向相反，由 X 指向 A，这亦与由楞次定律所确定的实际方向不符。于是 e 的数学表达式不能写成 $e = N\dfrac{\mathrm{d}\Phi}{\mathrm{d}t}$，而应写成

$$e = -N\frac{\mathrm{d}\Phi}{\mathrm{d}t} \tag{0-30}$$

同一物理现象，在不同的正方向规定下，数学表达式的符号不同，但本质相同。两种表达式都说明电动势 e 的大小与 $N\dfrac{\mathrm{d}\Phi}{\mathrm{d}t}$ 成正比，电动势 e 的方向为阻碍磁通变化的方向。

如果磁路中的磁通由多个线圈的电流产生，且每个线圈中的磁通不相等，则式（0-30）

可改写为

$$e = -\sum_{i=1}^{N} e_i = -\sum_{i=1}^{N} \frac{\mathrm{d}\boldsymbol{\Phi}_i}{\mathrm{d}t} = -\frac{\mathrm{d}}{\mathrm{d}t}\left(\sum_{i=1}^{N} \boldsymbol{\Phi}_i\right) = -\frac{\mathrm{d}\psi}{\mathrm{d}t} \qquad (0\text{-}31)$$

式中, ψ 为线圈的磁链, 且

$$\psi = \sum_{i=1}^{N} \boldsymbol{\Phi}_i \qquad (0\text{-}32)$$

另外, 长度为 l 的直导线在均匀磁场中运动时, 若导线切割磁力线的速度为 v, 导线所处的磁感应强度为 $\boldsymbol{B}$, 当导线 l、磁感应强度 $\boldsymbol{B}$、导线的运动速度 v 三者互相垂直, 则导线中的感应电动势为

$$e = \boldsymbol{B}l v \qquad (0\text{-}33)$$

感应电动势 e 的方向用右手定则来确定, 即把右手手掌伸开, 大拇指与其他四指成 90°, 如图 0-21 所示, 让磁力线指向手心, 大拇指指向导线运动方向, 则四指所指的方向就是导线中感应电动势 e 的方向。

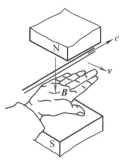

图 0-21　右手定则

(2) 自感电动势和互感电动势

1) 自感电动势与自感系数。当线圈中有电流流过时, 会产生与线圈自身交链的磁通 $\boldsymbol{\Phi}_L$。如果线圈中的电流随时间变化, 根据电磁感应定律, 变化的磁通 $\boldsymbol{\Phi}_L$ 将在线圈中感应电动势。这种由线圈自身电流变化而引起的感应电动势, 称为自感电动势, 用符号 e_L 表示, 即

$$e_L = -N\frac{\mathrm{d}\boldsymbol{\Phi}_L}{\mathrm{d}t} = -\frac{\mathrm{d}\boldsymbol{\Psi}_L}{\mathrm{d}t} \qquad (0\text{-}34)$$

如果线圈为空心线圈, 由于空心线圈组成的磁路无饱和现象, 磁导率为常数, 则线圈的自感磁链与产生它的励磁电流 i 成正比, 即

$$\boldsymbol{\Psi}_L = Li \qquad (0\text{-}35)$$

式中, L 为比例系数, 称为线圈的自感系数, 简称自感, 单位为 H。

于是, 式(0-34) 的自感电动势可表示为

$$e_L = -\frac{\mathrm{d}\boldsymbol{\Psi}_L}{\mathrm{d}t} = -L\frac{\mathrm{d}i}{\mathrm{d}t} \qquad (0\text{-}36)$$

式(0-36) 表明, 自感电动势与线圈内电流变化率成正比。

自感系数 L 等于单位电流所产生的磁链, 即 $L = \boldsymbol{\Psi}_L/i$, 而磁链 $\boldsymbol{\Psi}_L = N\boldsymbol{\Phi}_L$。根据磁路欧姆定律有磁通量 $\boldsymbol{\Phi}_L = Ni/R_{\mathrm{m}L}$, 其中 $R_{\mathrm{m}L}$ 为自感磁通所经过路径的磁阻, 所以

$$L = \frac{\boldsymbol{\Psi}_L}{i} = \frac{N\boldsymbol{\Phi}_L}{i} = \frac{N\dfrac{Ni}{R_{\mathrm{m}L}}}{i} = N^2\Lambda_L \qquad (0\text{-}37)$$

式中, Λ_L 为自感磁通所经路径的磁导, 它与磁阻的关系为 $\Lambda_L = 1/R_{\mathrm{m}L}$。

式(0-37) 表明, 线圈自感 L 与线圈匝数 N 的二次方成正比, 与磁通所经过磁路的磁导成正比。由于铁磁材料的磁导率远远大于空气的磁导率, 因此铁心线圈的自感比空心线圈的自感大很多。又因为铁磁材料具有磁饱和性, 其磁导率不是常数, 所以铁

心线圈的自感也不是常数，随磁路饱和程度的增加，磁导率下降，线圈自感也减小。

2）互感电动势与互感系数。如图0-22所示线圈1与线圈2，当线圈1中有电流i_1流过时，它将产生磁通，其中只交链线圈1的部分磁通为Φ_{11}，交链线圈2的部分磁通为Φ_{12}。当电流i_1随时间变化时，所产生的磁通Φ_{11}和Φ_{12}也随时间变化，变化的磁通将分别在线圈1和2中感应电动势。其中，在线圈1中产生的电动势为自感电动势，在线圈2中感应的电动势称为互感电动势，用e_{M12}表示，e_{M12}表示线圈1中的电流变化在线圈2中产生的互感电动势，其大小为

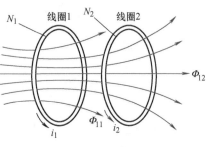

图0-22 互感磁通

$$e_{M12} = -\frac{d\Psi_{12}}{dt} = -N_2\frac{d\Phi_{12}}{dt} \tag{0-38}$$

如果线圈为空心线圈，则由i_1产生并穿过线圈2的互感磁链与产生它的电流成正比，即

$$\Psi_{12} = M_{12}i_1 \tag{0-39}$$

式中，M_{12}为比例系数，称为线圈1和线圈2的互感系数，简称互感，单位为H。

用互感表示的互感电动势e_{M12}为

$$e_{M12} = M_{12}\frac{di_1}{dt} \tag{0-40}$$

由于互感M_{12}等于线圈1中通以单位电流时穿过线圈2的互感磁链值，即

$$M_{12} = \frac{\Psi_{12}}{i_1} = \frac{N_2\Phi_{12}}{i_1} = \frac{N_2\frac{N_1 i_1}{R_{M12}}}{i_1} = N_1 N_2 \Lambda_{M12} \tag{0-41}$$

式中，Λ_{M12}为互感磁通所经过路径的磁导。

所以，互感与两个线圈匝数的乘积成正比，与磁路的磁导成正比。

同理，如果线圈2中通过电流i_2，当i_2随时间变化时，也会在线圈1中产生互感电动势，即

$$e_{M21} = -\frac{d\Psi_{21}}{dt} = -N_1\frac{d\Phi_{21}}{dt} = -M_{21}\frac{di_2}{dt} \tag{0-42}$$

由于互感M_{21}等于线圈2中通以单位电流时穿过线圈1的互感磁链值，即

$$M_{21} = \frac{\Psi_{21}}{i_2} = \frac{N_1\Phi_{21}}{i_2} = \frac{N_1\frac{N_2 i_2}{R_{M21}}}{i_2} = N_1 N_2 \Lambda_{M21} \tag{0-43}$$

式中，Λ_{M21}为互感磁通所经过路径的磁导。

由于$\Lambda_{M21} = \Lambda_{M12}$，所以有$M_{21} = M_{12} = M$，可见两个线圈之间的互感是可逆的。

6. 电磁力定律

载流导体在磁场中要受到力的作用，该力称为电磁力。在均匀磁场中，若载流导体与磁感应强度$\boldsymbol{B}$的方向垂直，导线长度为l，流过的电流为i，则载流导体所受到的电磁力f为

$$f = \boldsymbol{B}li \tag{0-44}$$

电磁力 f 的方向可用左手定则来确定。即把左手伸开，大拇指与其他四指成90°，如图0-23所示，让磁力线指向手心，四指指向导体中电流的方向，则大拇指指向就是导线所受电磁力 f 的方向。

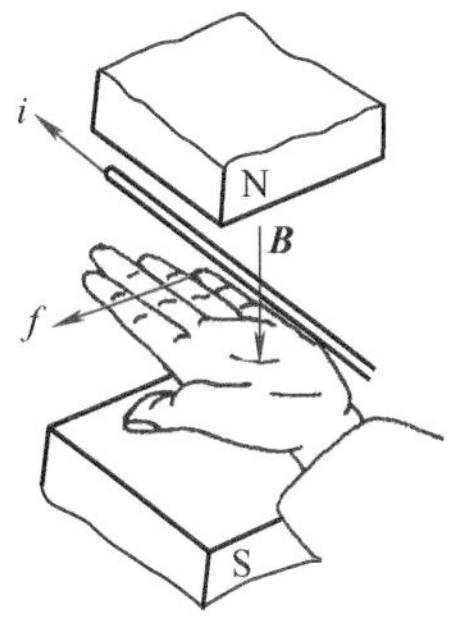

7. 电路定律

（1）欧姆定律

一段电路上的电压降 u 等于流过该电路的电流 i 与电路电阻 R 的乘积，即

$$u = Ri \tag{0-45}$$

图 0-23　确定载流导体
受力的左手定则

（2）基尔霍夫第一定律（电流定律）

在电路中任一节点上，电流的代数和恒等于零，即

$$\sum i = 0 \tag{0-46}$$

（3）基尔霍夫第二定律（电压定律）

在电路中，对任一回路，沿回路环绕一周，回路内所有电动势的代数和应当等于所有电压降的代数和，即

$$\sum e = \sum u \tag{0-47}$$

8. 能量守恒定律

在质量守恒的物理系统中，能量既不能产生，也不能消灭，而只能改变其存在的形态，这就是能量守恒原理。能量守恒原理是研究机电装置的基本出发点之一。绝大多数旋转电机都由电系统、机械系统和联系两者的耦合场组成。其中，电系统主要指定、转子绕组，绕组的出线端就是系统的电端口；机械系统主要指电机的转子，转轴则是系统的机械端口；耦合场可以是磁场，也可以是电场。在正常磁通密度和电场强度下，由于单位体积内磁场的储能密度远高于电场的储能密度，所以绝大多数电机都以磁场作为耦合场。

设转子转速恒定，根据能量守恒原理，可列出采用电动机惯例时，电机内的能量转换关系为

$$\begin{pmatrix} 电源输入 \\ 电机的电能 \end{pmatrix} = \begin{pmatrix} 耦合磁场内 \\ 储能的增量 \end{pmatrix} + \begin{pmatrix} 电机内部的 \\ 能量损耗 \end{pmatrix} + \begin{pmatrix} 转轴输出 \\ 的机械能 \end{pmatrix} \tag{0-48}$$

式中，电能和机械能对于电动机而言均为正值，对于发电机两者均为负值；能量损耗通常包含三类：一类是电系统（绕组）内部的电阻损耗；一类是机械系统（转子）的机械损耗（包括摩擦损耗和通风损耗）；以及耦合磁场在铁磁介质内产生的铁心损耗（包括磁滞损耗和涡流损耗）。

当电机稳态运行时，其内部耦合磁场储能的增量为零，将电机自身消耗的功率称为损耗，则电机的输入功率 P_1 应当等于其输出功率 P_2 与所有损耗 $\sum p$ 之和，即

$$P_1 = P_2 + \sum p \tag{0-49}$$

式(0-49)是建立电机稳态运行功率方程的依据。

0.4.5　简单磁路的计算

利用磁路分析方法可以简化磁场的计算，但将磁场简化为磁路，必须在相应

17

的假设条件下进行，这就使得利用磁路计算的结果存在一定的误差。产生误差的原因有以下几种：

1）磁路计算中，假定磁通全部在铁心中通过，没有考虑漏磁通的作用和影响。

2）在计算磁阻时，铁心的长度和横截面面积均采用各自的平均值，没有考虑铁心转角的影响。

3）铁磁材料的磁导率通常是随磁场强弱的变化而变化的，而在磁路计算中，假定铁磁材料的磁导率为常值。

4）如果铁心中存在气隙，磁通经过气隙时，将由气隙段向外扩散，出现边缘效应（见图0-6）。边缘效应使气隙的有效面积增大，在磁路计算中应加以考虑。气隙越大，边缘效应相应也越强。

根据式（0-26）或式（0-28）可知，磁路计算时主要涉及磁路的磁阻、磁通量和磁动势，而磁动势通常是在线圈中通入励磁电流来产生的。所以，在磁路计算时，若给定磁通量，就可以计算所需的励磁磁动势；若给定励磁磁动势，就可以求磁路中的磁通量。计算时，要特别注意铁磁材料构成的磁路具有非线性特性，需要利用磁化曲线才能得到解答。

例 0-1 如图 0-24a 所示铁心磁路，其中有 3 段铁心的宽度相同，为 15cm，第 4 段铁心的宽度为 10cm。全部铁心的厚度为 10cm，其他尺寸如图中所示。铁心柱上所绕线圈的匝数为 200 匝，铁心材料的相对磁导率为 2500，计算线圈中通入 1A 电流时，在铁心中产生磁通的幅值。

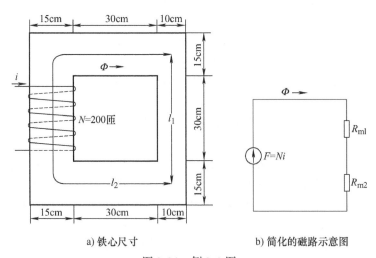

a) 铁心尺寸 b) 简化的磁路示意图

图 0-24 例 0-1 图

解：由于 4 段铁心中有 3 段铁心的横截面面积相等，因此将铁心磁路分为两部分，各部分磁路的磁阻如图 0-24b 所示。

第一部分磁路中铁心的长度为 45cm，其横截面面积为 10cm × 10cm = 100cm²。因此，该段磁路的磁阻为

$$R_{m1} = \frac{l_1}{\mu A_1} = \frac{l_1}{\mu_r \mu_0 A_1}$$

$$= \frac{0.45}{2500 \times 4\pi \times 10^{-7} \times 0.01} / \text{H}$$

$$\approx 14300 / \text{H} \tag{0-50}$$

第二部分磁路中铁心的长度为 130cm，其横截面面积为 $15\text{cm} \times 10\text{cm} = 150\text{cm}^2$。因此，该段磁路的磁阻为

$$R_{\text{m2}} = \frac{l_2}{\mu A_2} = \frac{l_2}{\mu_r \mu_0 A_2}$$

$$= \frac{1.3}{2500 \times 4\pi \times 10^{-7} \times 0.015} / \text{H}$$

$$\approx 27600 / \text{H} \tag{0-51}$$

磁路的总磁阻为

$$R_{\text{meq}} = R_{\text{m1}} + R_{\text{m2}}$$

$$= (14300 + 27600) / \text{H}$$

$$= 41900 / \text{H} \tag{0-52}$$

总磁动势为

$$F = Ni = 200 \times 1.0\text{A} = 200\text{A} \tag{0-53}$$

因此，铁心中的总磁通为

$$\Phi = \frac{F}{R_{\text{meq}}} = \frac{200}{41900} \text{Wb}$$

$$\approx 0.0048\text{Wb} \tag{0-54}$$

例0-2　图0-25为一铁心磁路示意图，其铁心长度为 40cm，其中有一段 0.05cm 的气隙。铁心的横截面面积为 12cm^2，铁心材料的相对磁导率为 4000，铁心上所绕线圈的匝数为 400 匝，设气隙的边缘效应将气隙横截面面积增大 5%。计算：

1）磁路的总磁阻（包括气隙部分）。

2）若要在气隙中产生 0.5T 的磁密，线圈中的电流应该为多少？

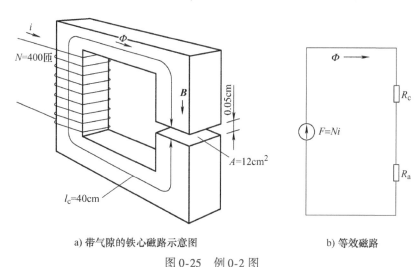

a) 带气隙的铁心磁路示意图　　　　　b) 等效磁路

图0-25　例0-2图

解：图0-25a的等效磁路如图0-25b所示。

1）铁心磁路的磁阻为

$$R_c = \frac{l_c}{\mu A_c} = \frac{l_c}{\mu_r \mu_0 A_c}$$

$$= \frac{0.4}{4000 \times 4\pi \times 10^{-7} \times 0.0012}/H$$

$$\approx 66300/H \tag{0-55}$$

气隙的有效横截面面积为 $1.05 \times 12 \text{cm}^2 = 12.6 \text{cm}^2$，因此，气隙段的磁阻为

$$R_a = \frac{l_a}{\mu_0 A_a}$$

$$= \frac{0.0005}{4\pi \times 10^{-7} \times 0.00126}/H$$

$$\approx 316000/H \tag{0-56}$$

总磁阻为

$$R_{eq} = R_c + R_a$$

$$= (66300 + 316000)/H$$

$$= 382300/H \tag{0-57}$$

可见，气隙部分的磁阻占全部磁路磁阻的绝大部分。

2）若要在气隙中产生 0.5T 的磁密，则线圈中的电流应为

$$i = \frac{BAR_{eq}}{N}$$

$$= \frac{0.5 \times 0.00126 \times 382300}{400}A$$

$$= 0.602A \tag{0-58}$$

例 0-3　在图 0-26 所示的并联磁路中，铁心材料为 DR510-50 型硅钢片，铁心截面积 $A_1 = A_2 = 6 \times 10^{-4} \text{m}^2$，$A_3 = 10 \times 10^{-4} \text{m}^2$，铁心磁路的平均长度 $l_1 = l_2 = 0.5\text{m}$，$l_3 = 2 \times 0.07\text{m}$，气隙长度 $\delta = 1 \times 10^{-4}\text{m}$。已知 $\Phi_3 = 10 \times 10^{-4} \text{Wb}$，线圈 1 的磁动势 $F_1 = 350\text{A}$，求线圈 2 的磁动势 F_2 应为多少？表 0-1 中为 50Hz，0.5mm，DR510-50 型硅钢片的磁化曲线数据。

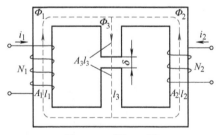

图 0-26　例 0-3 图

表 0-1　50Hz，0.5mm，DR510-50 型硅钢片的磁化曲线数据

B/T	0	0.01	0.02	0.03	0.04	0.05	0.06	0.07	0.08	0.09
0.4	138	140	142	144	146	148	150	152	154	156
0.5	158	160	162	164	166	169	171	174	176	178
0.6	181	184	186	189	191	194	197	200	203	206
0.7	210	213	216	220	224	228	232	236	240	245
0.8	250	255	260	265	270	276	281	287	293	299

（续）

B/T	0	0.01	0.02	0.03	0.04	0.05	0.06	0.07	0.08	0.09
0.9	306	313	319	326	333	341	349	357	365	374
1.0	383	392	401	411	422	433	444	456	467	480
1.1	493	507	521	536	552	568	584	600	616	633
1.2	652	672	694	716	738	762	786	810	836	862
1.3	890	920	950	980	1010	1050	1090	1130	1170	1210
1.4	1260	1310	1360	1420	1480	1550	1630	1710	1810	1910
1.5	2010	2120	2240	2370	2500	2670	2850	3040	3260	3510
1.6	3780	4070	4370	4680	5000	5340	5680	6040	6400	6780
1.7	7200	7640	8080	8540	9020	9500	10000	10500	11000	11600
1.8	12200	12800	13400	14000	14600	15200	15800	16500	17200	18000

解： 由图 0-26 可知，磁路可分为四段：左侧铁心段 1、右侧铁心段 2、中柱铁心段 3 和气隙段 4。当不计气隙的边缘效应时，每一段磁路的截面积分别为 $A_1 = A_2 = 6 \times 10^{-4} \mathrm{m}^2$；$A_3 = A_4 = 10 \times 10^{-4} \mathrm{m}^2$。

每一段磁路的平均长度分别为 $l_1 = l_2 = 0.5\mathrm{m}$，$l_3 = 2 \times 0.07\mathrm{m}$，$l_4 = \delta = 1 \times 10^{-4}\mathrm{m}$。

中柱铁心磁路的磁通密度为

$$B_3 = \frac{\Phi_3}{A_3} = \frac{10 \times 10^{-4}}{10 \times 10^{-4}}\mathrm{T} = 1.0\mathrm{T} \tag{0-59}$$

查表 0-1 可得中柱铁心磁路的磁场强度为 $H_3 = 383\mathrm{A/m}$。

由于已知气隙中的磁通密度为 $B_\delta = B_3 = 1.0\mathrm{T}$，则气隙中的磁场强度为

$$H_\delta = \frac{B_\delta}{\mu_0} = \frac{1.0}{4\pi \times 10^{-7}}\mathrm{A/m} \approx 7.96 \times 10^5\mathrm{A/m} \tag{0-60}$$

中柱铁心磁路的磁压降为

$$H_3 l_3 + H_\delta l_4 = (383 \times 2 \times 0.07 + 7.96 \times 10^5 \times 1 \times 10^{-4})\mathrm{A} \approx 133.2\mathrm{A} \tag{0-61}$$

在左侧铁心磁路中，根据磁路的基尔霍夫第二定律，有 $F = \sum Hl$，则其磁压降为

$$H_1 l_1 = F_1 - H_3 l_3 - H_\delta l_4 = (350 - 133.2)\mathrm{A} = 216.8\mathrm{A} \tag{0-62}$$

左侧铁心磁路的磁场强度为

$$H_1 = \frac{216.8}{0.5}\mathrm{A/m} = 433.6\mathrm{A/m} \tag{0-63}$$

查表 0-1 可得左侧铁心磁路的磁感应强度为 $B_1 = 1.052\mathrm{T}$。

于是，左侧铁心磁路中的磁通为

$$\Phi_1 = B_1 A_1 = 1.052 \times 6 \times 10^{-4}\mathrm{Wb} = 6.312 \times 10^{-4}\mathrm{Wb} \tag{0-64}$$

同理，根据磁路的基尔霍夫第一定律，右侧铁心磁路中的磁通为

$$\Phi_2 = \Phi_3 - \Phi_1 = (10 \times 10^{-4} - 6.312 \times 10^{-4})\mathrm{Wb} = 3.688 \times 10^{-4}\mathrm{Wb} \tag{0-65}$$

右侧铁心磁路的磁通密度为

$$B_2 = \frac{\Phi_2}{A_2} = \frac{3.688 \times 10^{-4}}{6 \times 10^{-4}}\mathrm{T} \approx 0.615\mathrm{T} \tag{0-66}$$

查表0-1可得右侧铁心磁路的磁场强度为 $H_2 = 185\text{A/m}$。

于是右侧铁心磁路的磁压降为 $H_2 l_2 = 185 \times 0.5\text{A} = 92.5\text{A}$

在中柱铁心磁路与右侧铁心磁路构成的磁回路中，根据磁路欧姆定律，线圈2的磁动势应该为

$$F_2 = H_2 l_2 + H_3 l_3 + H_\delta l_4 = (92.5 + 133.2)\text{A} = 225.7\text{A} \tag{0-67}$$

0.4.6 磁路与电路的类比

磁路与电路的各物理量和基本定律的对应关系见表0-2。

表0-2 磁路与电路的类比

磁　　路	电　　路
磁通 Φ	电流 I
磁通密度 B	电流密度 J
磁动势 F	电动势 E
磁阻 $R_\mathrm{m} = \dfrac{l}{\mu A}$	电阻 $R = \rho\dfrac{l}{A} = \dfrac{l}{\gamma A}$
磁导率 μ	电导率 $\gamma = \dfrac{1}{\rho}$
磁导 $\Lambda_\mathrm{m} = \dfrac{1}{R_\mathrm{m}}$	电导 $G = \dfrac{1}{R}$
磁位降 $Hl = R_\mathrm{m}\Phi$	电压降 RI
磁路的基尔霍夫第一定律 $\sum\Phi = 0$	电路的基尔霍夫第一定律 $\sum I = 0$
磁路的基尔霍夫第二定律 $\sum Hl = \sum NI$	电路的基尔霍夫第二定律 $\sum U = \sum E$
磁路的欧姆定律 $\Phi = \dfrac{F}{R_\mathrm{m}}$	电路的欧姆定律 $I = \dfrac{U\ (\text{或}\ E)}{R}$

磁路与电路的区别如下：

1）电路中可以有电动势而无电流；磁路中有磁动势必然有磁通。

2）电路中有电流就有功率损耗；而直流磁路中无损耗。

3）低频电路中电流在导体中流过；而磁路中除主磁通外，还有漏磁通。

4）电路中导体的电导率在一定温度下是恒定不变的；而铁心磁路中的磁导率随磁感应强度 B 的变化而变化，磁路越饱和，磁阻越大。

0.5　电机的可逆性原理

一台电机既可作为电动机运行，也可作为发电机运行，只是外加约束条件不同而已。当在电机轴上施加外力（给电机输入机械功率），拖动转子旋转，则导体切割磁力线将产生感应电动势，电机输出电功率，作为发电机运行；当在电机电路（定子/转子绕组）中输入电功率，则载流导体在磁场中将产生电磁力，该电磁力可使电机旋转，从电机轴上输出机械功率，电机作为电动机运行。这种同一台电机，既能作电动机亦能作发电机运行的现象在电机理论中称为电机的可逆性原理。

例如，在直流电机中，当在两电刷端外加直流电压，电能将通过电刷和换向片输入

到电枢线圈中，载流的电枢线圈在磁场中将受到电磁力，产生恒定方向的电磁转矩，此时直流电机作为电动机运行，将电能变换为机械能。若用原动机拖动电机的电枢旋转，旋转的电枢线圈在磁场中将产生交变感应电动势，通过换向片和电刷的作用，在电刷端引出直流电动势，输出直流电能，此时电机作为直流发电机运行，将机械能变换为电能。

理论上，能量转换的可逆性是一切电机的普遍原理，但在电机的实际应用中存在不同的偏重。例如，实用的交流发电机绝大多数都是同步发电机；实用的交流电动机以异步电动机最为普遍。并且同一品种的电机，根据它是用作发电机或是电动机，在设计和制造上将有不同的处理。

电机运行理论表明，一台电机不论作为发电机运行还是电动机运行，电机的导体上同时作用有感应电动势和电磁力。

当导体中的感应电动势 e 大于外接端电压 u 时，电流 i 将顺 e 方向流出，电功率便经导体电路输出，呈发电机功能。同时，载流导体上将受到电磁力 F_{em} 的作用，根据左手定则可知 F_{em} 的方向与导体运动的方向相反，具有阻力作用，必须由外施机械力来克服，导体才能继续运动以产生感应电动势。显然，这时机械功率由外界输入电机，电机作为发电机运行。此时，发电机内部的电磁力称为发电机的电磁阻力。

当外施端电压 u 大于导体电路的感应电动势 e 时，则电流 i 逆电动势 e 的方向流入，电功率自外电源输入电机导体电路。载流导体在磁场中产生电磁力 F_{em}，并受该电磁力的驱动，顺电磁力方向运动，这时电机作为电动机运行。此时，电动机导体中的电动势 e 称为电动机的反电动势。

总之，发电机和电动机不是两种截然不同的电机，而是同一电机的两种不同运行方式。在发电机中不仅有感应电动势，也同时存在电磁力；在电动机中不仅存在电磁力，也同时存在感应电动势。

习　题

0-1　说明磁通、磁通密度（磁感应强度）、磁场强度和磁导率等物理量的定义、单位和相互之间的关系。

0-2　铁磁材料的相对磁导率随磁动势是如何变化的？

0-3　基本磁化曲线与起始磁化曲线有何区别？电机设计时通常采用哪一种磁化曲线？

0-4　铁心中的磁滞损耗与涡流损耗是如何产生的？它们的大小与哪些因素有关？如何能减小铁心中的涡流损耗？

0-5　从材料的磁滞回线看，软磁材料和硬磁材料各有哪些特点？

0-6　为什么电机和变压器的铁心采用导磁性能好的铁磁材料构成其磁路？

0-7　比较磁路与电路的相似与不同。

0-8　线圈自感系数与互感系数的大小与哪些因素有关？两个匝数相同的线圈，一个绕在闭合的铁心上，一个绕在木质材料上，请问：哪一个线圈的自感系数大？哪一个线圈的自感系数是常量？哪一个线圈的自感系数是可变量？为什么？

0-9　匝数相同的两个线圈，分别绕在导磁的铁心上和不导磁的塑料上形成两个螺线管，当两个线圈通入相同电流时，哪个螺线管中的磁感应强度大？为什么？

0-10　如图 0-27 所示的铁心磁路，铁心的厚度为 5cm。铁心的其他尺寸如图中所示。当铁心中的磁通为 0.005Wb 时，需要在线圈中通入多大的电流？并计算在此电流作用下，顶部铁心磁路中的磁感应强度为多少？右侧铁心磁路中的磁感应强度为多少？假设铁心的相对磁导率为 1000。

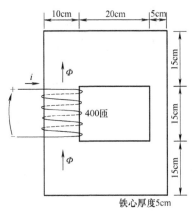

图 0-27　题 0-10 铁心磁路

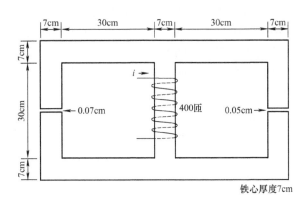

图 0-28　题 0-11 铁心磁路

0-11　如图 0-28 所示，相对磁导率为 1500 的铁心磁路，铁心的厚度为 7cm。铁心的其他尺寸如图中所示。左侧气隙长度为 0.07cm，右侧气隙的长度为 0.05cm。设气隙的边缘效应将气隙横截面面积增大 5%。假设绕组匝数为 400 匝，其中的电流为 1.0A，计算左侧铁心磁路、中间铁心磁路和右侧铁心磁路中的磁通各为多少？以及左、右两侧气隙中的磁感应强度各为多少？

0-12　如图 0-29 所示，电流为 5.0A 的载流导体处于磁场中，计算载流导体所受电磁力的大小，并说明电磁力的方向。

0-13　图 0-30 为一铁心磁路示意图，铁心的厚度为 5cm，气隙长度为 0.06cm，线圈匝数为 1000 匝，铁心材料的磁化曲线数据如图 0-31 所示。设气隙的边缘效应将气隙横截面面积增大 5%。计算：要使气隙中的磁感应强度为 0.5T，应在线圈中通入多大的电流？并计算在此电流作用下，各段铁心磁路中的磁感应强度值，以及气隙中的总磁通。

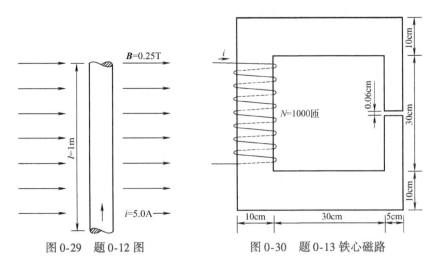

图 0-29　题 0-12 图

图 0-30　题 0-13 铁心磁路

0-14　在如图 0-27 所示的铁心磁路中，假设其中的磁通 Φ 按照图 0-32 所示曲线变化，请画出线圈两端电压的变化曲线。

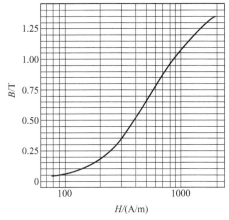

图 0-31　题 0-13 铁心材料的磁化曲线

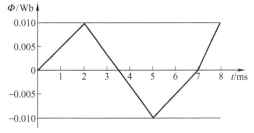

图 0-32　题 0-14 磁通 Φ 随时间的变化曲线

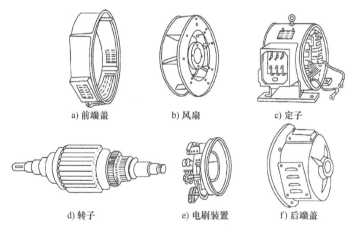

第1章

直流电机

直流电机是一种能够实现机电能量转换的电磁装置。将直流电能转换成机械能的旋转电机称为直流电动机，而将机械能转换为直流电能的旋转电机称为直流发电机。

直流电动机具有过载能力强、起动转矩大、制动转矩大、调速范围广、调速的平滑性好、调速方式易于控制、调速时损耗小等许多优点。因此，直流电动机被广泛地应用在电力机车、无轨电车、轧钢机、机床和各种设备中。但随着电力电子技术的发展，各种大功率电力电子器件的涌现，以及直流电机与交流电机相比具有结构复杂、成本较高等缺点，使得直流电机有逐步被交流电机取代的趋势，尽管如此，分析和研究直流电机仍有一定的理论价值和实际意义。

本章首先介绍直流电机的实物模型——直流电机的基本结构及其电枢绕组的构成特点，然后介绍直流电机的物理模型——直流电机空载和负载运行时的气隙磁场特点，进一步介绍直流电机的数学模型——电枢感应电动势和电磁转矩的计算公式，直流电机的基本方程（电系统的电压方程，能量系统的功率方程和机械系统的转矩方程），最后利用数学模型分析直流电机稳态运行特性与工程应用（起动、制动、调速和换向问题）。

1.1 直流电机的基本结构与工作原理

直流电机的结构

1.1.1 直流电机的基本结构

直流电机由静止的定子和旋转的转子（也称为电枢）构成，定子和转子之间有一个不均匀的气隙。图 1-1 为一台直流电机的主要部件图。图 1-2a 为直流电机的剖视图，图 1-2b 为直流电机的径向截面图。

a) 前端盖   b) 风扇   c) 定子

d) 转子   e) 电刷装置   f) 后端盖

图 1-1 直流电机主要部件图

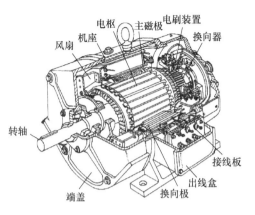

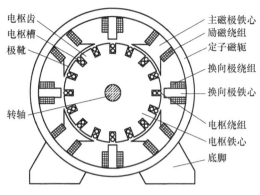

a) 电机剖视图　　　　　　　　　b) 电机径向截面图

图 1-2　直流电机剖面图

1. 定子

定子的作用是产生主磁场和作为电机的机械支撑，它包括主磁极、换向极、机座、端盖、轴承、电刷装置等。

主磁极也称为主极，其作用是产生气隙主磁场。在一般的大、中型直流电机中，主磁极铁心一般用 1～1.5mm 厚的钢板冲片叠压紧固而成。绕制好的励磁绕组套在主磁极铁心外面，整个主磁极用螺钉固定在机座上。各主磁极上励磁绕组的连接必须使其通过励磁电流时，相邻磁极的极性呈 N 极和 S 极交替排列。主磁极铁心的下部（称为极靴）比套装绕组的部分（极身）要宽，以使励磁绕组牢固地套在主磁极铁心上。图 1-3 为主磁极的结构图。

换向极也称为附加极，其作用是改善换向。换向极装在相邻两主磁极之间，由铁心和绕组构成，如图 1-4 所示。换向极铁心一般用整块钢或钢板叠压而成，换向极绕组与电枢绕组串联。

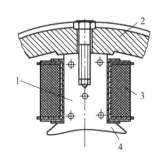

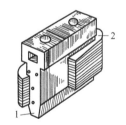

图 1-3　主磁极　　　　　　　　　图 1-4　换向极

1—主磁极铁心　2—机座　3—励磁绕组　4—极靴　　　1—换向极铁心　2—换向极绕组

机座通常由铸钢或厚钢板焊成，是电机的机械支撑，用来固定主磁极、换向极和端盖；同时它又是电机磁路的一部分。机座上作为磁路的部分常称为磁轭。

电刷装置是将直流电压、直流电流引入或引出电枢绕组的装置，它由电刷、刷握、刷杆、刷杆座、压紧弹簧和铜丝辫构成，如图 1-5 所示。电刷由石墨制成，放在刷握内，用弹簧压紧在换向器表面。刷握固定在刷杆上，刷杆装在刷架上，彼此之间绝缘。整个电刷装置的位置调整好后，将其固定。一般电刷装置的组数与电机的主磁极极数相等。

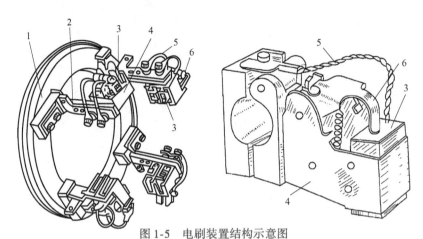

图 1-5 电刷装置结构示意图

1—刷杆座 2—刷杆 3—电刷 4—刷握 5—铜丝辫 6—压紧弹簧

2. 转子

转子（电枢）的作用是感应电动势并产生电磁转矩，以实现机电能量转换，它包括电枢铁心、电枢绕组、换向器、轴和风扇等。

电枢铁心是电机主磁路的一部分，铁心中嵌放着电枢绕组。为减小电机中的铁耗，电枢铁心常用0.5mm厚的硅钢片叠压而成，冲片圆周外缘均匀地冲有许多齿和槽，电枢槽内嵌放电枢绕组；冲片上一般还冲有许多圆孔，以形成改善散热的轴向通风孔，如图1-6所示。图1-7为电枢铁心。

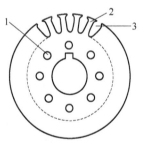

图 1-6 电枢铁心冲片

1—轴向通风孔 2—齿 3—槽

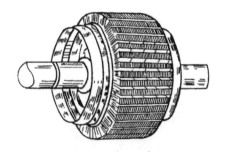

图 1-7 电枢铁心

电枢绕组由许多按一定规律连接的线圈组成，用来感应电动势和通过电流，是直流电机的主电路。线圈一般用带绝缘的圆形或矩形截面导线绕制而成，嵌放在电枢槽中，线圈的一条有效边嵌放在某个槽的上层，另一条有效边则嵌放在另一个槽的下层，如图1-8所示。槽内的线圈上下层之间以及线圈与铁心之间均有绝缘，如图1-9所示。在槽口处用槽楔压紧绕组，端部用钢丝或无纬玻璃丝带扎紧，以防止绕组被离心力甩出。

换向器由许多彼此绝缘的换向片构成，它和电刷一起能将外部通入的直流转换成绕组内的交流或反之。电枢绕组每个线圈的两端分别焊接到两个换向片上。换向器结构如图1-10所示，图1-11为带换向器的电枢铁心，图1-12为带风扇和换向器的斜槽电枢铁心。

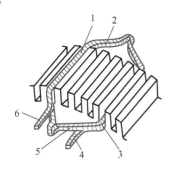

图1-8 线圈在槽内安放示意图

1—上层边 2、5—端接部分

3—下层边 4—线圈尾端 6—线圈首端

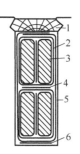

图1-9 电枢槽内的导体和绝缘

1—槽楔 2—线圈绝缘 3—导体

4—层间绝缘 5—槽绝缘 6—槽底绝缘

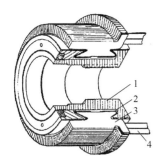

图1-10 换向器结构

1—V形套筒 2—云母环

3—换向片 4—连接片

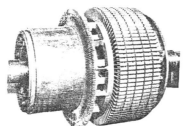

图1-11 带换向器的电枢铁心

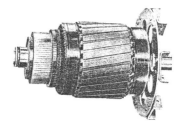

图1-12 带风扇和换向器的
斜槽电枢铁心

1.1.2 直流电机的工作原理

1. 直流发电机的工作原理

图1-13是直流发电机的工作原理图。N、S是固定的主磁极，*abcd*是旋转的电枢铁心上的一个线圈。线圈的两个出线端分别接到两个互相绝缘的称为换向片的铜片1、2上。换向片与转轴一起转动。电刷A、B静止不动，电刷与换向片接触，将线圈与外电路接通。

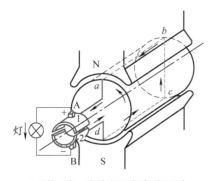

a) 导体*ab*和*cd*分别处于N极和S极下时

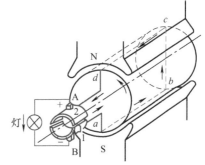

b)导体*cd*和*ab*分别处于N极和S极下时

图1-13 直流发电机的工作原理

用原动机拖动电枢以及线圈 abcd 按逆时针方向旋转时，线圈边将切割磁场，并产生感应电动势。根据右手定则，可确定在图 1-13a 所示瞬时，ab 中感应电动势的方向为由 b 指向 a，dc 中感应电动势的方向为由 d 指向 c。于是，电刷 A 为正极性，电刷 B 为负极性；在外电路闭合的情况下，电流流向为从 A→灯→B。

当线圈 abcd 转过半周（180°），如图 1-13b 所示，dc 将处于 N 极下，ab 则处于 S 极下，此时 dc 中电动势的方向为由 c 指向 d，ab 中电动势的方向变为由 a 指向 b。但此时电刷 A 将与换向片 2 接触，而电刷 B 将与换向片 1 接触，故电刷 A 仍为正极性，电刷 B 仍为负极性，此时电流流向仍为从 A→灯→B。

在上述过程中，可观察到以下几点：

1）由于电枢的连续旋转，线圈 ab 边和 cd 边中感应电动势的方向是交变的。

2）不管线圈如何旋转，同一磁极下线圈边中感应电动势的方向是固定不变的。

3）由于电刷和换向器的作用，使得电刷 A、B 间（外电路中）的端电压方向为固定不变。

所以直流发电机线圈内的电动势和电流是交变的，而电刷间（外电路中）则是方向恒定的直流。

若电枢上只有一个线圈，电刷间的电动势方向不变，但大小在不断变化。实际上，直流电机的电枢上装有许多隔开一定距离的线圈，从而由电刷导出的电动势将是脉动较小的直流电动势。

可见，直流发电机的工作原理是：当原动机拖动电枢以恒定方向旋转时，线圈边将切割主磁极磁场并感应出交流电动势，但由于电刷和换向器的"整流"作用，在电刷间引出的则是恒定的直流，从而将机械能转换成直流电能输出。

2. 直流电动机的工作原理

图 1-14 为直流电动机的工作原理图。当直流电流从电刷 A 流入，经换向片 1、线圈 abcd、换向片 2、电刷 B 流出时，电枢上的载流导体在主磁极磁场中将受到电磁力作用；根据左手定则，电磁力所形成的转矩使线圈沿逆时针方向转动。当电枢转过半周，dc 处于 N 极下，ab 处于 S 极下时，电流仍从电刷 A 流入，经换向片 2、线圈 dcba、换向片 1、最后从电刷 B 流出；根据左手定则，dc 边受到的力向左，ba 边受到的力向右，电磁力所形成的转矩仍使线圈沿逆时针方向转动。

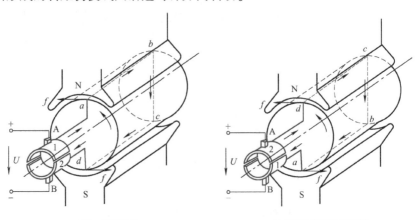

a) 某一起始位置   b) 电枢转过半周时位置

图 1-14　直流电动机的工作原理

在上述过程中，可观察到以下几点：

1）由于电刷和换向器的作用，在不同位置时，线圈 *ab* 边和 *cd* 边中电流的方向是交变的。

2）不管线圈运动到哪个位置，同一磁极下线圈边中电流的方向是固定不变的，所以同一磁极下线圈边所受电磁力的方向亦是不变的，结果使线圈受到一个恒定方向转矩的作用，从而使电枢能连续旋转。

实际上，直流电动机的电枢上有许多线圈，这些线圈产生的转矩合成为总的转矩，拖动负载转动。

可见，直流电动机的工作原理是：在两个电刷端加上直流电压，经电刷和换向器作用将电能引入电枢线圈中，并确保同一主磁极下线圈边中的电流方向不变，使该主磁极下线圈边所受电磁力的方向亦不变，从而使电枢能连续旋转，将输入的电能转换成机械能输出，拖动生产机械。

当改变直流电机外部的约束条件时，它既可作为电动机运行，也可作为发电机运行。在两电刷端外加直流电压，此时电机作为直流电动机运行，将电能变换为机械能；若用原动机拖动电机的电枢旋转，此时电机将作为直流发电机运行，将机械能变换为电能。

1.1.3 直流电机的励磁方式

直流电机的励磁方式，是指励磁电流的供给方式。根据励磁电路与电枢电路的连接关系，可将直流电机分为他励和自励两类。直流电机的运行特性随励磁方式的不同有很大差别。以直流发电机为例，其具体分类如下。

1. 他励式

他励直流电机励磁绕组的电流由外电源供给，与电枢回路没有电的联系，如图 1-15a 所示。

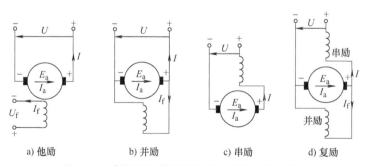

a) 他励   b) 并励   c) 串励   d) 复励

图 1-15　直流电机的励磁方式（以发电机为例）

2. 自励式

自励直流电机又分为并励、串励和复励三种。

1）并励直流电机的励磁绕组与电枢绕组并联，励磁绕组的端电压等于电枢绕组的端电压，如图 1-15b 所示。一般并励绕组匝数多，导线截面小，电阻较大。

2）串励直流电机的励磁绕组与电枢绕组串联，励磁绕组的电流与电枢绕组的电流相等, 如图 1-15c 所示。一般串励绕组匝数少, 导线截面较大, 电阻较小。

3) 复励直流电机的主极上有两个励磁绕组, 其中一个与电枢绕组并联, 另一个和电枢绕组串联, 如图 1-15d 所示。当串励绕组与并励绕组产生的磁动势方向相同时, 称为积复励; 当两者所产生的磁动势方向相反时, 称为差复励。

1.1.4 直流电机的铭牌数据与型号

1. 直流电机的铭牌数据

每台直流电机的机座上都有一个铭牌, 如图 1-16 所示。铭牌上标有一些额定数据, 称为铭牌数据。铭牌数据是电机制造厂在设计时对电机的一些电量或机械量所规定的数据, 通常有额定电压 U_N(V)、额定电流 I_N(A)、额定功率 P_N (kW 或

直流电机			
型号 Z3-95		产品编号	7001
结构类型		励磁方式	他励
功率	30kW	励磁电压	220V
电压	220V	工作方式	连续
电流	160.5A	绝缘等级	定子B转子B
转速	750r/min	质量	685kg
标准编号	JB 1104—1968	出厂日期	年 月

图 1-16　直流电机铭牌示意图

W)、额定转速 n_N(r/min)、额定效率 η_N、额定励磁电压 U_{fN}(V) 和额定励磁电流 I_{fN}(A) 等。电机运行时, 若其电量和机械量均符合额定值时, 称电机运行于额定工况。

1) 额定功率 P_N (kW 或 W)　指电机在额定条件下运行时的输出功率。对发电机, 是指线路端点输出的电功率, 即

$$P_N = U_N I_N \tag{1-1}$$

对电动机, 是指轴上输出的机械功率, 有

$$P_N = U_N I_N \eta_N \tag{1-2}$$

式中, η_N 为电机的额定效率。

2) 额定电压 U_N(V)　指电机在额定条件下运行时, 直流电机出线端的电压。

3) 额定电流 I_N(A)　指电机在额定条件下运行时, 直流电机的线路电流。

4) 额定转速 n_N(r/min)　指电机在额定条件下运行时的转速。

5) 额定励磁电流 I_{fN}(A)　指直流电机在额定运行时的励磁电流。

此外, 铭牌上有时还列有绝缘等级、励磁方式、工作方式、质量等。

电机在实际应用时, 其电量和机械量一般不允许超过额定值, 因为这会降低电机的使用寿命, 甚至损坏电机; 但若长期使电机在低负载下运行, 则电机没有得到充分利用, 效率降低、不经济。所以应当根据实际负载情况来选用电机, 使电机在多数时间内接近于额定工况运行, 才是经济合理的。

2. 国产直流电机的主要型号

国产直流电机型号一般采用大写的汉语拼音字母和阿拉伯数字组合表示, 其格式为: 第一部分用大写的汉语拼音字母表示产品代号, 第二部分用阿拉伯数字表示设计序号, 第三部分用阿拉伯数字表示机座代号, 第四部分用阿拉伯数字表示电枢铁心长度代号。例如, Z2-71 表示直流电动机, 第 2 次改进设计型, 机座号为 7, 短铁心 (2 表示长铁心,

1表示短铁心)。

（1）Z 系列

Z 系列是普通中、小型直流电机（如 Z2、Z3、Z4 等），其功率范围为 0.2 ~ 220kW，转速范围为 600 ~ 3000r/min，发电机电压为 115V、230V；电动机电压为 110V、220V。Z2、Z3 系列电机采用 E 级和 B 级绝缘。最新的 Z4 系列电机采用 F 级绝缘，其电压为 160V、440V，Z4 系列电机具有体积小、性能好、重量轻、输出功率大、效率高的特点，目前已取代 Z2、Z3 系列电机，广泛用于各类机械的传动。

ZF、ZD 为中型直流发电机和电动机，转速范围为 320 ~ 1500r/min，发电机电压为 230V、330V、460V、660V；电动机电压为 220V、330V、440V、660V。

（2）ZQ 系列

ZQ 系列是直流牵引电动机，具有调速范围广和电气性能优良等特点，曾广泛应用于铁路干线电力机车、工矿电力机车、电力传动内燃机车和各种电动车辆（如蓄电池车、城市电车、地铁车辆）的电力牵引。例如，ZQDR-410 是功率为 410kW 的串励直流牵引电动机，主要用于东风 4、东风 4B、东风 5、东风 5B 型内燃机车上；ZQ650-1 型直流牵引电动机，其小时功率为 700kW，持续功率为 630kW，曾用于中国铁路第一代国产干线电力机车 SS1（韶山 1 型）的电力牵引。

（3）ZZJ 系列

ZZJ 系列是冶金起重机用直流电动机，用于轧钢机、起重机、升降机等。该系列电机的转动惯量小、过载能力大、速度反应快，因此适用于快速且频繁起动、制动与反转的场合。

其他系列的直流电机，如 ZY 系列（永磁直流电机）；ZJ 系列（精密机床用直流电机）；ZT 系列（广调速直流电动机）；ZH 系列（船用直流电动机）；ZA 系列（防爆安全型直流电动机）；ZKJ 系列（挖掘机用直流电动机）等，其电机的型号、技术数据等均可查询产品目录或相关手册。

例 1-1 一台直流发电机的额定数据为：额定功率 $P_N = 10$kW，额定电压 $U_N = 230$V，额定转速 $n_N = 2850$r/min，额定效率 $\eta_N = 0.85$。求电机的额定电流以及在额定负载时电机的输入功率各为多少？

解： 根据式(1-1)，该直流发电机的额定电流为

$$I_N = P_N/U_N = (10 \times 10^3/230) \text{A} = 43.48 \text{A}$$

电机在额定负载时的输入功率为

$$P_1 = P_N/\eta_N = (10 \times 10^3/0.85) \text{W} = 11765 \text{W}$$

例 1-2 一台直流电动机的额定数据为：额定功率 $P_N = 17$kW，额定电压 $U_N = 220$V，额定转速 $n_N = 1500$r/min，额定效率 $\eta_N = 0.83$。求电机的额定电流以及在额定负载时电机的输入功率各为多少？

解： 根据式(1-2)，电机在额定负载时的输入功率为

$$P_1 = P_N/\eta_N = 17 \times 10^3/0.83 \text{W} = 20482 \text{W}$$

电机的额定电流为

$$I_N = P_1/U_N = (20482/220) \text{A} = 93.1 \text{A}$$

思考题

1. 直流发电机的工作原理是怎样的？
2. 直流电动机的工作原理是怎样的？
3. 能将一台直流电动机改作为直流发电机运行吗？
4. 直流电机的铭牌数据有哪些？各自所代表的含义是什么？
5. 直流电机由哪些主要部件构成？各自的作用是什么？
6. 换向器和电刷有什么作用？
7. 直流电机按励磁方式可以分成哪几类？

1.2 直流电机的电枢绕组

电枢绕组是直流电机的主要电路，是直流电机实现机电能量转换的枢纽。设计电枢绕组时要求：①能通过规定的电流和产生足够大的电动势；②尽可能节省有色金属和绝缘材料；③保证换向良好。为满足这些要求，电枢绕组必须按照一定的规律连接。

1.2.1 直流电枢绕组的基本特点

直流电机的电枢绕组是由结构、形状相同的线圈，按照一定的规律连接而成的闭合绕组。线圈有单匝、多匝之分，线圈也称为元件，图1-17表示两匝的叠绕组和波绕组。不论是单匝或多匝线圈，它的两个边分别安放在不同的槽中（见图1-8）。在槽内能切割主磁场、感应电动势和产生电磁转矩的线圈边，称为线圈的有效边；而处于槽外仅起连接作用的部分称为端接。线圈的两个出线端分别称为首端和尾端。电枢绕组一般做成双层绕组，将线圈的一个有效边放在槽的上层，称为上层边（绘图时画成实线）；另一个有效边放在有一定距离的另一个槽的下层，称为下层边（绘图时画成虚线）。

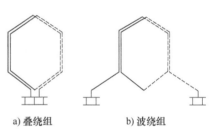

a) 叠绕组   b) 波绕组

图1-17 电枢绕组的基本形式

描述电枢绕组的常用数据有极数$2p$、极距τ、槽数Z、元件数S、换向片数K、第一节距y_1、第二节距y_2、合成节距y和换向器节距y_c。

（1）极距τ、极数$2p$和槽数Z

极距τ指一个磁极在电枢表面所跨的距离，用长度表示时为

$$\tau = \pi D_a / 2p \tag{1-3}$$

式中，D_a为电枢外径；p为电机的极对数。

用槽数表示时，极距τ为

$$\tau = Z/2p \tag{1-4}$$

式中，Z为槽数。

此时的τ可能不是整数。

（2）元件数S和换向片数K

电枢绕组的连接示意图如图1-18所示。

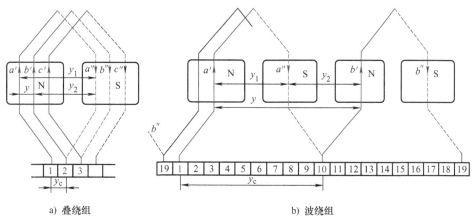

a) 叠绕组　　　　　　　　　　　　b) 波绕组

图 1-18　电枢绕组的连接示意图

在图 1-18a 叠绕组中，线圈 a 由导体 $a' - a''$ 组成，线圈 b 由导体 $b' - b''$ 组成。线圈 a 的尾端 a'' 与线圈 b 的首端 b' 连接，它们处于同一极下，且线圈 b 的尾端 b'' 与线圈 c 的首端 c' 相连接，以此类推，最后一个线圈的尾端与第一个线圈的首端相连接，形成一个闭合回路。注意：同一个线圈的两个导体分别处于不同极性的磁极下，以使得线圈的感应电动势可以相加。

与叠绕组类似，波绕组也是一个闭合绕组，在图 1-18b 波绕组中。第一条支路的线圈通过换向片 1、10、19 相连接，第二条支路的线圈通过换向片 19、9、18 相连接，以此类推，最后一条支路的线圈通过换向片 12、2、11 相连接，且最后一个线圈的两个导体分别与换向片 11 和 1 相连接，最终形成闭合回路。

由于同一个线圈的首端和尾端将分别与两个不同的换向片相连接，因此，对于叠绕组和波绕组而言，绕组元件的数目 S 与换向片的数目 K 相等，即 $K = S$。

（3）合成节距 y、第一节距 y_1、第二节距 y_2 和换向器节距 y_c

合成节距 y 指相串联的两个元件的对应元件边（如上元件边）在电枢表面所跨的距离，一般用槽数来表示。

第一节距 y_1 指一个元件的两个元件边在电枢表面所跨的距离，用槽数表示时，y_1 应当是一个整数。如当上元件边放在第 1 槽，下元件边放在第 5 槽时，第一节距 $y_1 = 5 - 1 = 4$。

第二节距 y_2 指相串联的两个相邻的元件中，前一个元件的下层边与后一个元件的上层边之间在电枢表面所跨的距离，一般也用槽数来表示。

换向器节距 y_c 指同一元件的两出线端所接的两换向片之间的距离，一般用换向片数来表示，如图 1-18 所示。

几种节距之间的关系如下：

$$y = y_1 - y_2 \quad （叠绕组） \tag{1-5}$$
$$y = y_1 + y_2 \quad （波绕组） \tag{1-6}$$
$$y = y_c \quad （叠绕组和波绕组） \tag{1-7}$$

无论是叠绕组还是波绕组，为了使元件的感应电动势最大，应使第一节距 y_1 接近于极距 τ，即

$$y_1 = Z/2p \pm \varepsilon \tag{1-8}$$

式中，ε 为使 y_1 凑成整数的一个小数。若 $\varepsilon = 0$，表示线圈为整距线圈；若 $\varepsilon \neq 0$，取 "+" 时表示线圈为长距线圈，取 "−" 时表示线圈为短距线圈。

对于单叠绕组，有

$$y = y_c = \pm 1("+"表示右行，"-"表示左行) \tag{1-9}$$

对于单波绕组，其换向器节距 y_c 应满足：

$$y_c = y = (K \pm 1)/p \tag{1-10}$$

式中，K 为换向片数。

在式(1-10) 中，如取 "−"，则绕行一周后，比出发时的换向片后退一片，这种绕组称为左行绕组；如取 "+"，则绕行一周后，比出发时的换向片前进一片，这种绕组称为右行绕组。一般都采用左行绕组。

1.2.2 直流电枢绕组的基本形式

直流电机
单叠绕组
及其特点

直流电机电枢绕组的基本形式是叠绕组和波绕组，其中最简单的为单叠绕组和单波绕组。

1. 单叠绕组

单叠绕组的连接特点是：同一个元件的两个出线端连接于相邻的两个换向片上，相邻元件依次串联，后一个元件的首端与前一个元件的尾端连在一起，并接到同一个换向片上，最后一个元件的尾端与第一个元件的首端连在一起，形成一个闭合回路。紧相串联的两个元件的端接部分紧 "叠" 在一起，所以形象地称为叠绕组。单叠绕组的合成节距 y 和换向器节距 y_c 等于 ± 1。

下面以极数 $2p = 4$，槽数、元件数和换向片数为 $Z = S = K = 16$ 的直流电机为例，说明右行整距单叠绕组的连接规律和展开图，并说明单叠绕组支路的组成情况。具体步骤如下：

（1）计算节距

对于右行整距单叠绕组，$y = y_c = 1$；根据式(1-8)，第一节距 $y_1 = 16/4 = 4$；根据式(1-5)，第二节距 $y_2 = y_1 - y = 4 - 1 = 3$。

（2）绕组连接表

绕组连接的顺序可以用绕组连接表来表示，图 1-19 为单叠绕组连接表。

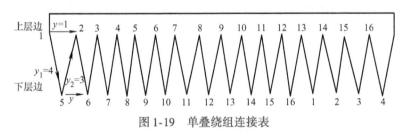

图 1-19　单叠绕组连接表

由图 1-19 可以看出，16 个元件依次和 16 个换向片连在一起，最后形成一个闭合回路。

（3）绕组展开图

假设把电枢从某一个齿槽中间沿轴向切开，并将其展开成一个平面的绕组连接图，就称为绕组展开图。展开图的绘制，可以根据绕组连接表中元件的连接顺序依次画出，如图1-20所示。图中上层边用实线段表示，下层边用虚线段表示。从第1号换向片出发，第1号换向片与第1号元件的上层边1相接，根据$y_1=4$，第1号元件的下层边应在第5号槽中，且与第2号换向片相接；第2号换向片与第2号元件的上层边2相接，第2号元件的下层边应放在第6号槽中，并与第3号换向片相接；如此继续，最后第16号元件的下层边与第1号换向片相接，从而所有元件组成一个闭合回路。

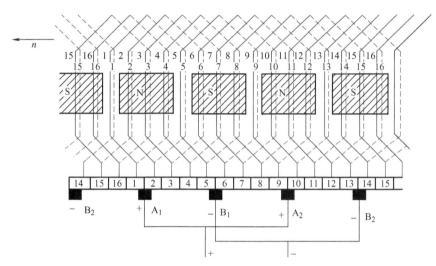

图1-20 单叠绕组展开图

（4）主磁极和电刷的安放

取磁极宽度为0.75τ，交替地将N、S极性的4个主磁极均匀放置在绕组展开图中，各磁极在圆周上的位置也是均匀对称的。

为使电刷端能获得最大电动势，被电刷短接的元件的电动势最小，若线圈端部是对称的，电刷应放在磁极中心线下，如图1-20所示。

（5）单叠绕组的瞬间电路图

在图1-20所示的瞬间，电刷A_1、B_1，A_2、B_2分别与换向片1、2，5、6，9、10，13、14相接触。根据元件上层边号码与所连接的换向片号码一致的原则，可画出此瞬间的绕组电路图，如图1-21所示。

（6）单叠绕组的并联支路数

从图1-21可以清晰地看出，电枢绕组由4条支路并联组成，即同一磁极下相邻的元件依次串联后构成一条支路，电机有几个磁极，其电枢绕组就有几条支路。所以单叠绕组的支路数等于

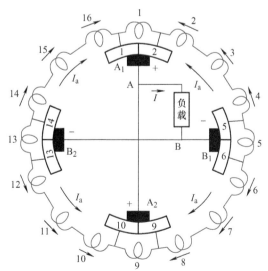

图1-21 单叠绕组的瞬间电路图

电机的极数，即

$$2a = 2p \tag{1-11}$$

式中，p 为电机主磁极对数；a 为支路对数。

从图 1-21 还可以看出，单叠绕组的支路电动势由电刷引出，所以电刷数必定等于支路数，也即磁极数。电枢端电压就是每条支路的电压。电枢电流 I_a 为每条支路电流 i_a 的总和，即

$$I_a = 2ai_a \tag{1-12}$$

（7）单叠绕组元件在电枢表面的分布示意图

以图 1-20 单叠绕组展开图的一对主磁极为分析对象，可画出直流电机单叠绕组元件在电枢表面的分布示意图，如图 1-22 所示。实际的电枢绕组放置在电枢表面的槽中，且每槽有两层导体，由于槽内两层导体的电流同方向，为简单计，可用一层导体代替，且假设电枢表面光滑。图 1-20 中的电刷 A_1、B_1 分别放置在主磁极 N、S 的轴线上，且电刷 A_1 通过换向片 1、2 与线圈 1 的两出线端连接，电刷 B_1 通过换向片 5、6 与线圈 5 的两出线端连接，而线圈 1 和 5 的两有效边均处于两主磁极之间；在图 1-22 中，省去换向器，将电刷 A_1、B_1 直接与线圈 1 和 5 的有效边接触，即在两主磁极之间。图 1-22 的示意图在以后的分析中经常会用到。由于同一极下导体中电流方向相同，而相邻两主磁极下导体中电流方向相反，所以电刷是电枢表面电流分布的分界线。

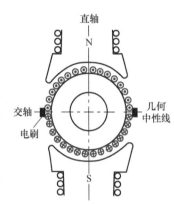

图 1-22　单叠绕组元件在
电枢表面的分布示意图

在电机中，常将主磁极轴线称为直轴；相邻两主磁极之间的轴线称为交轴，也称为几何中性线。

2. 单波绕组

单波绕组的连接特点是：同一个元件的两个出线端所连接的两个换向片相隔接近于一对极距，元件串联后形成波浪形，所以形象地称为波绕组。如图 1-18b 所示。与单叠绕组一样，为了使绕组产生的感应电动势最大，元件的第一节距 y_1 接近于极距 τ。

下面以极数 $2p = 4$，槽数 Z 与元件数 S 和换向片数 K 为 $Z = S = K = 15$ 的直流电机为例，绘制左行短距单波绕组展开图，并说明单波绕组的构成和支路组成情况。

（1）计算节距

由于是左行单波绕组，根据式（1-10），所以换向器节距 $y_c = (K-1)/p = (15-1)/2 = 7$；采用短距绕组，根据式（1-8），则第一节距 $y_1 = 15/4 - \varepsilon = 3$；根据式（1-6）、式（1-7），第二节距 $y_2 = y_c - y_1 = 7 - 3 = 4$。

（2）绕组连接表

图 1-23 为单波绕组连接表。

由图 1-23 可以看出，全部元件经换向片连接在一起，最后形成一个闭合回路。

（3）绕组展开图

根据绕组连接表的顺序，画出相应的绕组展开图，如图 1-24a、b 所示。图中上层

直流电机
单波绕组
及其特点

边用实线段表示，下层边用虚线段表示。由于第1号换向片与第1号元件的上层边1相接，根据 $y_1=3$，第1号元件的下层边应在第4号槽中，再根据换向器节距 $y_c=7$ 可知，第1号元件的下层边应与第8号换向片相接。第8号换向片与第8号元件的上层边8相接，根据 $y_1=3$，第8号元件的下层边应放在第11号槽中，并据换向器节距 $y_c=7$，应与第15号换向片相接。如此继续，最后第9号元件的下层边与第1号换向片相接，从而所有元件组成一个闭合回路。

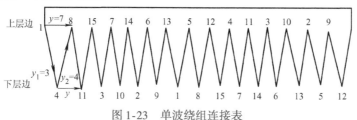

图1-23　单波绕组连接表

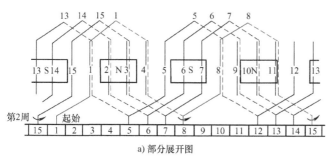

a) 部分展开图

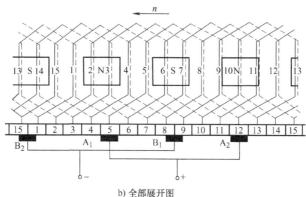

b) 全部展开图

图1-24　单波绕组展开图

（4）主磁极和电刷的安放

主磁极和电刷的安放原则与单叠绕组相同。如图1-24b所示。

（5）单波绕组的瞬间电路图

在图1-24b所示的瞬间，根据元件上层边号码与所接换向片号码一致的原则，可画出此瞬间的绕组电路图，如图1-25所示。

（6）单波绕组的并联支路数

从图1-25可清晰地看出，电枢绕组由2条支路并联组成，即同一个磁极下的所有元件串联起来，通过电刷构成一条支路，所以单波绕组的支路数恒等于2，即

$$2a = 2 \tag{1-13}$$

另外，虽然单波绕组只有 2 条支路，需要一对电刷即可，但考虑到支路的对称性和电刷下电流密度不致过高的要求，一般仍取电刷数等于主磁极极数。

3. 电枢绕组连接规律小结

单叠绕组与单波绕组的主要差别在于连接规律和并联支路数。单叠绕组的支路数等于电机主磁极极数，即 $2a = 2p$；而单波绕组的支路数恒等于 2，与主磁极极数无关。叠绕元件串联的顺序是将上元件边在同一磁极（一个 N 极或一个 S 极）下的所有元件串联起来形成一条支路，所以有多少对主磁极就有多少对支路；波绕元件的串联顺序则是将上元件边在所有 N 极下的元件串联起来形成一条支路，再将上元件边在所有 S 极下的元件串联起来形成另一条支路，故不管主磁极极数为多少，其并联支路只有 2 条。由于上述特点，叠绕组用于电枢电流大的场合，而波绕组多用于电枢电压高的场合。单叠绕组和单波绕组的连接规律示意图如图 1-26 所示。

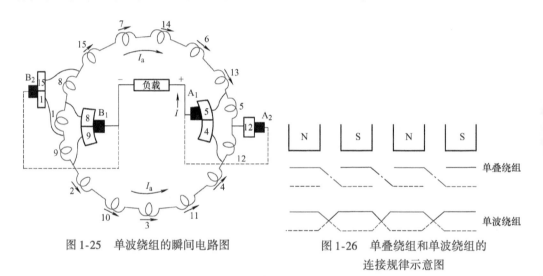

图 1-25　单波绕组的瞬间电路图　　图 1-26　单叠绕组和单波绕组的
连接规律示意图

直流电机绕组除单叠、单波两种基本形式外，还有其他形式，如复叠、复波、混合绕组等。

思考题

1. 直流电机的电枢绕组主要有哪些类型？其中最基本的是哪两类？

2. 在直流电枢绕组中，何谓第一节距、第二节距、合成节距、换向器节距？它们之间有什么关系？何谓电机的极距？

3. 单叠绕组的支路数为多少？单波绕组的支路数又为多少？

4. 单叠绕组与单波绕组的连接规律有什么不同？

1.3　直流电机的磁场

直流电机中有放置于主磁极上的励磁绕组和放置于电枢铁心槽中的电枢绕组。当励磁绕组中有电流流过，而电枢绕组中电流为零时，直流电机为空载运行，此时电机内部的磁场由励磁绕组的电流产生；当励磁绕组和电枢绕组中都有电流流过时，直流电机为负载运行，此时，电机内部的磁场由励磁绕组电流和电枢绕组电流共同产生。

1.3.1 空载运行的气隙磁场

气隙磁场是直流电机机电能量转换的媒介。直流发电机空载是指电机的出线端没有电功率输出的运行状态，此时电枢电流等于零；直流电动机空载是指电动机的轴上不带负载，电动机没有机械功率输出时的运行状态，此时电枢电流很小，可忽略不计。所以，直流电机空载时的磁场是由主磁极励磁电流产生的。

直流电机
空载磁场

图 1-27 为一台 4 极直流电机的空载磁场分布。由图可见，大部分磁力线从主磁极 N 极出发，经过气隙和电枢齿，进入电枢铁心，然后再经过电枢齿和气隙，回到相邻的主磁极 S 极，最后经过定子磁轭，回到出发的主磁极 N 极，形成闭合回路。这部分通过气隙、同时与电枢绕组和励磁

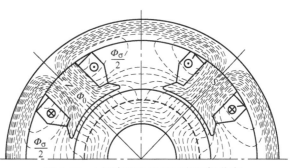

图 1-27　4 极直流电机的空载磁场分布

绕组相交链的磁通，称为主磁通，用 Φ_0 表示。电枢旋转时，电枢绕组将切割主磁场而产生感应电动势。还有一小部分不进入电枢铁心，只与励磁绕组相交链的磁通，称为主极漏磁通，用 Φ_σ 表示。

由图 1-27 可见，主磁通回路中的气隙较小，所以主磁路磁阻比较小；而漏磁通回路中的气隙较大，因而漏磁路磁阻较大，故主极漏磁通的数量比主磁通的数量要小很多。通常，主极漏磁通的数量只有主磁通的 2% ~ 8%。

图 1-28 和图 1-29 分别为一台 2 极和一台 6 极直流电机的主磁通路径。由图可见，每极磁通在定子轭部分成两部分，每部分磁通的磁路均经过定子轭部、极身、气隙、电枢齿、电枢铁心，然后再经过电枢齿、气隙和极身回到定子轭部，形成闭合回路。在该磁通路径中，经过气隙、电枢齿和极身各两次。

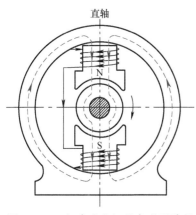

图 1-28　2 极直流电机的主磁通路径　　图 1-29　6 极直流电机的主磁通路径

直流电机主极的极靴宽度 b_p 一般约为极距 τ 的 75% 左右。极靴下的气隙不均匀，在主极中心线附近，气隙较小且均匀，接近极尖处气隙较大。在气隙较小处，磁通密度 B 较大；而在气隙较大处，磁通密度 B 较小；在两个主磁极之间的几何中心线处，磁通密度 $B=0$。不计齿、槽影响时，空载时的气隙磁通密度分布是一个在空间固定的平顶波，如图 1-30 所示。

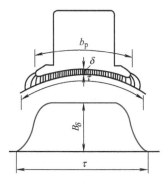

图 1-30　直流电机空载时气隙磁通密度的分布

1.3.2　负载运行的气隙磁场和电枢反应

当直流电机带上负载后，电枢绕组中有电流流过，电枢电流将产生电枢磁动势，因此负载时的气隙磁场将由主磁极磁动势和电枢磁动势共同建立。负载时，电枢磁动势对主极磁场的影响称为电枢反应。为了分析电枢反应的作用，假定励磁电流为零，先分析电枢电流所产生的电枢磁场的分布情况；然后在不考虑饱和的情况下，将励磁电流所产生的主磁极磁场和电枢电流产生的电枢磁场合成，从而就可以弄清电枢磁动势对主磁极磁场的影响。

1. 电刷在几何中性线的电枢磁场

直流电机电枢磁场

如图 1-31 所示，一台 2 极电机，电刷位于几何中性线上。设主磁极的励磁电流为零，电枢表面光滑，电枢绕组为整距绕组，导体在电枢表面为均匀分布。由于电刷是支路电流和电枢表面电流分布的分界线，若电枢上半圆周导体电流的方向为流出纸面，则下半圆周的导体电流方向为流入纸面。根据右手螺旋定则，此时电枢磁动势所建立的磁场分布将如图 1-31 中虚线所示。

电枢虽然在旋转，但由于电刷和换向器的作用，使得每个磁极下电枢元件边中电流的方向固定不变，因而电枢磁动势以及由它建立的电枢磁场在空间应为固定不动，且电枢磁动势的方向与电刷轴线重合。所以，当电刷位于几何中性线上时，电枢磁动势是交轴磁动势，且电枢磁场与主极磁场始终保持相对静止。

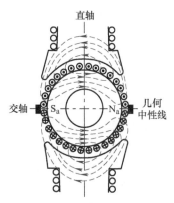

图 1-31　电枢磁场分布

2. 电刷在几何中性线的电枢磁动势与气隙磁感应强度分布

（1）电枢磁动势分布

为分析交轴电枢磁动势的大小和分布，可利用叠加原理，从电枢表面只有一个元件入手，然后逐步增加元件数，直至与实际的电枢表面的元件数相同为止。

1）一个元件产生的电枢磁动势。当电枢表面只有一个整距元件时，设想把电枢圆周从几何中性线处切开、展平，如图 1-32 所示。设元件匝数为 N_c，元件中电流为 I_c，元件产生的磁动势为 N_cI_c，由图 1-32 可知，如果忽略铁磁材料中的磁位降，根据安培环路定理，磁动势 N_cI_c 将全部消耗在两段气隙上，每段气隙各消耗 $0.5N_cI_c$。假定从电枢表面进入气隙的电枢磁场为正,反之为负,就可以得到一个元件所产生的电枢磁动势是一个空间位置固定的矩形波,如图1-32所示。

2)多个元件产生的电枢磁动势。如果电枢表面有三个均匀分布的元件,且每个元件导体中的电流均为I_c,元件匝数均为N_c,由于三个元件在电枢表面的空间位置错开了一段相同的距离,如图1-33a所示,所以三个元件所产生的磁动势波也

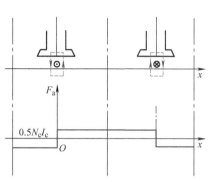

图1-32 一个元件产生的电枢磁动势

在空间上错开一定位置,如图1-33b所示。将这三个元件的磁动势沿气隙圆周方向的空间各点进行叠加,其合成磁动势为一个空间位置固定的阶梯波,如图1-33c所示,其幅值为$1.5N_cI_c$。

当电枢表面均匀分布着许多载流元件时,利用叠加法,将所有的矩形波叠加后,总的电枢磁动势波形将成为一个空间位置固定的阶梯波,如图1-34a所示。如果忽略波形上的小阶梯,总的电枢磁动势波形将接近于三角形波,如图1-34b中的曲线1所示。

(2)气隙磁感应强度分布

把电枢表面(气隙)不同点处的电枢磁动势F_a除以该处的气隙长度δ,再乘以空气的磁导率μ_0,即可得到交轴电枢磁场磁通密度B_a为

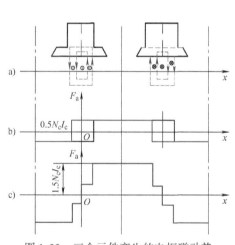

图1-33 三个元件产生的电枢磁动势

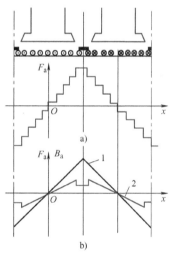

图1-34 交轴电枢磁动势和磁通密度的分布波形

直流电机
负载磁场

$$B_a = \mu_0 F_a / \delta \tag{1-14}$$

式(1-14)表明:电枢磁场的磁通密度B_a与该处的磁动势F_a成正比,与气隙长度δ成反比。由图1-31可知,在主磁极下气隙基本为均匀,磁通密度B_a与磁动势F_a成正比;而在两主磁极之间,由于气隙增大,磁通密度将被大大削弱,于是整个电枢磁场B_a在空间呈马鞍形分布,如图1-34b中的曲线2所示。

3. 电刷在几何中性线的气隙合成磁场与电枢反应

(1)气隙合成磁场分布

图1-35a为只有主磁极励磁时的磁场分布示意图;图1-35b为没有主磁极励磁,只

有电枢绕组电流产生的电枢磁场分布示意图。图 1-36 为电机带负载时的磁场分布示意图。

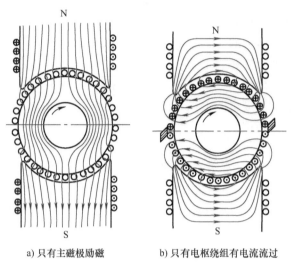

a) 只有主磁极励磁　　　　b) 只有电枢绕组有电流流过

图 1-35　不同励磁条件下的磁场分布示意图

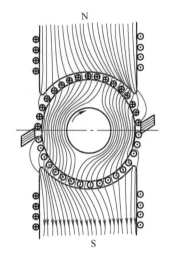

图 1-36　负载时的磁场分布示意图

（2）电枢反应

由于主磁极磁场和电枢磁场在空间位置上相对静止，所以利用叠加原理，可以将平顶波分布的主磁极磁通密度与按马鞍形分布的电枢磁通密度进行叠加，得到直流电机负载时的气隙磁通密度分布，如图 1-37a 所示。图 1-37b 为负载时的气隙磁场示意图。

由 1-37a 可知，在每个主磁极下，主磁场的一半被削弱，另一半被加强。当电机空载时，几何中性线处的主磁极磁场为零，通常将磁通密度为零的位置称为物理中性线；空载时物理中性线和几何中性线重合。电机负载后，由于电枢反应的影响，使气隙磁场发生畸变，电枢表面上磁通密度为零的位置将随之移动，使得物理中性线和几何中性线不再重合。如图 1-37b 所示，对于发电机，物理中性线将顺着电枢旋转方向，从几何中性线向前移过 α 角；对于电动机，则逆着电机旋转方向移过 α 角。

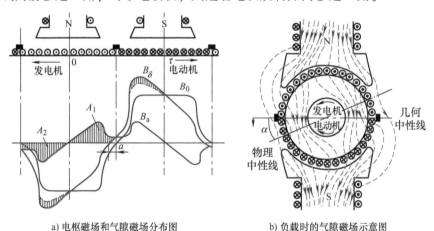

a) 电枢磁场和气隙磁场分布图　　　　b) 负载时的气隙磁场示意图

图 1-37　负载时的电枢磁场和气隙磁场

当磁路不饱和时，主磁场被削弱的数量与加强的数量相等，如图 1-37a 中面积 $A_1 = A_2$ 所示；因此负载时每极下的合成磁通与空载时相等，即交轴电枢反应既无增磁、亦无去磁作用。实际电机中，常存在磁饱和现象。由于磁饱和的影响，增磁部分将使该处的饱和程度提高，使铁心的磁阻增大，从而使气隙磁通密度比不计饱和时降低；而去磁部分的气隙磁通密度与不计饱和时基本一致。因此，负载时每极的磁通将比空载时略有减小，总体呈现去磁性。负载时实际的气隙合成磁场如图 1-37a 中的虚线所示。

综上所述，当电刷在几何中性线上时，电枢反应为交轴电枢反应，其作用为：使气隙磁场发生畸变，物理中性线偏离几何中性线；考虑饱和时，每极磁通略有减小，呈现一定的去磁性。

4. 电刷偏离几何中性线时的电枢反应

由于装配误差或其他原因，若电刷从几何中性线移过 β 角（相应的电枢表面弧长为 b_β），电枢电流的分布随之变化，如图 1-38a 所示，则每极下的电枢磁动势可分解为两部分：一部分为 $\tau - 2b_\beta$ 范围内的载流导体所产生的交轴电枢磁动势，如图 1-38b 所示；另一部分为 $2b_\beta$ 范围内的载流导体所产生的直轴电枢磁动势，如图 1-38c 所示。图 1-39 为此时的电枢磁动势分布波形，图中曲线 2 为交轴电枢磁动势波形，曲线 3 为直轴电枢磁动势波形，曲线 1 为合成电枢磁动势波形。

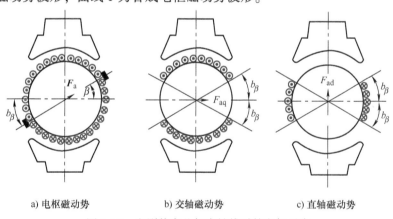

a) 电枢磁动势 b) 交轴磁动势 c) 直轴磁动势

图 1-38 电刷偏离几何中性线时的电枢反应

交轴电枢磁动势对主磁极磁场的影响称为交轴电枢反应；直轴电枢磁动势对主磁极磁场的影响称为直轴电枢反应。交轴电枢反应的作用与电刷位于几何中性线上的电枢反应作用相同；直轴电枢磁动势的轴线与主极轴线重合，其作用将直接影响主磁极下磁通的大小。对于发电机，当电刷顺电枢旋转方向移动 β 角时，直轴磁动势的方向与主磁场的方向相反，使主磁极下的磁通减小，即电枢反应起去磁作用；当电刷逆旋转方向移动 β 角时，直轴磁动势的方向与主磁场的方向相同，使主磁极下的磁通增加，即电枢反应

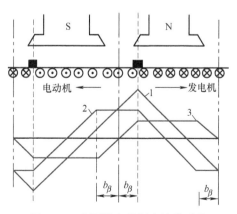

图 1-39 电刷偏离几何中性线时的
电枢磁动势分布波形

起增磁作用。电动机的情况与发电机恰好相反。去磁的直轴电枢反应使电枢电动势减小，而助磁作用的直轴电枢反应将会引起换向困难。现代直流电机基本上都装有换向极，电刷应严格放在几何中性线处，从而避免了直轴电枢反应的产生。

正是由于交轴电枢磁动势和主极磁场的互相作用，直流电机才能进行机电能量的转换。此外，电枢反应对电机运行特性亦有较大影响，对电动机将影响其电磁转矩和转速；而对发电机则将影响其感应电动势和端电压。

思考题

1. 什么是直流电机的空载？直流电机空载时其电枢电流具有哪些特点？
2. 直流电机空载时的磁场由什么产生？该磁场有哪些特点？
3. 直流电机的电枢磁场由什么产生？它有哪些特点？
4. 直流电机负载时的磁场由什么产生？它有哪些特点？
5. 什么是电枢反应？电枢反应的作用是什么？

1.4 直流电机的感应电动势和电磁转矩

1.4.1 直流电机的感应电动势

电枢旋转时，电枢导体切割气隙磁场，电枢绕组中将会感应电动势。直流电机电枢的感应电动势是指电枢绕组的一对正、负电刷间的电动势，也就是每条支路的感应电动势。从电刷两端看，每条支路在任何瞬时所串联的导体数是相等的，而且每条支路中的导体分布在同一磁极（或同一极性的磁极）下的不同位置，如图 1-40 所示。所以每个导体中感应电动势的瞬时值是不同的，但任何瞬间构成

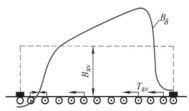

图 1-40 气隙磁场分布和导体感应电动势、电磁力公式的导出

支路的情况基本相同，且每个磁极下的气隙磁场，除极性不同外，其磁通密度的分布情况完全相同。因此，无论是哪种绕组，每条支路中各导体电动势瞬时值的总和可以认为不变。所以，计算支路电动势，只需先求出一根导体在一个磁极下（即一个极距内）的平均电动势 E_{av}，再乘上一条支路的导体数 $N/(2a)$（设 N 为电枢总导体数，a 为并联支路对数），就可以求出电枢感应电动势 E_a。

在图 1-40 中，假定一个磁极下的平均气隙磁通密度为 B_{av}，则一根导体在一个磁极下（即一个极距内）运动时的平均感应电动势为

$$E_{av} = B_{av} lv \tag{1-15}$$

式中，B_{av} 为一个磁极内气隙磁通密度的平均值（T）；E_{av} 为一根导体的平均感应电动势（V）；l 为电枢导体的有效长度（m）；v 为电枢导体切割气隙磁场的线速度（m/s），它与电枢旋转速度 n 的关系为 $v = 2p\tau n/60$。

B_{av} 与每极磁通 Φ 的关系为

$$B_{av} = \Phi/(\tau l) \tag{1-16}$$

将式（1-16）和 $v = 2p\tau n/60$ 代入式（1-15），可得

$$E_{av} = 2p\Phi n/60 \tag{1-17}$$

于是电枢感应电动势 E_a 为

$$E_a = \frac{N}{2a}E_{av} = \frac{N}{2a}\frac{2p\Phi n}{60} = \frac{pN}{60a}\Phi n = C_e\Phi n \tag{1-18}$$

式中，C_e 称为电动势常数，且 $C_e = \dfrac{pN}{60a}$，它由电机的结构参数决定。若磁通 Φ 的单位为 Wb，转速 n 的单位为 r/min，则感应电动势 E_a 的单位为 V。

式(1-18) 就是电枢的感应电动势公式。由此可见，感应电动势 E_a 与每极磁通 Φ 和电枢旋转速度 n 的乘积成正比。

特别地，若不计磁饱和的影响，电机的每极磁通 Φ 将与励磁电流 I_f 成正比，即 $\Phi = K_f I_f$，其中 K_f 为比例常数。于是有

$$E_a = C_e\Phi n = K_f C_e I_f n = G_{af}I_f\Omega \tag{1-19}$$

式中，G_{af} 为比例常数，且 $G_{af} = \dfrac{60}{2\pi}C_e K_f$；$\Omega$ 为电机的机械角速度。可见，不计饱和时，电枢的感应电动势 E_a 与励磁电流 I_f 和电枢机械角速度 Ω 的乘积成正比。

1.4.2 直流电机的电磁转矩

当直流电机带上负载时，电枢绕组中有电流流过，载流的电枢绕组在气隙磁场中将受到电磁力作用，其大小可以利用电磁力定律来计算。

假设电刷位于几何中性线上，元件为整距，则同一个磁极下载流导体的电流方向均相同。另外，每个磁极下的气隙磁场，除极性不同外，其磁通密度的分布情况亦完全相同。因此，只需要计算一根导体在一个磁极下（即一个极距内）所受到的平均电磁力和电磁转矩，然后再乘以电枢表面的总导体数，就可以得到作用在整个电枢上的电磁转矩。

在图 1-40 中，一个磁极下的平均气隙磁通密度为 B_{av}，假定导体中的电流为 I_c，电枢总电流为 I_a，并联支路对数为 a，则有

$$I_c = I_a/(2a) \tag{1-20}$$

一根导体在一个磁极下（即一个极距内）所受到的平均电磁力为

$$f_{av} = B_{av}lI_c \tag{1-21}$$

式中，f_{av} 为平均电磁力（N）。一根导体产生的平均电磁转矩为

$$T_{av} = \frac{D_a}{2}f_{av} = \frac{D_a}{2}B_{av}lI_c \tag{1-22}$$

式中，T_{av} 为平均电磁转矩（N·m）；D_a 为电枢直径（m），$D_a = 2p\tau/\pi$。

若电枢表面的总导体数为 N，则总的电磁转矩为

$$T_e = NB_{av}lD_aI_a/(2a\times2) \tag{1-23}$$

将式(1-16) 代入式(1-23)，可得

$$T_e = \frac{pN}{2\pi a}\Phi I_a = C_T\Phi I_a \tag{1-24}$$

式中，C_T 称为转矩常数，且 $C_T = \dfrac{pN}{2\pi a}$，它由电机的结构参数决定。若每极磁通 Φ 的单位为 Wb，电枢电流 I_a 的单位为 A，则电磁转矩 T_e 的单位为 N·m。

式(1-24) 就是直流电机的电磁转矩公式。由此可见，直流电机的电磁转矩 T_e 与每极磁通 Φ 和电枢电流 I_a 的乘积成正比。

特别地，若不计磁饱和的影响，电机的每极磁通 Φ 与励磁电流 I_f 成正比，即 $\Phi = K_f I_f$，其中 K_f 为比例常数。于是有

$$T_e = C_T \Phi I_a = K_f I_f C_T I_a = G_{af} I_f I_a \tag{1-25}$$

式中，G_{af} 为比例常数，且 $G_{af} = K_f C_T$。可见，不计磁饱和时，电磁转矩 T_e 与励磁电流 I_f 和电枢电流 I_a 的乘积成正比。

从感应电动势公式式(1-18) 或式(1-19)，以及电磁转矩公式式(1-24) 或式(1-25) 可知，同一台电机的转矩常数与电动势常数之间的关系为

$$C_T = \frac{30}{\pi} C_e \approx 9.55 C_e \tag{1-26}$$

例1-3 一台直流电机的极对数 $p = 3$，采用单叠绕组，电枢绕组总导体数 $N = 398$，气隙每极磁通 $\Phi = 2.1 \times 10^{-2} \text{Wb}$，当转速分别为 $n_1 = 1500 \text{r/min}$ 和 $n_2 = 500 \text{r/min}$ 时，求电枢绕组的感应电动势各为多少？

解： 由于绕组是单叠绕组，绕组的并联支路对数与电机极对数相等，即 $a = p = 3$。

根据感应电动势公式式(1-18)，当电机转速 $n_1 = 1500 \text{r/min}$ 时，电枢绕组一条支路的感应电动势为

$$E_a = \frac{pN}{60a} \Phi n_1 = \frac{3 \times 398}{60 \times 3} \times 2.1 \times 10^{-2} \times 1500 \text{V} = 208.95 \text{V}$$

当电机转速 $n_2 = 500 \text{r/min}$ 时，电枢绕组一条支路的感应电动势为

$$E_a = \frac{pN}{60a} \Phi n_2 = \frac{3 \times 398}{60 \times 3} \times 2.1 \times 10^{-2} \times 500 \text{V} = 69.65 \text{V}$$

例1-4 一台直流电机的极对数 $p = 3$，采用单叠绕组，电枢绕组总导体数 $N = 398$，气隙每极磁通 $\Phi = 2.1 \times 10^{-2} \text{Wb}$，当电枢电流分别为 $I_1 = 10 \text{A}$ 和 $I_2 = 15 \text{A}$ 时，求电机的电磁转矩各为多少？

解： 由于绕组是单叠绕组，绕组的并联支路对数与电机极对数相等，即 $a = p = 3$。

根据电磁转矩公式式(1-24)，当电枢电流 $I_1 = 10 \text{A}$ 时，电机的电磁转矩为

$$T_e = \frac{pN}{2\pi a} \Phi I_1 = \frac{3 \times 398}{2\pi \times 3} \times 2.1 \times 10^{-2} \times 10 \text{N} \cdot \text{m} \approx 13.3 \text{N} \cdot \text{m}$$

当电枢电流 $I_2 = 15 \text{A}$ 时，电机的电磁转矩为

$$T_e = \frac{pN}{2\pi a} \Phi I_2 = \frac{3 \times 398}{2\pi \times 3} \times 2.1 \times 10^{-2} \times 15 \text{N} \cdot \text{m} \approx 20 \text{N} \cdot \text{m}$$

例1-5 一台直流发电机，其额定功率 $P_N = 17 \text{kW}$，额定电压 $U_N = 230 \text{V}$，额定转速 $n_N = 1500 \text{r/min}$，极对数 $p = 3$，电枢绕组总导体数 $N = 780$，采用单叠绕组，气隙每极磁通 $\Phi = 1.3 \times 10^{-2} \text{Wb}$，求电机的额定电流和电枢绕组的感应电动势各为多少？

解： 根据式(1-1)，该直流发电机的额定电流 $I_N = P_N / U_N = (17 \times 10^3 / 230) \text{A} \approx 73.91 \text{A}$。

由于绕组是单叠绕组，绕组的并联支路对数与电机极对数相等，即 $a = p = 3$。

根据感应电动势公式式(1-18)，当电机转速 $n_N = 1500 \text{r/min}$ 时，电枢绕组一条支路的感应电动势为

$$E_a = \frac{pN}{60a}\Phi n_N = \frac{3 \times 780}{60 \times 3} \times 1.3 \times 10^{-2} \times 1500\text{V} = 253.5\text{V}$$

思考题

1. 直流电枢绕组的感应电动势公式是怎样的？其中各量表示的物理含义是什么？
2. 直流电机的电磁转矩公式是怎样的？其中各量表示的物理含义是什么？
3. 感应电动势和电磁转矩两个公式中的 Φ 的含义是什么？

1.5 直流电机的基本方程

直流电机的基本方程包括电系统的电压方程、能量系统的功率方程和机械系统的转矩方程。基本方程是分析发电机和电动机各种运行特性的基础，它与电机的励磁方式有关。

1.5.1 直流电机的电压方程

1. 直流发电机的电压方程

（1）他励直流发电机的电压方程

他励直流发电机的等效电路如图1-41所示，其中 E_a 为发电机的感应电动势，U 为发电机电枢两端的电压，R_a 为电枢回路总电阻（包含电刷接触电阻），当所接负载电阻为 R_L 时，$U = R_L I$，I 为发电机的线路电流，I_a 为发电机的电枢电流。可见，他励直流发电机的电枢电流与线路电流相等，即

$$I_a = I \tag{1-27}$$

由图1-41可得他励直流发电机的电压方程为

$$\begin{cases} E_a = U + I_a R_a \\ U = I R_L \\ U_f = I_f R_f \end{cases} \tag{1-28}$$

（2）并励直流发电机的电压方程

并励直流发电机的等效电路如图1-42所示，其中电枢电流 I_a 等于线路电流 I 与励磁电流 I_f 之和，即

$$I_a = I + I_f \tag{1-29}$$

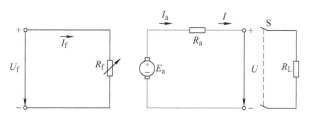
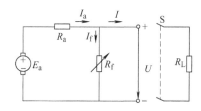

图1-41 他励直流发电机的等效电路   图1-42 并励直流发电机的等效电路

当发电机电枢出线端所接负载电阻为 R_L 时，$U = R_L I$。由等效电路可得并励直流发电机的电压方程为

$$\begin{cases} E_a = U + I_a R_a \\ U = I R_L \\ U_f = U = I_f R_f \end{cases} \tag{1-30}$$

2. 直流电动机的电压方程

（1）他励直流电动机的电压方程

他励直流电动机的等效电路如图1-43所示。其中，电枢电流 I_a 与线路电流 I 相等，励磁电流 I_f 等于励磁电压 U_f 除以励磁回路电阻 R_f，即

$$\begin{cases} I_a = I \\ I_f = U_f / R_f \end{cases} \tag{1-31}$$

由等效电路可得他励直流电动机的电压方程为

$$E_a = U - I_a R_a \tag{1-32}$$

（2）并励直流电动机的电压方程

并励直流电动机的等效电路如图1-44所示。其中，电枢电流等于线路电流与励磁电流之差，励磁电流等于励磁电压除以励磁回路电阻。

$$\begin{cases} I_a = I - I_f \\ I_f = U_f / R_f = U / R_f \end{cases} \tag{1-33}$$

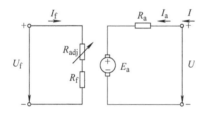

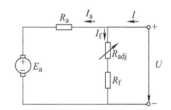

图1-43 他励直流电动机的等效电路　　　图1-44 并励直流电动机的等效电路

由等效电路可得并励直流电动机的电压方程为

$$E_a = U - I_a R_a \tag{1-34}$$

（3）串励直流电动机的电压方程

串励直流电动机的等效电路如图1-45所示。其电压方程为

$$U = E_a + I_a (R_a + R_f) \tag{1-35}$$

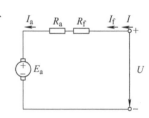

图1-45 串励直流
电动机的等效电路

1.5.2 直流电机的功率方程

1. 直流电机的损耗与效率

直流电机中的损耗主要包括消耗于绕组电阻中的铜耗、消耗于铁心中的铁耗以及转子旋转时的机械损耗和带负载时的附加损耗等。

（1）铜耗

铜耗主要包括电枢回路铜耗 p_{Cua}、励磁回路铜耗 p_{Cuf} 和电刷的接触电压降损耗 p_c。其中，电枢回路铜耗 $p_{Cua} = I_a^2 R_a$；励磁回路铜耗 $p_{Cuf} = I_f^2 R_f = U_f I_f$；电刷接触电压降损耗

$p_c = 2\Delta U_s I_a$，$2\Delta U_s$ 为一对正、负电刷的接触电压降，一般为 2V。由于电枢回路铜耗 p_{Cua} 和电刷接触电压降损耗 p_c 与电枢电流 I_a 直接相关，它们随负载大小的变化而变化，所以通常称为可变损耗。

（2）铁耗 p_{Fe}

铁耗是电枢旋转时，气隙主磁通在电枢铁心内交变而引起的损耗，与磁通大小和转速有关。

（3）机械损耗 p_Ω

机械损耗包括轴承的摩擦损耗、电刷的摩擦损耗以及定、转子的通风损耗等，与转速有关。

机械损耗 p_Ω 和铁耗 p_{Fe} 两者与负载大小无关，电机空载时即存在，所以这两项之和通常称为空载损耗 p_0，即 $p_0 = p_\Omega + p_{Fe}$。在运行过程中，p_0 的数值几乎不变，所以空载损耗也称为不变损耗。

（4）附加损耗 p_{ad}

附加损耗 p_{ad} 也称为杂散损耗，大致包括：结构部件在磁场内旋转而产生的损耗；因电枢齿、槽的影响，使气隙磁通产生脉动而在主磁极铁心中和电枢铁心中产生的脉动损耗；因电枢反应使气隙磁场畸变而在电枢铁心中产生的损耗；由于电流分布不均匀而增加的电刷接触损耗；以及换向电流所产生的损耗等。这些损耗难于精确计算，额定负载时，通常按额定功率的 0.5% ~1% 来估算；其他负载时，p_{ad} 随 $(I/I_N)^2$ 的变化而变化。

（5）直流电机的效率

直流电机的效率定义为

$$\eta = \frac{P_2}{P_1} \times 100\% \qquad (1-36)$$

式中，P_2、P_1 分别为电机的输出功率和输入功率。输入功率与输出功率之间的差为电机内部的总损耗 $\sum p_{loss}$，因此也可将效率表示为

$$\eta = \frac{P_2}{P_1} \times 100\% = \frac{P_{in} - \sum p_{loss}}{P_{in}} \times 100\% \qquad (1-37)$$

2. 直流电机的电磁功率 P_e

将感应电动势公式式(1-18) 或式(1-19) 乘以电枢电流 I_a，电磁转矩公式式(1-24) 或式(1-25) 乘以转子机械角速度 Ω，可得

$$E_a I_a = \frac{pN}{60a} n\Phi I_a = \frac{pN}{2\pi a}\Phi I_a \frac{2\pi n}{60} = T_e\Omega \qquad (1-38)$$

式中，Ω 为转子的机械角速度，且 $\Omega = \frac{2\pi n}{60}$。

式(1-38) 的物理意义：在发电机中，$T_e\Omega$ 是原动机为克服电磁转矩而输入的机械功率，$E_a I_a$ 为电枢发出的电功率，两者相等；在电动机中，$E_a I_a$ 为电枢从电网吸收的电功率，$T_e\Omega$ 为由电功率转变而来的机械功率，两者相等。所以，电机中把实现机械功率与电功率之间相互转换的这部分功率称为电磁功率，表示为

$$P_e = E_a I_a = T_e\Omega \qquad (1-39)$$

可见，在发电机中，电磁功率就是机械功率转化为电功率的这部分功率；在电动

机中，电磁功率就是电功率转化为机械功率的这部分功率。电磁功率是从机械量计算电磁量或从电磁量计算机械量的桥梁。

3. 直流发电机的功率方程

直流发电机是将从轴上输入的机械功率转换为电功率从电枢线端输出。并励直流发电机工作时，从原动机向发电机输入的机械功率 P_1（$P_1 = T_1 \Omega$，T_1 为原动机的输入转矩）中扣除电机的机械损耗 p_Ω、铁耗 p_{Fe} 和附加损耗 p_{ad} 后，其余将转化为电磁功率 P_e 储存在气隙磁场中，即

$$P_1 = T_1 \Omega = p_\Omega + p_{Fe} + p_{ad} + P_e \qquad (1\text{-}40)$$

从电磁功率 P_e 中再扣除电枢回路铜耗 p_{Cua}、励磁回路铜耗 p_{Cuf}（若是他励直流发电机，磁路回路铜耗不计入该功率流程中）和电刷的接触损耗 p_c，余下的即为发电机线端输出的电功率 P_2，且 $P_2 = UI$，于是有

$$P_e = p_{Cua} + p_{Cuf} + p_c + P_2 \qquad (1\text{-}41)$$

上述功率变换过程即为并励直流发电机的功率流程，如图 1-46 所示。

4. 直流电动机的功率方程

直流电动机是将从电网输入的电功率转换为机械功率从电机轴上输出。并励直流电动机稳态工作时，其内部的各种损耗与并励直流发电机一样，只是功率流动的方向不同。首先，从电网输入的电功率 P_1（$P_1 = UI$）中扣除电枢回路铜耗 p_{Cua}，电刷接触电压降损耗 p_c 和励磁回路铜耗 p_{Cuf}（若是他励动机，励磁回路铜耗不计入该功率流程中）后，余下部分即为电磁功率 P_e，再扣除电机的机械损耗 p_Ω、铁耗 p_{Fe} 和附加损耗 p_{ad}，最后余下的部分就是轴上输出的机械功率 P_2，且 $P_2 = T_2 \Omega$。

并励直流电动机的功率流程如图 1-47 所示，相应的功率方程为

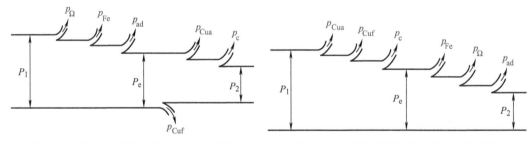

图 1-46　并励直流发电机的功率流程图　　　图 1-47　并励直流电动机的功率流程图

$$P_1 = UI = p_{Cua} + p_{Cuf} + p_c + P_e \qquad (1\text{-}42)$$

$$P_e = p_\Omega + p_{Fe} + p_{ad} + P_2 \qquad (1\text{-}43)$$

1.5.3　直流电机的转矩方程

1. 直流发电机的转矩方程

直流发电机空载时，原动机的输入转矩 T_1 仅需克服由于机械损耗和铁耗等所引起的空载转矩 T_0。带上负载后，电枢电流与气隙磁场相互作用产生电磁转矩 T_e，电磁转矩 T_e 是制动转矩，所以为了使电机恒速旋转，驱动转矩 T_1 除了克服空载转矩 T_0 外，还必须克服电磁转矩 T_e 的制动作用，于是有

$$T_1 = T_e + T_0 \qquad\qquad (1-44)$$

式(1-44) 称为直流发电机的转矩方程。

若忽略附加损耗，对式(1-40) 两边同除以机械角速度 Ω，也可得到式(1-44) 的

直流发电机转矩方程，因此有输入转矩 $T_1 = \dfrac{P_1}{\Omega}$，电磁转矩 $T_e = \dfrac{P_e}{\Omega}$，空载损耗转矩 $T_0 =$

$\dfrac{p_0}{\Omega} = \dfrac{p_{Fe} + p_\Omega}{\Omega}$。

直流发电机内部能量转换
和转矩平衡示意图如图 1-48
所示。

2. 直流电动机的转矩方程

直流电动机的电磁转矩是
驱动性质的转矩。当直流电动
机稳态运行时，电磁转矩 T_e 应
与负载转矩 T_2 及空载转矩 T_0 相
平衡，即

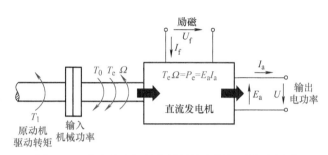

图 1-48　直流发电机的能量转换和转矩平衡示意图

$$T_e = T_2 + T_0 \qquad\qquad (1-45)$$

若忽略附加损耗 p_{ad}，对式(1-43) 两边同除以机械角速度 Ω，也可得到式(1-45)

的直流电动机转矩方程，因此有电磁转矩 $T_e = \dfrac{P_e}{\Omega}$，负载转矩 $T_2 = \dfrac{P_2}{\Omega}$，空载损耗转矩

$T_0 = \dfrac{p_0}{\Omega} = \dfrac{p_{Fe} + p_\Omega}{\Omega}$。

直流电动机的能量转换和转
矩平衡示意图如图 1-49 所示。

例 1-6　一台并励直流发电
机，$P_N = 35\text{kW}$，$U_N = 115\text{V}$，$n_N =$
1450r/min，$R_a = 0.0243\Omega$，额定运
行时发电机励磁回路的总电阻 R_{fN}
$= 20.1\Omega$。试求：发电机额定负载
时的电磁转矩与电磁功率。

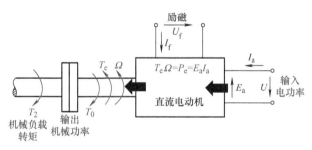

图 1-49　直流电动机的能量转换和转矩平衡示意图

解：发电机的额定电流为

$$I_N = P_N / U_N = (35 \times 10^3 / 115)\text{A} \approx 304.3\text{A}$$

额定励磁电流为

$$I_{fN} = U_N / R_{fN} = (115/20.1)\text{A} \approx 5.72\text{A}$$

额定电枢电流为

$$I_a = I_N + I_{fN} = (304.3 + 5.72)\text{A} \approx 310\text{A}$$

额定电枢电动势为

$$E_a = U_N + I_{aN} R_a = (115 + 310 \times 0.0243)\text{V} \approx 122.5\text{V}$$

发电机额定负载时的电磁功率为

$$P_e = E_a I_{aN} = 122.5 \times 310W = 37975W$$

电磁转矩为

$$T_e = P_e / \Omega = 37975 \times 60 / (2 \times 3.14 \times 1450) N \cdot m \approx 250.2 N \cdot m$$

例 1-7 一台并励直流发电机，$P_N = 9kW$，$U_N = 115V$，$n_N = 1450r/min$，$R_a = 0.15\Omega$，额定运行时发电机励磁回路的总电阻 $R_{fN} = 33\Omega$，发电机的铁耗为 410W，机械损耗为 101W，附加损耗按额定功率的 0.5% 估算。试求：

1）带额定负载时该发电机的电磁转矩。

2）带额定负载时该发电机的效率。

解：1）发电机的额定电流为

$$I_N = P_N / U_N = (9 \times 10^3 / 115) A \approx 78.26 A$$

额定励磁电流为

$$I_{fN} = U_N / R_{fN} = (115/33) A \approx 3.48 A$$

额定电枢电流为

$$I_a = I_N + I_{fN} = (78.26 + 3.48) A = 81.74 A$$

发电机额定负载时的电磁功率为

$$P_e = P_N + p_{Cuf} + p_{Cua} = (9 \times 10^3 + 115 \times 3.48 + 81.74^2 \times 0.15) W \approx 10402.4 W$$

电磁转矩为

$$T_e = P_e / \Omega = 10402.4 \times 60 / (2 \times 3.14 \times 1450) N \cdot m \approx 68.54 N \cdot m$$

2）额定负载时的效率为

$$\eta_N = P_N / (P_e + p_{Fe} + p_\Omega + p_{ad}) = 9 \times 10^3 / (10402.4 + 410 + 101 + 0.005 \times 9 \times 10^3) \times 100\%$$
$$\approx 82.13\%$$

例 1-8 一台并励直流电动机，额定电压 $U_N = 220V$，额定电枢电流 $I_{aN} = 75A$，额定转速 $n_N = 1000r/min$，电枢回路电阻 $R_a = 0.26\Omega$（包括电刷接触电阻），额定运行时励磁回路总电阻 $R_{fN} = 91\Omega$。额定负载时电动机的铁耗为 600W，机械损耗为 1989W。试求：

1）带额定负载时电动机的输出转矩。

2）带额定负载时电动机的效率。

解：1）电动机的励磁电流为

$$I_f = U_N / R_{fN} = 220/91 A \approx 2.42 A$$

线路电流为

$$I_N = I_{aN} + I_f = (75 + 2.42) A = 77.42 A$$

输入功率为

$$P_1 = U_N I_N = 220 \times 77.42 W = 17032.4 W$$

电枢绕组感应电动势为

$$E_a = U_N - I_{aN} R_a = (220 - 75 \times 0.26) V = 200.5 V$$

电磁功率为

$$P_e = E_a I_{aN} = 200.5 \times 75 W = 15037.5 W$$

输出功率为

$$P_2 = P_e - p_{Fe} - p_\Omega = (15037.5 - 600 - 1989) W = 12448.5 W$$

输出转矩为

$$T_2 = P_2/\Omega = 12448.5 \times 60/(2 \times 3.14 \times 1000)\,\mathrm{N} \cdot \mathrm{m} \approx 118.9\,\mathrm{N} \cdot \mathrm{m}$$

2）带额定负载时的效率为

$$\eta_\mathrm{N} = P_2/P_1 = 12448.5/17032.4 \times 100\% \approx 73.1\%$$

思考题

1. 直流电机稳态运行的基本方程有哪些？它们与励磁方式是否有关？
2. 直流电机中存在哪些损耗？
3. 直流发电机的功率流程是怎样的？
4. 直流电动机的功率流程是怎样的？
5. 直流电机的电磁功率如何计算？

1.6　直流发电机的运行特性

直流发电机的运行特性主要是指空载特性、外特性和调节特性。影响这些特性的物理量有端电压 U、负载电流 I、励磁电流 I_f 以及发电机的转速 n。直流发电机的运行特性与发电机的励磁方式有关。

1.6.1　他励直流发电机的运行特性

1. 他励直流发电机的空载特性

空载特性是指电机转速 $n = n_\mathrm{N}$，电枢电流 $I_\mathrm{a} = 0$ 时，电枢的空载端电压 U_0 与励磁电流 I_f 之间的关系 $U_0 = f(I_\mathrm{f})$。

他励发电机
运行特性

空载运行时电枢电流 $I_\mathrm{a} = 0$，电枢回路中没有电阻电压降，所以空载电压就等于电枢感应电动势，即 $U_0 = E_\mathrm{a}$。又因发电机的转速恒定，故电动势 E_a 与主磁通 Φ_0 成正比。另一方面，因为励磁绕组匝数恒定，故励磁磁动势 F_f 与励磁电流 I_f 成正比，所以空载特性曲线 $U_0 = f(I_\mathrm{f})$ 与电机磁化曲线 $\Phi_0 = f(F_\mathrm{f})$ 的形状相似。

空载特性曲线可用试验方法测定，他励直流发电机接线图如图 1-50 所示。试验时开关 S 断开，用原动机拖动电枢旋转至额定转速 n_N，然后闭合开关 S_1，给励磁绕组加上电压，调节励磁回路的调节电阻 R_Pf，使励磁电流从零开始逐渐增加，读取相应的空载电压 U_0 的值，直到空载电压 $U_0 = (1.1 \sim 1.3)U_\mathrm{N}$ 为止。然后逐渐减小励磁电流 I_f 至零，读取相应的空载电压 U_0 的值；当 $I_\mathrm{f} = 0$ 时，空载电压 U_0 不等于零，而有很小的值，此电压称为剩磁电压。改变励磁电流 I_f 的方向，重复上述步骤，可得到磁滞回线的整个下降曲线，如图 1-51 所示。然后根据对称关系画出磁滞回线的上升曲线，并找出磁滞回线的平均曲线，如图 1-51 中的虚线所示，此虚线即为发电机的空载特性曲线。改变发电机的转速 n，可得到不同的空载特性曲线。

并励和复励直流发电机的空载特性，均以他励的形式来测取。空载特性常用于确定磁路和运行点的饱和程度。

2. 他励直流发电机的外特性

他励直流发电机的外特性是指 $n = n_\mathrm{N}$，$I_\mathrm{f} = I_\mathrm{fN}$，负载变化时，电枢端电压 U 与电枢电流 I_a 的关系曲线 $U = f(I_\mathrm{a})$。其中额定励磁电流 I_fN 是指电枢端电压为额定电压 U_N、负

载电流为额定电流 I_N 时的励磁电流。

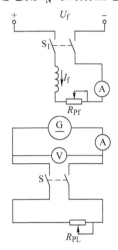

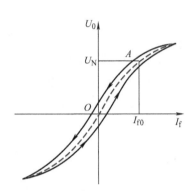

图 1-50　他励直流发电机接线图　　　图 1-51　他励直流发电机的空载特性

外特性曲线也可以用试验法测取。如图 1-50 所示，试验时闭合开关 S，用原动机拖动电枢至额定转速 n_N，并带上负载运行；闭合开关 S_1，给励磁绕组加电压，调节励磁回路的调节电阻 R_{Pf} 和负载电阻 R_{PL}，使发电机达到额定状态（即端电压 $U = U_N$、负载电流 $I = I_N$、励磁电流 $I_f = I_{fN}$）；然后保持励磁电流为 I_{fN}、转速为 n_N 不变，逐渐把负载电流从额定值减小到零（开关 S 断开）；同时测取对应的端电压 U 和负载电流 I，即可画出外特性曲线，如图 1-52 所示。

他励直流发电机的外特性曲线略为下垂。电压下降的原因可利用电压方程式 (1-28) 来分析。随着负载电流的增大，电枢反应的去磁作用增大，使气隙合成磁通略为减小，从而电枢感应电动势也随之减小；另一方面，随着电枢电流增大，电枢回路的电阻电压降增大，这两方面的原因都使得发电机的端电压下降。

在图 1-52 所示的直流发电机的外特性中，定义发电机的电压变化率 Δu_N 为

$$\Delta u_N = \frac{U_0 - U_N}{U_N} \times 100\% \qquad (1\text{-}46)$$

式中，U_0 为发电机的空载端电压；U_N 为发电机带额定负载时的端电压。

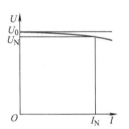

图 1-52　他励直流
发电机的外特性

3. 他励直流发电机的调节特性

调节特性是指当 $n = n_N$，$U = U_N$ 时，励磁电流 I_f 与电枢电流 I_a 之间的关系曲线 $I_f = f(I_a)$。也就是说负载变化时，如何调节励磁电流 I_f 才能维持发电机的端电压 U 不变。

调节特性曲线也可以利用试验法来测取。试验时，同时调节负载电流和励磁电流，使直流发电机在不同负载下保持端电压等于额定值；然后读取负载电流和励磁电流值，可画出调节特性曲线，如图 1-53 所示。

由图 1-53 可见，调节特性曲线随着负载电流的增大而上

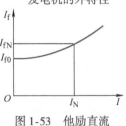

图 1-53　他励直流
发电机的调节特性

56

翘，原因是负载电流增大时，要维持端电压为一常值，必须增大励磁电流使感应电动势增大，以补偿电枢电阻电压降和电枢反应的去磁作用。

4. 他励直流发电机的电压调节

他励直流发电机端电压的调节可以通过改变发电机的感应电动势来实现。根据电压方程 $E_a = U + I_a R_a$ 可知，当 $E_a = C_e \Phi n$ 增加时，U 将增加，反之亦然。因此，可以采用以下两种方法调节他励直流发电机的端电压：

1）改变发电机的转速。当 n 增大时，$E_a = C_e \Phi n$ 将增大，于是 $U = E_a - I_a R_a$ 也将增大。

2）改变励磁电流。当励磁回路电阻 R_f 减小时，由 $I_f = U_f / R_f$，可知励磁电流将增大。于是每极磁通 Φ 将增大，随着磁通的增加，$E_a = C_e \Phi n$ 一定增加，最终使得 $U = E_a - I_a R_a$ 增加。

1.6.2 并励直流发电机的运行特性

1. 并励直流发电机的自励

并励和复励直流发电机均为自励发电机，它们不需要外部直流电源供给励磁电流，使直流发电机的运行、使用比较方便。这样会产生一个问题，发电机的电压是如何建立的？下面以并励直流发电机为例，说明空载电压建立需要满足的条件。

图 1-54 为并励直流发电机的试验接线图，用原动机拖动电枢旋转，使发电机的转速 $n \approx n_N$。并励直流发电机要能建立空载电压，电机内部必须要有剩磁；这样，当电枢导体旋转并切割剩磁时，将会产生不大的剩磁电动势。该剩磁电动势由电枢两端回授到励磁绕组上，将产生一个很小的励磁电流。如果此时励磁绕组的极性能使该励磁电流产生的磁动势与剩磁方向相同而形成正反馈，就能使气隙磁场得到加强，电枢感应电动势增大；从而使励磁电流和气隙磁场得以进一步加强，这样空载电压就可能建立起来。如果励磁绕组的极性不当，使该励磁电流产生的磁动势与剩磁方向相反而形成负反馈，则气隙磁场将被削弱，使电枢感应电动势减小，空载电压就不能建立起来。

并励发电机
运行特性

图 1-55 的曲线 1 为并励直流发电机的空载特性 $U_0 = f(I_f)$，直线 2 为励磁回路的电阻线，即励磁电压 U_f 随励磁电流 I_f 变化的伏安特性 $U_f = R_f I_f$。当不计电枢电阻上的电压降和电枢反应的影响时，励磁绕组的端电压 U_f（也即电枢端电压 U_0）与励磁电流 I_f 之间，在磁路上满足空载特性曲线，在电路上又要满足伏安特性曲线；由此可知，这两条曲线的交点应是正反馈时空载电压建立后的运行点。发电机要自励，这两条曲线必须有交点。若励磁回路电阻较大，这两条曲线就可能没有交点，如图 1-51 中的直线 4，这时空载电压将无法建立。图中直线 3 与空载特性曲线 1 相切，此时励磁回路的电阻称为临界电阻。因此发电机要自励，励磁回路的电阻必须小于相应转速时的临界电阻。

综上所述，并励直流发电机自励建压必须满足三个条件：①发电机的主磁路必须有剩磁；②励磁绕组与电枢绕组连接的极性要正确，使励磁电流产生的磁动势与剩磁方向一致；③励磁回路的总电阻必须小于该转速下的临界电阻。

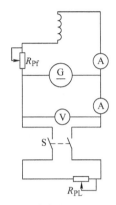

图 1-54 并励直流发电机的接线图

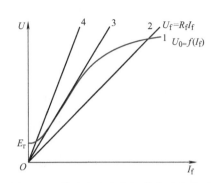

图 1-55 并励直流发电机的自励和建压

2. 并励直流发电机的运行特性

并励直流发电机的空载特性和调节特性与他励直流发电机相似，这里主要分析并励直流发电机的外特性。

并励直流发电机的外特性是指转速 $n = n_N$，励磁回路的总电阻 $R_f = r_f + R_{Pf}$（r_f 为励磁绕组自身电阻）为常值时，发电机端电压 U 和负载电流 I 的关系曲线 $U = f(I)$。与他励时不同，并励的外特性只能保持励磁电阻 R_f 不变；当端电压 U 变化时，励磁电流 I_f 将随之变化，不像他励那样可以保持为常数。

并励直流发电机的外特性亦可由试验法测取，试验时的接线图如图 1-54 所示。用原动机拖动电枢至额定转速 n_N，并带上负载运行，调节励磁回路的调节电阻 R_{Pf} 和负载电阻 R_L，使发电机达到额定状态。然后，保持励磁回路总电阻和转速 n_N 不变，从额定值起逐步减小负载电流，一直到零为止（开关 S 断开）。在此过程中，依次读取端电压 U 和相应的负载电流 I，可画出外特性如图 1-56 所示。

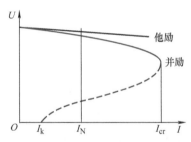

图 1-56 并励直流发电机的外特性

与他励时的外特性相比较，并励直流发电机的外特性下降的幅度较大，即在同一负载电流 I 下，端电压 U 较低。这是由于随着负载电流 I 的增大，除电枢反应的去磁作用和电枢回路电阻电压降增大外，并励时励磁电流 I_f 将随着端电压 U 的降低而减小，从而引起主磁通和电枢感应电动势的进一步下降。所以在相同负载时，并励发电机的端电压要比他励时下降得多，而且会出现"拐弯"现象。

并励直流发电机外特性曲线出现"拐弯"现象的原因是：当端电压较高时，电机磁路处于较饱和区，励磁电流 I_f 的变化对感应电动势的影响不大，故负载电阻 R_L 减小，负载电流 I 增大，端电压 U 将下降；当 I 增大到临界电流 I_{cr} 之后，发电机进入不饱和区，I_f 的减小使电动势 E_a 和端电压 U 下降得很快，从而导致负载电阻 R_L 减小时电流 I 反而减小的现象。一般并励发电机的 I_{cr} 约为额定电流 I_N 的 2～3 倍。短路电流 $I_k = E_r/R_a$。由于 E_r 为剩磁电动势，数值很小，因此并励发电机的稳态短路电流并不大，常小于 I_N。

3. 并励直流发电机端电压的调节

与他励直流发电机相似，可以用两种方法调节并励直流发电机的端电压：①改变发电机的转速；②改变发电机的励磁电阻，即改变发电机的励磁电流。

1.6.3　复励直流发电机的运行特性

复励发电机分为积复励和差复励两类。在积复励发电机中，并励绕组起主要作用，它使发电机空载时产生额定电压，串励绕组的作用是用来补偿负载时电枢电阻电压降和电枢反应的去磁作用。根据串励绕组的补偿程度，积复励发电机又分为平复励、过复励和欠复励三种。若发电机在额定负载时的端电压等于空载电压，就称为平复励，此时串励绕组的磁动势恰好能补偿电枢反应的去磁作用和电枢电阻电压降。若串励绕组的补偿有余，则额定负载时的端电压将高于空载电压，称为过复励。反之，补偿不足就称为欠复励。

复励发电机的试验接线图如图 1-57 所示，外特性和调节特性如图 1-58、图 1-59 所示。

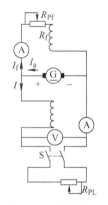

图 1-57　复励直流
发电机的接线图

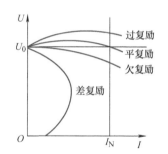

图 1-58　复励直流发电机的外特性

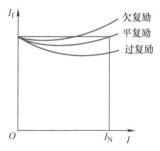

图 1-59　复励直流发电机的
调节特性

例 1-9　一台并励直流发电机，$P_N = 19\text{kW}$，$U_N = 230\text{V}$，$n_N = 1450\text{r/min}$，$R_{a75℃} = 0.183\Omega$，励磁绕组每极匝数 $N_f = 880$ 匝，额定励磁电流 $I_{fN} = 2.79\text{A}$，励磁绕组电阻 $R_{f75℃} = 81.1\Omega$。当转速为 1450r/min 时，测得发电机的空载特性如下：

I_f/A	0.37	0.91	1.45	2.0	2.38	2.74	3.28
U_0/V	44	104	160	210	240	258	275

试求：

1）若使发电机空载时的端电压等于额定电压，则励磁回路应串入的电阻为多少？

2）发电机额定运行时的电压变化率为多少？

3）发电机额定运行时电枢反应的去磁安匝为多少？

解： 1）要使发电机的空载电压等于额定电压，即 $U_0 = 230\text{V}$，由空载特性曲线上可计算得 $I_{f0} = 2.253\text{A}$，所以，此时励磁回路的总电阻应为

$$R_{f0} = U_0/I_{f0} = (230/2.253)\Omega \approx 102.09\Omega$$

于是，应在励磁回路串入的电阻为

$$R_f = R_{f0} - R_{f75℃} = (102.09 - 81.1)\Omega = 20.99\Omega$$

2）发电机额定运行时，其励磁电阻应为

$$R_{fN} = U_N/I_{fN} = (230/2.79)\Omega \approx 82.44\Omega$$

将空载特性数据在 $I_f = 2.74 \sim 3.28$ 区段内线性化，得到电压与 I_f 的关系式为

$$U_0 = 258 + \frac{275 - 258}{3.28 - 2.74} \times (I_f - 2.74) \approx 171.74 + 31.48I_f$$

而 $I_f = U_0/R_{fN} = U_0/82.44$，代入上式，可得到空载端电压为 $U_0 \approx 278V$。

于是发电机额定运行时的电压变化率为

$$\Delta u = \frac{U_0 - U_N}{U_N} \times 100\% = \frac{278 - 230}{230} \times 100\% \approx 20.9\%$$

3）发电机的额定电流为

$$I_N = P_N/U_N = (19000/230)A \approx 82.61A$$

$$I_{aN} = I_N + I_{fN} = (82.61 + 2.79)A = 85.4A$$

额定感应电动势为

$$E_a = U_N + I_{aN}R_a = (230 + 85.4 \times 0.183)V \approx 245.6V$$

从空载特性表查得等效励磁电流为

$$I'_f = \left[2.38 + \frac{2.74 - 2.38}{258 - 240} \times (245.6 - 240)\right]A = 2.492A$$

所以，在额定运行时电枢反应的去磁安匝为

$$F_{adq} = N_f(I_{fN} - I'_f) = 880 \times (2.79 - 2.492)A \cdot 匝 \approx 262.2A \cdot 匝$$

例 1-10 一台并励直流发电机，$P_N = 26kW$，$U_N = 230V$，$n_N = 1450r/min$，$R_a = 0.1485\Omega$，在额定转速时，测得发电机的空载特性如下：

I_f/A	1.0	2.0	3.0	4.0	5.0	6.0	7.0
U_0/V	139	217	246	266	278	289	298

试求：

1）额定负载时并励回路的电阻为多少？

2）当励磁回路电阻保持不变时，发电机的空载电压为多少？

3）当原动机的转速升高为 1500r/min 时，发电机的空载电压为多少？

解： 1）发电机的额定电流为

$$I_N = P_N/U_N = (26000/230)A \approx 113A \approx I_{aN}$$

额定感应电动势为

$$E_a = U_N + I_{aN}R_a = (230 + 113 \times 0.1485)V \approx 246.8V$$

从空载特性查得等效励磁总电流为

$$I'_f = \left(3.0 + 1.0 \times \frac{246.8 - 246}{266 - 246}\right)A = 3.04A$$

当不计电枢反应的去磁作用时，励磁回路电阻应为

$$R_f = \frac{U_N}{I_f} = \frac{230}{3.04}\Omega \approx 75.66\Omega$$

2）当励磁回路电阻保持不变时，发电机的空载电压应是励磁回路电阻线与磁化曲

线的交点，励磁回路电阻线方程为

$$U_0 = R_f I_f = 75.66 I_f$$

估计 U_0 在 246V 和 266V 之间，由空载特性可得该段磁化曲线的方程为

$$\frac{U_0 - 246}{266 - 246} = \frac{I_f - 3}{4 - 3}$$

联立励磁回路电阻线方程和磁化曲线方程，可以求得励磁电流为 $I_f \approx 3.34\text{A}$，恰好在估算的区间内，所以，发电机的空载电压为

$$U_0 = 75.66 I_f = 75.66 \times 3.34\text{V} \approx 252.7\text{V}$$

3）由于发电机的磁化曲线与电机的转速成正比，因此，将上述磁化曲线中的 U_0 值乘以 1500/1450，可得到转速为 1500r/min 时的磁化曲线如下：

I_f/A	1	2	3	4	5	6	7
U_0/V	143.8	224.5	254.5	275	287.6	299	308

按照 2）中的方法，估计 U_0 在 254.5V 和 275V 之间，由空载特性可得该段磁化曲线的方程为

$$\frac{U_0 - 254.5}{275 - 254.5} = \frac{I_f - 3}{4 - 3}$$

联立励磁回路电阻线方程和磁化曲线方程，可以求得励磁电流为 $I_f \approx 3.5\text{A}$，恰好在估算的区间内，所以，发电机的空载电压为

$$U_0 = 75.66 I_f = 75.66 \times 3.5\text{V} = 264.81\text{V}$$

思考题

1. 直流发电机的运行特性具体有哪些？
2. 为什么直流发电机的空载特性实质就是电机的磁化曲线？
3. 请画出他励直流发电机在不同转速下的空载特性曲线，并比较它们的差异。
4. 何为发电机的电压变化率？如何调节他励或并励直流发电机输出端电压的大小？
5. 并励直流发电机必须满足哪些条件才能自励建立空载电压？
6. 若并励直流发电机正转时能自励建立空载电压，当原动机拖动电枢反方向旋转时，该发电机能否自励建立空载电压？若在反转的同时把励磁绕组的两个端子反接，是否可以自励建立空载电压？
7. 并励直流发电机的外特性比他励的外特性下垂幅度大的原因有哪些？

1.7 直流电动机的运行特性与应用

直流电动机的运行特性包括工作特性和转速－转矩特性（也称为机械特性）。其中，工作特性是选用直流电动机的一个重要依据；机械特性表征电动机输出的机械性能，它与转子的运动方程式一起可以决定拖动系统的运行状态。直流电动机的应用主要指电动机的起动、调速与制动。

1.7.1 直流电动机的运行特性

直流电动机的工作特性是指当电动机的端电压为额定电压 U_N，电枢回路无外串电

阻，励磁电流为额定励磁电流 I_{fN} 时，电机转速 n、电磁转矩 T_e 和效率 η 与输出功率 P_2 之间的关系，即 n，T_e，$\eta = f(P_2)$。在电机的实际运行中，电枢电流 I_a 可测，且 I_a 随负载的增大而增大，所以亦可以将工作特性表示为 n，T_e，$\eta = f(I_a)$。机械特性是指电动机电枢端加额定电压 U_N，励磁电流 I_f 为常值时，电机转速 n 与电磁转矩 T_e 之间的关系，即 $n = f(T_e)$。

直流电动机的工作特性因励磁方式不同，差别很大，下面将分别进行说明。

1. 他励直流电动机的运行特性

他励直流电动机的接线图如图 1-60 所示。首先给励磁回路加上励磁电压 U_f，在电枢端加额定电压 U_N，调节磁场电阻 R_{Pf} 和电动机的负载，使电动机输出功率为额定功率 P_N、转速为额定转速 n_N，此时的励磁电流称为额定励磁电流 I_{fN}。保持 $U = U_N$、$I_f = I_{fN}$ 不变，改变电动机的负载，测得相应的转速 n、输出转矩 T_2 和电枢电流 I_a（或输出功率 P_2），可得到如图 1-61 所示的工作特性。工作特性包括转速特性、转矩特性和效率特性。

并励电动机
运行特性

串励直流
电机运行
特性

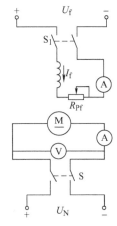

图 1-60　他励直流电动机接线图

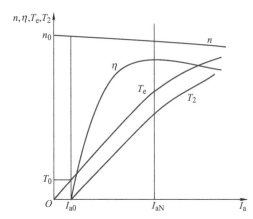

图 1-61　他励直流电动机的工作特性

（1）转速特性 $n = f(I_a)$

转速特性是指当 $U = U_N$，$I_f = I_{fN}$，电枢回路无外串电阻时，电动机的转速 n 与电枢电流 I_a 之间的关系 $n = f(I_a)$。

由感应电动势公式和电压方程可知

$$n = \frac{E_a}{C_e \Phi_N} = \frac{U_N}{C_e \Phi_N} - \frac{R_a}{C_e \Phi_N} I_a \tag{1-47}$$

式(1-47)通常称为电动机的转速公式。若忽略电枢反应的去磁作用，则每极磁通 Φ 与电枢电流 I_a 无关而为一个常数，于是式(1-47)可改写成直线方程的形式，即

$$n = n_0 - \beta I_a \tag{1-48}$$

式中，n_0 为理想空载转速，即 $I_a = 0$ 时电动机的转速，且 $n_0 = \dfrac{U_N}{C_e \Phi_N}$；$\beta$ 为直线的斜率 $\beta = \dfrac{R_a}{C_e \Phi_N}$。可见，他励直流电动机的转速特性是一条斜率为 β 的向下倾斜的直线，如

图 1-61 所示。

实际上，当电机磁路饱和时，随着电枢电流 I_a 的增大，交轴电枢反应的去磁作用可使转速 n 升高，使转速特性成为上翘的直线，这将使拖动系统变得不稳定。为保证电动机的稳定性，必须采取措施使转速特性成为向下倾斜的直线。

（2）转矩特性 $T_e = f(I_a)$

转矩特性是指当 $U = U_N$，$I_f = I_{fN}$，电枢回路无外串电阻时，电磁转矩 T_e 与电枢电流 I_a 之间的关系 $T_e = f(I_a)$。

由转矩公式 $T_e = C_T \Phi I_a$ 可见，$I_f = I_{fN}$ 且不计磁饱和时，Φ 为常数，于是电磁转矩与电枢电流成正比，即 $T_e = f(I_a)$ 为一条直线，随电枢电流的增加，T_e 线性增加；当负载（或电枢电流）较大时，由于电枢反应使磁通 Φ 略为减小，故转矩特性偏离直线，呈略为下降趋势；当电机空载时，电枢电流 $I_a = I_{a0}$，电磁转矩 $T_e = T_0$，如图 1-61 所示。

（3）效率特性 $\eta = f(I_a)$

效率特性是指当 $U = U_N$，$I_f = I_{fN}$，且电枢回路无外串电阻时，效率 η 与电枢电流 I_a 之间的关系 $\eta = f(I_a)$。

式(1-37) 中，直流电机的效率为输出功率 P_2 与输入功率 P_1 之间的百分比值，即

$$\eta = \frac{P_2}{P_1} \times 100\% = \left(1 - \frac{\sum p}{P_1}\right) \times 100\%$$

$$= \left(1 - \frac{I_a^2 R_a + p_c + p_\Omega + p_{Fe} + p_{ad}}{UI_a}\right) \times 100\% \tag{1-49}$$

式中，$\sum p$ 为电机的总损耗，包括铜耗、铁耗、机械损耗和附加损耗等。他励直流电动机的励磁电流由其他电源供给，所以习惯上励磁损耗不计入总损耗中。

他励直流电动机的效率特性曲线如图 1-61 所示。当负载较小时，电机的效率较低，当负载增大时，效率随输出功率的增大而增大；但当负载增大到一定程度时，由于铜耗随电枢电流的增大而快速增大，使电机的效率将重新开始下降。

当 $U = U_N$，$I_f = I_{fN}$ 时，他励直流电动机的气隙磁通和转速受负载变化影响较小，可以认为铁耗 p_{Fe}、机械损耗 p_Ω 为不变损耗；电枢回路铜耗 p_{Cua}、电刷接触损耗 p_c 和附加损耗 p_{ad} 随电枢电流 I_a 的变化而变化，称为可变损耗。

由式(1-49) 可知，效率近似为电枢电流 I_a 的二次曲线。通常可得效率达到最大值的条件为

$$p_{不变损耗} = p_{可变损耗} \tag{1-50}$$

即当不变损耗与可变损耗相等时，直流电动机的效率将达到最大值。这一结论具有普遍意义，对其他电动机也同样适用。

（4）机械特性 $n = f(T_e)$

机械特性是指直流电动机加上额定电压 U_N 和额定励磁电流 I_{fN} 时，转速 n 与电磁转矩 T_e 之间的关系 $n = f(T_e)$。当外加电压为额定电压，电动机的主磁通为额定磁通，且电枢回路无外串电阻时的机械特性称为他励直流电动机的固有机械特性。

根据他励直流发电机的电压方程和感应电动势的计算公式，可得

$$U_N = C_e n \Phi_N + I_a R_a \tag{1-51}$$

由于 $T_e = C_T \Phi_N I_a$，于是，电枢电流 I_a 可表示为

$$I_a = \frac{T_e}{C_T \Phi_N} \tag{1-52}$$

结合式(1-51)和式(1-52)，可得

$$U_N = C_e n \Phi_N + \frac{T_e}{C_T \Phi_N} R_a \tag{1-53}$$

最后，得到电动机的转速与电磁转矩的关系式为

$$n = \frac{U_N}{C_e \Phi_N} - \frac{R_a}{C_e C_T \Phi_N^2} T_e \tag{1-54}$$

如果忽略电枢反应的影响，上述关系可表示为直线关系，即

$$n = n_0 - \beta' T_e \tag{1-55}$$

式中，n_0 为理想空载转速，即当 $T_e = 0$ 时电动机的转速，且 $n_0 = \frac{U_N}{C_e \Phi_N}$；$\beta'$ 为直线的斜率，$\beta' = \frac{R_a}{C_e C_T \Phi_N^2}$。

直流电动机的实际空载转速计算公式为

$$n_0' = n_0 - \frac{R_a}{C_e C_T \Phi_N^2} T_0 \tag{1-56}$$

式中，T_0 为空载损耗转矩，$T_0 = \frac{p_0}{\Omega}$。

他励直流电动机的机械特性为一条向下倾斜的直线，如图 1-62a 所示。由图可见，电动机带负载后，转速 n 有一些下降。

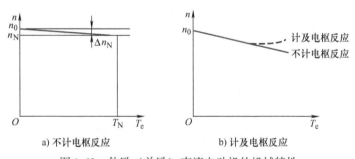

a) 不计电枢反应　　　　　　　　b) 计及电枢反应

图 1-62　他励（并励）直流电动机的机械特性

根据式(1-54)，可得电动机负载后的转速降 Δn 为

$$\Delta n = \frac{R_a}{C_e C_T \Phi_N^2} T_e = \beta' T_e \tag{1-57}$$

由式(1-57)可知，β' 越大，转速降 Δn 越大，表明机械特性越软；反之，则机械特性越硬。影响机械特性软硬的主要因素为：电枢回路所串电阻 R_a 的大小和电动机每极磁通 Φ 的大小。机械特性的硬度也可用额定转速的变化率 $\Delta n_N \%$ 来表示。$\Delta n_N \%$ 定义为

$$\Delta n_N \% = \frac{n_0 - n_N}{n_N} \times 100\% \tag{1-58}$$

式中，n_N 为电动机的额定转速。

当电动机所带负载增大时，由于饱和时交轴电枢反应将产生去磁作用，使得每极磁通 Φ 略为减小，导致电动机的转速 n 稍有上升，可能使机械特性在负载较大时出现上翘的现象，如图 1-62b 所示。这种上翘的机械特性曲线可能会使拖动系统不能稳定运行。为避免机械特性上翘，常在主磁极上加上匝数很少的串励绕组，其产生的磁动势可抵消电枢反应的去磁作用，上述串励绕组被称为稳定绕组。

（5）人为机械特性

他励直流电动机的机械特性又分为固有机械特性和人为机械特性。当人为地改变电动机的某一个参数，如电枢回路电阻 R_a、每极磁通 Φ 或电源电压 U，就可以得到人为机械特性。他励直流电动机有以下三种人为机械特性。

1）改变电枢回路电阻时的人为机械特性。当 $U = U_N$，$\Phi = \Phi_N$，$R = R_a + R_S$ 时，他励直流电动机的人为机械特性表达式为

$$n = \frac{U_N}{C_e\Phi_N} - \frac{R_a + R_S}{C_e C_T \Phi_N^2}T_e \tag{1-59}$$

式中，R_S 为电枢回路外串的电阻。

依据式（1-59）可知，电枢回路外串电阻 R_S 时，理想空载转速 n_0 保持不变，但机械特性曲线的斜率 β' 随外串电阻 R_S 的增大而增大，使人为机械特性变软，如图 1-63 所示。在相同的负载下，直流电动机在稳态运行时的转速降 Δn，随外串电阻 R_S 的增大而增大。所以，电枢回路外串电阻的人为机械特性，是一簇通过理想空载转速点 n_0 而斜率不同的直线族。

2）改变电源电压时的人为机械特性。当 $R = R_a$，$\Phi = \Phi_N$ 时，改变外加电源电压 U，可得到电动机的人为机械特性表达式为

$$n = \frac{U}{C_e\Phi_N} - \frac{R_a}{C_e C_T \Phi_N^2}T_e \tag{1-60}$$

由式（1-60）可知，改变电源电压 U 时，斜率 β' 未变，即人为机械特性的硬度与固有机械特性的硬度相同，但其理想空载转速 n_0 随外加电压 U 的降低而减小，如图 1-64 所示。

在实际工作中，电源电压一般是从额定电压 U_N 向下调节。从图 1-64 可知，在相同的负载下，电动机的转速降 Δn 不随外加电压的变化而变化，所以改变电源电压的人为机械特性是一簇斜率相同的平行线。

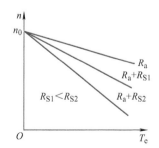

图 1-63 电枢回路串入电阻时的人为机械特性

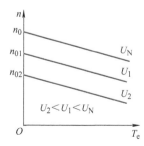

图 1-64 降低电源电压时的人为机械特性

3）减小磁通时的人为机械特性。当 $U = U_N$，$R = R_a$ 时，改变励磁电流 I_f 的大小，可得到电动机的人为机械特性表达式为

$$n = \frac{U_N}{C_e \Phi} - \frac{R_a}{C_e C_T \Phi^2} T_e \tag{1-61}$$

由式(1-61) 可知，改变磁通 Φ 时，人为机械特性的斜率 β' 随磁通 Φ 的减弱而增大；即机械特性的硬度随磁通 Φ 的减弱而降低；理想空载转速 n_0 则随磁通 Φ 的减弱而增大，如图1-65a 所示。在实际电动机中，由于存在磁饱和现象，所以磁通一般从额定磁通向下调节。由图1-65b 可知，在相同的负载下，电动机的转速降 Δn 随磁通 Φ 的减小而增大。所以，减小磁通 Φ 的人为机械特性是一簇理想空载转速 n_0 逐渐增大、斜率 β' 也逐渐增大的直线。

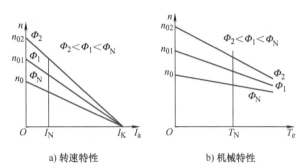

a) 转速特性   b) 机械特性

图1-65　减弱磁通时的人为机械特性和转速特性

在改变电枢回路电阻和改变电源电压的人为机械特性中，因为每极磁通 Φ 不变，故 $T_e \propto I_a$，所以它们的机械特性 $n = f(T_e)$ 就代表了转速特性 $n = f(I_a)$。但是，对于减小磁通的人为机械特性，由于每极磁通 Φ 是个变量，因而转速特性 $n = f(I_a)$ 曲线与机械特性 $n = f(T_e)$ 曲线是不同的，如图1-65a、b 所示。

（6）改变直流电动机的旋转方向

在直流电动机中，电磁转矩是驱动性质的转矩，即电动机的旋转由电磁转矩的驱动产生，因此，电动机的旋转方向亦由电磁转矩的方向决定，即要改变电动机的旋转方向，需要首先改变电磁转矩的方向。从电磁转矩公式 $T_e = C_T \Phi I_a$ 可知，电磁转矩的方向取决于磁通和电枢电流的方向，因此，改变直流电动机励磁磁通（励磁电流）的方向，或者改变电枢电流的方向，均可以实现对电动机旋转方向的改变。

2. 并励直流电动机的运行特性

与他励直流电动机一样，并励直流电动机的工作特性也可用试验法测取，其特性曲线与他励直流电动机类似。

需要注意的是，并励直流电动机起动和运行时，励磁绕组绝对不能开路。若励磁绕组断开，$I_f = 0$，主磁通将迅速下降到剩磁磁通，使电枢电流迅速增大。此时若负载为轻载，则电动机的转速将迅速上升，造成"飞车"；若负载为重载，所产生的电磁转矩克服不了负载转矩，则电动机可能停转，使电枢电流增大到起动电流，引起绕组过热而将电动机烧毁。这两种情况都是很危险的。

例1-11　一台他励直流电动机，$P_N = 1325\text{kW}$，$U_N = 750\text{V}$，$I_a = 1930\text{A}$，$n_N = 200\text{r/min}$，$R_a = 0.0161\Omega$。设电动机在额定负载下以 200r/min 的转速稳态运行，若负载的总制动转矩保持不变，试求：

1）在电枢回路突然串入电阻 $R_{ad} = 0.0743\Omega$，当串入电阻的最初瞬间和达到稳态运行时电动机的电枢电流和转速。

2）减小电动机的励磁电流，使磁通 Φ 减少 10%，当达到稳态时电动机的电枢电流和转速。

解： 从他励直流电动机电压方程式，可得到额定负载时的感应电动势 E_a 为

$$E_a = U - I_a R_a = (750 - 1930 \times 0.0161)\text{V} \approx 719\text{V}$$

1）当在电枢回路突然串入电阻 R_{ad} 时，因惯性作用，电动机的转速不能突变，因此感应电动势 $E_a = 719\text{V}$ 保持不变，于是串入电阻的瞬间，电枢电流为

$$I_a = (U - E_a)/(R_a + R_{ad}) = (750 - 719)/(0.0161 + 0.0743)\text{A} \approx 343\text{A}$$

可见，串入电阻的瞬间电枢电流显著下降，电磁转矩也随之下降，使电动机的转速开始下降。

由于总的制动转矩保持不变，当电动机达到稳态时，电磁转矩将恢复到原来的数值，电枢电流也将回到原来的数值，即 $I_a = 1930\text{A}$。此时的感应电动势 E'_a 为

$$E'_a = U - I_a(R_a + R_{ad}) = [750 - 1930 \times (0.0161 + 0.0743)]\text{V} \approx 576\text{V}$$

稳态时，励磁电流和电枢电流与串入电阻前一样，因此磁通 Φ 未变，而感应电动势与转速成正比，所以稳态时电机的转速 n' 为

$$n' = nE'_a/E_a = 200 \times 576/719\text{r/min} \approx 160\text{r/min}$$

由此可见，转速降低的程度与串入电阻 R_{ad} 的大小成正比。

2）当磁通 Φ 降低 10%，即 Φ'' 为原来的 0.9 倍时，由于总制动转矩不变，最后稳态时电磁转矩一定会回到原来的数值。由于调速前后磁通之比为：$\Phi/\Phi'' = 1/0.9$，故稳态时电机的电枢电流 I''_a 和感应电动势 E''_a 分别为

$$I''_a = I_a \Phi/\Phi'' = 1930 \times 1/0.9\text{A} \approx 2144\text{A}$$

$$E''_a = U - I''_a R_a = (750 - 2144 \times 0.0161)\text{V} \approx 715\text{V}$$

于是，可得到稳态时电机的转速为

$$n'' = nE''_a\Phi/E_a\Phi'' = 200 \times 715/(719 \times 0.9)\text{r/min} = 221\text{r/min}$$

可见，当磁通减弱时，电动机的转速将升高。

例 1-12 一台并励电动机 $P_N = 96\text{kW}$，$U_N = 440\text{V}$，$I_N = 255\text{A}$，$n_N = 500\text{r/min}$，$R_a = 0.078\Omega$，$I_{fN} = 5\text{A}$。试求：

1）电动机的额定输出转矩。

2）在额定电流时的电磁转矩。

3）当电枢电流 $I_a = 0\text{A}$ 时，电动机的理想空载转速。

4）当电枢电流 $I_a = 150\text{A}$ 时，电动机的转速。

5）电动机额定运行且保持总制动转矩不变，当电枢中串入 0.1Ω 电阻时，电动机稳定时的转速。

6）电动机额定运行且保持总制动转矩不变，当电源电压降低为 380V 时，电动机稳定时的转速。

解： 1）由于并励电动机的额定功率即输出功率为 96kW，所以电动机的输出转矩为

$$T_2 = \frac{P_2}{\Omega} = \frac{P_2 \times 60}{2\pi n_N} = \frac{96 \times 10^3 \times 60}{2\pi \times 500}\text{N} \cdot \text{m} \approx 1833.5\text{N} \cdot \text{m}$$

2）并励直流电动机的额定电枢电流为

$$I_{aN} = I_N - I_{fN} = (255 - 5)\,A = 250\,A$$

电动机额定运行时的感应电动势 E_a 为

$$E_a = U_N - I_{aN}R_a = (440 - 250 \times 0.078)\,V = 420.5\,V$$

电动机的电磁功率为

$$P_e = E_a I_{aN} = 420.5 \times 250\,W = 105125\,W$$

电动机的电磁转矩为

$$T_e = \frac{P_e}{\Omega} = \frac{P_e \times 60}{2\pi n_N} = \frac{105125 \times 60}{2\pi \times 500}\,N \cdot m \approx 2007.7\,N \cdot m$$

3）电动机额定运行时，由感应电动势的计算公式可得 $E_a = 420.5\,V = C_e \Phi_N n_N$，即

$$C_e \Phi_N = \frac{E_a}{n_N} = \frac{420.5\,V}{500\,r/min} = 0.841\,V \cdot min/r$$

因此，当电枢电流 $I_a = 0\,A$ 时，电动机的理想空载转速为

$$n_0 = \frac{U_N}{C_e \Phi_N} = \frac{440}{0.841}\,r/min \approx 523.2\,r/min$$

4）当电枢电流 $I_a = 150\,A$ 时，电动机的感应电动势为

$$E_a' = U_N - I_a R_a = (440 - 150 \times 0.078)\,V = 428.3\,V$$

由于磁通 Φ 未变，而感应电动势与转速成正比，所以稳态时电动机的转速 n' 为

$$n' = n E_a'/E_a = (428.3/420.5) \times 500\,r/min \approx 509.3\,r/min$$

5）当在电枢回路串入电阻 $R_{ad} = 0.1\,\Omega$ 时，由于总的制动转矩保持不变，当电动机达到稳态时，电磁转矩将恢复到原来的数值，电枢电流也将回到原来的数值，即 $I_{aN} = 250\,A$。此时的感应电动势 E_a'' 为

$$E_a'' = U_N - I_{aN}(R_a + R_{ad}) = [440 - 250 \times (0.078 + 0.1)]\,V = 395.5\,V$$

由于磁通 Φ 未变，而感应电动势与转速成正比，所以稳态时电动机的转速 n'' 为

$$n'' = n E_a''/E_a = (395.5/420.5) \times 500\,r/min \approx 470.3\,r/min$$

可见，电枢回路串入电阻后，电动机的转速将降低。

6）当电源电压降低为 380V 时，电动机的感应电动势为

$$E_a''' = U - I_{aN}R_a = (380 - 250 \times 0.078)\,V = 360.5\,V$$

由于磁通 Φ 未变，而感应电动势与转速成正比，所以稳态时电动机的转速 n''' 为

$$n''' = n E_a'''/E_a = (360.5/420.5) \times 500\,r/min \approx 428.7\,r/min$$

可见，电源电压降低后，电动机的转速也将降低。

3. 串励直流电动机的运行特性

串励直流电动机的特点是，电枢电流 I_a 与励磁电流 I_f 相等，因此气隙磁通随电枢电流 I_a 的变化而有较大变化。若不考虑磁饱和，串励直流电动机的电压方程和转矩方程为

$$\begin{cases} U = E_a + I_a R_a + I_f R_f = E_a + I_a(R_a + R_f) \\ E_a = C_e n \Phi = C_e' n I_a = C_e' n I_f \\ T_e = T_2 + T_0 \\ T_e = C_T \Phi I_a = C_T' I_a^2 = C_T' I_f^2 \end{cases} \tag{1-62}$$

式中，$\Phi = K_f I_f$，K_f 为主磁通与励磁电流的比例系数；$C'_e = C_e K_f$，$C'_T = C_T K_f$。

串励直流电动机的工作特性是指端电压为额定电压 U_N 时，转速 n、电磁转矩 T_e 和效率 η 与输出功率 P_2（或电枢电流 I_a）之间的关系，即 n，T_e，$\eta = f(P_2)$ 或 n，T_e，$\eta = f(I_a)$。串励直流电动机的工作特性可以用试验测取，接线图如图 1-66 所示。其中，R_f 为励磁绕组电阻；R_{ad} 为附加电阻。

（1）转速特性 $n = f(I_a)$

根据式（1-62）和 $\Phi = K_f I_f$，可得串励直流电动机的转速为

$$n = \frac{U_N - I_a(R_a + R_f)}{C_e \Phi} = \frac{U_N}{C_e K_f} \frac{1}{I_a} - \frac{R_a + R_f}{C_e K_f} \tag{1-63}$$

可见，转速 n 与电枢电流 I_a 成反比，即 $n = f(I_a)$ 为一条双曲线；所以串励直流电动机的转速 n 随电枢电流 I_a 的增大而迅速下降，如图 1-67 所示。

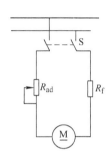

图 1-66　串励直流电动机的接线图

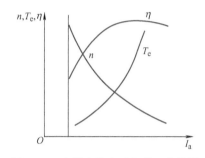

图 1-67　串励直流电动机的工作特性

串励直流电动机在空载或轻载时，$I_a = I_f$ 很小，因而每极磁通 Φ 也很小，由式（1-63）可知，电动机的转速将非常高，出现"飞车"现象，引起危险。因此，串励直流电动机不允许空载或轻载运行。

（2）转矩特性 $T_e = f(I_a)$

由式（1-25）可知，当串励直流电动机的磁路不饱和时，电磁转矩 $T_e = C_T \Phi I_a = C_T K_f I_a^2$，此时电磁转矩按电流二次方的比例增大。当电动机的磁路高度饱和时，Φ 约为常值，电磁转矩按电流一次方的比例增大。一般情况下，串励直流电动机的电磁转矩按大于电流一次方的比例增加，如图 1-67 所示。与并励（他励）电动机相比较，串励电动机的电磁转矩 T_e 随电枢电流 I_a 的增加而上升较快；转速 $n = 0$ 时，串励电动机具有较大的起动转矩。过载时，电动机转速会自动下降，而电动机的输出功率却变化不大；当负载减轻时，转速又会自动上升。所以，串励直流电动机特别适用于电力机车等拖动场合。

（3）效率特性 $\eta = f(I_a)$

串励直流电动机的效率特性与他励直流电动机相似，如图 1-67 所示。

（4）机械特性 $n = f(T_e)$

由式（1-25）可知，当串励电动机磁路不饱和时，$\Phi = K_f I_f$，电磁转矩 $T_e = C'_T \Phi I_a = C'_T K_f I_a^2$，可得机械特性方程为

$$n = \frac{U \sqrt{C'_T}}{C'_e \sqrt{T_e}} - \frac{R}{C'_e K_f} \tag{1-64}$$

式中，R 为电枢回路总电阻，包括电枢绕组电阻、励磁回路电阻、换向极绕组电阻和电刷接触电阻。此时的机械特性是一条双曲线，转速 n 大致与 $\sqrt{T_e}$ 成反比。电磁转矩 T_e 增大，转速 n 迅速下降，特性很软。如图 1-68 中曲线 3 所示。

若电流增大，电动机磁路饱和，Φ 约为常值时，机械特性方程为

$$n = \frac{U}{C_e\Phi} - \frac{R}{C_e\Phi}\frac{T_e}{C_T\Phi} \qquad (1\text{-}65)$$

此时，电动机的机械特性接近于他励直流电动机，但特性仍较软。

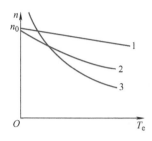

图 1-68　直流电动机的机械特性

1—他励　2—复励　3—串励

4. 复励直流电动机的运行特性

复励直流电动机的接线图如图 1-69 所示。由于复励电动机同时具有并励绕组和串励绕组，因此其工作特性介于并励和串励直流电动机两者之间。若并励绕组的磁动势起主要作用时，复励直流电动机的特性接近于并励直流电动机的特性，当电枢反应的去磁作用较强时，仍能获得下降的转速特性，以保证电动机的稳定运行，此时的串励绕组称为稳定绕组。若串励绕组的磁动势起主要作用时，复励直流电动机的特性接近于串励电动机的特性，但空载时不会出现"飞车"的危险，即复励电动机可以空载或轻负载运行。为避免运行时产生不稳定现象，通常采用积复励。

复励直流电动机的转速特性曲线如图 1-70 中曲线 2、3、5 所示。由图可知，其转速特性介于并励和串励直流电动机的工作特性之间。

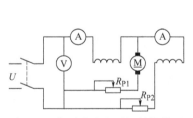

图 1-69　复励直流电动机的接线图

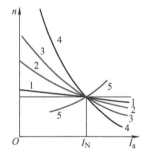

图 1-70　直流电动机的转速特性

1—并励　2—并励为主的复励　3—串励为主的复励
4—串励　5—差复励

复励直流电动机的机械特性曲线如图 1-70 中的曲线 2 所示。积复励直流电动机的用途很广，常用于无轨电车的拖动。

1.7.2　电力拖动系统的稳定运行条件

根据力学定律，电力拖动系统做旋转运动时的运动方程可表示为

$$T - T_L = J\frac{\mathrm{d}\Omega}{\mathrm{d}t} \qquad (1\text{-}66)$$

式中，T 为拖动转矩（N·m）；T_L 为阻力转矩（N·m）；$J\dfrac{\mathrm{d}\Omega}{\mathrm{d}t}$ 为惯性转矩（或称加速转矩）；J 为旋转物体的转动惯量（kg·m^2），Ω 为旋转物体的机械角速度（rad/s）。

在式(1-66) 中，转动惯量 J 亦可表示为

$$J = m\rho^2 = GD^2/4g \qquad (1\text{-}67)$$

式中，m 和 G 分别为旋转部分的质量（kg）和重量（N）；ρ 和 D 分别为惯性半径（m）和直径（m）；GD^2 为飞轮矩（N·m^2）；g 为重力加速度，$g = 9.81\text{m/s}^2$。将角速度 Ω（rad/s）用转速 n(r/min) 代替，即 $\Omega = 2\pi n/60$，并将式(1-67) 代入式(1-66)，可得到旋转运动方程的实用表达式为

$$T - T_L = \frac{GD^2}{375}\frac{\mathrm{d}n}{\mathrm{d}t} \qquad (1\text{-}68)$$

由式(1-68) 可知，电力拖动系统可分为三种运行状态：

1）当 $T = T_L$ 时，$\mathrm{d}n/\mathrm{d}t = 0$，系统静止或等速旋转，电力拖动系统处于稳态运行。

2）当 $T > T_L$ 时，$\mathrm{d}n/\mathrm{d}t > 0$，电力拖动系统处于加速状态，属于过渡过程。

3）当 $T < T_L$ 时，$\mathrm{d}n/\mathrm{d}t < 0$，电力拖动系统处于减速状态，属于过渡过程。

电力拖动系统的稳定性问题，是指电力拖动系统在某种外界干扰因素的作用下，离开了原来的运行状态，当外界干扰因素消除后，是否仍能恢复到原来的运行状态的问题。这里的干扰因素，一般指电网电压波动或负载的微小变化等。

为分析电力拖动系统的稳定性问题，需要将生产机械的负载特性和电动机的机械特性画在同一幅图上，如图 1-71 所示。图中直线 1 是他励直流电动机的固有机械特性 $n = f(T_e)$，直线 2 是电压升高时电动机的人为机械特性；直线 3 是电压降低时电动机的人为机械特性，直线 4 是生产机械的恒转矩负载特性 $n = f(T_L)$。电动机的固有机械特性 1 与恒转矩负载特性 4 相交于 a 点，那么在 a 点系统能否稳定运行？下面用发生网压波动的干扰来判定。

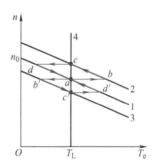

图 1-71　电力拖动
系统的稳定性

当出现电网电压瞬时升高的干扰时，电动机的机械特性将发生变化，由特性 1 变为特性 2。在此瞬间，由于惯性，电动机的转速 n_a 不会突变，故感应电动势 E_a 也不突变，从电动机的电压方程和转矩方程可知，此时电动机的电枢电流 I_a 和电磁转矩 T_e 将瞬时增大，电动机的工作点将从直线 1 的 a 点过渡到直线 2 的 b 点。在 b 点，有 $T_e > T_L$，根据电力拖动系统的运动方程式(1-68) 可知，$\mathrm{d}n/\mathrm{d}t > 0$，于是系统加速，电动机的转速 n 将逐步增大，沿直线 2 达到 c 点。在 c 点处，$T_e = T_L$，$\mathrm{d}n/\mathrm{d}t = 0$，于是系统在新的运行点 c 运行。

若干扰消除，电压恢复正常，电动机的机械特性将从特性 2 变回到特性 1。在此瞬间，由于惯性，电动机的转速 n_c 不会突变，感应电动势 E_a 也不突变，于是电动机的电枢电流 I_a 和电磁转矩 T_e 将瞬时减小，电动机的工作点将从直线 2 的 c 点过渡到直线 1 的 d 点。在 d 点，将出现 $T_L > T_e$，根据电力拖动系统的运动方程式(1-68) 可知，$\mathrm{d}n/\mathrm{d}t < 0$，系统减速，电动机的转速 n 将逐步减小，直到沿直线 1 达到 $T_e = T_L$、$\mathrm{d}n/\mathrm{d}t = 0$ 的 a

点，系统重新回到原来的平衡点 a 点运行。

同理，当出现端电压降低的瞬时干扰时，电动机的机械特性将从特性 1 变为特性 3。在变化的瞬间，由于惯性，电动机的转速 n 和感应电动势 E_a 均不突变，电动机的工作点从直线 1 的 a 点过渡到直线 3 的 b' 点。此后，电动机的电枢电流 I_a 和电磁转矩 T_e 将减小，而负载转矩 T_L 不变，于是出现 $T_e < T_L$、$\mathrm{d}n/\mathrm{d}t < 0$，系统的转速 n 降低，直到沿直线 3 达到 $T_e = T_L$、$\mathrm{d}n/\mathrm{d}t = 0$ 的 c' 点，系统在新的运行点 c' 点运行。

若干扰消除，电动机的机械特性将从特性 3 变回到特性 1。在变化的瞬间，由于惯性，电动机的转速 n 和感应电动势 E_a 均不突变，电动机的工作点从直线 3 的 c' 点过渡到直线 1 的 d' 点。此后，电动机的电枢电流 I_a 和电磁转矩 T_e 将增大，而负载转矩 T_L 不变，于是出现 $T_e > T_L$、$\mathrm{d}n/\mathrm{d}t > 0$，电动机的转速 n 将逐步上升，直到沿直线 1 达到 $T_e = T_L$、$\mathrm{d}n/\mathrm{d}t = 0$ 的 a 点，系统回到 a 点运行。

通过以上分析可知，a 点是系统的稳定运行点。同理可以分析瞬时干扰为负载转矩发生微小变化时的情况。

下面来考虑电枢反应的去磁作用使电动机的固有机械特性出现上翘的情况。如图 1-72 所示，若生产机械的负载转矩特性 3 与电动机的固有机械特性 1 相交于上翘部分的 a 点，那么在 a 点系统能否稳定运行？下面用电网电压发生波动的干扰来判定。

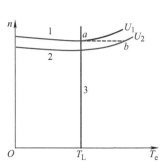

图 1-72　电力拖动系统的
不稳定运行

当出现端电压下降的瞬时干扰时，电动机的机械特性将从特性 1 变为特性 2。在变化的瞬间，由于惯性，电动机的转速 n 和感应电动势 E_a 均不会突变，电动机的工作点从曲线 1 的 a 点过渡到曲线 2 的 b 点。在 b 点，由于 $T_e > T_L$，$\mathrm{d}n/\mathrm{d}t > 0$，使电动机的转速 n 上升，电磁转矩 T_e 继续增大，直到系统的转速过高，电动机损坏。可见 a 点是不稳定的。

归纳起来，电力拖动系统在交点 a 点稳定运行的充分条件为：在交点 a 处发生微小的转速上升（即 Δn 为正值）时，应保证电磁转矩的增量小于负载转矩的增量，即 $\Delta T_e < \Delta T_L$；而在交点 a 处发生微小的转速下降（即 Δn 为负值）时，电磁转矩的增量应当大于负载转矩的增量，即 $\Delta T_e > \Delta T_L$。取极限后，用数学表达式表示为

$$\left.\frac{\mathrm{d}T_e}{\mathrm{d}n}\right|_a < \left.\frac{\mathrm{d}T_L}{\mathrm{d}n}\right|_a \tag{1-69}$$

对于恒转矩负载，因为 $\dfrac{\mathrm{d}T_L}{\mathrm{d}n} = 0$，所以在交点 a 处能稳定运行的充分条件为

$$\left.\frac{\mathrm{d}T_e}{\mathrm{d}n}\right|_a < 0 \tag{1-70}$$

1.7.3　他励直流电动机的起动

电动机投入电源后，从静止到达某一个稳态转速的过程称为起动过程。若直接加上额定电压起动，电动机的转速 $n = 0$ 时的电枢电流称为起动电流，用 I_{st} 表示；相应的

电磁转矩称为起动转矩，用 T_{st} 表示。

通常生产机械对电动机的起动有如下要求：①要有足够大的起动转矩 T_{st}；②起动电流 I_{st} 必须在允许范围内；③起动时间短；④起动设备简单、经济、可靠。

他励直流电动机常用的起动方法有三种：直接起动、电枢回路串电阻起动、减压起动。

1. 直接起动

直接起动又称为全压起动。图1-73为他励直流电动机全压起动时的接线图。起动时应先合上励磁开关 S_1，并将励磁电流调至最大值，使主磁场完全建立起来，然后合上电枢开关 S_2，把电枢接到额定电压的电源上，此时电枢电流与主极磁场相互作用，产生电磁转矩，电动机就会起动起来。

直接起动初始瞬间电动机的转速 $n=0$，电枢的感应电动势 E_a 亦为 0，故起动电流 $I_{st} = \dfrac{U - E_a}{R_a} = \dfrac{U}{R_a}$，由于电枢电阻 R_a 很小，故起动电流 I_{st} 很大，可达到额定电流 I_N 的十几倍，起动转矩 T_{st} 也很大。

直接起动不需要专用设备，操作简单，但起动电流 I_{st} 很大，造成换向困难，容易引起环火；过大的起动电流还

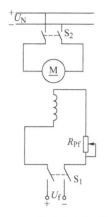

图1-73 他励直流电动机
全压起动接线图

会使电网电压发生瞬时跌落，影响电网上其他设备的正常工作；同时，过大的起动电流将产生很大的起动转矩，使传动机构受到很大的冲击力，容易损坏设备。所以直接起动只限于容量较小的直流电动机。

2. 电枢回路串电阻起动

为限制起动电流，起动时可在电枢回路串入可变电阻 R_{st}（通常称为起动电阻），待转速上升后再逐步将起动电阻切除。电枢串入起动电阻 R_{st} 时，起动电流为

$$I_{st} = \frac{U}{R_a + R_{st}} \tag{1-71}$$

可见，只要 R_{st} 选得合适，就可将起动电流 I_{st} 限制在允许的范围内。

图1-74a为他励直流电动机串入三级电阻起动时的电路图。图中 KM 为接通电源的接触器主触头，KM_1、KM_2、KM_3 分别为起动过程中切除起动电阻 R_{st1}、R_{st2}、R_{st3} 的三个主触头。

起动时先接上励磁电源，并调节励磁电流为额定励磁电流，断开 KM_1、KM_2、KM_3，使起动电阻全部接入；然后闭合 KM，把电枢接入电源，电动机将起动并升速。在起动过程中，逐一闭合 KM_1、KM_2、KM_3，使起动电阻逐步切除，直到起动过程结束。这一起动过程可通过图1-74b的起动特性图加以说明。

在图1-74b中，起动的开始瞬间，起动电流 $I_{st1} = \dfrac{U_N}{R_a + R_{st1} + R_{st2} + R_{st3}}$，一般限制在 $(2 \sim 2.5) I_N$，相应的起动转矩为 T_{st1}，由于 $T_{st1} > T_L$，$\mathrm{d}n/\mathrm{d}t > 0$，系统加速，电动机开始起动。随着转速 n 的上升，感应电动势 E_a 将增大，使电枢电流和电磁转矩逐渐

直流电机的
起动

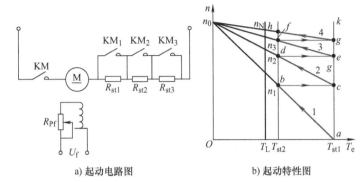

a) 起动电路图　　　　　　　b) 起动特性图

图 1-74　他励直流电动机电枢串电阻起动电路图和特性图

减小，它们沿图中直线 1 的箭头所指方向变化。当转速升高至 n_1，电磁转矩降至 T_{st2}（直线 1 的 b 点）时，闭合 KM_1，切除电阻 R_{st1}。与电磁转矩 T_{st2} 对应的电枢电流 I_{st2} 称为切换电流，一般取为 $(1.1 \sim 1.2)I_N$。电阻 R_{st1} 切除后的人为机械特性为图中直线 2。由于机械惯性，刚切除 R_{st1} 时，电动机的转速 n 保持不变，故感应电动势亦不变，$E_b = E_c$，电动机的工作点则由直线 1 的 b 点变到直线 2 的 c 点。选择合适的 R_{st1} 值，可使 c 点的电磁转矩亦等于 T_{st1}。

在 c 点，由于 $T_{st1} > T_L$，$dn/dt > 0$，系统加速，电动机转速 n 继续上升，电磁转矩下降，转矩 T_e 和转速 n 沿直线 2 的箭头所示方向变化，直到转速升高至 n_2，电磁转矩降至 T_{st2}（直线 2 的 d 点）时，闭合 KM_2，切除电阻 R_{st2}。电阻 R_{st2} 切除后的人为机械特性为图中直线 3。此时电动机的工作点由直线 2 的 d 点变到直线 3 的 e 点。选择合适的 R_{st2} 值，可使 e 点的电磁转矩等于 T_{st1}。

以此类推，在切除最后一级电阻 R_{st3} 后，电动机将过渡到固有机械特性直线 4 的 g 点，并沿固有机械特性加速到达 h 点，此时电磁转矩 T_e 与负载转矩 T_L 相平衡，电动机最终运行于 h 点，整个起动过程结束。

电枢回路串电阻起动的缺点是，对于大容量电动机采用的起动变阻器较为笨重，而且起动过程中能量损耗也很大。

3. 减压起动

当他励直流电动机的电枢回路由专用调压直流电源供电时，通过调节加到电枢上的电压，也可限制起动电流。

图 1-75 为他励直流电动机降压起动过程的特性图。起动前先接上励磁电源，并调节好励磁电流，然后将电枢电压由低到高逐步增大，电动机的转速也将逐步增大，同时使起动电流限制在一定范围之内。

降压起动是一种比较理想的起动方法。起动过程中的损耗小，起动比较平稳，但必须有专用的调压直流电源。降压起动法多用于要求经常起动的场合和大中型电动机的起动，实际使用的直流伺服系统多采用降压起动

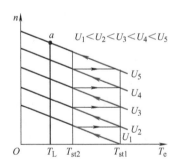

图 1-75　他励直流电动机
降压起动特性图

方法。

例1-13 某并励直流电动机，额定电压为220V，额定电流为22A，电枢回路电阻为0.82Ω，起动时要求将起动电流限制为小于2倍的额定电流，应在电枢回路串入多大的电阻？

解： 电动机起动瞬间，转速为零，电枢的感应电动势也为零，所以串入起动电阻R_{st}后的起动电流为

$$I_{st} = \frac{U_N}{R_a + R_{st}} = \frac{220 - 0}{0.82 + R_{st}} < 2I_N$$

而$2I_N = 2 \times 22A = 44A$，故起动电阻$R_{st}$应为

$$R_{st} > \frac{220 - 44 \times 0.82}{44}\Omega = 4.18\Omega$$

1.7.4 他励/并励直流电动机的调速

为了提高生产效率、满足生产工艺和产品质量的要求，需要生产机械在不同的情况下以不同的速度工作，即需要对电动机的转速进行调节。

电力拖动系统的调速可以采用机械方法、电气方法和机械与电气相结合的方法。机械方法是通过改变传动机构的转速比来实现调速，这种方法的机械结构比较复杂。电气方法是人为改变电动机的电气参数，使电力拖动系统运行在不同的人为机械特性上，从而在相同的负载下获得不同的速度，这种方法机械结构简单，但电气结构复杂。本节主要介绍他励直流电动机的电气调速方法及其优缺点。

由他励直流电动机的转速公式

$$n = \frac{U - I_a(R_a + R_{ad})}{C_e\Phi} \tag{1-72}$$

直流电机的
调速

可知，改变电动机的转速可以有以下三种方法：

1）调节电枢外串电阻R_{ad}，使转速从n_N向下调节。

2）调节电枢端电压U，使转速从n_N向下调节。

3）调节励磁磁通Φ，使转速从n_N向上调节。

需要特别注意的是，调速与因负载变化而引起的转速变化这两者是不同的。负载变化时电动机的电气参数未变，机械特性也未变，工作点是在同一条机械特性上变化，如图1-76所示，如从a到b或从c到d是由于负载变化引起的转速变化。而从a到c或从b到d则是由于人为改变电动机的电气参数，使电动机的机械特性发生变化所引起的转速变化，属于调速。

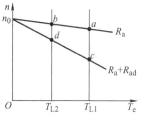

图1-76 调速的概念

1. 电枢回路串电阻调速

电动机外加额定电压U_N，励磁电流为额定励磁电流I_{fN}时，通过调节电枢回路串联的附加电阻R_{ad}实现转速的改变。

图1-77为电枢回路串入电阻的调速过程。图1-77a中，$R_{ad3} > R_{ad2} > R_{ad1} > R_a > 0$。假定电动机拖动恒转矩负载$T_L$，相应的转速为$n_1$、$n_2$、$n_3$、$n_4$，且$n_1 > n_2 > n_3 > n_4$。

当电枢回路串联附加电阻 R_{ad1} 时，由于机械惯性，转速 n_1 和感应电动势 E_a 不能突变，电动机的工作点由原来的 a 点水平跃变到 b 点，电枢电流和电磁转矩相应减小，使得 $T_{eb} < T_L$，于是系统减速，这是调速的第一阶段。随着转速 n 及感应电动势 E_a 的下降，电枢电流 I_a 及电磁转矩 T_e 将开始回升，使工作点从 b 点移向 c 点，直到转速达到 n_2，$T_{ec} = T_L$ 时，重新建立新的平衡，调速过程结束，系统将运行于 c 点，这是第二阶段。调速过程中，转速 n 和电枢电流 i_a 随时间的变化曲线如图 1-77b 所示。

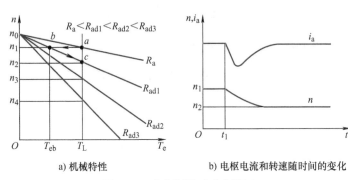

a) 机械特性　　　　　b) 电枢电流和转速随时间的变化

图 1-77　电枢回路串电阻调速

电枢回路串电阻调速的调速范围较小，而且随负载大小的变化而变化，负载小时，调速范围极小。另外，由于电枢回路外串电阻，引起额外的损耗，使得电枢串电阻调速的经济性较差，一般用于串励或复励直流电动机拖动的电车等生产机械上。

2. 降低电源电压调速

降低电源电压调速简称降压调速，需要专用的调压直流电源，降压调速时电枢回路中没有附加电阻，且励磁电流为额定励磁电流 I_{fN}，通过平滑地调节电枢外加电压，可以得到一簇平行于固有机械特性的人为机械特性，如图 1-78a 所示。降压调速的调速过程与电枢回路串联电阻调速基本相似，调速过程中电枢电流和转速随时间的变化曲线如图 1-78b 所示。

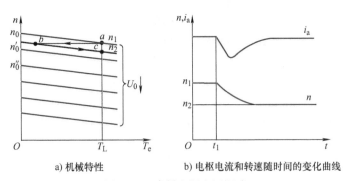

a) 机械特性　　　　　b) 电枢电流和转速随时间的变化曲线

图 1-78　降低电源电压调速

降低电源电压调速的调速范围大，且可实现转速的平滑调节，属于无级调速，另外，调速的经济性好，因此，降压调速多用于对调速性能要求较高的生产机械上，如机床、轧钢机、造纸机等。

3. 弱磁调速

弱磁调速是在电枢外加额定电压 U_N、电枢回路中不附加电阻，通过减小励磁电流 I_f（即减小每极磁通 Φ）来实现转速调节。图 1-79a 为弱磁调速时的固有机械特性曲线，其中曲线 1 为固有机械特性，曲线 2 为减弱磁通后的人为机械特性。

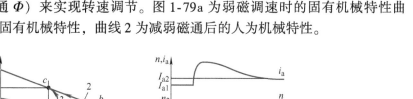

a) 固有机械特性　　　　　b) 电枢电流和转速随时间的变化曲线

图 1-79　弱磁调速时的机械特性曲线

假设系统原来在 a 点运行，当减小励磁电流 I_f 时，每极磁通 Φ 将相应减小，由于机械惯性，转速 n_1 不突变，故感应电动势 E_a 将随 Φ 的减小而减小，从而使电枢电流 $I_a = (U - E_a)/R_a$ 增大，而且 I_a 增大的倍数比 Φ 减小的倍数大，从而使电磁转矩 T_e 随电枢电流 I_a 的增大而增大，工作点由 a 点移到 b 点，这是调速的第一阶段。在 b 点，出现 $T_e > T_L$，$dn/dt > 0$，系统加速，转速从 n_1 上升，使感应电动势 E_a 回升，从而引起电枢电流 I_a 回落，电磁转矩 T_e 减小，工作点从 b 点向 c 点移动，当转速到达 n_2 时，$T_e = T_L$，系统达到新的稳定点 c，调速过程结束，这是调速的第二阶段。

调速过程中电枢电流和转速随时间的变化曲线如图 1-79b 所示。图中 I_{a1} 为调速前与 n_1 对应的稳态电枢电流，I_{a2} 为调速后与 n_2 对应的稳态电枢电流。由于励磁回路的电感较大，因此磁通不可能突变，电磁转矩的实际变化曲线如图 1-79a 中的曲线 3 所示。

需要特别注意的是，弱磁调速时不允许励磁回路断线。若励磁回路开路，磁通 Φ 变为剩磁，此时电枢电流 I_a 将很大，转速将飞速上升，可能将电枢损坏，因此必须对励磁电路采取相应的保护措施。为了扩大调速范围，常常把降压调速和弱磁调速结合起来使用，在额定转速以下采用降压调速，在额定转速以上采用弱磁调速。

由于调速时的最高转速受电动机换向和转子机械强度的限制，使得弱磁调速的调速范围小，但弱磁调速可实现转速的平滑调节，属于无级调速，且由于励磁回路电流小，相应的电阻损耗小，所以弱磁调速的经济性好。

4. 三种调速方式中功率与转矩的变化特点

电动机调速时功率与转矩的容许输出是调速的技术指标之一。电动机在额定转速下容许输出的功率和转矩主要取决于电动机的发热，而电动机的发热主要取决于电枢电流的大小。在调速过程中，只要在不同转速下电枢电流 I_a 不超过额定值 I_N，电动机就能长时间安全运行。所以，额定电流是判定电动机能否长期运行的限度（忽略电动机低速运行时散热情况变差所产生的影响）。当电枢电流保持为额定值 I_N 时，电动机的容量就能充分利用。

（1）电枢回路串电阻和降低电源电压调速

电枢回路串电阻调速（机械特性如图 1-80a 所示曲线 1～3）和降低电源电压调速（机械特性如图 1-80a 所示曲线 1、4～6）的条件是励磁电流保持为额定励磁电流 I_{fN}（即每极磁通为额定磁通 $\varPhi_N$）不变。若在不同转速时保持电枢电流为额定值 I_N 不变，则调速过程中电动机的最大电磁转矩为

$$T_{emax} = C_T \varPhi I_{amax} \tag{1-73}$$

最大输出功率为

$$P_{max} = T_{emax} n / 9.55 \tag{1-74}$$

由式（1-73）和式（1-74）可知，电枢回路串联电阻调速和降低电源电压调速时，其容许输出转矩为常数，不随转速变化，因此称为恒转矩调速方式；而容许输出功率与转速成正比，随转速下降而减小，转速范围为 $0 \sim n_N$，如图 1-80b 所示。

（2）弱磁调速

在弱磁调速（机械特性如图 1-80a 所示曲线 1、7、8）过程中，$\varPhi \neq$ 常数，所以电磁转矩 T_e 也随之变化，即 $T_e \neq$ 常数。若在不同转速时保持电枢电流为额定值 I_N 不变，则根据他励直流电动机的电压方程式可得

$$\varPhi = \frac{U_N - I_N R_a}{C_e n} = \frac{C_2}{n}$$

式中，C_2 为比例常数，且 $C_2 = \dfrac{U_N - I_N R_a}{C_e}$。

弱磁调速过程中的电磁转矩为

$$T_e = C_T \varPhi I_N = C_T C_2 I_N / n = C_3 / n \tag{1-75}$$

式中，C_3 为比例常数，且 $C_3 = C_T C_2 I_N$。

电磁功率为

$$P_e = T_e n / 9.55 = C_3 / 9.55 \tag{1-76}$$

由式（1-76）和式（1-75）可知，采用弱磁调速时，其容许输出功率为常数，不随转速变化，因此称为恒功率调速方式；而容许输出转矩则与转速 n 成反比，随转速的增大而减小。弱磁调速中，随磁通的减小，转速从 n_N 增大到 n_{max}，如图 1-80b 所示。

需要注意的是，电动机的容许输出与实际输出并不相同，电动机的实际输出根据电动机与负载的配合来决定。

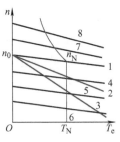

a) 机械特性与容许输出转矩

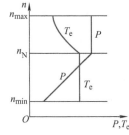

b) 容许输出转矩和容许输出功率

图 1-80　他励直流电动机调速时的机械特性、容许输出转矩和容许输出功率

他励/并励直流电动机采用电枢回路串电阻或降低电源电压调速时，其调速方式均属于恒转矩调速，此时，电动机最好与恒转矩类负载配合，能使电动机在调速过程中得到充分利用。同理，当他励/并励直流电动机采用弱磁调速时，其调速方式属于恒功

率调速，此时，电动机最好与恒功率类负载配合，能使电动机在调速过程中得到充分利用。

例1-14 一台他励直流电动机，$U_N = 220V$，$n_N = 1500r/min$，$I_N = 41.1A$，$R_a = 0.4\Omega$，在额定负载转矩情况下，

1）若在电枢回路串入电阻 $R_{ad} = 1.65\Omega$，求串入电阻后电动机的稳态转速。

2）若将电源电压降低为110V，求电动机的稳态转速。

3）若将磁通减小10%，求电动机的稳态转速。

解： 根据他励直流电动机的电压方程式，可得：

$$C_e\Phi_N = (U_N - I_N R_a)/n_N = (220 - 41.1 \times 0.4)V/1500r/min \approx 0.136V \cdot min/r$$

1）在额定负载转矩下，电枢回路串电阻调速，达到稳态后，电枢电流将保持为额定电流不变 $I_a = I_N$，故电动机的转速将下降为

$$n = (U_N - I_N R_a - I_N R_{ad})/C_e\Phi_N = (220 - 41.1 \times 0.4 - 41.1 \times 1.65)/0.136r/min \approx 998r/min$$

2）在额定负载转矩下，降低电源电压时，电枢电流将保持为额定电流不变 $I_a = I_N$，故电动机的转速将下降为

$$n = (U - I_N R_a)/C_e\Phi_N = (110 - 41.1 \times 0.4)/0.136r/min \approx 688r/min$$

3）在额定负载转矩下，通过减小磁通调速时，根据 $T_e = C_e\Phi_N I_N = C_e\Phi I_a$，可得稳态电枢电流为

$$I_a = \Phi_N I_N/\Phi = 41.1/0.9A \approx 45.7A$$

故电动机的转速将上升为

$$n = (U_N - I_a R_a)/C_e\Phi = (220 - 45.7 \times 0.4)/(0.136 \times 0.9)r/min \approx 1650r/min$$

1.7.5 他励直流电动机的制动

根据电动机的电磁转矩 T_e 和转速 n 方向之间的关系，可以把电动机分为电动和制动两种运行状态。当电磁转矩 T_e 的方向与转速 n 的方向相同时，称为电动运行状态；此时电动机吸收电能，并将它转化为机械能输出。当电磁转矩 T_e 的方向与转速 n 的方向相反时，称为制动运行状态；此时电动机吸收机械能，并将它转化为电能输出；或者同时吸收机械能和电能，将其消耗在电阻中。

在电力拖动系统中，电动机常常工作于制动状态。例如，许多生产机械工作时，往往需要很快停车，或者由高速运行迅速转为低速运行，这都要求对电动机进行制动；对于像起重机等拖动位能性负载的工作机械，为了获得稳定的下放速度，电动机也必须运行于制动状态。因此制动是电动机的一种很重要的运行状态。

电动机的电气制动方法有能耗制动、反接制动和回馈制动。下面分析每种制动产生的条件、制动过程的机械特性及制动的特点。

直流电机
的制动

1. 能耗制动

能耗制动是把正常运行的电动机的电枢从电网断开，接上一个外加的制动电阻 R_{bk} 构成闭合回路，如图1-81所示。制动时，保持励磁电流的大小和方向不变，使开关S断开，切断电源，同时使开关 S_1 闭合，接入制动电阻 R_{bk}，电动机进入制动状态。

假设电动状态时（图1-81a）各物理量的方向为正方向。在制动瞬间，励磁电流保持不变，因系统的机械惯性，电动机转速不突变，故电枢绕组的感应电动势也与电动

状态时相同；当电枢绕组与外串电阻 R_{bk} 接通时，电机将成为发电机，而向 R_{bk} 送电，此时电枢电流将与作为电动机时相反，$I_a = -\dfrac{E_a}{R_a + R_{bk}}$，从而电磁转矩 T_e 也将改变方向，并与转速 n 方向相反，使电机处于制动状态。制动过程中，电机靠系统的动能发电，并将发出的电能消耗在电枢回路的电阻上，因此称为能耗制动。

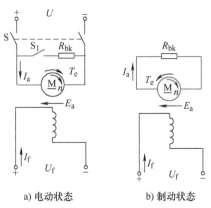

a) 电动状态　　　　b) 制动状态

图 1-81　能耗制动电路图

能耗制动时，$U = 0$，$R = R_a + R_{bk}$，代入他励电动机的机械特性表达式 $n = \dfrac{U}{C_e \Phi} - \dfrac{R}{C_e C_T \Phi^2} T_e$，可得能耗制动时的机械特性为

$$n = -\frac{R_a + R_{bk}}{C_e C_T \Phi^2} T_e \qquad (1\text{-}77)$$

由式(1-77)可知，能耗制动时的机械特性是通过原点，位于第二、第四象限的直线，如图 1-82 所示。机械特性的斜率为 $\beta = \dfrac{R_a + R_{bk}}{C_e C_T \Phi^2}$，与电枢回路串入电阻 R_{bk} 时的人为机械特性的斜率相同，两条机械特性曲线相互平行。

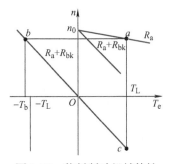

图 1-82　能耗制动机械特性

在图 1-82 中，假定原先电动机拖动反抗性恒转矩负载而工作于 a 点，制动切换瞬间，由于惯性转速不突变，电动机的工作点由 a 点水平变化到能耗制动机械特性的 b 点，此时电磁转矩改变方向，变成与负载转矩方向相同，两者的共同作用使电动机沿直线 bO 减速，直到 O 点。在 O 点，电机转速为零，感应电动势也为零，从而使电枢电流为零，电磁转矩也为零，电机停转。如果电动机拖动的是位能性负载，系统最终将稳定运行于第四象限中两特性的交点 c 点，电机反转恒速下放重物。

改变制动电阻 R_{bk} 的大小，可以改变能耗制动机械特性曲线的斜率，从而改变起始制动转矩的大小，以及下放位能性负载的稳定速度。制动电阻 R_{bk} 越小，起始制动转矩越大，可以缩短制动时间，但下放位能性负载的稳定速度越小。制动电阻过小，将会造成制动电流过大；通常最大制动电流限制在 $(2 \sim 2.5) I_N$。

能耗制动具有线路简单、可靠的特点，制动过程中不需要从电网吸收电功率，比较经济，并且当转速 $n = 0$ 时，电磁转矩 $T_e = 0$。对于反抗性恒转矩负载的拖动系统可以实现准确停车，也可用于稳定下放位能性重物。

2. 反接制动

反接制动可以由两种方法实现，一种是电枢反接制动（也称为反接正转）；另一种是倒拉反接制动（也称为正接反转）。

（1）电枢反接制动

电枢反接制动，也称反接正转制动。它是把运行于电动状态下的电枢外接电压的极性突然改变，并同时在电枢回路中串入限流制动电阻 R_{bk}，如图 1-83a 所示。当开关 S_1 闭合，S_2 断开时，电机在电动状态下运行。制动时，保持励磁电流的大小和方向不变，断开 S_1，同时接通 S_2，于是电枢电源反接，并接入制动电阻 R_{bk}，此时电枢电流将改变方向，从而电磁转矩 T_e 也改变方向，使之与转速 n 的方向相反，于是电动机处于制动状态。

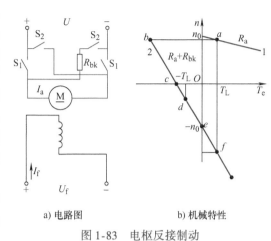

a) 电路图　　　b) 机械特性

图 1-83　电枢反接制动

制动瞬间，由于惯性，转速的大小和方向不变，故电枢绕组感应电动势 E_a 的大小和方向也不变，但由于电源反接，故电枢电流变为 $I_a = \dfrac{-U - E_a}{R_a + R_{bk}}$。电动机的机械特性变为

$$n = -n_0 - \frac{R_a + R_{bk}}{C_e C_T \Phi^2} T_e \tag{1-78}$$

相应的机械特性曲线如图 1-83b 所示。由图可知，反接制动时，电动机的工作点从原来电动机状态的 a 点水平跃变到 b 点，此时电磁转矩反向，使转速迅速下降，沿直线 2 到达 c 点。c 点转速为零，但电磁转矩不为零，如果要求停车，应立即断开电源，否则电动机将反向运行。若负载是反抗性恒转矩负载，并且 c 点的电磁转矩值大于负载转矩，则电动机将反向起动，沿直线 2 到 d 点，在反向电动状态下稳定运行；若在 c 点电机的电磁转矩小于负载转矩，则电动机将堵转，此时也必须立即切断电源。若负载是位能性恒转矩负载，则电动机将反向起动，沿直线 2 到 f 点，在反向回馈制动状态下稳态运行。

反接制动过程中（见图 1-83b 中 bc 段），电压、电枢电流和电磁转矩均为负，而转速和感应电动势为正，输入功率 $P_1 = UI_a > 0$，说明电源仍向电机输入电功率；电机的输出功率 $P_2 = T_e \Omega < 0$，说明负载从轴上向电机输入机械功率；电机的电磁功率 $P_e = E_a I_a < 0$，说明轴上输入的机械功率转化为电枢回路的电功率。由此可见，反接制动时，电源输入的电功率和负载输入的机械功率转化成电功率后，全部消耗在电枢回路的电阻上。

（2）倒拉反接制动

倒拉反接制动也称正接反转制动，它一般发生在起重机提升重物转为下放重物的情况，其控制电路如图 1-84a 所示。电动机提升重物时，开关 S 闭合，电动机运行在固有机械特性的 a 点，如图 1-84b 所示。下放重物时，将开关 S 打开，在电枢电路内串入较大电阻 R_{bk}，由于机械惯性，电动机转速不能突变，工作点从 a 点水平跃变至相应人为机械特性的 b 点。在 b 点，由于电动机的电磁转矩 T_e 小于负载转矩 T_L，电动机将继续减速，沿人为机械特性曲线下降至 c 点。在 c 点，电动机转速 $n = 0$，但仍有 $T_e < T_L$，所以，在负载的作用下，电动机反向起动，即由原来的提升重物变为下放重物。在此过程中，由于转速 n 改变方向，变为负值，且磁通不变，则感应电动势 E_a 方向改变为与电动状态时相反，根据电枢回路的电动势方程式 $I_a(R_a + R_{bk}) = U - (-E_a) = U + E_a$ 可知，电枢电流 $I_a = \dfrac{U + E_a}{R_a + R_{bk}}$，其方向未变，所以电动

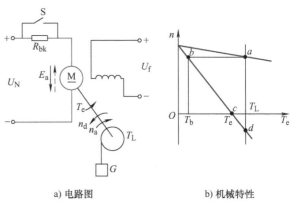

a) 电路图   b) 机械特性

图1-84　倒拉反接制动

机电磁转矩的方向也不变，使得电磁转矩与转速的方向相反，电机处于制动状态。该制动状态是由于位能性负载转矩拖动电动机反转而形成的，所以称为倒拉反接制动。

在倒拉反接制动状态下，随着电机反向转速的增加，感应电动势 E_a 增大，电枢电流和电磁制动转矩也相应增大，当到达人为机械特性曲线的 d 点时，电磁转矩与负载转矩相平衡，电机稳定运行在较低转速的 d 点，使重物以较低的速度平稳下放。

倒拉反接制动的机械特性为

$$n = n_0 - \frac{R_a + R_{bk}}{C_e C_T \Phi^2} T_e \quad (n < 0) \tag{1-79}$$

式（1-79）形式上与电动状态时的人为机械特性方程式是一样的，但是两者的工作区域不同，倒拉反接制动工作于人为机械特性在第四象限的延伸部分，如图1-84b 中的 cd 段所示。在制动时，必须在电枢回路串入较大的制动电阻 R_{bk}，以限制电枢电流，使 $\dfrac{R_a + R_{bk}}{C_e C_T \Phi^2} T_e > n_0$，电机反转。倒拉反接制动过程中的能量关系与电枢反接制动时的相同。

3. 回馈制动

在电动状态运行的电机，当在外部条件作用下，使电机的转速 n 大于理想空载转速 n_0 时，电枢感应电动势 E_a 将大于电枢电压 U，电枢电流将改变方向（与电动状态时相反），使电磁转矩亦改变方向，但电机旋转方向未变，所以电磁转矩将与转速方向相反，电机处于制动状态。此时电机向电源回馈电能，所以称为回馈制动，也称为再生制动。回馈制动分为正向回馈制动和反向回馈制动两种。

（1）正向回馈制动

正向回馈制动可在下面三种情况下出现。

1）电动机拖动电车下坡的过程。此制动过程属于正向回馈制动。图1-85a 为电机拖动电车正常匀速行驶，电机处于电动状态，电磁转矩与负载转矩相平衡，工作点位于图1-85c 中 a 点的情况。图1-85b 为电车下坡时，电车重量产生的位能负载转矩与反抗性负载转矩方向相反，而与电磁转矩方向相同，两者共同作用使电机转速升高的情况。当转速高于理想空载转速时，电机的感应电动势 $E_a > U$，电枢电流改变方向，电

磁转矩也相应改变方向，电机处于回馈制动状态。

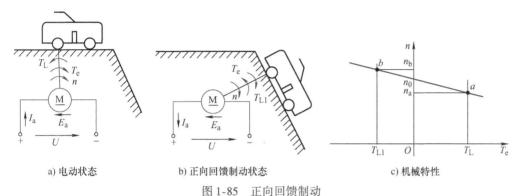

a) 电动状态　　　　b) 正向回馈制动状态　　　　c) 机械特性

图 1-85　正向回馈制动

当电磁转矩与位能性负载转矩相平衡时，如图 1-85c 中所示 b 点，电机以转速 n_b 稳态运行。电机进入发电状态后，从轴上输入的机械功率大部分将回馈给电网，小部分则消耗在电枢回路电阻上。在制动过程中，由于转速 $n > 0$，所以称为正向回馈制动。

正向回馈制动时的机械特性为

$$n = n_0 - \frac{R_a}{C_e C_T \Phi^2} T_e \quad (n > n_0) \tag{1-80}$$

注意：式 (1-80) 中的 T_e 为负值，故工作点在机械特性曲线的第二象限。

2）电动机突然降低电枢电压的调速过程。此调速过程中也会出现回馈制动，如图 1-86 所示。设电动机原来在正向电动状态，稳定运行于固有机械特性的 a 点，$T_e = T_L$。现将电枢电压降低，电动机的机械特性将向下平行移动。降压时由于机械惯性，转速 n 不能突变，感应电动势 E_a 也不突变，在此瞬间将出现 $E_a > U$ 的现象，于是电枢电流 I_a 反向，电磁转矩 T_e 也相应地改变方向，使得 T_e 与电动机转速方向相反，电动机的工作点从 a 点水平跃变到 b 点，电动机处于制动状态。在制动过程中，电机把降速释放的动能大部分转化为电能回馈给电源，小部分消耗于电枢电阻上。

降压调速回馈制动时的机械特性，是电动状态下降压人为机械特性在第二象限的延伸，机械特性的表达式同式 (1-80)。

3）他励直流电动机增加磁通的调速过程。正向回馈制动亦可以出现在他励直流电动机增加磁通的调速过程中，如图 1-87 所示。此时磁通由 Φ_1 增大到 Φ_2，工作点在 bn_{02} 段上，工作点的变化情况与图 1-86 相同。

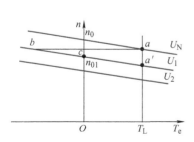

图 1-86　降压调速时的回馈制动机械特性

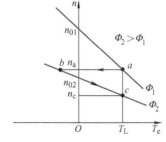

图 1-87　增磁调速时的回馈制动机械特性

（2）反向回馈制动

反向回馈制动可在下面两种情况下出现：

1）电动机拖动位能负载在电枢反接制动过程中，会出现反向回馈制动，如图 1-83b 中的 ef 段所示。

2）当电动机运行在反向电动状态，即第三象限，由于某种原因（如位能负载下落作用）使电动机的转速 $|n| > |-n_0|$ 时，电动机的感应电动势 $E_a > U$，使电枢电流反向，电磁转矩 T_e 也改变方向，电动机进入反向发电状态，电磁转矩起制动作用。此时，电动机将轴上输入的机械功率大部分回馈给电网，小部分消耗在电枢回路电阻上。另外，因 $n < 0$，所以称为反向回馈制动。

反向回馈制动的机械特性表达式为

$$n = -n_0 - \frac{R_a + R_{bk}}{C_e C_T \Phi^2} T_e \qquad (1-81)$$

反向回馈制动机械特性曲线如图 1-83b 所示的第四象限中的 ef 段。

回馈制动时，直流电动机变成直流发电机与电网并联运行，它将系统获得的机械能转化成电能回馈给电网。从电能消耗来看，回馈制动比较经济。

4. 直流电动机的四象限运行

图 1-88 所示为直流电动机的四象限运行。图中的直线 1、5 表示正向和反向电动运行状态。如果在电枢回路中串入某一电阻，当电枢电压为正时，可得到直线 2，直线 2 在第二象限的部分为正向回馈制动机械特性曲线，在第四象限的部分为倒拉反转反接制动机械特性曲线；当电枢电压为负时，可得到直线 4，直线 4 在第二象限的部分为电枢反接制动机械特性曲线，在第四象限的部分为反向回馈制动机械特性曲线；当电枢电压为 0 时，可得到直线 3，直线 3 为能耗制动机械特性曲线。

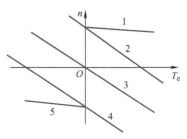

图 1-88　直流电动机的四象限运行

总之，图 1-88 中的第一和第三象限的机械特性曲线，表明电机运行于电动状态；第二和第四象限的机械特性曲线，表明电机运行于制动状态。

例 1-15　一台他励直流电动机，已知 $P_N = 29kW$，$U_N = 440V$，$n_N = 1050r/min$，$I_N = 76.2A$，$R_a = 0.393\Omega$。试求：

1）电动机拖动一位能负载，在固有机械特性上做回馈制动下放重物，$I_a = 60A$，求电动机反向下放速度为多少？

2）电动机带位能负载，做反接制动下放重物，当 $I_a = 50A$ 时，转速 $n = -600r/min$，求在电枢回路串入的电阻为多大？此时电网输入的功率多大？重物从轴上向电动机输入的功率及电枢回路电阻上消耗的功率各为多少？

3）电动机带反抗性负载，从 $n = 500r/min$ 进行能耗制动，若将最大制动电流限制在 100A，求应在电枢回路串入多大的电阻？

解： 根据题意可知

$C_e \Phi_N = (U_N - I_N R_a)/n_N = (440 - 76.2 \times 0.393)/1050 V \cdot min/r \approx 0.39 V \cdot min/r$

1）电动机反向下放转速为

$$n = (-U_N - I_N R_a)/C_e\Phi_N = (-440 - 60 \times 0.393)/0.39 \text{r/min} \approx -1189 \text{r/min}$$

2）电枢回路总电阻为

$$R_1 = R_a + R_{ad1} = (U_N - C_e\Phi_N n)/I_a = [440 - 0.39 \times (-600)]/50\Omega = 13.48\Omega$$

电枢回路应串入的电阻为

$$R_{ad1} = R_1 - R_a = (13.48 - 0.393)\Omega = 13.087\Omega$$

电网输入的功率为

$$P_1 = U_N I_a = 440 \times 50 \text{W} = 22000\text{W} = 22\text{kW}$$

电枢回路电阻上消耗的功率为

$$\Delta P = I_a^2 R = 50 \times 50 \times 13.48\text{W} = 33700\text{W} = 33.7\text{kW}$$

电动机从轴上输出的功率为

$$P_2 = E_a I_a = (U_N - I_N R) I_a = (440 - 50 \times 13.48) \times 50\text{W} = -11700\text{W} = -11.7\text{kW}$$

表明该功率从轴上输入。

3）能耗制动时，最大电流出现在制动开始时，此时的感应电动势为

$$E_a = C_e\Phi_N n = 0.39 \times 500\text{V} = 195\text{V}$$

电枢回路总的电阻为

$$R_2 = R_a + R_{ad2} = E_a/I_a = 195/100\Omega = 1.95\Omega$$

电枢回路应串入的电阻为

$$R_{ad2} = R_2 - R_a = (1.95 - 0.393)\Omega = 1.557\Omega$$

思考题

1. 直流电动机的运行特性包括哪些？它们是如何定义的？

2. 他励（并励）直流电动机的工作特性是怎样的？串励直流电动机的工作特性呢？它们之间有哪些不同？

3. 什么是电动机的机械特性？什么是固有机械特性？什么是人为机械特性？他励直流电动机有哪几种人为机械特性？

4. 如何才能改变他励、并励、串励直流电动机的旋转方向？

5. 在例1-8中，若突然将电源电压降低或升高，如变为500V或800V，负载转矩不变，在电源电压变化的瞬间电枢电流为多少？当电动机稳态运行时电动机的电枢电流和转速应为多少？

6. 通过例1-8请思考，当负载转矩不变时，若减弱磁通，电动机稳定运行后电枢电流会变化，而电枢串电阻和降低电源电压，为什么却能保持为原来的额定电流不变？

7. 电力拖动系统的运动方程是怎样的？在什么情况下电力拖动系统会加速？什么情况下会减速？什么情况下系统处于稳态运行？

8. 电力拖动系统稳定运行的条件是什么？

9. 直流电动机起动时的电枢电流主要取决于哪些因素？

10. 他励直流电动机有哪几种起动方法？

11. 电力拖动系统中，由于负载转矩大小变化引起电动机转速的改变是调速吗？

12. 他励/并励直流电动机有哪几种调速方法？各有什么特点？

13. 何谓恒转矩调速方式？何谓恒功率调速方式？哪种调速属于恒转矩调速方式？哪种调速属于恒功率调速方式？

14. 恒转矩调速方式和恒功率调速方式与哪种负载配合能使电动机得到充分利用？

15. 他励直流电动机有哪几种运行状态？如何判断他励直流电动机运行于何种状态？

16. 直流电动机制动的目的是什么？

17. 他励直流电动机的电气制动方式有哪几种？各有什么特点？

18. 采用能耗制动和电枢反接制动时，为何要在电枢回路串入电阻？哪种情况下串入的电阻大，为什么？

1.8　直流电机的换向

换向问题是装有换向器电机的一个专门问题。换向不良，会在电刷下产生有害的火花。当火花超过一定程度时，会烧坏换向器和电刷，从而影响电机的正常运行。换向过程十分复杂，有电磁、机械和电化学等各方面的因素相互交织在一起。本节主要介绍直流电机换向过程中的电磁现象以及如何改善换向。

从直流发电机的工作原理可知，电枢绕组中的电动势和电流是交变的，通过换向器和电刷的作用，在电刷间可获得直流电压和电流。当旋转的电枢元件从一条支路经电刷进入另一条支路时，元件中的电流要改变方向，这种元件中电流方向的改变过程称为换向。图 1-89 所示为单叠绕组元件中电流的换向过程。

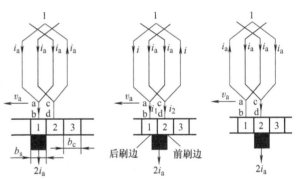

a) 元件1开始换向　　b) 元件1正在换向(被短路)　　c) 元件1换向结束

图 1-89　单叠绕组元件中电流的换向过程

1. 换向的电磁过程

如图 1-89 所示，假设电刷的宽度与换向片的宽度相等，电刷不动，换向器从右往左运动。在图 1-89a 中，电刷与换向片 1 接触时，元件 1 属于电刷右边的支路，其电流方向如图中箭头所示，设此时元件 1 中的电流为 $+i_a$。随着电枢的旋转，电刷与换向片 1、2 同时接触，如图 1-89b 所示，此时元件 1 被电刷短路，元件 1 进入换向过程，其中的电流为 i。随着电枢的进一步旋转，电刷与换向片 2 接触，如图 1-89c 所示，此时元件 1 将属于电刷左边的支路，元件 1 中的电流变为 $-i_a$，换向结束。元件 1 称为换向元件。换向过程所经历的时间称为换向周期 T_c，换向周期 T_c 很短，一般只有千分之几秒。

在换向期间，换向元件 1 中的电流将从 $+i_a$ 变为 $-i_a$。在理想情况下，若换向元件中无任何电动势的作用，且电刷与换向片间的接触电阻与接触面积成反比，则换向元件中的电流从 $+i_a$ 变为 $-i_a$ 的变化规律大致为一直线，如图 1-90 中直线 1 所示，这种情况称为直线换向。直线换向是良好的换向。实际上在换向过程中，换向元件中会出现电抗电动势和电枢反应电动势，它们将会影响换向电流的变化。

（1）电抗电动势

在换向过程中，换向元件中的电流要发生变化。由于换向元件本身是一个线圈，因而自身电流的变化必然会引起漏磁自感电动势；另外，在电机中同时处于换向的元件不止一个，它们之间还会产生漏磁互感电动势，自感和互感电动势之和总称为电抗电动势。根据楞次定律，电抗电动势将阻碍换向元件中电流的变化，使换向延迟。

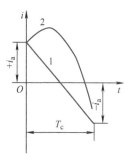

图1-90　换向元件中的电流变化曲线

（2）电枢反应电动势

通常电刷放置在几何中性线上，所以换向元件的有效边将处于几何中性线上。虽然在几何中性线处主磁极的气隙磁通密度等于零，但该处交轴电枢磁场的磁通密度却不等于零，因此换向元件的有效边切割此电枢磁场后将产生感应电动势，称为电枢反应电动势。由楞次定律可以判定，电枢反应电动势也将阻碍换向元件中电流的变化，使换向延迟，如图1-90中曲线2所示。严重的延迟换向，会使后刷边出现火花，损伤换向器表面。

2. 改善换向的方法

改善换向的方法，均从减小和消除上述两种电动势着手。常用的方法有以下几种。

（1）装换向极

换向极安装在主磁极之间的几何中性线处，且换向极绕组与电枢绕组串联，如图1-91所示。换向极的磁动势除应抵消交轴电枢磁动势外，还应当剩余一部分磁动势以产生换向极磁场，使换向元件切割该磁场后产生一个换向电动势，以抵消电抗电动势的作用，从而使换向元件中的合成电动势为零，使换向变为良好的直线换向。

换向极磁场的极性与该处的电枢磁场的极性相反。对发电机而言，换向极的极性应与顺着旋转方向的下一个主磁极的极性相同；对电动机而言，则相反。另外，为了使负载变化时，换向极磁动势也能相应变化，以便在任何负载时换向元件中的合成电动势始终为零，故要求换向极绕组必须与电枢绕组串联，并保证换向极磁路不饱和。

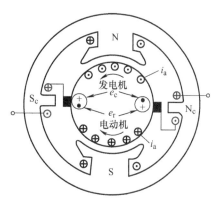

图1-91　装换向极改善换向

（2）正确选用电刷

电刷的接触电阻主要与电刷材料有关，目前常用的电刷有石墨电刷、电化石墨电刷和金属石墨电刷等。电化石墨电刷的接触电阻最大，石墨电刷的接触电阻较大，金属石墨电刷的接触电阻最小。从改善换向的角度来看，似乎应该采用接触电阻较大的电刷，但接触电阻大，接触电压降也增大，会使电刷损耗和换向器的发热加剧，对换向不利，所以应当合理选用电刷。

（3）补偿绕组

当直流电机的换向不利时，电刷下的火花将与换向片间的电位差火花汇合在一起，使换向器表面的整个圆周上发生环火。环火能把电刷和换向器表面烧坏，因此，在大容量的直流电机中，常常在主磁极极靴上专门冲出一些均匀分布的槽，槽中放置一套

补偿绕组。补偿绕组与电枢绕组串联，其磁动势方向与交轴电枢磁动势相反，以消除电位差火花和环火。

思考题

1. 什么是直流电机的换向？换向元件中的电流有什么特点？
2. 直流电机换向元件中主要会产生哪两种电动势？它们对换向有什么影响？
3. 改善换向的方法有哪些？

本 章 小 结

直流电机的工作原理建立在电磁感应和电磁力这两条基本定律的基础之上。由于电刷和换向器的作用，使直流发电机电枢绕组感应的交变电动势，在电刷端输出时变成直流电动势；也使直流电动机电刷两端的直流电流，被引入到电枢绕组中后产生恒定方向的电磁转矩。换言之，无论是在直流电动机还是在直流发电机中，电机外电路中的电压、电流及电动势都是直流性质，而电枢元件中的电流及电动势均是交变性质。

在学习过程中要注意以下几点：

1. 旋转电机的实物模型主要包括定子、转子和气隙。定子主磁极建立主磁场，在转子电枢绕组产生感应电动势和电磁转矩，实现机电能量转换。直流电机的励磁方式有他励和自励两大类，自励又分为并励、串励和复励。不同励磁方式直流电机的特性有差异。

2. 直流电机的物理模型指电机内的电路和磁场分布。

电枢绕组是直流电机的主电路。直流电枢绕组是由许多相同绕组元件，按一定规律连接构成的闭合绕组，分为叠绕组和波绕组两大类。单叠绕组和单波绕组是两种基本形式；单叠绕组支路数与电机的主磁极数相等，单波绕组的支路数恒等于2。

直流电机内部的磁场由主磁极磁场和电枢磁场合成。电机空载时，只有主磁极磁场，其气隙磁通密度是空间位置固定不变的平顶波，平顶波轴线与主磁极轴线，即直轴重合；当电机带上负载后，电枢磁场在气隙中的分布是空间位置固定不变的马鞍形波，且马鞍形波轴线与几何中性线，即交轴重合；利用叠加原理得到负载时的气隙磁场。电枢磁场对主磁极磁场的影响称为电枢反应。当电刷位于几何中性线时，电枢反应是交轴性质的，其作用是使主磁极磁场发生畸变，并有一定的去磁作用。当电刷偏离几何中性线时，电枢反应中既有交轴电枢反应，还有直轴电枢反应，直轴电枢反应直接影响主磁极下磁通的大小。对于发电机，当电刷顺电枢旋转方向移动 β 角时，直轴电枢反应起去磁作用；当电刷逆旋转方向移动 β 角时，直轴电枢反应起增磁作用。电动机的情况与发电机恰好相反。

直流电机负载运行时，电枢绕组将产生感应电动势和电磁转矩。感应电动势的计算公式为 $E_a = C_e \Phi n$，电磁转矩的计算公式为 $T_e = C_T \Phi I_a$。

3. 直流电机的数学模型是指直流电机的电压方程、转矩方程和功率方程，利用它们可以分析电机的运行特性。

4. 直流发电机运行时，感应电动势大于电枢端电压。发电机的运行特性有空载特性、外特性和调节特性，均可用试验方法测得。他励直流发电机的空载特性与磁路的磁化曲线相似，外特性是略微下垂的曲线。并励直流发电机自励必须满足三个条件：①电机的主磁路必须有剩磁；②电枢绕组与励磁绕组的连接必须正确，使励磁电流产

88

生的磁动势与剩磁方向一致；③励磁回路的总电阻必须小于该转速下的临界电阻。

5. 直流电动机运行时，电枢端电压大于电枢绕组感应电动势。电动机的运行特性包括工作特性和机械特性。不同励磁方式的直流电动机的工作特性是不同的。他励直流电动机的工作特性是指电枢电压为额定电压、电枢回路无外串电阻、励磁电流为额定励磁电流时，电机的转速、电磁转矩和效率与电机输出功率（或电枢电流）之间的关系，即 n，T_e，$\eta = f(P_2)$ 或 n，T_e，$\eta = f(I_a)$。他励直流电动机的特点是：在励磁电流不变时，磁通基本不变，所以负载变化时电机转速变化很小，基本是一种恒速电动机，且电磁转矩也基本正比于电枢电流。并励直流电动机的特性与他励直流电动机的特性相似。串励直流电动机的特性与他励和并励直流电动机有很大差别，串励直流电动机随负载的变化，其励磁电流和主磁通同时变化，所以负载增大时，转速下降很快；电磁转矩近似正比于电枢电流的二次方，所以串励直流电动机的起动转矩和过载能力较大，但在空载时会产生"飞车"现象，因此串励直流电动机不允许空载或轻负载运行。

直流电动机的机械特性是指电动机加上一定的电压 U 时（有时还要求励磁电流 I_f 一定），电机转速 n 与电磁转矩 T_e 之间的关系，即 $n = f(T_e)$。当 $U = U_N$，$\Phi = \Phi_N$，$R_S = 0$ 时，为固有机械特性；分别改变 U、Φ 和 R_S 时，可得到不同的人为机械特性，故人为机械特性有三种。

电力拖动系统能在生产机械的负载转矩特性与电动机的机械特性的交点稳定运行的充分条件为 $\left. \dfrac{dT_e}{dn} \right|_a < \left. \dfrac{dT_L}{dn} \right|_a$。对于恒转矩负载，相应的充分条件为 $\left. \dfrac{dT_e}{dn} \right|_a < 0$。

6. 直流电动机的应用是指电动机的起动、调速和制动。

直流电动机的起动需要有足够大的起动转矩和满足要求的起动电流，为限制起动电流，可在电枢回路中串联电阻或降低电源电压。

直流电动机的调速性能优异。他励直流电动机有三种调速方法：电枢回路串电阻调速、降低电源电压调速和弱磁调速。

直流电动机处于制动状态运行的特征是：电动机的电磁转矩与转子旋转方向相反。制动的目的是为了迅速停车或把拖动系统的转速限定在一定范围内。他励电动机常用的电气制动方法有三种：能耗制动、反接制动和回馈制动。应该理解制动运行状态的三个方面：一是制动产生的条件；二是制动过程中工作点的移动过程；三是制动的稳态运行，如位于第二象限内的正向回馈制动稳态运行，位于第四象限内的能耗制动、倒拉反接制动和反向回馈制动稳态运行等。一般情况下，第二象限的能耗制动过程和电枢反接制动过程是为了实现快速停车；第四象限内的能耗制动、倒拉反接制动和反向回馈制动是为了以稳定的速度下放位能性负载。

7. 换向是装有换向器电机的特有问题。注意了解换向过程中的电磁现象和改善换向的方法。

习 题

1-1 请判定在下列情况下，直流发电机电刷两端电压的性质：

1）磁极固定，电刷与电枢同时旋转。

2）电枢固定，电刷与磁极同时旋转。

3）电刷固定，磁极与电枢以不同的速度同时旋转。

1-2 一台与直流电网并联的并励直流发电机运行时，若原动机停止供给机械能，将发电机过渡到电动机运行状态工作，此时电磁转矩方向是否改变？旋转方向是否改变？

1-3 如果一台 p 对极的单叠绕组直流电机的电枢电阻为 R_a，电枢电流为 I_a，若将它改接成单波绕组，改接后的电枢绕组电阻和电枢电流各为多少？

1-4 若直流电机电枢绕组元件不对称，电刷应放置在换向器上的什么位置？

1-5 何谓电枢反应？电枢反应对气隙磁场有何影响？在感应电动势和电磁转矩的计算公式中，Φ 应该是什么磁通？

1-6 一台两极的直流电机，励磁绕组不加电流，通过电刷给电枢绕组通入电流，并且用原动机拖动电枢旋转，问电枢导体切割电枢磁场是否会产生感应电动势？电刷两端得到的总电动势为多少？

1-7 直流电机电磁转矩的大小与哪些因素有关？电磁转矩的方向和电机的运行方式有何关系？

1-8 并励直流发电机正转时能自励，反转时能否自励？为什么？如果不能自励，应如何处理？

1-9 如何判断直流电机是运行于发电状态还是电动状态？它们的电磁转矩、转速、电枢感应电动势、电枢电流和端电压的方向有何不同？能量转换关系有何不同？

1-10 一台他励直流电动机拖动一台他励直流发电机，当发电机电枢电流（负载）增加时，电动机的电枢电流如何变化？试分析其变化过程。

1-11 直流电动机的电磁转矩是驱动转矩，当电枢电流增大，即电磁转矩增大时，转速似乎应该上升，但从其转速特性看，其转速却随电磁转矩的增大而减小，为什么？

1-12 串励直流电机不能在空载下起动和运行，而并励和复励直流电机就可以，为什么？

1-13 如何改变他励、并励、串励、复励直流电动机的旋转方向？

1-14 他励直流电动机正常稳定运行时，其电枢电流由什么因素决定？在起动时，起动电流由什么因素决定？

1-15 试分析电枢反应对并励直流电动机转速特性和转矩特性的影响。

1-16 一台直流电动机，已知额定功率 $P_N = 17\text{kW}$，$U_N = 220\text{V}$，$n_N = 1500\text{r/min}$，$\eta_N = 0.85$，试求该电动机的额定电流 I_N、额定输入功率 P_1 各为多少？

1-17 一台直流发电机，已知额定功率 $P_N = 100\text{kW}$，$U_N = 230\text{V}$，$n_N = 1450\text{r/min}$，试求该发电机的额定电流 I_N 为多少？

1-18 若一台直流发电机在额定转速下的空载电动势为 230V（等于额定电压），试求下列情况下的电动势：

1）磁通减小 10%。

2）励磁电流减小 10%。

3）转速增加 20%。

4）转速减小 10%。

1-19 一台 6 极直流发电机，运行角速度 $\Omega = 40\pi \text{ rad/s}$，每极磁通 $\Phi = 3.92 \times 10^{-2}\text{Wb}$，

电枢绕组总导体数 $N = 720$，$2p = 6$。试求：

1）发电机的感应电动势为多少？

2）当电枢电流为 15A 时，发电机的电磁转矩为多少？

3）当电机转速 $n = 900 \text{r/min}$，且磁通不变时，发电机的感应电动势为多少？

4）当每极磁通 $\Phi = 4.35 \times 10^{-2} \text{Wb}$，$n = 900 \text{r/min}$，电枢电流为 25A 时，发电机的感应电动势和电磁转矩各为多少？

1-20　一台 4 极直流发电机，电枢绕组为单叠整距绕组，每极磁通 $\Phi = 3.5 \times 10^{-2}$ Wb，总导体数 $N = 160$，$2p = 4$。求：

1）当发电机转速为 1200r/min 时，发电机的感应电动势为多少？

2）当每条支路电流为 50A 时，发电机的电磁转矩为多少？

1-21　一台并励直流发电机，已知 $P_N = 20 \text{kW}$，$U_N = 230 \text{V}$，$n_N = 1450 \text{r/min}$，$R_a = 0.2\Omega$，励磁绕组电阻 $R_f = 115\Omega$，额定负载时，发电机总损耗为 3.5kW，试求：

1）励磁电流、电枢电流各为多少？

2）发电机的感应电动势为多少？

3）发电机额定运行时的电磁功率、电磁转矩各为多少？

4）发电机额定运行时的效率为多少？

1-22　一台并励直流发电机，已知 $P_N = 6 \text{kW}$，$U_N = 230 \text{V}$，$n_N = 1450 \text{r/min}$，$R_a = 0.921\Omega$，励磁绕组电阻 $R_f = 177\Omega$，铁耗和机械损耗之和为 313.9W，附加损耗为 60W，试求：

1）发电机额定负载时的输入功率为多少？

2）发电机额定运行时的电磁功率为多少？

3）发电机额定运行时的电磁转矩为多少？

4）发电机额定运行时的效率为多少？

1-23　一台并励直流发电机，已知 $P_N = 90 \text{kW}$，$U_N = 230 \text{V}$，$R_a = 0.04\Omega$，励磁绕组电阻 $R_f = 60\Omega$，铁耗和机械损耗之和为 2kW，附加损耗为额定功率的 1%，试求：

1）发电机额定负载时的输入功率为多少？

2）发电机额定运行时的效率为多少？

1-24　一台并励直流电动机，已知 $U_N = 220 \text{V}$，$I_N = 80 \text{A}$，$R_a = 0.1\Omega$，额定励磁电压 $U_f = 220 \text{V}$，励磁绕组电阻 $R_f = 88.8\Omega$，附加损耗为额定功率的 1%，$\eta_N = 0.85$，试求：

1）电动机的额定输入功率为多少？

2）电动机的额定输出功率为多少？

3）电动机的总损耗为多少？

4）电枢回路的铜耗为多少？

5）电动机的附加损耗为多少？

6）电动机的机械损耗与铁耗之和为多少？

1-25　一台并励直流电动机，已知 $P_N = 17 \text{kW}$，$U_N = 220 \text{V}$，$n_N = 3000 \text{r/min}$，$I_N = 89.9 \text{A}$，$R_a = 0.114\Omega$，励磁绕组电阻 $R_f = 181.5\Omega$，若忽略电枢反应，试求：

1）电动机的额定输出转矩为多少？

2）电动额定负载时的电磁转矩为多少？

3）电动机额定负载时的效率为多少？

4）当电枢电流 $I_a = 0$ 时，电动机的理想空载转速为多少？

1-26 一台并励直流电动机，已知 $U_N = 220V$，$R_a = 0.316\Omega$，理想空载转速 $n_0 = 1600r/min$，试求当电枢电流 $I_a = 50A$，电动机的转速和电磁转矩各为多少？

1-27 一台并励直流发电机，铭牌数据为：$P_N = 23kW$，$U_N = 230V$，$n_N = 1500r/min$，$R_a = 0.1\Omega$，励磁绕组电阻 $R_f = 57.5\Omega$，若不计电枢反应和磁路饱和，将这台发电机改为并励直流电动机运行，把电枢两端和励磁绕组两端都接在 220V 的直流电源上，运行时维持电枢电流为额定值，试求：

1）电动机的转速为多少？

2）电动机的电磁功率为多少？

3）电动机的电磁转矩为多少

1-28 一台并励直流电动机的额定数据为：$U_N = 110V$，$I_N = 28A$，$n_N = 1500r/min$，$R_a = 0.15\Omega$，励磁绕组电阻 $R_f = 110\Omega$，在额定负载情况下，在电枢回路串入 0.5Ω 电阻，若不考虑电感的影响，并忽略电枢反应，试求：

1）在串入 0.5Ω 电阻瞬间，电动机的电枢电流、电枢感应电动势、电磁转矩各为多少？

2）在串入 0.5Ω 电阻，电动机达到稳定运行后的电枢电流和转速各为多少？

3）若将电动机的负载转矩减小一半，串入 0.5Ω 电阻，电动机达到稳定运行后的电枢电流和转速各为多少？

1-29 一台他励直流电动机的额定数据为：$U_N = 220V$，$I_N = 41.1A$，$n_N = 1500r/min$，$R_a = 0.4\Omega$，保持额定负载转矩不变，试求：

1）若在电枢回路串入 1.65Ω 电阻，问串入的瞬间，电枢电流的数值为多少？当电动机达到稳定运行后，电动机的电枢电流和转速各为多少？

2）若将电源电压下降为 110V，问降低的瞬间，电枢电流的数值为多少？当电动机达到稳定运行后，电动机的电枢电流和转速各为多少？

3）若将磁通减弱为额定磁通的 90%，问减弱的瞬间，电枢电流的数值为多少？当电动机达到稳定运行后，电动机的电枢电流和转速各为多少？

1-30 两台容量相同的并励直流发电机 A 和 B，它们在 1000r/min 时的空载特性如下：

励磁电流/A	1.4	1.3
空载电动势/V	196.5	186

现将两台发电机同轴连接且并联于 230V 的直流电网上，若发电机 A 和 B 的励磁电流分别为 1.4A 和 1.3A，电枢回路电阻均为 0.1Ω，转速均为 1200r/min，不计电枢反应影响，试求：

1）哪台电机是发电机？哪台电机是电动机？为什么？

2）两台电机通过气隙传递的电磁功率各为多少？两者之差代表的物理含义是什么？

1-31 一台串励直流电动机，已知 $U_N = 220V$，$I_N = 40A$，$n_N = 1000r/min$，$R_a = 0.5\Omega$，假定磁路不饱和，试求：

1）当 $I_a = 20A$ 时，电动机的转速和电磁转矩各为多少？

2）若电流仍为 20A，而将电压降为 110V，此时电动机的转速和电磁转矩各为多少？

第2章

变压器

2.1 变压器的主要用途和分类

1. 变压器的主要用途

变压器是一种静止的电气设备，它利用电磁感应原理，将一种电压等级的交流电能变换为同频率、相同或不同电压等级的交流电能，其主要作用是变换电压，传递交流电能。若从能量变换的角度来看，变压器作为交流电力系统中的重要环节，它可以实现用最经济的发电机端电压生产电能，以最经济的传输电压传输电能，以最合适的电压供给特定设备来使用电能。

变压器的应用范围非常广泛，凡是有电能应用的场合都会有变压器。在电力系统中，变压器是实现电能经济和安全传输的重要设备。图 2-1 为我国电力系统示意简图，其中 T 表示电力变压器。

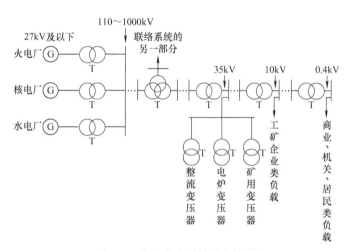

图 2-1 我国电力系统示意简图

图 2-1 中，由于发电机受绝缘条件限制，其端电压不可能太高，大容量发电机端电压通常为 10.5～24kV，目前最高可达 27kV。为了把发电厂发电机发出的电能经济地输送到远距离的各用电区，电力系统必须采用高压输电方式，才能降低输电线路上的电能损耗，减小线路电压降，降低输电成本。当输电距离越远、输送的功率越大，所需要的输电电压等级就越高。因此，发电厂总是利用升压变压器将发电机的输出电压升高到一定的高电压等级，经过高压输电线路，把电能送到用电区。目前我国交流电力系统输电网的电压等级通常有 110kV、220kV、330kV、500kV、750kV 和 1000kV。电能输送到用电区后，由于各用电设备的电压等级不尽相同，为了用电的安全，还需要

利用降压变压器，把输电电压经多级降压转换为符合用电设备需要的低电压，供用户安全使用。如大型动力设备常用电压等级为10kV、6kV或3kV，小型动力设备和照明设备电压等级一般为380V和220V。

可见，变压器是电力系统的重要设备，从发电、输电到配电，需要用变压器进行多次电压变换，因此，变压器的总容量要比发电机的总容量大得多，一般可达6~7倍。通常把在电力系统中应用的变压器称为电力变压器。

变压器除了在电力系统中大量应用之外，在其他场合也起着重要的作用，如轨道交通、电子装备、焊接设备、电炉、高压测试等场合的特种变压器，交流测量系统中的仪用互感器，电子线路和控制线路中的隔离变压器等。

变压器自问世以来，其基本工作原理没有改变，但变压器的设计与制造技术却有很大的发展和进步，电压等级、性能、容量都显著提高。目前我国交流电网的电压等级已达到1000kV，直流输电电压等级已达到1100kV，单台变压器的容量已达到1500MV·A。

2. 变压器的分类

不同行业和领域对变压器的功能和要求不同，导致变压器的结构和样式种类繁多，通常可按用途、绕组数、相数、冷却介质、冷却方式、调压方式和铁心的结构等进行分类。

（1）按用途分类

1）电力变压器：电力系统中应用的变压器，包括升压变压器、降压变压器、配电变压器、联络变压器和厂用变压器等。

变压器主要
用途和分类

2）仪用互感器：包括电压互感器与电流互感器。

3）特种变压器：用于特殊用途，如矿用变压器、试验变压器、整流变压器、电炉变压器、电焊变压器和隔离变压器等。

（2）按相数分类

有单相变压器、三相变压器和多相变压器。

（3）按绕组数目分类

有双绕组变压器、三绕组变压器、多绕组变压器和自耦变压器。

（4）按冷却方式分类

1）干式变压器：利用空气冷却。

2）油浸式变压器：用变压器油冷却，包括油浸自冷变压器、油浸风冷变压器、油浸强迫油循环风冷变压器、油浸强迫油循环水冷变压器和油浸强迫油循环导向冷却变压器。

3）充气式变压器。

4）蒸发冷却式变压器。

（5）按调压方式分类

有无载调压变压器和有载调压变压器两大类。

（6）按铁心的结构分类

有心式变压器和壳式变压器两类。

思考题

1. 电力变压器在电力系统中有哪些功能？
2. 变压器的主要类型有哪些？电力变压器如何分类？
3. 为什么电力系统中变压器的数量和总容量比发电机的装机容量大很多？

2.2 变压器的基本结构与额定值

目前电力变压器的典型产品为油浸式变压器和干式变压器，如图2-2所示。其中，应用范围最广、市场占有量最大的变压器为油浸式变压器，本节以油浸式电力变压器为例进行介绍。

油浸式变压器的铁心和绕组（含绝缘部分）浸泡在装满变压器油的油箱中，所有绕组的引线通过绝缘套管引出至油箱外并固定，与外部电路连接，其结构示意图如图2-3所示。

a) 油浸式　　　　　　　b) 干式

图 2-2　常用电力变压器实物图

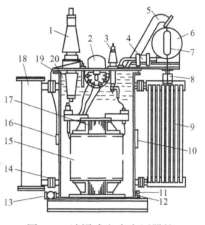

图 2-3　油浸式电力变压器的
结构示意图

1—高压套管　2—分接开关　3—低压套管
4—气体继电器　5—安全气道（防爆管
或释压阀）　6—储油柜　7—油位计
8—吸湿器　9—散热器　10—铭牌
11—接地螺栓　12—油样活门
13—放油阀门　14—活门
15—绕组　16—信号温度计　17—铁心
18—净油器　19—油箱　20—变压器油

变压器的
结构

2.2.1 变压器的基本结构

变压器主要由器身、油箱、调压装置、冷却装置、出线装置和保护装置等几部分组成，各部分都包含一些具体的结构部件，图2-4列出了变压器各主要结构部件。图2-5为三相变压器的器身结构实物图和3D模型简图。

1. 铁心

铁心是构成变压器磁路的主要部件，它由铁心柱和铁轭组成。套装绕组的部分称

$$
变压器
\begin{cases}
器身
\begin{cases}
铁心 \\
绕组 \\
绝缘和引线
\end{cases} \\
油箱
\begin{cases}
油箱本体(箱盖、箱壁和箱底或上、下节油箱) \\
油箱附件(放油阀门、活门、油样活门、接地螺栓、铭牌等)
\end{cases} \\
调压装置:无励磁分接开关或有载分接开关 \\
冷却装置:散热器或冷却器 \\
保护装置:储油柜、油位计、安全气道、释放阀、吸湿器、测温元件、净油器、气体继电器等 \\
出线装置:高、中、低压套管,电缆出线等
\end{cases}
$$

图 2-4　变压器各主要结构部件列表

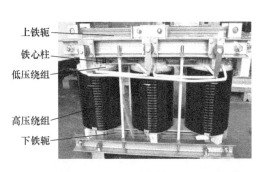

a) 实物图　　　　　　　　　　　　b) 3D模型简图

图 2-5　三相变压器的器身结构

为铁心柱,连接铁心柱以构成闭合磁路的部分称为铁轭,如图2-6所示。为了提高磁路的导磁性能,减少磁滞和涡流损耗,铁心通常用高磁导率,厚度为0.27~0.35mm的硅钢片多层叠压而成,硅钢片表面涂有绝缘漆,以避免片间短路。为减小变压器的励磁电流,铁心的叠装通常采用交错式装配,以确保接缝尽量小,为此,铁心叠片常剪成长方形硅钢片交错叠装,如图2-7所示,也可采用斜切硅钢片交错叠装,如图2-8所示。两种叠装中,偶数层接缝与奇数层接缝都需要互相错开。

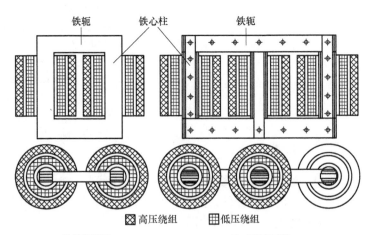

a) 单相变压器　　　　　　　　　　b) 三相变压器

图 2-6　单相和三相心式变压器铁心与绕组结构

a) 奇数层   b) 偶数层

图 2-7　长方形硅钢片交错叠装
变压器铁心示意图

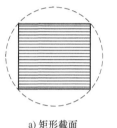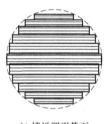

a) 奇数层   b) 偶数层

图 2-8　斜切硅钢片交错叠装
变压器铁心示意图

　　小型变压器的铁心柱截面一般为矩形或方形，如图 2-9a 所示；大型变压器铁心柱截面一般做成阶梯形的多边形（接近圆形），以套装绕组，如图 2-9b 所示。

　　在大型电力变压器中，为了提高磁导率和减少铁心损耗，常采用冷轧硅钢片叠压制成铁心；为减少接缝间隙和励磁电流，有时还采用由冷轧硅钢片卷成的卷片式铁心。高频低功率等级通信线路中的小型变

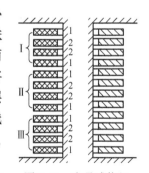

a) 矩形截面   b) 接近圆形截面

图 2-9　变压器铁心柱截面示意图

压器铁心，有时也用铁氧体等铁磁合金粉压制而成。我国电网配电变压器的铁心，也有采用 0.02mm 左右厚度的非晶合金材料制成的带材直接卷绕成型。

2. 绕组

　　绕组是变压器的电路部分，一般由用绝缘材料包扎的铜线或铝线绕成，线形有扁线（矩形）和圆线。为了使绕组在电磁力作用下有良好的机械性能，一般将绕组绕制成圆筒形或饼状形，套装在变压器的铁心柱上。按照绕组在铁心柱上的安排方式，可分为同心式绕组和交叠式绕组。

　　同心式绕组是将圆筒形的高、低压绕组同心地套在铁心柱上（见图 2-6），为绝缘方便，通常低压绕组靠近铁心（铁心接地），高压绕组套在低压绕组外面。同心式绕组结构简单，制造方便，在电力变压器中常被采用。交叠式绕组是将线圈绕成饼形，高、低压线圈交叠放置，且最上层和最下层均为低压绕组，如图 2-10 所示。交叠式绕组漏抗较小，引线方便，容易构成并联支路，线圈机械强度高，但绝缘复杂，主要用于电炉变压器和电焊变压器。

　　通常一台变压器会有两套或两套以上的绕组，按电压等级的不同，变压器绕组分为高压绕组和低压绕组。通常高压绕组匝数多、导线细，低压绕组匝数少、导线粗。

　　按铁心结构，变压器有心式和壳式两种类型。单相、三相心式变压器结构（见图 2-6）属于同一相的高、低压绕组套装在同一铁心柱上。在壳式结构中，绕组套在铁心柱上，同时铁轭包围着绕组，且绕组一般做成饼式交叠放置，如图 2-11 所示。

图 2-10　交叠式绕组
1—低压绕组　2—高压绕组

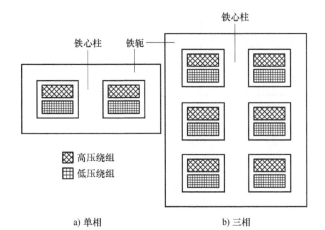

a) 单相　　　　　　　　　　b) 三相

图 2-11　壳式变压器结构示意图

心式变压器的绕组和绝缘装配比较容易,所以电力变压器常常采用心式结构。壳式变压器的机械强度较好,低压、大电流的变压器常采用壳式结构,如小容量的电信变压器、特种变压器等。最简单的单相变压器是由一个铁心和套在其上的两个绕组组成,图 2-12 分别为小型心式和壳式单相变压器的实物图。

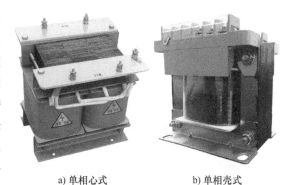

a) 单相心式　　　　b) 单相壳式

图 2-12　小型变压器实物图

2.2.2　变压器的型号与额定值

1. 电力变压器的型号

变压器的型号是由多位汉语拼音大写字母和多位数字组成,代表变压器的基本结构特点。从变压器的型号中可以得知变压器的额定容量和高压侧额定电压。中国机械行业标准《JB/T 3837—2016 变压器类产品型号编制方法》对不同用途变压器型号的编制做了相应规定。电力变压器型号的表示方法如下:

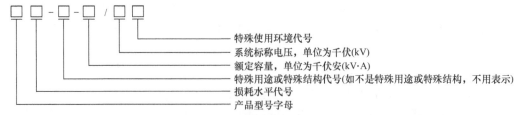

特殊使用环境代号
系统标称电压,单位为千伏(kV)
额定容量,单位为千伏安(kV·A)
特殊用途或特殊结构代号(如不是特殊用途或特殊结构,不用表示)
损耗水平代号
产品型号字母

例如:电力变压器型号 OSFPSZ-250000/220 中各项的含义为:O—自耦;S—三相;F—风冷;P—强迫油循环;S—三绕组铜线;Z—有载调压,250000—额定容量,单位为 kV·A,220—高压侧额定电压,单位为 kV。

电力变压器型号 SSPZ11-360000/220 中各项的含义如下:

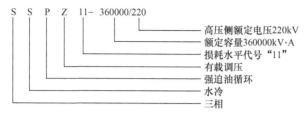

S S P Z 11- 360000/220

高压侧额定电压220kV
额定容量360000kV·A
损耗水平代号"11"
有载调压
强迫油循环
水冷
三相

其他字母或代号的含义,可查阅相关国家标准《JB/T 3837—2016 变压器类产品型号编制方法》。

2. 变压器的额定值

额定值是保证变压器能长期可靠工作且具有良好性能的量值。额定值标注在变压器的铭牌上,由变压器的制造厂商确定。通常变压器的额定值有:

(1)额定容量 S_N(单位为 kV·A 或 MV·A)

额定容量表示变压器在铭牌规定的额定工况下运行时输出视在功率的保证值。通常设计时规定,双绕组变压器的一次和二次绕组额定容量相等;对于三绕组变压器,若各绕组容量不相等,其额定容量是最大的绕组容量;对于三相变压器,额定容量是三相绕组容量之和。

(2)额定电压 U_N(单位为 V 或 kV)

额定电压表示变压器空载时、在额定分接下铭牌规定的各绕组端电压的保证值。一次侧额定电压是变压器正常运行时一次绕组线端外施电压的有效值。二次侧额定电压是当一次绕组外施额定电压而二次侧空载(开路)时的电压。对于三相变压器,额定电压是线电压。

(3)额定电流 I_N(单位为 A)

额定电流表示变压器额定负载时各绕组长期运行允许通过的电流,即根据额定容量和额定电压计算出的电流值。对于三相变压器,额定电流是线电流。

对于单相变压器,额定容量、额定电压和额定电流之间的关系为

$$S_N = U_{1N}I_{1N} = U_{2N}I_{2N} \tag{2-1}$$

对于三相变压器,则有

$$S_N = \sqrt{3}\,U_{1N}I_{1N} = \sqrt{3}\,U_{2N}I_{2N} \tag{2-2}$$

或

$$S_N = 3U_{1N\varphi}I_{1N\varphi} = 3U_{2N\varphi}I_{2N\varphi} \tag{2-3}$$

式中,$U_{1N\varphi}$ 和 $U_{2N\varphi}$ 分别为一、二次绕组的相电压;$I_{1N\varphi}$ 和 $I_{2N\varphi}$ 分别为一、二次绕组的相电流。

(4)额定频率 f_N(单位为 Hz)

我国的标准工业用电频率为 50Hz。

变压器二次电流达到额定值时所带的负载称为额定负载。

此外,变压器的铭牌上还标有相数、额定效率、以百分数表示的短路阻抗实测值、允许温升等。对于三相变压器,还标有联结组标号等。

例 2-1 一台三相变压器 $S_N = 200kV·A$,$U_{1N}/U_{2N} = 10/6.3kV$,Yd 联结,求其高、低压绕组的额定电流 I_{1N} 和 I_{2N}。

解：
$$I_{1\mathrm{N}} = \frac{S_{\mathrm{N}}}{\sqrt{3}\,U_{1\mathrm{N}}} = \frac{200}{\sqrt{3}\times 10}\mathrm{A} \approx 11.5\mathrm{A}$$

$$I_{2\mathrm{N}} = \frac{S_{\mathrm{N}}}{\sqrt{3}\,U_{2\mathrm{N}}} = \frac{200}{\sqrt{3}\times 6.3}\mathrm{A} \approx 18.3\mathrm{A}$$

所求均为线电流，如果需要额定的相电流，则需要按 Y 接法和 d 接法的不同规律进行换算，即

$$I_{1\mathrm{N}\varphi} = I_{1\mathrm{N}} = 11.5\mathrm{A}, \quad I_{2\mathrm{N}\varphi} = I_{2\mathrm{N}}/\sqrt{3} \approx 10.6\mathrm{A}$$

思考题

1. 变压器有哪些主要部件？它们的作用是什么？
2. 变压器铁心为什么要采用表面涂有绝缘漆的薄硅钢片叠成？
3. 大型变压器铁心柱一般做成阶梯的多边形，阶梯越多越好吗？分析其利弊。
4. 变压器的绕组和铁心的结构形式有哪些？

2.3 变压器的空载运行

由于三相变压器对称运行时，各相电压及电流大小相等，相位彼此相差 120°，从运行原理来看，可取任意一相来分析，因此，以单相变压器为例来分析变压器运行的物理过程。首先分析变压器的空载运行，随后再分析变压器的负载运行。

2.3.1 空载运行的物理过程

变压器的
空载运行

变压器是利用电磁感应原理工作的。最简单的变压器是由一个铁心和套在其上的两个绕组组成，如图 2-13 所示。通常，变压器的一个绕组接电源，另一个绕组接负载，与电源连接的绕组称为一次绕组或一次侧，其匝数用 N_1 表示；与负载连接的绕组称为二次绕组或二次侧，其匝数用 N_2 表示。

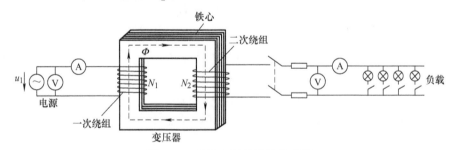

图 2-13　单相变压器连接示意图

1. 空载运行的电磁关系

以单相变压器为例，变压器一次绕组接额定频率、额定电压的交流电源，二次绕组开路，即二次电流为零时的运行状态称为空载运行。图 2-14 为单相变压器空载运行示意图。

变压器的一次绕组 AX 与交流电源 u_1 相

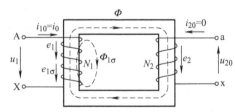

图 2-14　单相变压器空载运行示意图

100

连接，其匝数为 N_1，二次绕组 ax 开路，其匝数为 N_2，通常规定一次绕组的所有物理量用下标 1 来表示，二次绕组的物理量用下标 2 来表示。

当一次绕组外加交流电压 u_1 时，一次绕组中将流过很小的空载电流 i_{10}（也用 i_0 表示），由于二次绕组开路，二次绕组电流 $i_{20}=0$。一次绕组的空载电流 i_0 将产生交变的空载磁动势 F_0，且 $F_0=N_1 i_0$。因变压器铁心的磁导率远大于空气的磁导率，空载磁动势 F_0 产生的磁通绝大部分将沿铁心闭合，并同时交链一次和二次绕组，该部分磁通称为主磁通，用 Φ 表示。除主磁通外，有少量磁通沿非铁磁材料闭合，只交链一次绕组，称为一次绕组的漏磁通，用 $\Phi_{1\sigma}$ 表示。漏磁通在数量上与主磁通相差很多，磁路性质也有差异，因此分开处理。主磁通 Φ 在一次和二次绕组中分别感应电动势 e_1 和 e_2。漏磁通 $\Phi_{1\sigma}$ 只在一次绕组中感应漏磁电动势 $e_{1\sigma}$。另外，空载电流在一次绕组的电阻 R_1 上将产生电阻压降 $i_0 R_1$，二次绕组的开路电压为 u_{20}。

于是，变压器空载运行时各物理量的电磁关系如图 2-15 所示。

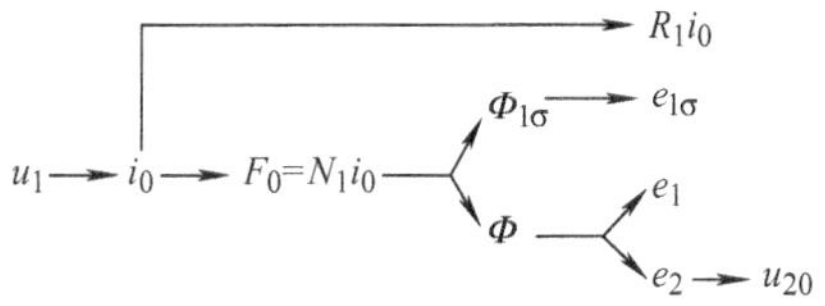

根据图 2-14 所示各物理量的参考正方向与图 2-15 的电磁关系，可列出变压器空载时一、二次绕组的电压方程为

$$\begin{cases} u_1 = i_0 R_1 - e_1 - e_{1\sigma} \\ u_{20} = e_2 \end{cases} \qquad (2\text{-}4)$$

图 2-15 变压器空载运行时各物理量的电磁关系

根据电磁感应定律，主磁通 Φ 与 e_1 和 e_2、漏磁通 $\Phi_{1\sigma}$ 与 $e_{1\sigma}$ 之间的关系为

$$\begin{cases} e_1 = -N_1 \dfrac{\mathrm{d}\Phi}{\mathrm{d}t}, \ e_2 = -N_2 \dfrac{\mathrm{d}\Phi}{\mathrm{d}t} \\ e_{1\sigma} = -N_1 \dfrac{\mathrm{d}\Phi_{1\sigma}}{\mathrm{d}t} \end{cases} \qquad (2\text{-}5)$$

由式（2-5）可见，若变压器一、二次绕组的匝数不相等，即 $N_1 \neq N_2$，则有 $e_1 \neq e_2$，即一、二次绕组的感应电动势不相等。进一步，若忽略变压器漏磁通 $\Phi_{1\sigma}$ 的作用和定子电阻电压降 $i_0 R_1$，由式（2-4）可知，当 $N_1 \neq N_2$ 时，一、二次侧的电压将不相等，即 $u_1 \neq u_{20}$，从而起到了改变电压的作用。

由上述分析可知，变压器能够变压的关键是：①铁心中有同时交链一、二次绕组的交变磁通；②一、二次绕组的匝数不相等。

2. 正方向的规定

变压器中的电压、电流、电动势、磁动势和磁通等都是随时间变化的交变量，为了正确表达各物理量之间的数量关系和相位关系，必须规定各物理量的正方向。正方向的规定，原则上是可以任意的，若正方向规定不同，则同一电磁过程所列写出的公式或方程中有关物理量的正、负号会不同。

电机学采用电路原理常用的惯例：①电压的正方向为高电位指向低电位，电动势的正方向为低电位指向高电位；②吸收电能的电路中，按电动机惯例，即电流由高电位流入；③产生电能的电路中，按发电机惯例，即电流由高电位流出。

据上述电路原理常用的惯例对各物理量的正方向做如下规定：

1）一次绕组侧施加交流电压，一次绕组电压的高电位用 A 表示，低电位用 X 表示，电压降的方向为从 A 指向 X。电源向一次绕组输入电能，则一次绕组吸收电能，电流与电压的正方向符合电动机惯例，因此一次绕组的电流由高电位 A 流入，与电压方向一致，如图 2-14 所示。此时一次绕组的电压和电流乘积为正，表示电源向变压器一次绕组输入功率。

2）电流的正方向与由它产生的磁动势的正方向之间符合右手螺旋关系，磁动势的正方向与由它产生的磁通的正方向相同，即磁通方向与产生该磁通的电流方向符合右手螺旋关系。在图 2-14 中，根据一次绕组的绕向和右手螺旋关系可知，一次绕组的磁动势 F_0 和磁通 Φ 的正方向（左侧铁心柱内）为由下向上（右手四指握拳方向为绕组绕制方向，代表电流 i_0 的方向，大拇指指向为磁动势和磁通方向）。

3）磁通的正方向与由它产生的感应电动势的正方向符合右手螺旋关系。在图 2-14 中，磁通 Φ 由下至上地通过一次绕组，根据一次绕组的绕向和右手螺旋关系，一次绕组的感应电动势 e_1 的正方向为自上而下（大拇指指向为磁通的方向，四指握拳方向与绕组绕向匹配（自上而下或自下而上），代表电动势的方向）。漏磁通 $\Phi_{1\sigma}$ 的方向与产生它的一次绕组电流 i_0 的正方向也符合右手螺旋关系。同理，根据二次绕组的绕向，可以判断二次绕组感应电动势 e_2 的正方向为自上而下。

4）二次绕组的感应电动势作为输出电源电动势，根据电动势的正方向惯例可知，a 为低电位，x 为高电位。若二次绕组接通负载，则二次绕组向负载端输出电能，二次绕组为产生电能的电路，按发电机惯例，电流由低电位流入。在图 2-14 中，二次绕组电流由低电位 a 流入，与感应电动势 e_2 的正方向相同。二次侧端电压由高电位指向低电位，即从 x 指向 a，与电流 i_{20} 的正方向一致。此时二次绕组的端电压和电流的乘积为正，表示二次绕组向负载端输出电功率。

3. 空载磁场

图 2-16 为单相壳式变压器空载磁场分布图，可见，绝大部分磁通（主磁通 Φ）通过铁心闭合，所以铁心磁路称为主磁路，少部分漏磁通 $\Phi_{1\sigma}$ 通过空气闭合，漏磁通经过的路径称为漏磁路。由于主磁路和漏磁路经过的路径不同，导致主磁通和漏磁通在性质上也有差异：

1）主磁通 Φ 经过的铁心磁路由铁磁性材料构成，其磁路的磁阻较小，主磁通的量非常大；而漏磁通 $\Phi_{1\sigma}$ 的磁路包含有空气或冷却介质，其磁路

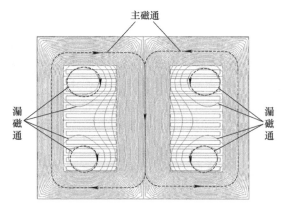

图 2-16　某单相壳式变压器空载磁场分布图

的磁阻较大，故漏磁通要比主磁通少很多，一般占总磁通的 0.1%～0.2%。

2）由于主磁通 Φ 的磁路由铁磁性材料构成，随着变压器运行工况的变化会出现磁饱和现象，因此主磁通 Φ 与产生它的电流 i_0 之间是非线性关系；而漏磁通 $\Phi_{1\sigma}$ 的磁路主要由非铁磁性材料构成，无磁饱和问题，因此漏磁通 $\Phi_{1\sigma}$ 与产生它的电流 i_0 之间呈线性关系。

3）主磁通 Φ 通过电磁感应将一次绕组的能量传递到二次绕组，起能量传递的作用，而漏磁通 $\Phi_{1\sigma}$ 仅在自身绕组中感应漏磁电动势，不起能量传递的作用，而起电压降的作用。

2.3.2 空载运行的主要物理量及其相互关系

变压器空载运行时的主要物理量有主磁通 Φ 及其感应电动势 e_1，空载电流 i_0 与空载时的铁心损耗 p_0 等，下面逐一进行分析和说明。

1. 主磁通 Φ 及其感应电动势 e_1

设主磁通 Φ 随时间按正弦规律变化，即 $\Phi = \Phi_m \sin\omega t$，其中 Φ_m 为主磁通的幅值，则根据法拉第电磁感应定律，一次绕组的感应电动势 e_1

$$e_1 = -N_1 \frac{\mathrm{d}\Phi}{\mathrm{d}t} = -N_1 \omega \Phi_m \cos\omega t = E_{1m} \sin\left(\omega t - \frac{\pi}{2}\right) \tag{2-6}$$

式中，E_{1m} 为感应电动势幅值，且 $E_{1m} = \omega N_1 \Phi_m$；$\omega$ 为电源角频率，$\omega = 2\pi f$，f 为电源频率。

可见，一次绕组的感应电动势 e_1 在相位上滞后产生该电动势的主磁通 Φ 以 90°，其有效值 E_1 为

$$E_1 = \frac{E_{1m}}{\sqrt{2}} = \frac{\omega N_1 \Phi_m}{\sqrt{2}} = \frac{2\pi f N_1 \Phi_m}{\sqrt{2}} = 4.44 f N_1 \Phi_m \tag{2-7}$$

同理，主磁通在二次绕组的感应电动势有效值 E_2 为

$$E_2 = 4.44 f N_2 \Phi_m \tag{2-8}$$

用相量表示为

$$\begin{cases} \dot{E}_1 = -\mathrm{j}4.44 f N_1 \dot{\Phi}_m \\ \dot{E}_2 = -\mathrm{j}4.44 f N_2 \dot{\Phi}_m \end{cases} \tag{2-9}$$

由以上分析可知，感应电动势有效值的大小与主磁通的频率 f、绕组匝数 N_1 及主磁通幅值 Φ_m 成正比。感应电动势频率与主磁通频率相等，电动势相位滞后主磁通 90° 电角度。

变压器空载
运行的主要
物理量及
其相互关系

2. 一次绕组的漏磁电动势和漏磁电抗

设漏磁通 $\Phi_{1\sigma}$ 随时间按正弦规律变化，即 $\Phi_{1\sigma} = \Phi_{1\sigma m} \sin\omega t$，$\Phi_{1\sigma m}$ 为漏磁通的幅值，同理，根据法拉第电磁感应定律可知，漏磁通 $\Phi_{1\sigma}$ 在一次绕组内产生的漏磁电动势 $e_{1\sigma}$ 在相位上滞后漏磁通 $\Phi_{1\sigma}$ 以 90°，其有效值的表达与式(2-7) 类似，用相量表示一次绕组漏磁通 $\dot{\Phi}_{1\sigma}$ 与一次绕组漏磁电动势 $\dot{E}_{1\sigma}$ 的关系为

$$\dot{E}_{1\sigma} = -\mathrm{j}4.44 f N_1 \dot{\Phi}_{1\sigma} \tag{2-10}$$

考虑漏磁通通过的路径是非铁磁材料，磁路不存在饱和性质，所以漏磁路是线性磁路。也就是说，一次绕组漏磁电动势 $\dot{E}_{1\sigma}$ 与空载电流 $\dot{I}_0$ 呈线性关系。

由磁路的欧姆定律可知，一次绕组的漏磁通等于一次绕组的磁动势 F_0 与一次绕组漏磁通路径相应的磁导 $\Lambda_{1\sigma}$ 乘积，即

$$\Phi_{1\sigma} = F_0 \Lambda_{1\sigma} = N_1 i_0 \Lambda_{1\sigma} \tag{2-11}$$

式中，$\Lambda_{1\sigma}$ 为一次绕组漏磁通路径的磁导，简称漏磁导。

将式(2-11) 代入式(2-5) 中漏磁电动势的表达式，可得

$$e_{1\sigma} = -N_1^2 \Lambda_{1\sigma} \frac{\mathrm{d}i_0}{\mathrm{d}t} = -L_{1\sigma} \frac{\mathrm{d}i_0}{\mathrm{d}t} \tag{2-12}$$

式中，$L_{1\sigma}$ 为一次绕组的漏磁电感，简称漏电感或漏感，且 $L_{1\sigma} = N_1^2 \Lambda_{1\sigma}$。

由式(2-12) 可知，漏电感等于绕组匝数的二次方与相应磁路漏磁导的乘积。对于变压器的漏磁路主要为空气或冷却介质，可以认为漏磁导 $\Lambda_{1\sigma}$ 为常值，因此相应的漏电感 $L_{1\sigma}$ 也可以认为是常值。

当一次电流 i_0 随时间按正弦变化，即 $i_0 = \sqrt{2} I_0 \sin\omega t$ 时，相应的漏磁通和漏磁电动势也将随时间作正弦变化，由式(2-12) 可得

$$e_{1\sigma} = -L_{1\sigma} \frac{\mathrm{d}i_0}{\mathrm{d}t} = -L_{1\sigma} \sqrt{2} I_0 \omega \cos\omega t = \sqrt{2} E_{1\sigma} \sin\left(\omega t - \frac{\pi}{2}\right) \tag{2-13}$$

用相量表示时有

$$\dot{E}_{1\sigma} = -\mathrm{j}\omega L_{1\sigma} \dot{I}_0 = -\mathrm{j} X_{1\sigma} \dot{I}_0 \tag{2-14}$$

式中，$X_{1\sigma}$ 为一次绕组的漏磁电抗，简称漏电抗或漏抗，且 $X_{1\sigma} = \omega L_{1\sigma}$。

漏抗是表征绕组漏磁效应的一个参数，一般为常值，反映的是一次侧漏磁场的存在和该漏磁场对一次侧电路的影响，将漏磁通感应的电动势用漏电抗电压降的形式来表示，表明漏磁通的作用就是电压降，而不参与能量的传递。

3. 空载电流

空载运行时，铁心上仅有一次绕组电流所形成的励磁磁动势，所以空载电流 i_0 就是励磁电流 i_m，即 $i_0 = i_m$。

空载电流 i_0 有两个作用，其主要作用是建立空载磁场，包括空载时的主磁通和漏磁通，另外的作用是补偿变压器空载运行时在铁心内产生的有功功率损耗（磁滞损耗和涡流损耗，即铁心损耗，简称铁耗）。由此可认为空载电流由两部分组成，一部分是用于产生空载交变磁通，属于无功分量，又称磁化分量，起励磁作用，与主磁通同相位，用 i_μ 表示；另一部分用于补偿铁耗，属于有功分量，又称铁耗分量，它与铁心的磁滞损耗和涡流损耗有关，铁耗分量超前主磁通90°，用 i_{Fe} 表示。从数量上看，有功分量仅为无功分量的10%左右，因此空载电流 i_0 基本上属于感性无功性质。空载电流的数值很小，一般仅占额定电流的 1%~10%。变压器容量越大，空载电流所占比例越小。图2-17 为空载电流 i_0 及其分量与主磁通的相位关系，图中 α_{Fe} 为由铁心损耗引起的铁耗角。

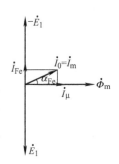

图 2-17　变压器空载运行时空载电流与主磁通的相位关系

用相量表示时，空载电流 $\dot{I}_0$（或 $\dot{I}_m$）为

$$\dot{I}_0 = \dot{I}_\mu + \dot{I}_{Fe} \tag{2-15}$$

空载电流 i_0 中的磁化电流 i_μ 主要用以激励铁心中的主磁通 Φ，由于变压器中主磁

路为铁磁材料，其磁化曲线为非线性曲线，因此，磁化电流 i_μ 的大小和波形取决于主磁通 Φ 和铁心磁路磁化曲线 $\Phi = f(i_\mu)$ 的饱和程度。为了充分利用铁磁材料，变压器的铁心总是设计得比较饱和，因此分以下两种情况进行讨论。

1）当铁心磁路不饱和时，磁化曲线 $\Phi = f(i_\mu)$ 是一条直线，i_μ 和 Φ 成正比，如图 2-18 所示。当主磁通随时间正弦变化时，磁化电流也随时间正弦变化，两者的相位相同，且与感应电动势相差 $90°$，因此对 $-e_1$ 来说，i_μ 为纯无功电流。

2）若铁心中主磁通的幅值 Φ_m 使磁路达到饱和，引起磁化曲线非线性变化，这将导致磁化电流变成尖顶波，如图 2-19 所示。磁路越饱和，磁化电流 i_μ 的波形就越尖，畸变越严重。根据傅里叶级数分析，这种尖顶波电流可分解为由基波、3 次谐波和其他奇次谐波的叠加，其中 3 次谐波含量最大，且基波分量 $i_{\mu1}$ 始终与主磁通同相位。所以，在变压器中为了建立正弦波的主磁通，磁化电流必须是尖顶波。为便于计算，通常用一个有效值与之相等的等效正弦波来代替非正弦的磁化电流。

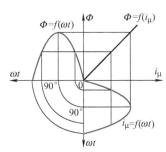

图 2-18 不考虑饱和时的磁化电流波形

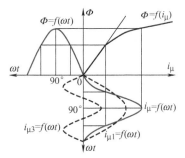

图 2-19 考虑饱和时的磁化电流波形

4. 励磁阻抗

前面推导得到了式(2-6) 的感应电动势 e_1 与主磁通 Φ 之间的大小和相位关系，下面进一步推导感应电动势 e_1 与一次绕组励磁电流 i_m 之间的关系，以期得到类似式(2-14) 的表达式。即希望引入一个电路参数，用励磁电流 $\dot{I}_m$ 在该参数上所产生的电压降来表示电动势 $\dot{E}_1$。

根据磁路的欧姆定律和法拉第电磁感应定律，主磁通 Φ、感应电动势 e_1 与磁化电流 i_μ 之间的关系为

$$\begin{cases} \Phi = N_1 i_\mu \Lambda_m \\ e_1 = -N_1 \dfrac{\mathrm{d}\Phi}{\mathrm{d}t} = -N_1^2 \Lambda_m \dfrac{\mathrm{d}i_\mu}{\mathrm{d}t} = -L_\mu \dfrac{\mathrm{d}i_\mu}{\mathrm{d}t} \end{cases} \tag{2-16}$$

式中，Λ_m 为主磁路的磁导；L_μ 为对应铁心绕组的磁化电感，$L_\mu = N_1^2 \Lambda_m$。

用相量表示时，式(2-16) 的第二式可写为

$$\dot{E}_1 = -\mathrm{j}\omega L_\mu \dot{I}_\mu = -\mathrm{j}X_\mu \dot{I}_\mu \tag{2-17}$$

式中，X_μ 为变压器的磁化电抗，它是表征铁心磁化性能的一个参数，且 $X_\mu = \omega L_\mu$。

再看铁耗电流 $\dot{I}_{Fe}$ 与 $\dot{E}_1$ 之间的关系。由于铁耗 p_{Fe} 近似与铁心中磁密 B_m 的二次方成正比，而主磁通 Φ_m 又与一次绕组的感应电动势 E_1 成正比，因此有，$p_{Fe} \propto B_m^2 \propto \Phi_m^2$

$\propto E_1^2$，引入表征铁心损耗 p_{Fe} 的铁耗电阻 R_{Fe}，有 $R_{\mathrm{Fe}} = \dfrac{E_1^2}{p_{\mathrm{Fe}}}$。另一方面，对于 $-\dot{E}_1$，铁耗电流 $\dot{I}_{\mathrm{Fe}}$ 是一个有功电流，所以，铁耗也可表示为 $p_{\mathrm{Fe}} = -\dot{E}_1 \dot{I}_{\mathrm{Fe}}$，于是有

$$\dot{I}_{\mathrm{Fe}} = -\frac{\dot{E}_1}{R_{\mathrm{Fe}}} \tag{2-18}$$

因此，根据式(2-15)、式(2-17) 和式(2-18) 可知，励磁电流 $\dot{I}_{\mathrm{m}}$ 与感应电动势 $\dot{E}_1$ 之间具有如下的关系：

$$\dot{I}_{\mathrm{m}} = \dot{I}_{\mu} + \dot{I}_{\mathrm{Fe}} = -\dot{E}_1\left(\frac{1}{R_{\mathrm{Fe}}} + \frac{1}{\mathrm{j}X_{\mu}}\right) \tag{2-19}$$

图 2-20a 为式(2-19) 相对应的等效电路，由磁化电抗和铁耗电阻两个并联分支构成。

为了便于计算，通常用一个等效的串联阻抗 Z_{m} 来代替这两个并联分支，如图 2-20b 所示。

式(2-19) 可改写为

$$-\dot{E}_1 = \dot{I}_{\mathrm{m}}Z_{\mathrm{m}} = \dot{I}_{\mathrm{m}}(R_{\mathrm{m}} + \mathrm{j}X_{\mathrm{m}}) \tag{2-20}$$

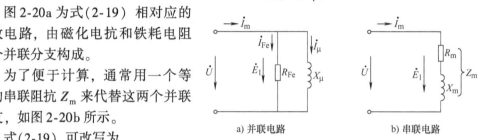

a) 并联电路　　　　b) 串联电路

图 2-20　铁心绕组的等效电路

式中，Z_{m} 为励磁阻抗，$Z_{\mathrm{m}} = R_{\mathrm{m}} + \mathrm{j}X_{\mathrm{m}}$，它是用串联阻抗形式来表征铁心的磁化性能和铁心损耗的一个综合参数。其中，X_{m} 为励磁电抗，表征铁心磁化性能的等效电抗；R_{m} 为励磁电阻，表征铁心损耗的等效电阻，且 $p_{\mathrm{Fe}} = I_{\mathrm{m}}^2 R_{\mathrm{m}}$。

图 2-20 中两个等效电路各参数的关系可表示为

$$\begin{cases} R_{\mathrm{m}} = R_{\mathrm{Fe}}\dfrac{X_{\mu}^2}{R_{\mathrm{Fe}}^2 + X_{\mu}^2} \\[3mm] X_{\mathrm{m}} = X_{\mu}\dfrac{R_{\mathrm{Fe}}^2}{R_{\mathrm{Fe}}^2 + X_{\mu}^2} \end{cases} \tag{2-21}$$

总之，引入励磁阻抗 Z_{m} 来反映主磁通 Φ 和感应电动势 $\dot{E}_1$ 的关系，即 $\dot{E}_1$ 可以用 $\dot{I}_{\mathrm{m}}$（或 $\dot{I}_0$）在 Z_{m} 上的电压降来表示，见式(2-20)。需要注意的是，由于铁心磁路的磁化曲线是非线性的，所以，E_1 与 I_{m} 之间也是非线性关系，即励磁阻抗 Z_{m} 不是常值，而是随工作点饱和程度的增加而减小。考虑到变压器实际运行时，一次电压 U_1 为常值，负载变化时主磁通变化很小，因此，可近似认为 Z_{m} 为一常值。

5. 空载损耗

变压器空载运行时，二次绕组开路，其电流为零，输出的功率也为零，但一次绕组的空载电流不为零，所以变压器要从电源吸收一定的有功功率来抵消变压器内部的功率损耗。变压器空载运行时的损耗称为空载损耗 p_0，空载损耗约占额定容量的 $0.2\% \sim 1.5\%$。

空载损耗主要包括两部分：一是空载电流流过一次绕组时，在一次绕组电阻中产生的铜耗 $p_{\text{Cu1}} = I_0^2 R_1$；另一部分是交变磁通在铁心中所产生的铁耗 p_{Fe}。由于空载电流很小，一次绕组的电阻也很小，空载时一次绕组的铜耗可忽略不计，因此，近似认为空载损耗等于铁心损耗，由铁心的涡流损耗和磁滞损耗组成，即 $p_0 = p_{\text{Fe}}$。

2.3.3 空载运行的电压方程、等效电路和相量图

1. 空载运行的电压方程和电压比

根据基尔霍夫第二定律，结合图 2-14 的电路图和图 2-15 的电磁关系，考虑到变压器中各物理量均随时间正弦变化，将式(2-4) 的瞬时电压方程用相量形式表达，可列出空载时一次绕组和二次绕组的电压方程为

$$\begin{cases} \dot{U}_1 = R_1 \dot{I}_0 - \dot{E}_1 - \dot{E}_{1\sigma} \\ \dot{U}_{20} = \dot{E}_2 \end{cases} \quad (2\text{-}22)$$

考虑式(2-14) 和式(2-20)，上述电压方程可变为

$$\begin{cases} \dot{U}_1 = -\dot{E}_1 + \dot{I}_0 Z_{1\sigma} = \dot{I}_m (Z_m + Z_{1\sigma}) \\ \dot{U}_{20} = \dot{E}_2 \end{cases} \quad (2\text{-}23)$$

式中，$Z_{1\sigma}$ 为一次绕组漏阻抗，$Z_{1\sigma} = R_1 + jX_{1\sigma}$。

在一般变压器中，空载电流所产生的一次绕组电阻电压降 $R_1 i_0$ 很小，可以忽略不计，同时忽略一次绕组漏磁通产生的漏磁电动势，即式(2-23) 中一次绕组漏阻抗 $|Z_{1\sigma}|$ 数值上很小，当忽略 $\dot{I}_0 Z_{1\sigma}$，则有

$$\dot{U}_1 \approx -\dot{E}_1 = j4.44 f N_1 \dot{\Phi}_m \quad (2\text{-}24)$$

由式(2-24) 可知，如果忽略一次绕组的漏阻抗电压降，对于已制成变压器，当电源频率和绕组匝数不变时，主磁通的大小主要由电源电压 U_1 的大小决定，当 U_1 一定时，主磁通基本不变。这一点在变压器负载运行时也基本成立，对于分析变压器的运行很重要。

另一方面，当忽略一次绕组的漏阻抗电压降，由式(2-23) 可得

$$k = \frac{E_1}{E_2} = \frac{N_1}{N_2} \quad (2\text{-}25)$$

式中，k 为变压器的电压比。

对于三相变压器，电压比近似为一次、二次侧额定相电压的比值，即

$$k = \frac{U_{1N\varphi}}{U_{2N\varphi}} \quad (2\text{-}26)$$

2. 空载运行的等效电路

根据电压方程式(2-23) 可导出变压器空载运行的等效电路，为一次绕组漏阻抗 $Z_{1\sigma}$ 和励磁阻抗 Z_m 的串联电路，如图 2-21 所示。

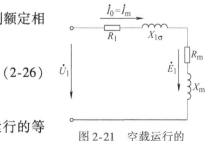

图 2-21 空载运行的等效电路

变压器空载运行的电压方程等效电路和相量图

分析变压器空载运行时等效电路中的各参数，可知

1）一次绕组的电阻 R_1 与运行时绕组的温升有关，而空载运行时绕组的温升较小，所以电阻变化可以忽略不计；漏电抗 $X_{1\sigma}$ 为常值，故空载运行时一次绕组漏阻抗 $Z_{1\sigma}$ 为常值。

2）励磁阻抗参数中，励磁电抗 X_m 表征铁心的磁化性能，而铁心的磁化曲线为非线性。若主磁通增大，表明铁心的饱和程度增加，磁路的磁阻增大，而磁导减小，则励磁电抗 X_m 将减小；另一方面，若主磁通增大，表明铁心的磁密 B_m 增加，而铁耗与 B_m^2 成正比，所以铁耗将随之增加；再一方面，主磁通增加会导致励磁电流 I_m 增大，根据 $R_m = \dfrac{p_{Fe}}{I_m^2}$，铁耗增加的速度相对励磁电流二次方增加的速度要小，所以励磁电阻 R_m 会减小，总之，励磁阻抗 Z_m 随磁路饱和程度的增加会减小。

虽然励磁阻抗随着铁心主磁路饱和程度的变化而变化，但是通常变压器运行时电源电压保持在额定值不变，由式（2-24）可知，其主磁通基本保持不变，磁路的饱和程度也近似不变，所以变压器额定运行时，其励磁阻抗可认为是一个常值。

3）变压器主磁路的磁阻远远小于漏磁路的磁阻，因此 $X_m \gg X_{1\sigma}$；由于变压器空载运行时的损耗主要是铁耗，因此励磁电阻远大于一次绕组的电阻，即 $R_m \gg R_1$，综上，图 2-21 的等效电路可进一步简化，在工程计算中可以将一次绕组的电阻 R_1 和漏电抗 $X_{1\sigma}$ 忽略不计。

4）从图 2-21 的等效电路可知，在额定电压下，励磁电流 I_m 主要取决于励磁阻抗 Z_m 的大小。变压器运行时，希望 I_m 的数值小一些为好，这样可以提高变压器的效率和减小电网供应滞后无功功率的负担，因此，一般变压器将 Z_m 设计得很大，以使励磁电流 $I_m(I_0)$ 尽量小。

3. 空载运行的相量图

相量图可直观地反映各物理量之间的相位关系，变压器空载运行时的相量图可以根据空载时的电压方程式（2-23）画出，如图 2-22 所示，作图步骤如下：

1）以主磁通 $\dot{\Phi}_m$ 作为参考相量，将其画在水平方向。

2）根据 $\dot{E}_1 = -j4.44fN_1\dot{\Phi}_m$ 可知，电动势 $\dot{E}_1$ 的相位滞后主磁通 $\dot{\Phi}_m$ 以 $90°$。参照 $\dot{\Phi}_m$ 的相量方向顺时针旋转 $90°$ 可得 $\dot{E}_1$ 的相量方向，$-\dot{E}_1$ 的相量方向与 $\dot{E}_1$ 的方向相反。同理，根据 $\dot{E}_2 = -j4.44fN_2\dot{\Phi}_m$ 可得到电动势 $\dot{E}_2$ 的相量方向，由于 $\dot{U}_{20} = \dot{E}_2$，可得 $\dot{U}_{20}$ 的相量方向与 $\dot{E}_2$ 的方向相同。

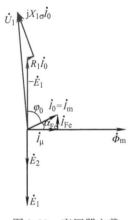

图 2-22 变压器空载
运行时的相量图

3）空载电流 $\dot{I}_0$（或励磁电流 $\dot{I}_m$）的无功分量 $\dot{I}_\mu$ 与主磁通 $\dot{\Phi}_m$ 同相位，有功分量 $\dot{I}_{Fe}$ 超前主磁通 $90°$，与 $-\dot{E}_1$ 同相位，两者合成得到相量 $\dot{I}_0$（或 $\dot{I}_m$）。

4）根据 $\dot{U}_1 = -\dot{E}_1 + R_1\dot{I}_0 + jX_{1\sigma}\dot{I}_0$，以相量 $-\dot{E}_1$ 为基础增加相量 $R_1\dot{I}_0$（与相量 $\dot{I}_0$

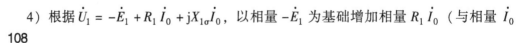

平行），以相量 $R_1 \dot{I}_0$ 为基础增加相量 $jX_{1\sigma}\dot{I}_0$（超前 $\dot{I}_0$ 相位 $90°$），完成电压 $\dot{U}_1$ 的绘制。

图 2-22 中，φ_0 为变压器空载运行时的功率因数角，是电压 $\dot{U}_1$ 和空载电流 $\dot{I}_0$ 的夹角。将一次绕组电压方程式(2-23) 改写为

$$\dot{U}_1 = \dot{I}_0(R_1 + jX_{1\sigma} + R_m + jX_m) = (R_1 + R_m)\dot{I}_0 + j(X_{1\sigma} + X_m)\dot{I}_0 \tag{2-27}$$

根据式(2-27)，变压器空载运行时的功率因数角 φ_0 为

$$\varphi_0 = \arctan\frac{X_{1\sigma} + X_m}{R_1 + R_m} \tag{2-28}$$

对于一般电力变压器，由于 $X_m \gg X_{1\sigma}$，$R_m \gg R_1$，且 $X_m \gg R_m$，化简式(2-28) 可得 $\varphi_0 \approx 90°$，即变压器空载运行时功率因数很小，一般在 $0.05 \sim 0.2$ 之间。

例 2-2 一台三相变压器，$S_N = 320\text{kV} \cdot \text{A}$，$U_{1N}/U_{2N} = 6300\text{V}/400\text{V}$，Yd 接线，一次绕组相电阻 $R_1 = 1.1\Omega$，漏电抗 $X_{1\sigma} = 2.5\Omega$，励磁电阻 $R_m = 156.17\Omega$，励磁电抗 $X_m = 2061.57\Omega$，试求：

1）变压器的电压比。

2）变压器一次、二次额定电流。

3）空载电流及与一次额定电流的占比。

4）每相绕组的铜耗和铁耗，三相绕组的铜耗和铁耗。

5）空载运行的功率因数。

解： 1）变压器电压比用额定相电压之比计算为

$$k = \frac{U_{1N\varphi}}{U_{2N\varphi}} = \frac{U_{1N}/\sqrt{3}}{U_{2N}} = \frac{6300/\sqrt{3}}{400} \approx 9.09$$

2）一次、二次额定电流分别为

$$I_{1N} = \frac{S_N}{\sqrt{3}\,U_{1N}} = \frac{320000}{\sqrt{3} \times 6300}\text{A} \approx 29.33\text{A}$$

$$I_{2N} = \frac{S_N}{\sqrt{3}\,U_{2N}} = \frac{320000}{\sqrt{3} \times 400}\text{A} \approx 461.89\text{A}$$

3）由空载等效电路可知，每相空载电流为

$$I_0 = \frac{U_{1N\varphi}}{\sqrt{(R_1 + R_m)^2 + (X_{1\sigma} + X_m)^2}} = \frac{U_{1N}/\sqrt{3}}{\sqrt{(R_1 + R_m)^2 + (X_{1\sigma} + X_m)^2}}$$

$$= \frac{6300/\sqrt{3}}{\sqrt{(1.1 + 156.17)^2 + (2.5 + 2061.57)^2}}\text{A}$$

$$\approx 1.76\text{A}$$

由于一次绕组为 Y 联结，一次绕组的相电流与线电流相等，因此空载电流占一次绕组额定电流的比值为

$$\frac{I_{10}}{I_{1N}} = \frac{1.76}{29.33} \times 100\% = 6\%$$

4）每相绕组铜耗为 $I_0^2 R_1 = 1.76^2 \times 1.1\text{W} = 3.41\text{W}$

三相绕组总铜耗为 $p_{Cu} = 3I_0^2 R_1 = 3 \times 3.41\text{W} = 10.23\text{W}$

每相铁耗为　$I_0^2 R_\mathrm{m} = 1.76^2 \times 156.17\mathrm{W} = 483.75\mathrm{W}$

三相总铁耗为　$p_\mathrm{Fe} = 3 I_0^2 R_\mathrm{m} = 3 \times 483.75\mathrm{W} = 1451.25\mathrm{W}$

5）功率因数角为

$$\varphi_0 = \arctan \frac{X_\mathrm{m} + X_{1\sigma}}{R_\mathrm{m} + R_1} = \arctan \frac{2061.57 + 2.5}{156.17 + 1.1} = 85.64°$$

空载功率因数为　$\cos\varphi_0 = \cos 85.64° = 0.076$

思考题

1. 变压器一次绕组接直流电源，铁心中有磁通吗？二次侧有电压吗？为什么？

2. 升压变压器和降压变压器的一次绕组和二次绕组的匝数关系有何不同？

3. 为什么改变变压器的分接头就能调压（变压器的分接头一般在高压侧）？如果一个工厂用电设备运行电压稍低，该如何调节才能提高配电变压器低压侧的电压？

4. 变压器空载运行时，一次绕组加额定电压，虽然一次绕组电阻 R_1 很小，为什么空载电流却不大？

5. 变压器的其他条件不变，仅将一次、二次绕组匝数增加10%，对励磁电抗和一次绕组漏电抗有何影响？若仅将外施端电压增加10%，其影响将如何变化？若仅将电源频率增加10%，其影响又将如何？

2.4　变压器的负载运行

变压器一次绕组接交流电源，二次绕组接上负载阻抗 Z_L 时，二次绕组中会有电流流过，这种运行状态称为变压器的负载运行，如图2-23所示。

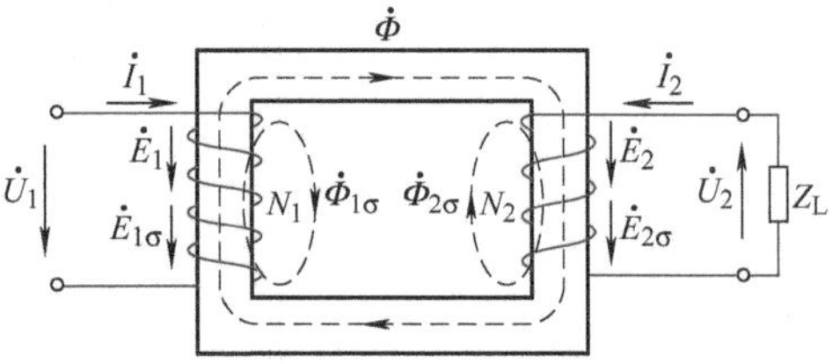

2.4.1　负载运行的物理过程

变压器的负载运行

图2-23　单相变压器的负载运行

图2-23中各物理量均用相量表示，各自的正方向与空载运行时一样。当变压器二次绕组接上负载阻抗 Z_L 时，二次绕组回路中就有电流 $\dot{I}_2$ 流过，该电流将产生磁动势 $\dot{F}_2 = N_2 \dot{I}_2$。由于二次绕组磁动势 $\dot{F}_2$ 的作用，铁心中的主磁通 $\dot{\Phi}$ 将发生微小变化。相应地，一次绕组的感应电动势也将发生微小变化，从而使一次绕组的电流也发生一定的变化，从 $\dot{I}_0$ 变为 $\dot{I}_1$。一次绕组电流产生的磁动势为 $\dot{F}_1 = N_1 \dot{I}_1$。

变压器负载运行时，主磁路上的两个磁动势 $\dot{F}_1$ 和 $\dot{F}_2$ 将共同作用建立主磁通 $\dot{\Phi}$，考虑到电源电压 $\dot{U}_1$ 不变时，主磁通 $\dot{\Phi}$ 将基本保持不变。因此，$\dot{F}_1$ 与 $\dot{F}_2$ 的合成磁动势应与空载时产生主磁通 $\dot{\Phi}$ 的励磁磁动势基本相等，即

$$N_1 \dot{I}_1 + N_2 \dot{I}_2 = N_1 \dot{I}_\mathrm{m} \tag{2-29}$$

式(2-29)就是变压器负载时的磁动势方程。将式(2-29)两边同除以 N_1 并考虑到 $k = N_1/N_2$，移项可得

110

$$\dot{I}_1 = \dot{I}_m + \left(-\frac{1}{k}\dot{I}_2\right) = \dot{I}_m + \dot{I}_{1L} \tag{2-30}$$

式（2-30）为磁动势方程的电流表示形式，其中，$\dot{I}_{1L}$ 为一次电流的负载分量，$\dot{I}_{1L} = -\frac{1}{k}\dot{I}_2$。

由式（2-30）可知，变压器负载运行时，一次绕组电流包含两个分量：一个是产生主磁通的励磁分量 $\dot{I}_m$；另一个是负载分量 $\dot{I}_{1L}$，用以抵消二次绕组电流产生的磁动势 $\dot{F}_2$。

可见，负载运行时二次绕组向负载阻抗输出电功率 $E_2 I_2 \cos\varphi_2$（$\cos\varphi_2$ 为二次侧的功率因数），同时一次绕组也从电源增加吸收一部分电功率 $E_1 I_{1L}\cos\varphi_1$（$\cos\varphi_1$ 为一次侧的功率因数），且 $E_2 I_2 \cos\varphi_2 = E_1 I_{1L}\cos\varphi_1$。这表明带负载的变压器通过二次侧磁动势的作用，实现了从一次绕组到二次绕组的能量传递。

负载运行时励磁电流 $\dot{I}_m$ 所占比例很小，若将其忽略，则式（2-30）可近似写成

$$\dot{I}_1 \approx -\frac{1}{k}\dot{I}_2 \tag{2-31}$$

式（2-31）表明，$\dot{I}_1$ 和 $\dot{I}_2$ 在相位上相差近 $180°$，数值上差 $\frac{1}{k}$ 倍，即一次和二次绕组的电流与其匝数近似成反比关系，即变压器在变压的同时也改变电流的大小，这从能量守恒的原理看也是必然的。

此外，$\dot{F}_1$ 和 $\dot{F}_2$ 还将分别产生仅与各自绕组交链的漏磁通 $\dot{\Phi}_{1\sigma}$ 和 $\dot{\Phi}_{2\sigma}$，并在一次和二次绕组中感应漏磁电动势 $\dot{E}_{1\sigma}$ 和 $\dot{E}_{2\sigma}$；一次和二次绕组的电流将分别在各自绕组的电阻中产生电阻电压降 $R_1\dot{I}_1$ 和 $R_2\dot{I}_2$。

归纳起来，变压器负载运行时各物理量的电磁关系如图 2-24 所示。

与空载运行时引入一次绕组漏电抗来表示漏磁电动势与空载电流的关系一样，负载运行时引入二次绕组的漏电抗 $X_{2\sigma}$，表示二次绕组漏磁电动势与二次电流的关系。根据基尔霍夫第二定律，参照图 2-23 的正方向，并考虑图 2-24 中的电磁关系，可列写出负载时一次和二次绕组的电压方程为

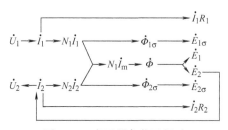

图 2-24 变压器负载运行时各物理量的关系

$$\begin{cases} \dot{U}_1 = -\dot{E}_1 - \dot{E}_{1\sigma} + \dot{I}_1 R_1 = -\dot{E}_1 + j\dot{I}_1 X_{1\sigma} + \dot{I}_1 R_1 = -\dot{E}_1 + \dot{I}_1 Z_{1\sigma} \\ \dot{U}_2 = \dot{E}_2 + \dot{E}_{2\sigma} - \dot{I}_2 R_2 = \dot{E}_2 - j\dot{I}_2 X_{2\sigma} - \dot{I}_2 R_2 = \dot{E}_2 - \dot{I}_2 Z_{2\sigma} \end{cases} \tag{2-32}$$

式中，$Z_{2\sigma}$ 为二次绕组的漏阻抗，$Z_{2\sigma} = R_2 + jX_{2\sigma}$。

负载回路的电压方程为

$$\dot{U}_2 = \dot{I}_2 Z_L \tag{2-33}$$

式中，Z_L 为负载阻抗，$Z_L = R_L + jX_L$。

将电压方程、磁动势方程等合在一起，统称为变压器的基本方程，即

$$\begin{cases} \dot{U}_1 = -\dot{E}_1 + \dot{I}_1 Z_{1\sigma} \\[6pt] \dot{U}_2 = \dot{E}_2 - \dot{I}_2 Z_{2\sigma} \\[6pt] \dot{I}_1 + \dfrac{1}{k}\dot{I}_2 = \dot{I}_m \\[6pt] \dot{E}_1 = -\dot{I}_m Z_m \\[6pt] \dot{E}_1 = k\dot{E}_2 \\[6pt] \dot{U}_2 = \dot{I}_2 Z_L \end{cases} \tag{2-34}$$

利用上述联立方程，可以对变压器稳态运行进行定量计算。如当已知电压和变压器的相关参数（k，$Z_{1\sigma}$，$Z_{2\sigma}$，Z_m）与负载阻抗 Z_L 时，就可以解出一、二次侧的电流、感应电动势和二次侧的端电压。

2.4.2 绕组归算

求解式（2-34）的复数方程组比较烦琐，因此考虑采用既能反映变压器内部电磁关系又便于工程计算的等效电路来分析变压器的负载运行。

利用式（2-32）可以画出变压器负载运行时一、二次绕组回路各自的等效电路，分别如图 2-25a、b 所示。可见，由于变压器一、二次绕组之间没有电的直接联系，不能将二者合二为一来进行负载运行分析。再观察图 2-23 和式（2-34）可知，一、二次绕组之间存在磁场耦合，即通过主磁

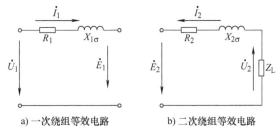

a) 一次绕组等效电路　　　　b) 二次绕组等效电路

图 2-25　变压器负载运行时各自回路的等效电路

通 $\dot{\Phi}$ 产生各自的感应电动势 $\dot{E}_1$ 和 $\dot{E}_2$，且 $\dot{E}_1 = k\dot{E}_2$。因此，若通过适当的变换，使变换后的一、二次绕组的感应电动势相等，即使电压比 $k = 1$，就可将变换后的一、二次绕组等效电路合二为一。这就是电机学中常用的归算法（折算法）。

变压器的归算法是把一、二次绕组的匝数变换成相等匝数的方法，即把实际变压器模拟为电压比 $k = 1$ 的等效变压器来研究。一般将二次绕组的参数归算到一次侧，用一个与一次绕组匝数相等的等效二次绕组来代替实际的二次绕组，且不改变变压器原有的电磁关系，即归算应满足"等效"的原则，即归算前后，磁动势、功率、损耗和漏磁场储能等均保持不变。习惯用原物理量右上角加"'"来表示归算后的物理量。

（1）电流归算

根据归算前后绕组磁动势保持不变的原则，归算前后二次绕组的磁动势为

$$F_2 = N_2 \dot{I}_2 = N_1 \dot{I}_2' \tag{2-35}$$

则有

$$\dot{I}_2' = \frac{N_2}{N_1}\dot{I}_2 = \frac{1}{k}\dot{I}_2 \tag{2-36}$$

（2）电动势归算

根据归算前后磁通保持不变的原则，由于归算后二次绕组的匝数变为 N_1，因此归算后二次侧电动势为

$$\dot{E}_2' = -\mathrm{j}4.44fN_1\dot{\Phi}_{\mathrm{m}} = \dot{E}_1 = -\mathrm{j}4.44fN_2\dot{\Phi}_{\mathrm{m}}\frac{N_1}{N_2} = k\dot{E}_2 \tag{2-37}$$

同理有 $\dot{E}_{2\sigma}' = k\dot{E}_{2\sigma}$

（3）阻抗归算

根据归算前后二次绕组的有功功率、无功功率和输出功率不变，可得

$$I_2'^2 R_2' = I_2^2 R_2, \quad I_2'^2 X_{2\sigma}' = I_2^2 X_{2\sigma}, \quad I_2'^2 Z_{\mathrm{L}}' = I_2^2 Z_{\mathrm{L}}$$

即可得

$$R_2' = k^2 R_2, \quad X_{2\sigma}' = k^2 X_{2\sigma}, \quad Z_{2\sigma}' = k^2 Z_{2\sigma}, \quad Z_{\mathrm{L}}' = k^2 Z_{\mathrm{L}} \tag{2-38}$$

由式（2-38）可得归算以后的负载阻抗电压应为

$$\dot{U}_2' = \dot{I}_2' Z_{\mathrm{L}}' = \frac{1}{k}\dot{I}_2(k^2 Z_{\mathrm{L}}) = k\dot{U}_2 \tag{2-39}$$

综上所述，将二次侧各物理量归算到一次侧时，电动势和电压乘以电压比 k，电流除以电压比 k，阻抗乘以 k^2。这种绕组归算，实质是在功率和磁动势保持不变的条件下，对绕组电压、电流所进行的一种线性变换。

将二次侧归算到一次侧后，变压器的基本方程变为

$$\begin{cases} \dot{U}_1 = \dot{I}_1(R_1 + \mathrm{j}X_{1\sigma}) - \dot{E}_1 = \dot{I}_1 Z_{1\sigma} - \dot{E}_1 \\[2mm] \dot{U}_2' = \dot{E}_2' - \dot{I}_2'(R_2' + \mathrm{j}X_{2\sigma}') = \dot{E}_2' - \dot{I}_2' Z_{2\sigma}' \\[2mm] \dot{I}_1 + \dot{I}_2' = \dot{I}_{\mathrm{m}} \\[2mm] \dot{E}_1 = \dot{E}_2' = -\dot{I}_{\mathrm{m}}(R_{\mathrm{m}} + \mathrm{j}X_{\mathrm{m}}) = -\dot{I}_{\mathrm{m}} Z_{\mathrm{m}} \\[2mm] \dot{U}_2' = \dot{I}_2' Z_{\mathrm{L}}' \end{cases} \tag{2-40}$$

2.4.3 负载运行的等效电路和相量图

1. T形等效电路

根据归算后的基本方程式（2-40），可画出变压器负载运行的等效电路，如图 2-26 所示。根据图中三条支路的形状，将该等效电路称为 T 形等效电路。

工程上常用等效电路来分析变压器的各种实际运行问题。若为归算到一次侧的等效电路，则一次侧各物理量均为

变压器负载
运行的等效
电路和
相量图

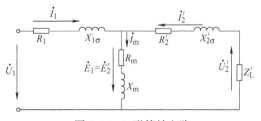

图 2-26　T 形等效电路

变压器中的实际值，二次侧各量则为归算值。要获得二次侧各量的实际值，对电流应

乘以电压比 k(即 $\dot{I}_2 = k\dot{I}_2'$),对电压应除以电压比 k(即 $\dot{U}_2 = \dot{U}_2'/k$),电阻和漏抗除以 k^2(即 $R_2 = R_2'/k^2$,$X_{2\sigma} = X_{2\sigma}'/k^2$)。

2. 近似(Γ形)等效电路

T形等效电路中既有串联支路,又有并联支路,复数运算比较烦琐。对于一般的电力变压器,考虑到额定负载时一次绕组漏阻抗电压降 $I_{1N}Z_{1\sigma}$ 仅占额定电压的 2%~3%,且励磁电流 I_m 远小于一次绕组额定电流 I_{1N},因此可将励磁支路移到一次绕组漏阻抗前,这样就得到如图 2-27 所示的近似等效电路,又称 Γ形等效电路。

3. 简化等效电路

在上述近似等效电路的基础上,若忽略励磁电流,即把励磁支路断开,可得如图 2-28 所示的简化等效电路,计算十分方便,而且在许多工程应用场合,用简化等效电路就可以满足计算精度要求。

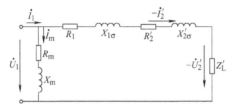

图 2-27 变压器的近似(Γ形)等效电路

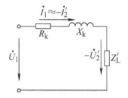

图 2-28 变压器的简化等效电路

图 2-28 简化等效电路为两个阻抗的串联电路,其中 $R_k = R_1 + R_2'$,称为短路电阻;$X_k = X_{1\sigma} + X_{2\sigma}'$,称为短路电抗;$Z_k = R_k + jX_k$,称为短路阻抗。短路阻抗是电力变压器的重要参数之一。从正常运行角度来看,希望它小一些,即电力变压器的漏阻抗电压降小一些,使二次侧电压随负载变化的波动程度小一些;而从限制短路电流的角度来看,$I_k = U_1/Z_k$,又希望 Z_k 大一些,可以降低短路电流。所以,设计变压器时需要合理考虑。

4. 负载运行时的相量图

与空载运行时类似,根据式(2-40)的基本方程,可画出负载运行时的相量图。负载运行时变压器的二次绕组所接负载可以是感性负载、容性负载和阻性负载。图 2-29 为变压器带感性负载时的相量图。假定负载参数和变压器的参数已知,即 $\dot{U}_2$、$\dot{I}_2$、$\cos\varphi_2$、R_1、

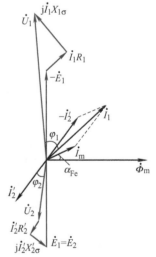

图 2-29 变压器带感性负载
运行时的相量图

$X_{1\sigma}$、R_2、$X_{2\sigma}$、R_m、X_m 和 k 均已知,可根据电压比 k 和绕组归算方法将二次侧的参数归算到一次侧,得到 $\dot{U}_2'$、$\dot{I}_2'$、R_2' 和 $X_{2\sigma}'$,则负载运行时的相量图绘制过程为:

$$\dot{U}_2' \xrightarrow{\varphi_2} \dot{I}_2' \xrightarrow{\dot{E}_2' = \dot{U}_2' + \dot{I}_2'(R_2' + jX_{2\sigma}')} \dot{E}_2' \xrightarrow{\dot{E}_1 = \dot{E}_2'} \dot{E}_1 \xrightarrow{\dot{\Phi}_m \text{超前} \dot{E}_1 90°} \dot{\Phi}_m \xrightarrow{\dot{I}_m \text{超前} \dot{\Phi}_m \alpha_{Fe}}$$

$$\dot{I}_m \xrightarrow{\dot{I}_1 = -\dot{I}_2' + \dot{I}_m} \dot{I}_1 \xrightarrow{\dot{U}_1 = -\dot{E}_1 + R_1\dot{I}_1 + jX_{1\sigma}\dot{I}_1} \dot{U}_1$$

具体步骤如下：

1）画出负载的端电压 $\dot{U}_2'$ 和电流 $\dot{I}_2'$，$\dot{I}_2'$ 滞后于 $\dot{U}_2'$ 以 φ_2 角度。

2）在 $\dot{U}_2'$ 上依次加 $\dot{I}_2'R_2'$（与 $\dot{I}_2'$ 平行）和 $j\dot{I}_2'X_{2\sigma}'$（超前 $\dot{I}_2'$ 90°），可得二次绕组的电动势 $\dot{E}_2'$，由 $\dot{E}_2' = \dot{E}_1$，即可得 $\dot{E}_1$。

3）由于 $\dot{\Phi}_m$ 超前 $\dot{E}_1$ 以 90°，可画出主磁通 $\dot{\Phi}_m$；励磁电流 $\dot{I}_m$ 超前主磁通 $\dot{\Phi}_m$ 一个小的铁耗角 α_{Fe}，可画出励磁电流 $\dot{I}_m$。

4）画出 $-\dot{I}_2'$，根据 $\dot{I}_1 + \dot{I}_2' = \dot{I}_m$，将 $-\dot{I}_2'$ 与 $\dot{I}_m$ 相加得 $\dot{I}_1$。

5）根据一次侧电压方程，画出 $-\dot{E}_1$，在 $-\dot{E}_1$ 上依次加上 $\dot{I}_1R_1$ 和 $j\dot{I}_1X_{1\sigma}$，可得电源电压 $\dot{U}_1$。$\dot{U}_1$ 与 $\dot{I}_1$ 的夹角为变压器负载运行时一次侧的功率因数角，用 φ_1 表示。

变压器给定的条件和求解的具体条件不同，画相量图的步骤可以不同，但要根据相应的基本方程或物理量之间的关系绘制每一个相量，这就是基本方程的图形表示法。

对比图 2-22 和图 2-29 可以看出，与变压器空载时相比，负载时变压器的一次电流和功率因数都有所增大，而主磁通和励磁电流基本不变。

思考题

1. 为什么变压器二次侧的负载电流变化时，一次侧的电流也会相应地变化？

2. 变压器二次侧带负载运行时，铁心中的主磁通还是仅由一次侧电流产生的吗？励磁所需的有功功率（铁心损耗）是由一次侧还是二次侧提供的？

3. 变压器绕组归算的目的是什么？有什么原则？归算前后各物理量之间的关系是怎样的？

4. 当变压器二次侧的负载为纯阻性或容性负载时，负载运行时的相量图是怎样的？

5. 与简化等效电路相对应的变压器的基本方程是什么？若带感性负载，其相量图又是怎样的？

2.5 变压器等效电路参数的测定

工程中对变压器进行计算、分析和研究时，常需要借助等效电路来完成。对已经制成的变压器，在铭牌中给出了部分参数，但是未给出等效电路中的阻抗参数，因此可以用空载试验和短路试验测定等效电路中的各阻抗参数，这些参数直接影响变压器的运行性能。

2.5.1 空载试验

空载试验也称开路试验，试验的目的是测定变压器的电压比 k、励磁电阻 R_m、励磁电抗 X_m 和铁耗 p_{Fe}。

试验接线图如图 2-30 所示。试验时，将一侧开路，另一侧加额定电压，测量输入侧的电压、电流、输入功率和输出侧的开路电压。

以单相变压器为例，为了试验安全和仪表选择方便，空载试验一般在低压侧加试验电压，将高压侧开路。试验时，低压侧经调压器加额定频率的额定电压，通过调压

变压器等效电路参数的测定

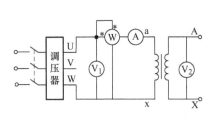

a) 单相变压器

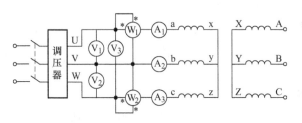

b) 三相变压器

图 2-30　变压器空载试验的接线图

器调节低压侧电压，使得电压从 $1.1U_N$ 左右逐渐减小，在此过程中测量低压侧电压 U_1、低压侧电流 I_0、输入功率 P_0 和高压侧的开路电压 U_{20}，一般记录 6 ~ 8 组试验数据。由于励磁阻抗的数值与铁心的饱和程度有关，即与外施电压有关，应取额定电压时测量的数据来计算励磁阻抗。利用测量数据可画出空载特性曲线 $I_0 = f(U_1)$ 和 $P_0 = f(U_1)$，以及计算变压器的参数。

利用试验数据可求出电压比，即

$$k = \frac{U_{20}}{U_{1N}} \tag{2-41}$$

空载阻抗 $|Z_0| = \dfrac{U_{1N}}{I_0}$，由于 $Z_0 = Z_{1\sigma} + Z_m$，且对于一般电力变压器，$Z_{1\sigma} \ll Z_m$，因此励磁阻抗

$$|Z_m| \approx |Z_0| = \frac{U_{1N}}{I_0} \tag{2-42}$$

由于变压器空载试验测取的输入功率基本上是供给铁心损耗的，故励磁电阻为

$$R_m \approx R_0 = \frac{P_0}{I_0^2} \tag{2-43}$$

因此励磁电抗为

$$X_m = \sqrt{|Z_m|^2 - R_m^2} \tag{2-44}$$

由于空载试验是在低压侧加电压测量的数据，所以计算得到的励磁参数是低压侧的数值，如果需要得到高压侧的数值，必须进行归算，即乘以 k^2，$k = N_{高压}/N_{低压}$。

对于三相变压器，空载试验测量的电压、电流都是线值而非相值，应先根据绕组的连接形式将线值转换成相值，此外测量的功率是三相的总功率，应除以 3 得到一相的功率，然后按照单相变压器的方法计算得到每相的电压比和参数。

2.5.2　短路试验

短路试验的目的是测定变压器的短路阻抗 Z_k、短路电抗 X_k、短路电阻 R_k 及铜耗 p_{Cu}。

试验接线图如图 2-31 所示。试验时，将一侧绕组短路，另一侧绕组加额定频率的低电压，测量变压器输入侧的电压、电流、输入功率和环境温度。

以单相变压器为例，为便于测量，短路试验在高压侧加试验电压，将低压侧短路。试验时，调节高压侧的电压，从零逐渐增大，直到电流 I_k 为 $1.1I_{1N}$ 为止，在此过程中

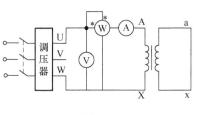
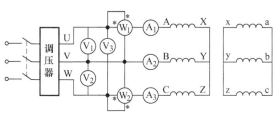

| a) 单相变压器 | b) 三相变压器 |

图 2-31　变压器短路试验的接线图

测量高压侧电压 U_k、高压侧电流 I_k 和输入功率 P_k，测取 5～7 组试验数据，试验数据应包括高压侧电流等于额定电流 I_{1N} 时的数据。短路试验过程要迅速完成，试验结束后需要测量环境温度 T。

通过测量的数据可画出短路特性曲线 $I_k = f(U_k)$ 和 $P_k = f(U_k)$，一般可以认为短路阻抗 Z_k 为常数，所以 $I_k = f(U_k)$ 为一条直线。

短路试验时外加的电压一般只有额定电压的 5%～15%，变压器铁心内的主磁通很小，励磁电流和铁耗均可忽略不计，可用图 2-28 简化等效电路进行分析。利用额定电流点的试验数据 U_k、I_k 和 P_k，计算变压器的短路阻抗为

$$|Z_k| = \frac{U_k}{I_k} \tag{2-45}$$

短路电阻

$$R_k = \frac{P_k}{I_k^2} \tag{2-46}$$

短路电阻 R_k 包括 R_1 和 R_2' 两部分，R_1 可用电桥法或直流伏安法测定，因此 R_2' 也可以确定。此外在 T 形等效电路中，也可以取 $R_1 = R_2' = \frac{1}{2}R_k$。

短路电抗

$$X_k = \sqrt{|Z_k|^2 - R_k^2} \tag{2-47}$$

式(2-47) 中，短路电抗 X_k 包括 $X_{1\sigma}$ 和 $X_{2\sigma}'$，分别与一次和二次绕组的漏磁场有关，而变压器的漏磁场分布比较复杂，要将一次和二次漏磁场完全分开十分困难。由于工程上大多采用近似或简化等效电路来计算变压器的各种运行问题，因此一般取 $X_{1\sigma} = X_{2\sigma}' = \frac{1}{2}X_k$。

由于绕组电阻与温度有关，按国家标准，应将试验时环境温度下测定的电阻值换算到基准工作温度75℃时的值（对 A、E、B 级绝缘，基准工作温度为75℃，对于其他绝缘为115℃）。换算公式为

$$R_{k75℃} = R_k\frac{K+75}{K+T} \tag{2-48}$$

$$|Z_{k75℃}| = \sqrt{R_{k75℃}^2 + X_k^2} \tag{2-49}$$

式中，T 为试验时的环境温度；K 为常数，对铜线变压器取值为 234.5，对铝线变压器取值为 225。

短路试验是在高压侧加电压，所测得数据为高压侧的值，故求得的短路阻抗也为高压侧值。如需要低压侧的数值，也要进行归算，即除以 k^2。

同样，对于三相变压器，试验测量的电压、电流都是线值，应转换成相值后代入公式计算参数。此外，测量的功率也应除以 3 得到一相的功率，代入公式计算每相的参数。

短路试验时，使短路电流达到额定值时所加的电压 U_k，称为短路电压或阻抗电压，且

$$U_k = I_{1N} Z_{k75\text{℃}} \tag{2-50}$$

阻抗电压通常用它与额定电压之比的百分值表示，即

$$u_k = \frac{U_k}{U_{1N}} \times 100\% = \frac{I_{1N} Z_{k75\text{℃}}}{U_{1N}} \times 100\% \tag{2-51}$$

阻抗电压也是变压器的一个重要参数，它的大小反映了变压器在额定负载时短路阻抗电压降的大小。变压器正常运行时，希望短路阻抗小一些，这样内部阻抗电压降就小，输出电压受负载波动的影响就小一些；而从限制短路电流的角度，又希望短路阻抗大一些。一般中、小型电力变压器的阻抗电压为 $4\% \sim 10.5\%$，大型电力变压器的阻抗电压一般为 $12.5\% \sim 17.5\%$。

例 2-3　一台三相变压器，$S_N = 320\text{kV·A}$，$U_{1N}/U_{2N} = 6300\text{V}/400\text{V}$，Yd 接线。室温 25℃时进行的空载和短路试验测得数据如下：

试验名称	线电压/V	线电流/A	总功率/W	备注
空载	400	27.7	1450	电源加在低压侧
短路	284	29.3	5700	电压加在高压侧

试求励磁阻抗、短路阻抗和归算到高压侧的实际值。

解：（1）由空载试验数据求励磁阻抗

空载试验是在低压侧加电压，低压侧绕组采用三角形联结，换算为相值的空载电压、空载电流和空载损耗分别为

$$U_{2N\varphi} = U_{2N} = 400\text{V}$$

$$I_{0\varphi} = \frac{I_0}{\sqrt{3}} = \frac{27.7}{\sqrt{3}}\text{A} \approx 15.99\text{A}$$

$$p_{0\varphi} = \frac{P_0}{3} = \frac{1450}{3}\text{W} \approx 483.33\text{W}$$

低压侧的励磁阻抗为

$$Z_m = \frac{U_{2N\varphi}}{I_{0\varphi}} = \frac{400}{15.99}\Omega \approx 25.02\Omega$$

$$R_m = \frac{p_{0\varphi}}{I_{0\varphi}^2} = \frac{483.33}{15.99^2}\Omega \approx 1.89\Omega$$

$$X_m = \sqrt{Z_m^2 - R_m^2} = \sqrt{25.02^2 - 1.89^2}\,\Omega \approx 24.95\Omega$$

（2）求电压比 k 和归算到高压侧的励磁阻抗值

$$k = \frac{U_{1N\varphi}}{U_{2N\varphi}} = \frac{U_{1N}/\sqrt{3}}{U_{2N}} = \frac{6300/\sqrt{3}}{400} \approx 9.09$$

$$Z'_m = k^2 Z_m = 9.09^2 \times 25.02\Omega \approx 2067.36\Omega$$

$$R'_m = k^2 R_m = 9.09^2 \times 1.89\Omega \approx 156.17\Omega$$

$$X'_m = k^2 X_m = 9.09^2 \times 24.95\Omega = 2061.57\Omega$$

（3）由短路试验求短路阻抗

短路试验是在高压侧加电压，高压侧绕组采用星形联结，则换算为相值的短路电压、短路电流和短路损耗分别为

$$U_{k\varphi} = \frac{U_k}{\sqrt{3}} = \frac{284}{\sqrt{3}}V \approx 163.97V$$

$$I_{k\varphi} = I_k = 29.3A$$

$$p_{k\varphi} = \frac{P_k}{3} = \frac{5700}{3}W = 1900W$$

高压侧的短路阻抗为

$$Z_k = \frac{U_{k\varphi}}{I_{k\varphi}} = \frac{163.97}{29.3}\Omega \approx 5.60\Omega$$

$$R_k = \frac{p_{k\varphi}}{I_{k\varphi}^2} = \frac{1900}{29.3^2}\Omega \approx 2.21\Omega$$

$$X_k = \sqrt{Z_k^2 - R_k^2} = \sqrt{5.6^2 - 2.21^2}\,\Omega \approx 5.145\Omega$$

换算到75℃时的短路参数

$$R_{k75℃} = R_k \frac{235+75}{235+T} = 2.21 \times \frac{235+75}{235+25}\Omega = 2.635\Omega$$

$$Z_{k75℃} = \sqrt{R_{k75℃}^2 + X_k^2} = \sqrt{2.635^2 + 5.145^2} \approx 5.78\Omega$$

思考题

1. 变压器空载试验测定的空载损耗和短路试验测定的短路损耗各主要是什么损耗？与变压器负载运行时的实际铁耗和空载损耗有无差别，为什么？

2. 变压器做空载和短路试验时，从电源输入的有功功率各主要消耗在什么地方？在一次、二次侧分别做同一试验，测得的输入功率相同吗？为什么？

3. 在制造同一规格变压器时，如误将其中一台变压器的铁心截面做成了正常铁心截面的一半，在对该变压器做空载试验时，外加电压与其他正常变压器相同时，其主磁通、励磁电流、励磁阻抗和其他正常变压器相比有什么不同（忽略漏阻抗和磁路饱和）？

4. 在制造同一规格的变压器时，如误将其中一台变压器的一次绕组匝数少绕制了一半，在对该变压器做空载试验时，外加电压与其他正常变压器相同时，其主磁通、励磁电流、励磁阻抗和其他正常变压器相比有什么不同（忽略漏阻抗和磁路饱和）？

2.6　标幺值

在电力工程计算中，各物理量除采用实际值来表示和计算外，还可以采用不带单

位的标幺值来表示和计算。所谓标幺值，就是某一物理量的实际值与选定的该物理量的基值之比，即

$$标幺值 = \frac{实际值（任意单位）}{基值（同实际值单位）}$$

标幺值是个相对值，没有单位。某物理量的标幺值，表示为在原来符号的右上角加" $*$ "号。

1. 基值的选择

应用标幺值时，首先要选定基值，基值一般用下标 b 表示。对于一般的电路计算，四个基本物理量电压 U、电流 I、阻抗 Z 和容量 S 中，有两个量的基值可以任意选定，其余两个量的基值可根据电路的基本定律导出。若选定电压和电流的基值分别为 U_b 和 I_b，则容量基值 S_b 和阻抗基值 Z_b 为

$$S_b = U_b I_b, \; Z_b = \frac{U_b}{I_b} \tag{2-52}$$

变压器中通常取各物理量的额定值作为相应的基值，对于单相系统，此时一次和二次绕组相电压的标幺值 U_1^* 和 U_2^* 分别为

$$U_1^* = \frac{U_1}{U_{1b}} = \frac{U_1}{U_{1N\varphi}}, \; U_2^* = \frac{U_2}{U_{2b}} = \frac{U_2}{U_{2N\varphi}} \tag{2-53}$$

一次和二次绕组相电流的标幺值 I_1^* 和 I_2^* 分别为

$$I_1^* = \frac{I_1}{I_{1b}} = \frac{I_1}{I_{1N\varphi}}, \; I_2^* = \frac{I_2}{I_{2b}} = \frac{I_2}{I_{2N\varphi}} \tag{2-54}$$

电阻、电抗、阻抗共用一个基值，并且都是一相的值，故阻抗基值为额定相电压和额定相电流的比值，即 $Z_b = U_{N\varphi}/I_{N\varphi}$。

有功功率、无功功率、视在功率共用一个基值，以额定视在功率即变压器的容量为基值。对于单相变压器，功率基值为 $S_b = U_{N\varphi}I_{N\varphi}$。

对于三相系统，一般选择线电压和线电流的额定值为基值。三相功率的基值为变压器三相额定容量，即

$$S_b = S_N = 3U_{N\varphi}I_{N\varphi} = \sqrt{3}\,U_N I_N \tag{2-55}$$

不难证明，三相系统中相电压和线电压的标幺值相等，相电流和线电流的标幺值也相等；对于功率，单相值的标幺值与三相值的标幺值相等。

例如：一台三相变压器，一次绕组三角形联结，其额定电压为 U_{1N}，额定电流为 I_{1N}，运行时一次侧实际输入功率为 P_{1a}，一次侧实际电流为 I_{1a}，则电流的相值标幺值为 $I_{1a相}^* = \dfrac{I_{1a\varphi}}{I_{1N\varphi}} = \dfrac{I_{1a}/\sqrt{3}}{I_{1N}/\sqrt{3}} = \dfrac{I_{1a}}{I_{1N}}$，线值标幺值为 $I_{1a线}^* = \dfrac{I_{1a}}{I_{1N}}$，两者相等；功率单相值的标幺值为 $P_{1a单}^* = \dfrac{P_{1a\varphi}}{U_{1N\varphi}I_{1N\varphi}} = \dfrac{P_{1a}/3}{U_{1N}(I_{1N}/\sqrt{3})} = \dfrac{P_{1a}}{\sqrt{3}\,U_{1N}I_{1N}}$，三相值的标幺值为 $P_{1a三}^* = \dfrac{P_{1a}}{\sqrt{3}\,U_{1N}I_{1N}}$，两者相等。

2. 标幺值的特点

1) 额定电流、额定电压、额定视在功率的标幺值为 1。

2) 变压器各物理量在本侧实际值的标幺值和归算到另一侧后归算值的标幺值，两

者相等，如

$$R_2'^* = \frac{R_2'}{Z_{1b}} = \frac{k^2 R_2}{U_{1N}/I_{1N}} = \frac{U_{1N}}{U_{2N}} \frac{I_{2N}}{I_{1N}} \frac{R_2}{U_{1N}/I_{1N}} = \frac{R_2}{Z_{2b}} = R_2^* \tag{2-56}$$

3）某些物理量的标幺值具有相同的数值，可使计算简化。如阻抗电压标幺值为

$$U_{kN}^* = \frac{U_{kN}}{U_{1N}} = \frac{I_{1N} Z_k}{U_{1N}} = \frac{Z_k}{U_{1N}/I_{1N}} = \frac{Z_k}{Z_{1b}} = Z_k^* \tag{2-57}$$

4）采用标幺值表示参数时，便于比较变压器或电机的参数和性能。

例如：两台变压器的运行数据如下：第一台变压器的一次电压和电流分别为10kV、15A，第二台变压器的一次电压和电流分别为110kV、28A，在没有额定值参考的情况下，无法对两台变压器的运行工况做出判断；若两台变压器的运行数据如下：第一台变压器的一次电压和电流标幺值分别为 $U_1^* = 1$ 和 $I_1^* = 1$，第二台变压器的一次电压和电流标幺值为 $U_1^* = 1$ 和 $I_1^* = 0.5$，那么可以判断，第一台变压器带额定负载满载运行，第二台变压器仅带1/2额定负载，为半载运行。

同类型的变压器，虽然容量和电压可以相差很大，但用标幺值表示的参数和典型的性能数据，通常都在一定的范围以内。如对于电力变压器，短路阻抗的标幺值 $Z_k^* = 0.04 \sim 0.175$；空载电流标幺值 $I_0^* = 0.02 \sim 0.1$。

例2-4 一台三相变压器，$S_N = 320\text{kV} \cdot \text{A}$，$U_{1N}/U_{2N} = 6300\text{V}/400\text{V}$，Yd 接线。室温25℃时进行的空载和短路试验测得数据如下：

试验名称	线电压/V	线电流/A	总功率/W	备注
空载	400	27.7	1450	电源加在低压侧
短路	284	29.3	5700	电压加在高压侧

试求励磁阻抗、短路阻抗的标幺值和实际值。

解：（1）空载试验求励磁阻抗

空载试验是在低压侧加电压，选低压侧额定值为基值。低压侧的额定电流为

$$I_{2N} = \frac{S_N}{\sqrt{3}\,U_{2N}} = \frac{320 \times 10^3}{\sqrt{3} \times 400}\text{A} = 461.88\text{A}$$

换算为标幺值时的空载电压、空载电流和空载损耗分别为

$$U_{2N}^* = 1$$

$$I_0^* = \frac{I_0}{I_{2N}} = \frac{27.7}{461.88} \approx 0.06$$

$$p_0^* = \frac{P_0}{S_N} = \frac{1450}{320 \times 10^3} \approx 0.00453$$

励磁阻抗的标幺值为

$$Z_m^* = \frac{U_{2N}^*}{I_0^*} = \frac{1}{0.06} \approx 16.67$$

$$R_m^* = \frac{p_0^*}{I_0^{*2}} = \frac{0.00453}{0.06^2} \approx 1.26$$

$$X_m^* = \sqrt{Z_m^{*2} - R_m^{*2}} = \sqrt{16.67^2 - 1.26^2} \approx 16.62$$

（2）短路试验求短路阻抗

短路试验是在高压侧加电压，选高压侧额定值为基值。高压侧的额定电流为

$$I_{1N} = \frac{S_N}{\sqrt{3}\,U_{1N}} = \frac{320 \times 10^3}{\sqrt{3} \times 6300}A \approx 29.33A$$

换算为标幺值时的短路电压、短路电流和短路损耗分别为

$$U_k^* = \frac{U_k}{U_{1N}} = \frac{284}{6300} \approx 0.0451$$

$$I_k^* = \frac{I_k}{I_{1N}} = \frac{29.3}{29.33} \approx 0.999$$

$$p_k^* = \frac{P_k}{S_N} = \frac{5700}{320 \times 10^3} = 0.0178$$

短路阻抗的标幺值为

$$Z_k^* = \frac{U_k^*}{I_k^*} = 0.0451$$

$$R_k^* = \frac{p_k^*}{I_k^{*2}} = 0.0178$$

$$X_k^* = \sqrt{Z_k^{*2} - R_k^{*2}} = \sqrt{0.0451^2 - 0.0178^2} = 0.414$$

（3）由高压侧阻抗基值 Z_{1N}，得高压侧阻抗的实际值为

$$Z_{1b} = \frac{U_{1N\varphi}}{I_{1N\varphi}} = \frac{U_{1N}}{\sqrt{3}\,I_{1N}} = \frac{6300}{\sqrt{3} \times 29.33}\Omega = 124.02\Omega$$

$$Z_m' = Z_m^* Z_{1b} = 16.67 \times 124.02\Omega = 2067.41\Omega$$

$$R_m' = R_m^* Z_{1b} = 1.26 \times 124.02\Omega = 156.27\Omega$$

$$X_m' = X_m^* Z_{1b} = 16.62 \times 124.02\Omega = 2061.21\Omega$$

$$Z_k = Z_k^* Z_{1b} = 0.0451 \times 124.02\Omega = 5.59\Omega$$

$$R_k = R_k^* Z_{1b} = 0.0178 \times 124.02\Omega = 2.21\Omega$$

$$X_k = X_k^* Z_{1b} = 0.414 \times 124.02\Omega = 5.13\Omega$$

换算到 75℃ 时的短路参数

$$R_{k75℃} = R_k \frac{235 + 75}{235 + T} = 2.21 \times \frac{235 + 75}{235 + 25}\Omega = 2.635\Omega$$

$$R_{k75℃}^* = \frac{R_{k75℃}}{Z_{1b}} = \frac{2.635}{124.02} = 0.0212$$

$$Z_{k75℃} = \sqrt{R_{k75℃}^2 + X_k^2} = \sqrt{2.635^2 + 5.13^2}\Omega = 5.76\Omega$$

$$Z_{k75℃}^* = \frac{Z_{k75℃}}{Z_{1b}} = \frac{5.76}{124.02} = 0.0464$$

例2-5 一台三相变压器，$S_N = 1000kV \cdot A$，$U_{1N}/U_{2N} = 10kV/6.3kV$，Yd 联结。空载试验时，额定电压下变压器的空载损耗 $p_0 = 4.9kW$，空载电流为额定电流的 5%；短路试验时，短路电流为额定值时的短路损耗为 $p_k = 15kW$（已换算到 75℃ 时的值），阻抗电压为额定电压的 5.5%。试求：

1）计算电压比，高压侧和低压侧额定电流。

2）变压器的励磁阻抗和短路阻抗的标幺值。

3）归算到高压侧的励磁阻抗和短路阻抗的实际值。

解：1）电压比为

$$k = \frac{U_{1N\varphi}}{U_{2N\varphi}} = \frac{10 \times 10^3 / \sqrt{3}}{6.3 \times 10^3} \approx 0.916$$

$$I_{1N} = \frac{S_N}{\sqrt{3}\,U_{1N}} = \frac{1000 \times 10^3}{10 \times 10^3 \times \sqrt{3}}\text{A} \approx 57.74\text{A}$$

$$I_{2N} = \frac{S_N}{\sqrt{3}\,U_{2N}} = \frac{1000 \times 10^3}{6.3 \times 10^3 \times \sqrt{3}}\text{A} \approx 91.64\text{A}$$

2）空载试验求励磁阻抗：空载试验在额定电压下进行，可得 $U_0^* = 1$；由空载电流为额定电流的5%，可得 $I_0^* = 0.05$。

$$p_0^* = p_0 / S_N = \frac{4.9 \times 10^3}{1000 \times 10^3} = 0.0049$$

$$Z_m^* = \frac{U_0^*}{I_0^*} = 1/0.05 = 20$$

$$R_m^* = \frac{p_0^*}{I_0^{*2}} = 0.0049/0.05^2 = 1.96$$

$$X_m^* = \sqrt{Z_m^{*2} - R_m^{*2}} \approx 19.9$$

短路试验求短路阻抗：短路试验时短路电流为额定值，可得 $I_k^* = 1$；由阻抗电压为额定电压的5.5%可得 $U_k^* = 0.055$。

$$p_{k75℃}^* = p_{k75℃}/S_N = \frac{15 \times 10^3}{1000 \times 10^3} = 0.015$$

$$Z_k^* = \frac{U_k^*}{I_k^*} = 0.055$$

$$R_{k75℃}^* = \frac{p_{k75℃}^*}{I_k^{*2}} \approx 0.015$$

$$X_k^* = \sqrt{Z_k^{*2} - R_{k75℃}^{*2}} \approx 0.053$$

3）高压侧阻抗的基值为

$$Z_{1b} = \frac{U_{1N\varphi}}{I_{1N\varphi}} = \frac{U_{1N}/\sqrt{3}}{I_{1N}} = \frac{10 \times 10^3 / \sqrt{3}}{57.74}\Omega \approx 100\Omega$$

归算到高压侧的励磁阻抗和短路阻抗的实际值为

$$R_m = R_m^* Z_{1b} = 1.96 \times 100\Omega = 196\Omega$$

$$X_m = X_m^* Z_{1b} = 19.9 \times 100\Omega = 1990\Omega$$

$$Z_m = Z_m^* Z_{1b} = 20 \times 100\Omega = 2000\Omega$$

$$R_{k75℃} = R_{k75℃}^* Z_{1b} = 0.015 \times 100\Omega = 1.5\Omega$$

$$X_k = X_k^* Z_{1b} = 0.053 \times 100\Omega = 5.3\Omega$$

$$Z_k = Z_k^* Z_{1b} = 0.055 \times 100\Omega = 5.5\Omega$$

思考题

1. 试证明：在额定电压时，变压器空载电流标幺值等于励磁阻抗模的标幺值的倒数。

2. 试证明：变压器在额定电流下做短路试验时，所加阻抗电压的标幺值等于电路阻抗模的标幺值。

2.7 变压器的运行特性

变压器的运行特性主要指外特性和效率特性，从外特性可以确定变压器的额定电压变化率，从效率特性可以确定变压器的额定效率。表征变压器运行性能的主要指标是电压变化率和效率，电压变化率是反映变压器供电电压的质量，效率则是反映变压器运行时的经济指标。

2.7.1 电压变化率和外特性

1. 电压变化率

当变压器二次侧开路、一次侧接额定电压时，二次侧的开路电压（空载电压）U_{20}即为二次额定电压 U_{2N}。二次侧接入负载后，产生的负载电流将在变压器内部产生漏阻抗电压降，从而使二次侧端电压发生变化。当一次电压保持为额定、负载的功率因数为常值时，从空载到负载时二次电压变化的百分值，称为电压调整率，为二次额定电压与二次侧带负载后实际电压的数值差与二次额定电压的比值，用 ΔU 表示，即

$$\Delta U = \frac{U_{20} - U_2}{U_{2N}} = \frac{U_{2N} - U_2}{U_{2N}} = 1 - U_2^* \tag{2-58}$$

负载时的电压调整率可以根据以标幺值表示的变压器简化等效电路和相量图来求取。变压器简化电路的标幺值形式如图 2-32 所示，若变压器一次绕组施加额定电压、负载阻抗为感性负载，则对应的标幺值相量图如图 2-33 所示。

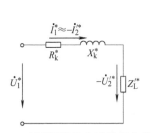

图 2-32 变压器简化电路的标幺值形式

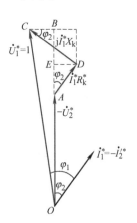

图 2-33 变压器带感性负载的标幺值相量图

在图 2-33 中，将 $\overline{OA}$ 延长到 B 点，使得 $\overline{AB}$ 与 $\overline{CB}$ 垂直，再经 D 点作 $\overline{AB}$ 的垂线 $\overline{DE}$。由于短路阻抗电压降很小（图中被放大了），则 $\dot{U}_1^*$ 与 $-\dot{U}_2^*$ 的夹角就很小，即 $\overline{OC}$ 与 $\overline{OB}$

的夹角很小，因此近似认为

$$U_1^* \approx U_2^* + \overline{AB} \Rightarrow \overline{AB} \approx 1 - U_2^* \tag{2-59}$$

由式(2-58) 和式(2-59) 可知，电压变化率 ΔU 为

$$\Delta U \approx \overline{AB} = \overline{AE} + \overline{EB} \tag{2-60}$$

由图 2-33 可得 $\overline{AE} = I_1^* R_k^* \cos\varphi_2$，$\overline{EB} = I_1^* X_k^* \sin\varphi_2$，于是

$$\Delta U \approx I_1^* (R_k^* \cos\varphi_2 + X_k^* \sin\varphi_2) \tag{2-61}$$

在工程应用中，为了方便描述变压器所带负载的大小，定义了负载系数，用符号 β 表示，$\beta = 1$ 表示变压器满载（额定负载）运行，$\beta = 0.5$ 表示变压器带 1/2 负载运行。在忽略励磁电流时，有

$$\beta = \frac{I_1}{I_{1N}} = \frac{I_2}{I_{2N}} = I_1^* = I_2^* \tag{2-62}$$

电压变化率可以表示为

$$\Delta U \approx \beta (R_k^* \cos\varphi_2 + X_k^* \sin\varphi_2) \tag{2-63}$$

由式(2-63) 可知，电压变化率 ΔU 与负载的大小（β）和负载的性质（功率因数 $\cos\varphi_2$）以及短路阻抗标幺值的大小有关。在变压器负载功率因数和短路参数一定的情况下，负载系数越大，电压变化率越大，即所带的负载越大，电压波动越大；当变压器带感性负载时，在负载功率因数和负载系数一定的情况下，变压器的短路阻抗参数越小，电压变化率越小，输出电压越稳定，因此电力变压器的一次和二次绕组漏阻抗都设计得很小。

2. 外特性

变压器负载运行时，当一次绕组接入额定频率的额定电压、二次绕组负载的功率因数一定时，二次绕组端电压随负载电流的变化曲线称为变压器的外特性曲线。图 2-34 给出了在一定变压器参数下，不同性质负载时的外特性曲线。

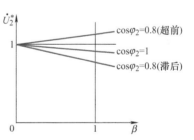

图 2-34 变压器的外特性曲线

当变压器带纯电阻负载和感性负载时，$\varphi_2 > 0$，ΔU 为正值，故外特性曲线是下降的；当变压器带容性负载时，$\varphi_2 < 0$，当 $R_k^* \cos\varphi_2 < |X_k^* \sin\varphi_2|$ 时，ΔU 为负值，此时外特性曲线将是上升的，说明二次电压 U_2 将高于空载电压 U_{20}。

例 2-6 一台三相变压器，已知 $S_N = 320\text{kV} \cdot \text{A}$，$U_{1N}/U_{2N} = 6300\text{V}/400\text{V}$，绕组 Yd 联结，$R_k^* = 0.0212$（已折算到75℃），$X_k^* = 0.0414$，求在额定负载下功率因数 $\cos\varphi_2 = 0.8$（滞后）和 $\cos\varphi_2 = 0.8$（超前）时的电压变化率。

解：额定负载时 $I_2^* = \beta = 1$。当 $\cos\varphi_2 = 0.8$（滞后）时，$\sin\varphi_2 = 0.6$，可得

$$\Delta U \approx \beta (R_k^* \cos\varphi_2 + X_k^* \sin\varphi_2)$$
$$= 0.0212 \times 0.8 + 0.0414 \times 0.6 = 0.0418 \text{（即 4.18\%）}$$

当 $\cos\varphi_2 = 0.8$（超前）时，$\sin\varphi_2 = -0.6$，则

$$\Delta U \approx \beta (R_k^* \cos\varphi_2 + X_k^* \sin\varphi_2)$$
$$= 0.0212 \times 0.8 + 0.0414 \times (-0.6) = -0.00788 \text{（即 } -0.788\%\text{）}$$

2.7.2 效率特性

效率 η 是指变压器输出的有功功率 P_2 和输入的有功功率 P_1 的比值，通常用百分值来表示，即

$$\eta = \frac{P_2}{P_1} \times 100\% \qquad (2\text{-}64)$$

效率与变压器的损耗有关，变压器在传递能量过程中产生铜耗和铁耗两类损耗，每一类又包括基本损耗和附加损耗。

基本铜耗是指电流流过变压器绕组时产生的直流电阻损耗。附加铜耗主要指漏磁场引起电流的趋肤效应，使绕组的有效电阻增大所增加的铜耗，以及漏磁场在结构部件中所引起的涡流损耗等。铜耗与电流的大小和绕组电阻的大小（即短路电阻 R_k）有关，即随负载变化而变化，故称为可变损耗。铜耗 p_{Cu} 可通过负载电流 I_2^*（或负载系数 β）和额定电流时的短路损耗 p_{kN} 求得，即

$$p_{Cu} = I_2^2 R_k = \left(\frac{I_2}{I_{2N}}\right)^2 I_{2N}^2 R_k = I_2^{*2} p_{kN} = \beta^2 p_{kN} \qquad (2\text{-}65)$$

基本铁耗是指变压器铁心中主磁通随时间交变所引起的磁滞和涡流损耗。附加铁耗包括叠片之间的局部涡流损耗，以及主磁通在结构部件中所引起的涡流损耗等。铁耗与铁心磁密幅值 B_m^2 成正比，而 B_m 与主磁通有关，因电源额定电压 U_1 保持稳定时主磁通基本不变，所以铁心损耗也基本不变，称为不变损耗。通常取空载损耗 p_0 近似等于额定电压 U_N 下的铁心损耗 p_{Fe}。

变压器的总损耗为

$$\sum p = p_{Fe} + p_{Cu} = p_0 + \beta^2 p_{kN} \qquad (2\text{-}66)$$

变压器输出的有功功率 P_2 为

$$P_2 = U_2 I_2 \cos\varphi_2 \approx U_{2N} I_2 \cos\varphi_2 = I_2^* S_N \cos\varphi_2 = \beta S_N \cos\varphi_2 \qquad (2\text{-}67)$$

故效率 η 可由式(2-64) 改写为

$$\eta = \frac{P_2}{P_2 + \sum p} \times 100\% = \frac{\beta S_N \cos\varphi_2}{\beta S_N \cos\varphi_2 + p_0 + \beta^2 p_{kN}} \times 100\%$$
$$(2\text{-}68)$$

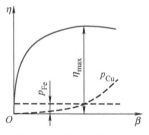

图 2-35 变压器的效率特性曲线

由式(2-68) 可知，变压器的效率 η 与负载系数 β 和负载的性质（功率因数 $\cos\varphi_2$）有关。当负载功率因数 $\cos\varphi_2$ 一定时，效率 η 与负载系数 β 的关系曲线称为变压器的效率特性，如图 2-35 所示。

由图 2-35 可知，当变压器空载时，输出功率为零，$\beta=0$，效率 $\eta=0$；随着负载的增大，在式(2-68) 中，分子显著增大，分母中因可变损耗 $\beta^2 p_{kN}(p_{Cu})$ 较小，不变损耗 p_0 起主要作用，使分母增大较分子增大要慢，因此效率 η 将逐步增大；当负载系数增加到一定值时，效率达到最大值；随着负载系数的继续增大，在式(2-68) 中，分母中的可变损耗 $\beta^2 p_{kN}$ 较不变损耗 p_0 要大，起主要作用，它使分母的增大较分子增大快，故效率 η 反而减小。

变压器的效率曲线在某一负载时达到最大值，对应的条件为$\dfrac{d\eta}{d\beta}=0$，即取效率η对负载系数β的微分，其值为零对应的β即为最大效率对应的负载系数β_m。推导过程如下：

$$\eta = \frac{\beta S_N \cos\varphi_2}{\beta S_N \cos\varphi_2 + p_0 + \beta^2 p_{kN}} = \frac{S_N \cos\varphi_2}{S_N \cos\varphi_2 + \dfrac{p_0}{\beta} + \beta p_{kN}} \qquad (2\text{-}69)$$

$$\frac{d\eta}{d\beta} = - \frac{S_N \cos\varphi_2}{\left(S_N \cos\varphi_2 + \dfrac{p_0}{\beta} + \beta p_{kN}\right)^2}\left(-\frac{p_0}{\beta^2} + p_{kN}\right) = 0 \qquad (2\text{-}70)$$

即有

$$-\frac{p_0}{\beta^2} + p_{kN} = 0, \quad p_0 = \beta^2 p_{kN} \qquad (2\text{-}71)$$

式（2-71）表明，最大效率出现在可变损耗（铜耗）和不变损耗（铁耗）相等的时候，此时最大效率对应的负载系数β_m为

$$\beta_m = \sqrt{\frac{p_0}{p_{kN}}} \qquad (2\text{-}72)$$

由于变压器不会长期在额定负载下运行，因此铁耗小些对提高全年的平均效率有利。一般取$\dfrac{p_0}{p_{kN}}$值为$\dfrac{1}{4} \sim \dfrac{1}{3}$，此时$\beta_m$值为$0.5 \sim 0.6$。

例2-7 一台三相变压器，已知$S_N = 320\text{kV·A}$，$U_{1N}/U_{2N} = 6300\text{V}/400\text{V}$，绕组Yd联结，$p_0 = 1450\text{W}$，$p_{kN} = 5700\text{W}$，试求：

1）在额定负载下功率因数$\cos\varphi_2 = 0.8$（滞后）时的效率。

2）当功率因数$\cos\varphi_2 = 0.8$（滞后）时的最大效率。

解： 1）当额定负载时，$I_2^* = \beta = 1$，$\cos\varphi_2 = 0.8$，可得

$$\eta = \frac{\beta S_N \cos\varphi_2}{\beta S_N \cos\varphi_2 + p_0 + \beta^2 p_{kN}} \times 100\% = \frac{320 \times 10^3 \times 0.8}{320 \times 10^3 \times 0.8 + 1450 + 5700} \times 100\%$$
$$\approx 97.28\%$$

2）最大效率时的负载系数β_m为

$$\beta_m = \sqrt{\frac{p_0}{p_{kN}}} = \sqrt{\frac{1450}{5700}} \approx 0.5044$$

可得最大效率η_{max}为

$$\eta_{max} = \frac{\beta_m S_N \cos\varphi_2}{\beta_m S_N \cos\varphi_2 + 2p_0} \times 100\%$$
$$= \frac{0.5044 \times 320 \times 10^3 \times 0.8}{0.5044 \times 320 \times 10^3 \times 0.8 + 2 \times 1450} \times 100\% \approx 97.8\%$$

思考题

1. 变压器负载运行时的电压变化率与哪些因素有关？负载运行时的二次电压是否一定比空载时的低，为什么？

2. 变压器负载运行时的电压变化率与变压器阻抗电压标幺值 U_{kN}^* 有什么关系？从运行的观点看，希望 U_{kN}^* 大一些好，还是小一些好？

3. 变压器负载运行时的效率与哪些因素有关？当负载功率因数一定时，什么时候有最大效率？为什么不取额定负载时的效率为最大效率？

2.8　三相变压器

三相变压器

目前电力系统均采用三相制供电，故三相变压器得到广泛的应用。从运行原理来看，当三相变压器对称运行时，各相的电压及电流大小相等、相位彼此相差120°，因此可以将前述单相变压器的分析方法用于三相变压器中的任意一相，将三相问题简化为单相问题来分析，不再复述。本节主要讨论三相变压器的特殊问题，如三相变压器的磁路系统和电路系统。

2.8.1　三相变压器的磁路系统

如图2-36所示，将三台单相变压器的绕组按照一定方式连接起来，组成三相系统，称作三相变压器组。三相变压器组中三相的磁路彼此独立，各相磁通的路径互不干扰。若三相绕组外施对称电压，则三相主磁通也对称。

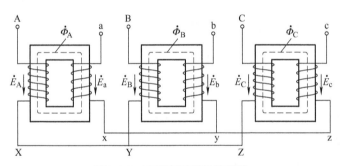

图 2-36　三相变压器组的磁路

如果将三台单相变压器铁心的某一个铁心柱合并，拼成如图2-37a所示的Y形（星形）结构。当外加三相对称电压时，三相主磁通也应对称，则流过合并后中间公共铁心柱的磁通总和为零，即 $\dot{\Phi}_A + \dot{\Phi}_B + \dot{\Phi}_C = 0$，中间公共铁心柱无磁通经过，故可以取消公共铁心柱，变成如图2-37b所示的结构。为了便于制造，将三相铁心柱放在同一平面内，得到图2-37c的结构，这就是常见的三相心式变压器的铁心结构。

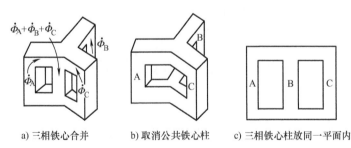

a) 三相铁心合并　　　b) 取消公共铁心柱　　　c) 三相铁心柱放同一平面内

图 2-37　三相心式变压器的磁路

三相心式变压器的磁路是一个三相磁路，各相磁路彼此相关，任何一相磁路都以其他两相磁路作为自己的回路，使得三相磁路长度不等，中间相磁路长度最短，导致三相磁阻不相等。当外施三相对称电压时，三相磁通相同，而三相励磁电流便不相等。

三相心式变压器比同容量的三相变压器组节省材料、占地少、维护方便，得到广泛应用，但对于大型变压器，多采用三相变压器组，这是因为其中的每个单相变压器体积小、重量轻、便于运输，并可减少备用容量。

2.8.2 三相变压器的联结组

三相心式变压器的每个铁心柱上套有高、低压两套绕组，三个铁心柱共六个绕组，绕组不同的连接方式会影响到高、低压绕组线电压的相位关系，可用联结组来予以区别。

1. 绕组的端头标志与极性

变压器高、中、低压绕组的首、尾端的标志有统一的规定，见表2-1，这些标志一般都标在变压器出线套管上。

表2-1　变压器首、尾端标志

绕组名称	单相变压器		三相变压器		中性点
	首端	尾端	首端	尾端	
高压绕组	A	X	A、B、C	X、Y、Z	N
低压绕组	a	x	a、b、c	x、y、z	n
中压绕组	Am	Xm	Am、Bm、Cm	Xm、Ym、Zm	Nm

变压器同一相的高、低压绕组绕在同一铁心柱上，被同一主磁通所交链。当主磁通交变时，高压绕组某一端头的电位高于另一端头，同一瞬间低压绕组也有一个端头的电位高于另一端头。这两个具有高电位的端头就是同极性端（或称同名端），一般在同极性端的端头标上"·"标记。当然另外两个低电位的端头也是同极性端，但无须再标记。

同极性端与高、低压两个绕组的绕向有关，如图2-38所示。图2-38a中，高、低压绕组的绕向相同，由磁通方向根据右手螺旋定则可判断，高、低压绕组的感应电动势方向分别由A、a端指向X、x端，高、低压绕组的A、a端均为低电位，即同极性端；图2-38b中，高压绕组的绕向

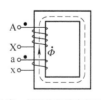
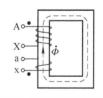

a) 高、低压绕组绕向相同　　　b) 高、低压绕组绕向相反

图2-38　同极性端与绕组绕向的关系

与图2-38a一样，则高压绕组的A端仍为低电位，而低压绕组的绕向与图2-38a反向，则低压绕组感应电动势方向反向，x端变为低电位，因此图2-38b中高压绕组的A端和低压绕组的x端为同极性端。

为了确定高、低压绕组相电压的相位关系，对于三相变压器的任意一相，规定相

电压相量正方向为绕组首端指向尾端，如图 2-39 所示，以 A 相为例，若高压和低压绕组的首端 A 和 a 是同极性端，则相电压 $\dot{U}_{AX}$（图中为简明起见，将 $\dot{U}_{AX}$ 简写为 $\dot{U}_A$，其余类推）与 $\dot{U}_a$ 同相位，否则为反相位。

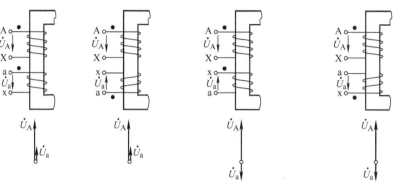

a) 绕向相同、首端为同极性端　　b) 绕向相反、首端为同极性端　　c) 绕向相同、高压首端与低压尾端为同极性端　　d) 绕向相反、高压首端与低压尾端为同极性端

图 2-39　高、低压绕组的同极性端和相电压的相位关系

2. 三相变压器绕组的连接

三相变压器各绕组的连接方式一般有两种：星形联结，高压绕组用符号 Y 表示，低压绕组用符号 y 表示；三角形联结，高压绕组用符号 D 表示，低压绕组用符号 d 表示。

（1）星形（Y）联结

如图 2-40 所示，星形联结是将三相绕组按相序从左至右排列，3 个首端引出，3 个尾端连接在一起，形成中性点（N），各相电压的正方向如图中所示。

各线电压为

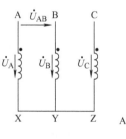

$$\begin{cases} \dot{U}_{AB} = \dot{U}_A - \dot{U}_B \\ \dot{U}_{BC} = \dot{U}_B - \dot{U}_C \\ \dot{U}_{CA} = \dot{U}_C - \dot{U}_A \end{cases} \quad (2\text{-}73)$$

a) 绕组接线图　　　　b) 电压相量图

图 2-40　星形联结的三相绕组及电压相量图

图 2-40b 的电压相量图为一个位形图，图中重合各点的电位是相等的，如 X、Y 和 Z，并且图中任意两点间的有向线段表示该两点的电压相量，如 $\overline{AX}$ 即 $\dot{U}_{AX} = \dot{U}_A$，$\overline{AB}$ 即 $\dot{U}_{AB}$。对于线电压，该相量可先按规定相序画出相电压的相量，X、Y 和 Z 重合，然后画出 $\overline{AB}$、$\overline{BC}$、$\overline{CA}$，即为线电压相量。线电压相量构成的三角形 $\triangle ABC$ 为等边三角形，且该三角形的重心与中性点重合，外加电源电压为正相序时，三相电压也为正相序。

（2）三角形（D）联结

如图2-41所示，三角形联结是将三相绕组按相序从左至右排列，3个首端引出，3个尾端的连接方式有两种：第一种连接方式为A→Y，B→Z，C→X，如图2-41a所示；第二种连接方式为A→Z，B→X，C→Y，如图2-41b所示，各电压的正方向如图中所示。

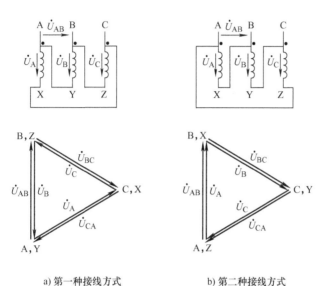

a) 第一种接线方式　　　　b) 第二种接线方式

图2-41　三角形联结的三相绕组及电压相量图

各线电压与相电压的关系为

$$\begin{cases} A{\rightarrow}Y,B{\rightarrow}Z,C{\rightarrow}X \begin{cases} \dot{U}_{AB} = -\dot{U}_{B} \\ \dot{U}_{BC} = -\dot{U}_{C} \\ \dot{U}_{CA} = -\dot{U}_{A} \end{cases} \\ A{\rightarrow}Z,B{\rightarrow}X,C{\rightarrow}Y \begin{cases} \dot{U}_{AB} = \dot{U}_{A} \\ \dot{U}_{BC} = \dot{U}_{B} \\ \dot{U}_{CA} = \dot{U}_{C} \end{cases} \end{cases} \tag{2-74}$$

对于三角形联结绕组，线电压相量构成的三角形△ABC也是等边三角形，且该三角形的重心与虚拟中性点重合，外加电源电压为正相序时，三相电压也为正相序。

从Y和D联结的电压相量位形图可以看出，只要三相电源的相序为A—B—C—A，那么A、B、C三点按照顺时针依次排列，且△ABC为等边三角形。

3. 三相变压器的联结组

三相变压器的联结组标号反映三相变压器高、低压绕组的连接方式及其对应线电压的相位关系。

通常采用时钟表示法，即把高压绕组的线电压相量看作时钟的分针并固定指向12点，与高压绕组同名的低压绕组的线电压相量看作时钟的时针，它所指的小时数就是

电机学

三相变压器的联结组号。三相变压器的联结组不仅与绕组的绕向（同极性端）有关，而且还与首尾端的标志和三相绕组的连接方式有关，下面分别进行介绍。

（1）Yy 联结

Yy 联结表示三相变压器的高、低压绕组均采用星形联结。

1）已知高、低压绕组的连接方式，确定联结组。

如图 2-42 所示，高、低压绕组的同极性端标为首端，故高、低压绕组对应的相电压与线电压均为同相位。先画出高压绕组的电压相量图（为了简化图形，一般线电压仅画出 $\dot{U}_{AB}$，其他省略，低压绕组电压相量图类同），再根据同一铁心柱上高、低压绕组的相电压相位关系（同相或反相），画出低压绕组的电压相量图，如图 2-42b 所示，比较同一铁心柱上高、低压绕组线电压 $\dot{U}_{AB}$ 和 $\dot{U}_{ab}$ 的相位确定联结组。从图 2-42 可以看出，线电压 $\dot{U}_{AB}$ 和 $\dot{U}_{ab}$ 的相位相同，故当分针 $\dot{U}_{AB}$ 指向 12 点时，时针 $\dot{U}_{ab}$ 也指向 12 点（即 0 点），所以联结组为 Yy0。

如果将图 2-42a 中高、低压绕组换标为异极性端为首端，则对应的绕组接线图和电压相量图如图 2-43 所示，则高、低压绕组对应的各相相电压为反相位，且高、低压绕组对应的各线电压也反相位，即 $\dot{U}_{AB}$ 和 $\dot{U}_{ab}$ 相量方向相反，当分针 $\dot{U}_{AB}$ 指向 12 点时，时针 $\dot{U}_{ab}$ 逆时针转过 180°，指向 6 点，所以联结组为 Yy6。

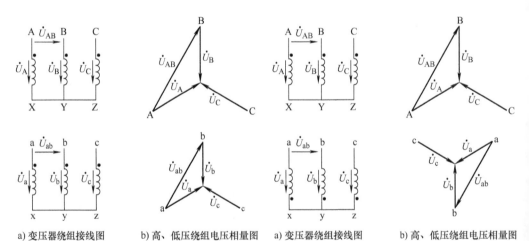

a）变压器绕组接线图　　b）高、低压绕组电压相量图

图 2-42　Yy0 联结组的接线图与电压相量图

a）变压器绕组接线图　　b）高、低压绕组电压相量图

图 2-43　Yy6 联结组的接线图与电压相量图

如果保持图 2-42a 中高、低压绕组首端为同极性端，保持高压绕组的端头标志不变，把低压绕组端头标志顺相序左移一个端头，即由 abc 改为 bca，尾端也相应改变，如图 2-44a 所示。此时需注意，高压绕组的 A 相和低压绕组的 B 相在同一铁心柱上，且绕组的首端为同极性端，故低压绕组的相量图中，相电压 $\dot{U}_b$ 与高压绕组的相电压 $\dot{U}_A$ 同相，同理 $\dot{U}_c$ 与 $\dot{U}_B$、$\dot{U}_a$ 与 $\dot{U}_C$ 同相位，如图 2-44b 所示，则 $\dot{U}_{ab}$ 相对 $\dot{U}_{AB}$ 逆时针转过 120°，当分针 $\dot{U}_{AB}$ 指向 12 点时，时针 $\dot{U}_{ab}$ 指向 8 点，得联结组 Yy8。同理，若再将图 2-42a

中高、低压绕组换标为异极性端为首端，则 $\dot{U}_{ab}$ 逆时针再转过 180°，当分针 $\dot{U}_{AB}$ 指向 12 点时，时针 $\dot{U}_{ab}$ 指向 2 点，得联结组 Yy2。

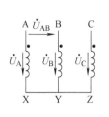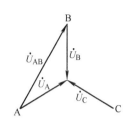

如果保持图 2-42a 中高、低压绕组首端为同极性端，保持高压绕组的端头标志不变，把低压绕组端头标志顺相序右移一个端头，即由 abc 改为 cab，尾端也相应改变，则 $\dot{U}_{ab}$ 顺时针转过 120°，指向 4 点，得联结组 Yy4；若再将高、低压绕组换标为异极性端为首端，则 $\dot{U}_{ab}$ 再逆时针转过 180°，指向 10 点，得联结组 Yy10。

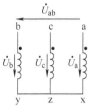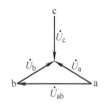

a) 变压器绕组接线图　　b) 高、低压绕组电压相量图

图 2-44　Yy8 联结组的接线图与电压相量图

综上所述，可得到 0、2、4、6、8、10 共六种偶数的联结组。

2）已知联结组，确定高、低压绕组的连接方式。

以 Yy10 为例，假设高压绕组从左向右的通电相序为 A—B—C—A，首端为同极性端，则高压绕组的绕组接线图和电压相量图如图 2-45 所示。根据联结组 Yy10 可知，当分针 $\dot{U}_{AB}$ 指向 12 点时，时针 $\dot{U}_{ab}$ 指向 10 点，两者的相位相差 60°（逆时针），即将高压绕组的线电压 $\dot{U}_{AB}$ 逆时针旋转 60°，可得到低压绕组的线电压 $\dot{U}_{ab}$ 的相位。相量 $\dot{U}_{ab}$ 由 a 点指向 b 点，可确定 a 点和 b 点的位置。由前面的分析结论可知，通电相序为 A—B—C—A 时，a、b、c 三点按照顺时针依次排列，且△abc 为等边三角形，可确定 c 点的位置。低压绕组为 y 联结，则△abc 的重心与绕组的中性点重合，即可确定 x、y、z 为△abc 的重心，由此可确定低压绕组的相电压 $\dot{U}_a$（a 点指向 x 点）、$\dot{U}_b$（b 点指向 y 点）和 $\dot{U}_c$（c 点指向 z 点）的相位。再根据变压器同一铁心柱上绕组电压为同相或反相的关系可得，低压绕组的 $\dot{U}_c$ 与高压绕组的 $\dot{U}_A$ 反相，故高压绕组的 A 相和低压绕组的 c 相在同一铁心柱上，且相同端为异极性端，高压绕组首端为同极性端，则低压绕组的尾端为同极性端。同理，高压绕组 B 相绕组铁心柱上为低压绕组的 a 相绕组（$\dot{U}_a$ 与 $\dot{U}_B$ 反相），C 相绕组铁心柱上为低压绕组的 b 相绕组（$\dot{U}_b$ 与 $\dot{U}_C$ 反相）。最后将 x、y、z 连接，可得到低压绕组的接线图。

此外，推导出低压绕组的 c 相与高压绕组的 A 相同一铁心柱后，可根据通电相序决定绕组相序 a—b—c—a，直接得到低压绕组剩下两相的顺序，即低压绕组从左至右为 c—a—b 相。

（2）Yd 联结

Yd 联结表示高压绕组采用星形联结、低压绕组采用三角形联结。

1）已知高、低压绕组的连接方式，确定联结组。

如图 2-46 所示，高、低压绕组的同极性端标为首端，故高、低压绕组对应的各相电压为同相位。高压绕组的绕组连接和电压相量图与 Yy 联结一样，不同的是低压绕组为 d 联结，将 ay、bz、cx 分别连接为同一点，可得到低压绕组的电压相量图如图 2-46b 所示（保持同一铁心柱的 $\dot{U}_A$ 和 $\dot{U}_a$ 同相，参考 Yy 联结时电压相量图的简化画法）。从图中可以看出，$\dot{U}_{AB}$ 和 $\dot{U}_{ab}$ 相位相差 30°（逆时针），当分针 $\dot{U}_{AB}$ 指向 12 点时，时针 $\dot{U}_{ab}$ 指向 11 点，所以该联结组为 Yd11。

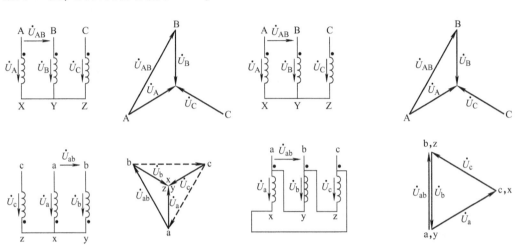

a）变压器绕组接线图　　b）高、低压绕组电压相量图
图 2-45　Yy10 联结组的接线图与电压相量图

a）变压器绕组接线图　　b）高、低压绕组电压相量图
图 2-46　Yd11 联结组的接线图与电压相量图

如果低压侧接成如图 2-47 所示的三角形联结，即把 az、bx、cy 分别连接于同一点，高压绕组电压相量组合图不变，低压绕组电压相量图变成如图 2-47b 所示。从图中可以看出，$\dot{U}_{AB}$ 和 $\dot{U}_{ab}$ 相位相差 30°（顺时针），当分针 $\dot{U}_{AB}$ 指向 12 点时，时针 $\dot{U}_{ab}$ 指向 1 点，所以该联结组为 Yd1。

与 Yy 联结组的规律相同，可以得到 3、5、7、9 的联结组。

2）已知联结组，确定高、低压绕组的连接方式。

以 Yd5 为例，假设高压绕组从左向

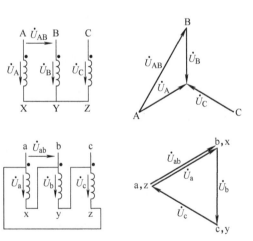

a）变压器绕组接线图　　b）高、低压绕组电压相量图
图 2-47　Yd1 联结组的接线图与电压相量图

右的通电相序为 A—B—C—A、首端为同极性端，则高压绕组的电压相量图和绕组连接如图 2-48 所示。根据联结组 Yd5 可知，当分针 $\dot{U}_{AB}$ 指向 12 点时，时针 $\dot{U}_{ab}$ 指向 5 点，两者的相位相差 150°（顺时针），即将高压绕组的线电压 $\dot{U}_{AB}$ 顺时针旋转 150°，可得到

低压绕组的线电压 $\dot{U}_{ab}$ 的相位。相量 $\dot{U}_{ab}$ 由 a 点指向 b 点，可确定 a 点和 b 点的位置。由前面的分析结论可知，通电相序为 A—B—C—A 时，a、b、c 三点按照顺时针依次排列，且 $\triangle$abc 为等边三角形，可确定 c 点的位置，即可画出 $\dot{U}_{ab}$、$\dot{U}_{bc}$ 和 $\dot{U}_{ca}$ 的相量图。

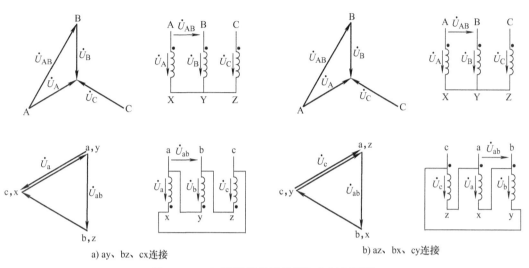

a) ay、bz、cx连接　　　　　　　b) az、bx、cy连接

图 2-48　Yd5 联结组的接线图与电压相量图

低压绕组为 d 联结，分两种连接方式来讨论：

① 当 ay、bz、cx 分别连接为同一点时，可得低压绕组各相电压相量如图 2-48a 所示。再根据变压器同一铁心柱上绕组电压为同相或反相的关系，可得低压绕组的 $\dot{U}_a$ 与高压绕组的 $\dot{U}_A$ 反相，故高压绕组的 A 相和低压绕组的 a 相在同一铁心柱上，且相同端为异极性端，高压绕组首端为同极性端，则低压绕组的尾端为同极性端。同理可得其他两相的关系。最后将 ay、bz、cx 分别连接，可得到低压绕组的接线图。

② 当 az、bx、cy 分别连接为同一点时，可得低压绕组各相电压相量如图 2-48b 所示。再根据变压器同一铁心柱上绕组电压为同相或反相的关系，可得低压绕组的 $\dot{U}_c$ 与高压绕组的 $\dot{U}_A$ 同相，故高压绕组的 A 相和低压绕组的 c 相在同一铁心柱上，且相同端为同极性端，高压绕组首端为同极性端，则低压绕组的首端也为同极性端。同理可得其他两相的关系。最后将 az、bx、cy 分别连接，可得到低压绕组的接线图。

为了便于变压器制造和并联运行，我国规定三相电力变压器的标准联结组为 Yyn0、YNy0、Yy0、Yd11、YNd11 五种。

2.8.3　三相变压器绕组连接方式及磁路系统对电动势波形的影响

在分析单相变压器的空载运行工况时已知，当一次绕组的外施电压 u_1 为正弦波时，对应的感应电动势 e_1 和产生该电动势的主磁通 Φ 也应该是正弦波。在不考虑铁心磁饱和的情况下，空载电流 i_0 与主磁通 Φ 为线性关系，i_0 也是正弦波，但在铁心磁路达到饱和后，i_0 与 Φ 为非线性关系，i_0 变为尖顶波。此时，空载电流中除了基波 i_{01}

外，还含有相对其他谐波幅值较大的 3 次谐波 i_{03}，且 ν 次谐波电流的频率为基波电流频率的 ν 倍。

在三相变压器中，当三相对称绕组中外施对称电压时，各相绕组空载电流的 3 次谐波可表示为

$$\begin{cases} i_{03A} = I_{03m}\sin3\omega t \\ i_{03B} = I_{03m}\sin3(\omega t - 120°) = I_{03m}\sin3\omega t \\ i_{03C} = I_{03m}\sin3(\omega t - 240°) = I_{03m}\sin3\omega t \end{cases} \tag{2-75}$$

可见，各相空载电流的 3 次谐波电流幅值相等、相位相同，这与三相空载电流相位互差 120°是不一样的，绕组中能否有 3 次谐波流过，与三相绕组的连接方式有关。同理，磁通中的 3 次谐波磁通与基波磁通也不同，与变压器的磁路系统有关。

1. Yy 联结

对于 Yy 联结的三相变压器，一次和二次绕组都是星形联结且无中性线，导致幅值和相位一样的 3 次谐波电流无法流通，且其他次谐波幅值较小，故励磁电流近似正弦波（仅基波）。通过铁心的磁化曲线 $\Phi = f(i_m)$ 可以确定不同时刻励磁电流产生的主磁通值，得到主磁通的变化曲线 $\Phi = f(\omega t)$，如图 2-49 所示。可以看出，受铁心磁路饱和的影响，由正弦励磁电流产生的主磁通畸变为平顶波，除了基波分量 Φ_1 外，还含有 3 次谐波 Φ_3 和其他奇次的高次谐波（忽略高次谐波的影响），其中各相 3 次谐波磁通 Φ_3 可表示为

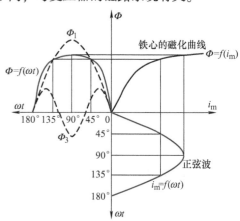

图 2-49 主磁路饱和时的励磁电流与磁通的关系曲线

$$\begin{cases} \Phi_{3A} = \Phi_{m3}\sin3\omega t \\ \Phi_{3B} = \Phi_{m3}\sin3(\omega t - 120°) = \Phi_{m3}\sin3\omega t \\ \Phi_{3C} = \Phi_{m3}\sin3(\omega t - 240°) = \Phi_{m3}\sin3\omega t \end{cases} \tag{2-76}$$

可见，各相励磁电流产生的各相 3 次谐波磁通幅值相等、相位相同。

（1）三相变压器组

由三相变压器组的结构可知，各相的磁路之间相互独立，3 次谐波磁通 Φ_3 与基波磁通 Φ_1 一样，沿着各自的铁心磁路闭合，而铁心磁路的磁阻很小，因此铁心中的 Φ_3 较大，将在一次、二次绕组中感应 3 次谐波电动势。在变压器结构确定的情况下，感应电动势与磁通和频率成正比，3 次谐波磁通的频率 $f_3 = 3f_1$，因此 3 次谐波电动势较大，有时能达到基波电动势幅值的 50% 以上。此时变压器的空载相电动势为基波和 3 次谐波电动势的叠加，如图 2-50 所示，空载相电动势变为尖顶波，波形畸变严重，提高的峰值可能会对各相绕组的绝缘产生危害。所以，三相变压器组不适宜采用 Yy 联结组。

（2）三相心式变压器

三相心式变压器的主磁路为三相星形磁路，各相的磁路彼此相关，故同幅值、同相位的各相 3 次谐波磁通不能沿铁心磁路闭合，只能通过冷却介质、油箱壁等形成闭合回路，如图 2-51 所示。这些磁路的磁阻较大，故 3 次谐波磁通较小，使得绕组内感应的 3 次谐波电动势很小，进而相电动势波形接近正弦波。但是 3 次谐波磁通经过油箱壁等钢制构件闭合时，将在其中引起 3 倍基波频率的涡流杂散损耗，使变压器的损耗增加并引起局部发热。所以，三相心式变压器可以采用 Yy 联结组，但其容量过大时也不宜采用。

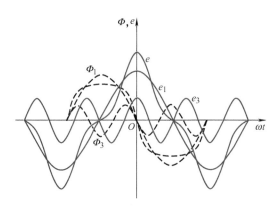

图 2-50　平顶波磁通产生的电动势波形

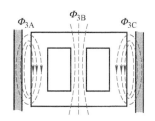

图 2-51　三相心式变压器的 3 次谐波磁通路径

2. Yd 联结和 Dy 联结

Yd 联结组（组式和心式）变压器的一次绕组为星形联结，接通电源后一次侧空载电流中的 3 次谐波电流无法流通，空载电流接近正弦波，故主磁通为平顶波，含有 3 次谐波磁通，3 次谐波磁通在一、二次绕组的相电动势中感应出 3 次谐波电动势。Yd 联结组的二次绕组为三角形联结，3 次谐波电动势将在闭合的三角形联结绕组中产生 3 次谐波环流，如图 2-52 所示。由于主磁通由作用在铁心上的合成磁动势产生，且一次侧没有 3 次谐波电流，因此铁心的主磁通由一次侧的正弦波空载电流和二次侧的 3 次谐波电流共同建立，其效果与一次侧为尖顶波励磁电流的效果相同，故主磁通波形接近正弦波，绕组中感应的相电动势波形也接近正弦波。

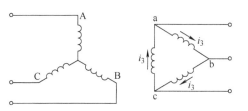

图 2-52　Yd 联结二次侧
绕组中的 3 次谐波环流

Dy 联结组（组式和心式）变压器的一次绕组为三角形联结，形成闭合回路，空载电流中的 3 次谐波分量可以在该回路中流通，故各相绕组的空载电流为尖顶波，于是铁心中的主磁通为正弦波，由它在绕组中感应的相电动势也是正弦波。

从上面的分析可知，在三相变压器中，只要一次或二次绕组中有一侧接成三角形，就可以保证相电动势接近正弦波，避免相电动势波形的畸变。

思考题

1. 三相变压器组和三相心式变压器在磁路结构上有何区别？

137

2. 三相变压器的联结组标号是如何确定的？

3. 利用三相变压器联结组标号的时钟表示法，说明当二次绕组标志 a、b、c 相应改为 c、b、a 后，得到的联结组标号的时钟序数如何变化？

4. 3 次谐波电流与变压器绕组的连接方式有无关系？为什么变压器的励磁电流需要有 3 次谐波分量？

2.9　变压器的并联运行

变压器的并联运行是指两台或多台变压器的一次和二次绕组分别接在一次和二次公共母线上，共同向负载供电的运行方式。变压器并联运行后，当其中的一台或几台需要检修或出现故障停运时，不影响其他并联变压器的正常运行，因此能提高供电的可靠性；此外，并联的变压器可根据负载的容量动态调整投入运行的台数，减小损耗，提高运行效率；而且，采用并联运行还能减少总备用容量，节约投资，同时方便后期增加变压器台数扩容。

2.9.1　并联运行的条件

变压器并联运行的理想情况是：空载时各台并联变压器的一次和二次绕组中没有环流，能按各台变压器的容量成比例分配负载，各台变压器二次电流最好是同相位。只有这样，才能避免因并联引起的附加损耗，并且充分利用变压器的容量。

要达到理想情况，并联运行的变压器需要满足以下三个条件：

1）各台变压器的额定电压和电压比应相等。

2）各台变压器具有相同的联结组。

3）各台变压器的短路阻抗标幺值要相等，短路阻抗角也相等。

如果变压器不满足并联运行条件，就会产生不良的后果。实际并联运行中，上述条件的第一条和第三条不可能绝对满足，但第二条必须严格保证。下面逐一讨论当某一条件不满足时会产生的后果。

2.9.2　电压比不等时的并联运行

如图 2-53 所示，两台变压器一次绕组都接在电源 $\dot{U}_1$ 上，假设电压比 k_{I} 小于 k_{II}，变压器二次绕组的空载电压分别为 $\dot{U}_{20\mathrm{I}} = \dfrac{\dot{U}_1}{k_{\mathrm{I}}}$，$\dot{U}_{20\mathrm{II}} = \dfrac{\dot{U}_1}{k_{\mathrm{II}}}$，则 $\dot{U}_{20\mathrm{I}} > \dot{U}_{20\mathrm{II}}$。因此，在开关 S_1 两端存在电压差 $\Delta\dot{U}_{20} = \dot{U}_{20\mathrm{I}} - \dot{U}_{20\mathrm{II}}$。若合上 S_1 使两台变压器并联运行，变压器二次绕组中会有环流 $\dot{I}_{2\mathrm{h}}$ 产生。若两台变压器归算到二次侧的短路阻抗分别为 Z_{kI} 和 Z_{kII}，则有

$$\dot{I}_{2\mathrm{h}} = \frac{\Delta\dot{U}_{20}}{Z_{\mathrm{kI}} + Z_{\mathrm{kII}}} \tag{2-77}$$

环流同时存在于两台变压器的一、二次侧。两台变压器二次侧的环流大小相等（由式（2-77）计算可得），但方向相反。两台变压器一次侧的环流大小不等，第一台变压器一次侧的环流为 $\dot{I}_{2\mathrm{h}}/k_{\mathrm{I}}$，第二台变压器一次侧的环流为 $\dot{I}_{2\mathrm{h}}/k_{\mathrm{II}}$。

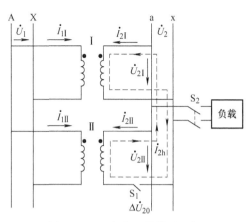

图 2-53 两台变压器并联运行

由于变压器的短路阻抗值很小，即使电压差 $\Delta \dot{U}_{20}$ 不大，也能引起较大的环流，造成变压器空载运行时的额外损耗。

此外，当合上开关 S_2，带上负载，如图 2-53 所示，若负载为感性负载，变压器 I 的负载电流要加上环流，可能引起过载，变压器 II 的负载电流要减去环流，可能引起欠载，使变压器的容量得不到合理利用。

为了限制环流，通常规定并联运行的变压器电压比的差值与几何平均值之比不大于 0.5%，即

$$\Delta k = \frac{\left| k_{\text{I}} - k_{\text{II}} \right|}{\sqrt{k_{\text{I}} k_{\text{II}}}} \times 100\% \leqslant 0.5\% \tag{2-78}$$

并且希望电压比小的变压器容量大一些。

2.9.3 联结组不同时的并联运行

如果两台联结组不同的变压器并联运行，则两台变压器二次线电压的相位至少相差 30°。如两台变压器的联结组分别为 Yy0 和 Yd11，二次侧的额定线电压大小相等为 $\dot{U}_{20N}$，如图 2-54 所示。此时二次侧对应的线电压差 $\Delta \dot{U}_{20}$ 的大小为 $\Delta U_{20} = 2U_{20N} \sin 15° = 0.518 U_{20N}$，即 ΔU_{20} 达到额定电压的 51.8%。由于变压器短路阻抗值很小，会产生数倍于额定电流的大环流，致使变压器严重发热，甚至烧毁，因此联结组不同的变压器绝对不允许并联运行。

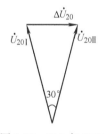

图 2-54 Yy0 与 Yd11 变压器并联运行时的二次线电压相量图

2.9.4 短路阻抗标幺值不等时的并联运行

假定两台变压器电压比和联结组都相同，则并联运行时一次和二次电压都相等，故短路阻抗电压降相等，用标幺值表示为

$$\dot{I}_{\text{I}}^* Z_{k\text{I}}^* = \dot{I}_{\text{II}}^* Z_{k\text{II}}^* \tag{2-79}$$

即

$$\frac{i_{\mathrm{I}}^{*}}{i_{\mathrm{II}}^{*}}=\frac{Z_{\mathrm{kII}}^{*}}{Z_{\mathrm{kI}}^{*}} \tag{2-80}$$

由式(2-80) 可以看出，并联运行的各台变压器，其负载分配与短路阻抗标幺值成反比，从而就有可能出现短路阻抗标幺值小的变压器满载时，短路阻抗标幺值大的变压器却欠载，使变压器容量得不到充分利用。因此，一般规定各台变压器短路阻抗标幺值与所有并联运行变压器的短路阻抗标幺值的算术平均值的差不大于0.1。由于各变压器分担的负载电流的标幺值与其自身短路阻抗标幺值成反比，短路阻抗标幺值小的变压器先达到满载，为使容量大的变压器被充分利用，希望短路阻抗标幺值小的变压器容量大一些。

思考题

1. 变压器并联运行的理想情况是什么？为此要满足哪些条件？

2. 两台联结组相同、但容量不同的变压器并联运行，如果电压比或短路阻抗可以通过调分接开关稍微改变，那么希望电压比和短路阻抗对容量大的变压器是大些好还是小些好？为什么？

2.10 其他变压器

在电力系统中，除了大量地采用前面介绍的三相双绕组变压器外，还常采用多种其他用途的变压器。

2.10.1 三绕组变压器

其他变压器

在电力系统中，双绕组变压器的应用较为广泛，但在一些特殊场合，需要将两个以上不同电压等级的系统联合起来，在这种情况下采用单台多绕组变压器比采用多台双绕组变压器的组合更加实用和经济。下面以三绕组变压器为例进行分析。

1. 绕组的排列和连接

三绕组变压器的铁心一般采用心式结构，每个铁心柱上都有高压、中压和低压三个绕组，如图2-55所示。如果高压绕组为一次绕组，中压和低压绕组为二次绕组，称为降压变压器；如果低压绕组为一次绕组，中压和高压绕组为二次绕组，称为升压变压器。也可以将两个绕组接电源作为一次侧，第三个绕组作为二次侧。

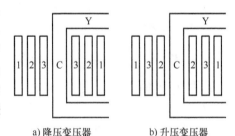

a) 降压变压器　　b) 升压变压器

图2-55　三绕组变压器绕组布置图
1—高压绕组　2—中压绕组　3—低压绕组

对于降压变压器，低压绕组靠近铁心柱，低压和高压绕组之间放中压绕组，如图2-55a所示；对于升压变压器，一般将中压绕组靠近铁心柱，低压绕组放在中压和高压绕组之间，使漏磁场分布和产生的漏电抗相对均匀，可以保证合理的电压调整率，提升运行性能，如图2-55b所示。

双绕组变压器的一次和二次绕组容量相等，对于三绕组变压器，三个绕组的容量可以相等，也可以不等，其中最大的容量规定为三绕组变压器的额定容量。如果将额定容量的标幺值作为1，变压器三个绕组的容量配合一般有1/1/1、1/1/0.5、1/0.5/1

三种方式。三相三绕组变压器的标准联结组有 YNyn0d11 和 YNyn0y0 两种。

2. 工作原理和基本方程

与双绕组变压器的工作原理类似，当三绕组变压器一次侧匝数为 N_1 的绕组 1 接通电源、二次侧匝数为 N_2 的绕组 2 和匝数为 N_3 的绕组 3 开路时，为空载运行状态。

图 2-56 为三绕组变压器的负载运行示意图，各物理量的正方向参考双绕组变压器正方向的规定。根据全电流定律，磁动势平衡方程为

$$\dot{F}_1 + \dot{F}_2 + \dot{F}_3 = \dot{F}_0 \text{ 或}$$

$$N_1\dot{I}_1 + N_2\dot{I}_2 + N_3\dot{I}_3 = N_1\dot{I}_0 = N_1\dot{I}_m \quad (2\text{-}81)$$

将二次绕组电流归算到一次绕组，则有

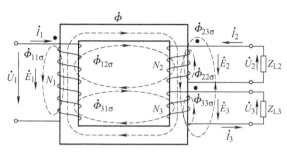

图 2-56　三绕组变压器负载运行示意图

$$\dot{I}_1 + \dot{I}'_2 + \dot{I}'_3 = \dot{I}_m \quad (2\text{-}82)$$

式中，$\dot{I}'_2$ 和 $\dot{I}'_3$ 分别为二次侧的绕组 2 和绕组 3 归算到一次侧的电流值，$\dot{I}'_2 = \dot{I}_2/k_{12}$，$\dot{I}'_3 = \dot{I}_3/k_{13}$，其中 $k_{12} = N_1/N_2$，$k_{13} = N_1/N_3$。

三绕组变压器的磁通分布相对双绕组变压器要复杂很多，三个绕组之间互相耦合，如图 2-56 所示。$\dot{\Phi}$ 为主磁通，由三个绕组的磁动势联合激励所产生，沿铁心磁路闭合，并与三个绕组同时交链；$\dot{\Phi}_{11\sigma}$、$\dot{\Phi}_{22\sigma}$ 和 $\dot{\Phi}_{33\sigma}$ 为各绕组的自感漏磁通，仅与绕组自身交链而与其他两个绕组不交链，绝大部分磁路沿非铁磁性的冷却介质闭合；$\dot{\Phi}_{12\sigma}$、$\dot{\Phi}_{23\sigma}$ 和 $\dot{\Phi}_{31\sigma}$ 为各绕组的互感漏磁通，与绕组自身和另一个绕组交链而不与第三个绕组交链，绝大部分磁路沿非铁磁性的冷却介质闭合。因此，若按照双绕组变压器中主磁通和漏磁通来分析三绕组变压器会非常复杂，为此分析三绕组变压器时不把主磁通和漏磁通分开，而无论自感还是互感都是与各绕组交链的全部磁通相对应。

根据前文变压器电压方程的知识，对一次侧绕组参数和二次侧绕组参数的归算值假设如下：三个绕组的电阻分别为 R_1、R'_2 和 R'_3；三个绕组的自漏磁通对应的自漏抗分别为 $X_{11\sigma}$、$X'_{22\sigma}$ 和 $X'_{33\sigma}$；一次侧绕组（绕组 1）和二次侧第一个绕组（绕组 2）的互感漏磁通对应的互漏抗为 $X'_{12\sigma}$，二次侧两个绕组（绕组 2 和绕组 3）之间的互感漏磁通对应的互漏抗为 $X'_{23\sigma}$，二次侧第二个绕组（绕组 3）和一次侧绕组（绕组 1）的互感漏磁通对应的互漏抗为 $X'_{31\sigma}$，且 $X'_{12\sigma} = X'_{21\sigma}$、$X'_{23\sigma} = X'_{32\sigma}$、$X'_{31\sigma} = X'_{13\sigma}$；主磁通各个绕组内所感应的电动势分别为 $\dot{E}_1$、$\dot{E}'_2$ 和 $\dot{E}'_3$。那么，对应的电压方程为

$$\begin{cases} \dot{U}_1 = \dot{I}_1(R_1 + jX_{11\sigma}) + j\dot{I}'_2 X'_{12\sigma} + j\dot{I}'_3 X'_{13\sigma} - \dot{E}_1 \\ -\dot{U}_2 = \dot{I}'_2(R'_2 + jX'_{22\sigma}) + j\dot{I}_1 X'_{21\sigma} + j\dot{I}'_3 X'_{23\sigma} - \dot{E}'_2 \\ -\dot{U}_3 = \dot{I}'_3(R'_3 + jX'_{33\sigma}) + j\dot{I}_1 X'_{31\sigma} + j\dot{I}'_2 X'_{32\sigma} - \dot{E}'_3 \\ \dot{E}_1 = \dot{E}'_2 = \dot{E}'_3 = -\dot{I}_m Z_m \end{cases} \quad (2\text{-}83)$$

3. T形等效电路和简化等效电路

三绕组变压器的 T 形等效电路可根据式(2-82) 和式(2-83) 画出,如图 2-57 所示。与双绕组变压器的 T 形等效电路相比,除增加了第三个绕组对应的回路外,还有绕组 1 和绕组 2 回路、绕组 2 和绕组 3 回路、绕组 3 和绕组 1 回路之间的互漏抗 $X'_{12\sigma}$、$X'_{23\sigma}$、$X'_{31\sigma}$。

考虑到一般变压器的励磁电流 $\dot{I}_m$ 较小,可以忽略,可以将励磁支路断开,即

$$\begin{cases} \dot{E}_1 = \dot{E}'_2 = \dot{E}'_3 = 0 \\ \dot{I}_1 + \dot{I}'_2 + \dot{I}'_3 = 0 \end{cases} \quad (2\text{-}84)$$

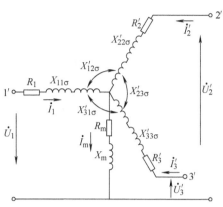

图 2-57 三绕组变压器的 T 形等效电路

将式(2-83) 的第一式和第二式相减,并根据式(2-84) 以 $\dot{I}'_3 = -\dot{I}_1 - \dot{I}'_2$ 代入,可得

$$\dot{U}_1 - (-\dot{U}'_2) = [\dot{I}_1 R_1 + j\dot{I}_1(X_{11\sigma} - X'_{21\sigma} - X'_{13\sigma} + X'_{23\sigma})]$$
$$- [\dot{I}'_2 R'_2 + j\dot{I}'_2(X'_{22\sigma} - X'_{12\sigma} - X'_{23\sigma} + X'_{13\sigma})]$$
$$= \dot{I}_1(R_1 + jX_1) - \dot{I}'_2(R'_2 + jX'_2) = \dot{I}_1 Z_1 - \dot{I}'_2 Z'_2 \quad (2\text{-}85)$$

式中,X_1 和 Z_1 分别为一次侧绕组 1 的等效漏电抗和等效漏阻抗,$Z_1 = R_1 + jX_1$,$X_1 = X_{11\sigma} - X'_{21\sigma} - X'_{13\sigma} + X'_{23\sigma}$;$X'_2$ 和 Z'_2 分别为二次侧绕组 2 的等效漏电抗归算值和等效漏阻抗归算值,$Z'_2 = R'_2 + jX'_2$,$X'_2 = X'_{22\sigma} - X'_{12\sigma} - X'_{23\sigma} + X'_{13\sigma}$。

将式(2-83) 的第一式和第三式相减,并根据式(2-84) 以 $\dot{I}'_2 = -\dot{I}_1 - \dot{I}'_3$ 代入,可得

$$\dot{U}_1 - (-\dot{U}'_3) = [\dot{I}_1 R_1 + j\dot{I}_1(X_{11\sigma} - X'_{12\sigma} - X'_{31\sigma} + X'_{32\sigma})]$$
$$- [\dot{I}'_3 R'_3 + j\dot{I}'_3(X'_{33\sigma} - X'_{13\sigma} - X'_{32\sigma} + X'_{12\sigma})]$$
$$= \dot{I}_1(R_1 + jX_1) - \dot{I}'_3(R'_3 + jX'_3) = \dot{I}_1 Z_1 - \dot{I}'_3 Z'_3 \quad (2\text{-}86)$$

式中,X'_3 和 Z'_3 分别为二次侧绕组 3 的等效漏电抗归算值和和等效漏阻抗归算值,$Z'_3 = R'_3 + jX'_3$,$X'_3 = X'_{33\sigma} - X'_{13\sigma} - X'_{32\sigma} + X'_{12\sigma}$。

由于三绕组变压器的自感和互感都是与各绕组交链的全部磁通(包括主磁通、自感漏磁通和互感漏磁通)相对应,因此等效漏电抗不表示各自绕组的漏抗,而是各绕组的自感抗和绕组间互感抗之和,是一些计算量,其值与绕组的布置情况有关。

根据式(2-84) ~式(2-86),可将图 2-57 的 T 形等效电路变化为简化等效电路,如图 2-58 所示。

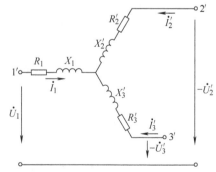

图 2-58 三绕组变压器的简化等效电路

等效漏阻抗 Z_1、Z_2' 和 Z_3' 可通过短路试验来测定，由于三绕组变压器中每两个绕组相当于一个双绕组变压器，因此每次试验时需一个绕组施加电压，一个绕组短路，另一个绕组开路，轮流做三次短路试验确定。

等效电路确立后，三绕组变压器的各种运行问题，如电压调整率、效率、短路电流、并联运行时各绕组间的负载分配等，就可以用等效电路来计算。

2.10.2 分裂绕组变压器

分裂绕组变压器的结构特点在于它的一个绕组分裂为两个或多个绕组，这几个分裂后的绕组额定容量和电压等级相等，彼此之间没有电路的连接，仅有较弱的磁耦合，一般在低压绕组上进行分裂，要求各绕组之间的电气绝缘强度足够，阻抗值相等。

应用较多的是三相双绕组双分裂变压器，如图 2-59 所示，它有一个高压绕组，该绕组不分裂，但是并联连接成两个支路，两个支路的绕组均接成星形，实际是一个绕组；低压绕组分裂成两个相互独立的绕组，接成完全独立的三角形，并单独引出出线端，既可单独为不同的负载供电，也可并联为同一负载供电。

根据三绕组变压器的电压方程和等效电路推导过程，可以得到单相双绕组分裂变压器的等效电路如图 2-60 所示，其中 X_1 为高压绕组等效电抗，X_{2-1}' 和 X_{2-2}' 分别为二次绕组分裂后两个独立绕组的等效电抗。

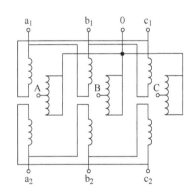

图 2-59 三相双绕组双分裂变压器

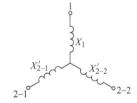

图 2-60 单相双绕组双分裂变压器等效电路

分裂变压器有三种运行方式：

1）分裂运行方式：高压绕组不参与运行，只有两个低压分裂绕组运行。一个分裂绕组接外加电源，另一个分裂绕组接负载运行。两个低压分裂绕组间有穿越功率，低压绕组和高压绕组间无穿越功率。在这种运行方式下，两个低压绕组间的短路电抗称为分裂电抗，可用符号 $X_{2-1 \sim 2-2}'$ 表示。

2）并联运行方式：高低压绕组同时运行，两个低压分裂绕组并联，高低压绕组间有穿越功率。在这种运行方式下，高低压绕组间的短路电抗为穿越电抗，用符号 $X_{1 \sim 2'}$ 表示。

3）单独运行方式：高压绕组运行，两个低压分裂绕组中的任一分裂绕组开路、另一分裂绕组运行。在此运行方式下，高低压绕组之间的电抗称为半穿越电抗，用符号 $X_{1 \sim 2'}$ 表示。

一般称分裂电抗和穿越电抗之比值为分裂系数,是分裂变压器的基本参数之一,用符号 K_f 表示,即

$$K_f = \frac{X'_{2\text{-}1 \sim 2\text{-}2}}{X_{1 \sim 2'}} \tag{2-87}$$

分裂系数的大小由分裂绕组的相互位置来确定,一般取值为 $0 \sim 4$。

由于分裂绕组的两个支路完全对称,则有 $X'_{2\text{-}1} = X'_{2\text{-}2} = X'_{2\text{-}}$。

分裂电抗为

$$X'_{2\text{-}1 \sim 2\text{-}2} = X'_{2\text{-}1} + X'_{2\text{-}2} = 2X'_{2\text{-}} \tag{2-88}$$

穿越电抗为

$$X_{1 \sim 2'} = X_1 + (X'_{2\text{-}1} \parallel X'_{2\text{-}2}) = X_1 + \frac{X'_{2\text{-}}}{2} \tag{2-89}$$

半穿越电抗为

$$X_{1 \sim 2'\text{-}} = X_1 + X'_{2\text{-}} \tag{2-90}$$

变压器制造厂商一般给出穿越电抗 $X_{1 \sim 2'}$ 和分裂系数 K_f,联合式(2-87)~式(2-90)可得

$$X_1 = X_{1 \sim 2'}\left(1 - \frac{K_f}{4}\right) \tag{2-91}$$

$$X'_{2\text{-}1} = X'_{2\text{-}2} = X'_{2\text{-}} = \frac{1}{2}K_f X_{1 \sim 2'} \tag{2-92}$$

穿越电抗与半穿越电抗之间的关系为

$$X_{1 \sim 2'} = X_{1 \sim 2'\text{-}} / (1 + K_f/4) \tag{2-93}$$

分裂变压器有以下特点:

1)限制低压侧短路电流。正常运行时,分裂变压器的穿越电抗和普通变压器的电抗值相同,当低压侧分裂绕组中的一个支路短路时,穿越电抗变为了半穿越电抗,由式(2-91)可知,一般半穿越电抗比穿越电抗值大,因此短路电流较小。

2)在低压侧两个分裂绕组分别对两个负载供电时,当一个负载发生短路时,除能有效地限制短路电流外,还能使另一个负载的电压降较小,不致影响用户的运行。

2.10.3 自耦变压器

自耦变压器的结构特点是一次和二次绕组中有一部分是共用绕组,因此一次和二次绕组之间不仅有磁的耦合关系,而且还有电的联系,即它不仅通过电磁耦合和感应作用传递功率,而且还可以从一次侧直接把功率传导到二次侧,如图 2-61 所示(习惯以降压变压器为例,且只分析一相)。图中 ax

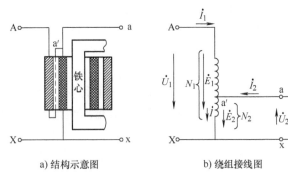

a) 结构示意图　　b) 绕组接线图

图 2-61　自耦变压器

为低压绕组，同时它又是高压绕组的一部分，又称公共绕组；Aa′是与公共绕组相串联的绕组，称为串联绕组；AX 为高压绕组。图 2-61b 为其相应的接线图，图中按双绕组变压器习惯采用的参考正方向标出了各电磁量的正方向。

1. 电压和电流的关系

自耦变压器也是利用电磁感应原理工作的。当空载运行时，在变压器一次绕组端头 AX 上接正弦交流额定电压 $\dot{U}_1$，铁心中就会产生交变磁通，并分别在一次和二次绕组中感应电动势 $\dot{E}_1$ 和 $\dot{E}_2$，如图 2-61b 所示。若忽略一次绕组漏阻抗电压降，则有

$$U_1 \approx E_1 = 4.44fN_1\Phi_{\mathrm{m}}$$
$$U_{20} = E_2 = 4.44fN_2\Phi_{\mathrm{m}}$$

因此，自耦变压器的电压比 k_{a} 为

$$k_{\mathrm{a}} = \frac{E_1}{E_2} = \frac{N_1}{N_2} \approx \frac{U_1}{U_{20}} \approx \frac{U_{1\mathrm{N}}}{U_{2\mathrm{N}}} \tag{2-94}$$

负载运行时，电源电压 $\dot{U}_1$ 不变，主磁通 $\dot{\Phi}_{\mathrm{m}}$ 就基本不变，根据磁动势方程式有

$$N_1\dot{I}_1 + N_2\dot{I}_2 = N_1\dot{I}_{\mathrm{m}} \tag{2-95}$$

忽略励磁电流，则有

$$\dot{I}_1 \approx -\frac{1}{k_{\mathrm{a}}}\dot{I}_2 \tag{2-96}$$

由图 2-61b 可知，公共绕组中的电流 $\dot{I}$ 为

$$\dot{I} = \dot{I}_1 + \dot{I}_2 = -\frac{1}{k_{\mathrm{a}}}\dot{I}_2 + \dot{I}_2 = \left(1 - \frac{1}{k_{\mathrm{a}}}\right)\dot{I}_2 \tag{2-97}$$

式(2-94) 和式(2-96) 说明，自耦变压器一次和二次电压比与电压比 k_{a} 成正比，一次和二次电流比与电压比 k_{a} 成反比，与双绕组变压器相同。

2. 容量关系

单相自耦变压器的额定容量为

$$S_{\mathrm{N}} = U_{1\mathrm{N}}I_{1\mathrm{N}} = U_{2\mathrm{N}}I_{2\mathrm{N}} \tag{2-98}$$

而串联绕组和公共绕组的电磁容量指绕组上所加的额定电压与绕组中流过的额定电流的乘积，因此串联绕组 Aa 与公共绕组 ax 的电磁容量分别为

$$\begin{cases} S_{\mathrm{m(Aa')}} = U_{\mathrm{Aa'}}I_{1\mathrm{N}} = (U_{\mathrm{Ax}} - U_{\mathrm{ax}})I_{1\mathrm{N}} = \left(1 - \dfrac{1}{k_{\mathrm{a}}}\right)U_{1\mathrm{N}}I_{1\mathrm{N}} = \left(1 - \dfrac{1}{k_{\mathrm{a}}}\right)S_{\mathrm{N}} \\ S_{\mathrm{m(ax)}} = U_{2\mathrm{N}}I = U_{2\mathrm{N}}\left(1 - \dfrac{1}{k_{\mathrm{a}}}\right)I_{2\mathrm{N}} = \left(1 - \dfrac{1}{k_{\mathrm{a}}}\right)S_{\mathrm{N}} \end{cases} \tag{2-99}$$

即

$$S_{\mathrm{m}} = \left(1 - \frac{1}{k_{\mathrm{a}}}\right)S_{\mathrm{N}} \tag{2-100}$$

式(2-99) 说明，自耦变压器的电磁容量仅为额定容量的 $\left(1 - \dfrac{1}{k_{\mathrm{a}}}\right)$ 倍。

3. 主要优缺点

变压器的大小和所用材料由电磁容量（也称绕组容量）决定。由于自耦变压器的

电磁容量小于额定容量，因此，当额定容量相同时，自耦变压器比普通变压器所用材料少、尺寸小且效率高。k_a 越接近于1，$1 - \dfrac{1}{k_a}$ 越小，其优点越显著。一般电力系统用的自耦变压器的电压比取 $k_a < 2$。

由于自耦变压器一次和二次绕组之间有直接的电联系，因此为防止一次侧过电压时引起二次侧严重过电压，要求自耦变压器的中性点必须可靠接地，并且一次和二次侧都要装避雷器。

2.10.4 仪用互感器

在大电流、高电压的电力系统中常用互感器来进行辅助测量，一方面可使测量回路与被测回路隔离，以保证人员和设备的安全；二是可以减小所用表计的量程。仪用互感器分为电流互感器和电压互感器两大类。

1. 电流互感器

电流互感器是用来测量大电流的仪用互感器，其原理接线如图 2-62 所示。电流互感器均制成单相，一次绕组由一匝或几匝粗导线组成，串接在被测回路中；二次绕组由匝数较多的细导线组成，与阻抗很小的仪表（电流表、功率表的电流线圈或继电器的线圈）串联组成闭合回路。因此，电流互感器相当于短路运行的升压变压器。

忽略励磁电流就有 $I_1/I_2 = N_2/N_1$，一次和二次绕组匝数不同，可将线路的大电流转换成小电流测量。通常电流互感器二次绕组的额定电流为 5A，精度可分为 0.2、0.5、1.0、3.0 和 10.0 五个等级。

电流互感器运行时二次绕组不允许开路。如果二次绕组开路，被测回路的大电流就成为互感器的励磁电流，将导致铁心严重饱和和铁心过热，并且在二次绕组感应产生过电压，危及人员和仪表的安全。铁心和二次绕组的一端必须可靠接地。

2. 电压互感器

电压互感器是用来测量高电压的仪用互感器，其原理接线如图 2-63 所示。电压互感器的一次绕组匝数很多，并且并联接在被测回路中；二次绕组匝数较少，与阻抗很大的仪表（电压表或功率表的电压线圈）连接组成闭合回路，因此二次电流很小。电压互感器相当于空载运行的降压变压器。

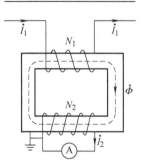

图 2-62 电流互感器的原理接线图

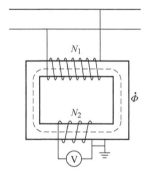

图 2-63 电压互感器的原理接线图

因为 $U_1/U_2 = N_1/N_2$，电压互感器利用一次和二次绕组匝数不同，可将线路的高电压转换成二次侧的低电压来测量。通常将电压互感器二次绕组的额定电压设计为100V。

电压互感器的精度分为0.2、0.5、1.0和3.0四个等级。

电压互感器运行时二次绕组不允许短路，如果二次绕组发生短路，就会产生很大的短路电流而烧坏电压互感器；电流互感器在一次侧接通电源时，二次侧绕组不允许开路。铁心和二次绕组的一端必须可靠接地。

思考题

1. 三绕组变压器的额定容量如何确定？三个绕组的容量有哪几种分配方式？

2. 分析三绕组变压器工作原理时，为什么不采用双绕组变压器中所用的主磁通和漏磁通的概念来分析？

3. 分裂绕组变压器有哪些优点？主要用于什么场合？

4. 自耦变压器结构上有什么特点？它的额定容量为什么比电磁容量大？自耦变压器的电压比一般取多大？为什么？

5. 电压互感器和电流互感器在结构上各有什么特点？使用时各应注意什么？

本 章 小 结

变压器是利用电磁感应原理工作的，它通过一、二次绕组与主磁场的电磁感应作用和磁动势平衡关系将一次侧的电功率传递到二次侧，实现交流电能的传递或转变。本章的分析思路是，通过分析双绕组变压器空载和负载的电磁过程，推导出变压器的电压方程、等效电路和相量图，然后利用等效电路研究变压器的各种运行特性。

在学习过程中要注意以下几点：

1. 变压器的主要结构部件（实物模型）由闭合的铁心和套在铁心柱上的两个或多个绕组组成。

2. 变压器的物理模型是其空载和负载运行时的电磁过程。

变压器空载运行时，空载电流主要用以产生交变的主磁通，可分为磁化电流和铁耗电流两个分量，其大小不仅与一次绕组的匝数和磁路磁阻有关，而且还与电源电压有关。主磁通在一、二次绕组中感应电动势，且一次绕组中的感应电动势加上漏阻抗电压降后与电源电压相平衡。当忽略电阻电压降和漏磁通作用时，$\dot{U}_1 \approx -\dot{E}_1 = \mathrm{j}4.44fN_1\dot{\Phi}_\mathrm{m}$，表明对已制成的变压器，若电源电压保持不变，主磁通将基本不变（这是负载运行时磁动势平衡的缘由）。

主磁通同时与一、二次绕组相交链，主磁路为非线性磁路，饱和时主磁通和励磁电流（空载电流）是非线性关系，引入励磁阻抗 Z_m，起传递能量的作用；漏磁通只与一次绕组交链，磁路是线性的，引入漏电抗 $X_{1\sigma}$，起电压降的作用。

变压器负载运行时，一、二次绕组的磁动势 F_1 和 F_2 共同建立主磁场，由磁动势平衡关系可知，二次绕组接通负载时，一次绕组电流会产生一个负载分量，用于平衡二次绕组磁动势的影响，即 $N_1i_{1\mathrm{L}} = -N_2i_2$，于是 $e_1i_{1\mathrm{L}} = -e_2i_2$，这就是变压器传递功率的原理。并且铁心中交变的主磁通在一次侧和二次侧不同匝数的绕组内感应产生大小不同的电动势，即 $e_1/e_2 = N_1/N_2$，这就是变压器变压的原理。

3. 变压器的数学模型是变压器的基本方程、等效电路和相量图。

变压器的基本方程包括一、二次绕组的电压方程，磁动势方程 $N_1 \dot{I}_1 + N_2 \dot{I}_2 = N_1 \dot{I}_m$，以及感应电动势 $\dot{E}_1$ 与励磁电流 $\dot{I}_m$ 之间用励磁阻抗表示的关系式 $-\dot{E}_1 = \dot{I}_m Z_m = \dot{I}_m(R_m + jX_m)$。

推导等效电路时，引入绕组归算的概念，即用一个与一次绕组匝数相等的等效二次绕组代替实际的二次绕组，并保持归算前后，磁动势、功率、损耗和漏磁场储能等均保持不变。

基本方程表达电路和磁路各物理量之间的数学关系；等效电路便于分析计算；相量图直观反映各物理量的大小和相位关系，常用于定性分析。

变压器等效电路的参数可通过空载试验和短路试验来进行测定和计算。计算励磁参数需要采用额定电压时的数据，计算短路参数需要采用额定电流时的数据。

4. 利用等效电路和相量图可以分析变压器的运行特性（外特性和效率特性）。电压变化率和效率是变压器的主要性能指标，电压变化率的大小主要取决于短路阻抗 Z_k、负载功率因数和负载系数 β 的大小。效率 η 的大小主要由空载和短路损耗决定，且在可变损耗和不变损耗相等时达到最大效率。

5. 在变压器的工程应用中，常采用标幺值进行运算，这有利于比较不同容量、不同电压等级变压器的参数和性能。

6. 三相变压器对称运行时，可以用三相中的一相来分析。三相变压器的磁路系统分为三相磁路彼此独立的三相变压器组和三相磁路彼此相关的三相心式变压器。通过绕组联结组标号来区分一次绕组和二次绕组不同的连接形式（即一次和二次线电压之间的相位关系），三相变压器的联结组标号除与绕组的绕向和首尾端标志有关外，还与三相绕组的连接方式有关。对于三相变压器，不同的三相绕组连接形式和三相铁心结构对励磁电流中的 3 次谐波和铁心中的 3 次谐波磁通有很大的影响。

7. 变压器并联运行需满足各台变压器的额定电压和电压比应相等、各台变压器具有相同的联结组标号、各台变压器的短路阻抗标幺值和短路阻抗角相等的条件，如果不满足条件并联运行，就可能会在各并联变压器中产生环流或使各变压器负载分配不合理等不良后果。

8. 三绕组变压器、分裂绕组变压器的分析方法与双绕组变压器类似，但是磁通分布更为复杂，漏磁通中包含自漏磁和互漏磁，工程计算分析时采用等效漏抗概念。

自耦变压器的一次和二次绕组之间不仅有磁的耦合，还有电的联系，自耦变压器传递的功率中，除感应功率外，还有传导功率。

电压互感器与电流互感器的工作原理与普通变压器相同，使用电压互感器时，其二次绕组不允许短路，使用电流互感器时，其二次绕组不允许开路，且铁心和二次绕组的一端必须可靠接地。

习 题

2-1 变压器的主磁通和漏磁通各有什么特点？变压器空载和负载时，主磁通的大小取决于哪些因素？在等效电路中如何反映主磁通和漏磁通的作用？

2-2 变压器空载运行时，从电源吸收的电功率主要补偿变压器内部的哪部分损耗？

2-3 一台 220V/110V 单相变压器，电压比为 2，能否设计为一次绕组 2 匝，二次绕组 1 匝，为什么？

2-4 一台额定频率为 50Hz 的单相变压器接在 60Hz 的电网上运行，若额定电压不变，问变压器的主磁通、空载电流、铁耗、励磁电抗和漏电抗将如何变化？

2-5 当变压器的一次电压升高 10%，其他条件不变，则该变压器的主磁通、空载电流、铁耗、励磁电抗、漏电抗将如何变化？

2-6 在变压器中为什么常将二次侧归算到一次侧？如何进行具体归算？归算的原则是什么？若用标幺值是否还需要归算？

2-7 为什么变压器的空载试验损耗可以近似看成铁耗，短路试验损耗可以近似看成铜耗？

2-8 利用 T 形等效电路进行实际计算时，算出的一、二次电压、电流、损耗、功率是否均为实际值？为什么？

2-9 变压器的电压变化率随负载大小和性质（负载功率因数）的改变如何变化？变压器额定运行时其电压变化率能为 0 吗？

2-10 变压器的效率由哪些因素决定？在什么情况下，变压器的效率可取得最大值？为什么设计变压器时，不将额定效率设计为最大效率？

2-11 一台三相变压器的联结组标号为 Yy2，如果需要改接为 Yy0，应如何改变？

2-12 变压器并联运行的条件是什么？如果不满足这些条件，将产生什么后果？

2-13 绕组为 Yy 联结的三相变压器在运行时会存在哪些问题？

2-14 为什么在三相变压器的实际应用中，通常将其一次或二次绕组中的一侧接成三角形？

2-15 一台单相变压器的额定容量 $S_N = 220\text{kV} \cdot \text{A}$，额定电压 $U_{1N}/U_{2N} = 10\text{kV}/0.4\text{kV}$，试求高、低压绕组的额定电流。

2-16 一台三相变压器的额定容量 $S_N = 5000\text{kV} \cdot \text{A}$，额定电压为 $U_{1N}/U_{2N} = 10\text{kV}/6.3\text{kV}$，Yd 联结，试求其高、低压绕组的额定电流、额定相电流和额定相电压。

2-17 一台三相变压器的额定容量 $S_N = 6500\text{kV} \cdot \text{A}$，额定电压 $U_{1N}/U_{2N} = 35\text{kV}/0.4\text{kV}$，Yd 联结，试求其高、低压绕组的额定电流、额定相电流和额定相电压。

2-18 一台单相变压器的额定数据为：20kV·A，10000V/500V，60Hz，该变压器能给 50Hz、15kV·A、420V 的负载安全供电吗？为什么？

2-19 一台单相变压器的额定数据为：18kV·A，20000V/480V，60Hz，该变压器能给 50Hz、15kV·A、415V 的负载安全供电吗？为什么？

2-20 一台三相变压器的铭牌数据为 $S_N = 100\text{kV} \cdot \text{A}$，$U_{1N}/U_{2N} = 6300\text{V}/400\text{V}$，高、低压绕组为 Yy 联结，低压绕组每相匝数 $N_2 = 40$ 匝，试求：

1）高压绕组每相匝数。

2）如果高压侧额定电压由 6300V 改为 1000V，保持主磁通及低压绕组额定电压不变，则新的高、低压绕组每相匝数应是多少？

2-21 一台单相变压器的额定容量 $S_N = 5000\text{kV} \cdot \text{A}$，高、低压侧额定电压 $U_{1N}/U_{2N} = $

35kV/6.6kV。铁心柱有效截面积为1120cm²，铁心柱中磁通密度最大值 $B_m = 1.45T$，试求该变压器的电压比，以及高、低压绕组的匝数各是多少？

2-22 一台单相变压器的一次电压为220V，频率为50Hz，一次绕组的匝数 $N_1 = 200$ 匝，铁心柱的有效截面积为35cm²，不考虑漏磁。试求：

1）铁心内主磁通的幅值和磁通密度。

2）二次侧要得到100V和36V两种电压时，二次绕组的匝数应该各为多少？

2-23 一台单相降压变压器，额定容量200kV·A，额定电压1000V/230V，一次绕组参数为 $R_1 = 0.1\Omega$，$X_1 = 0.16\Omega$，$R_m = 5.5\Omega$，$X_m = 63.5\Omega$，已知额定负载运行时 $\dot{I}_1$ 滞后 $\dot{U}_1$ 的相位30°，试求空载与额定负载运行时的一次电动势 E_1 的大小。

2-24 一台单相变压器，已知参数为：$R_1 = 2.19\Omega$，$X_{1\sigma} = 15.4\Omega$，$R_2 = 0.15\Omega$，$X_{2\sigma} = 0.964\Omega$，$R_m = 1250\Omega$，$X_m = 12600\Omega$，$N_1/N_2 = 876/260$。当二次电压 $U_2 = 6000V$，二次电流 $I_2 = 180A$，且 $\cos\varphi_2 = 0.8$（滞后）时，试求：

1）画出归算到高压侧的T形等效电路。

2）用T形等效电路和简化等效电路求 $\dot{U}_1$ 和 $\dot{I}_1$，并比较其结果。

2-25 一台2kV·A、220V/110V的单相变压器，其简化等效电路参数为 $R_1 = 1\Omega$，$X_{1\sigma} = 6\Omega$，$R_2 = 0.25\Omega$，$X_{2\sigma} = 1.5\Omega$。当负载阻抗 $Z_L = (28 + j28)\Omega$ 时，试计算变压器一、二次电流各为多少？此时变压器的电压变化率为多少？

2-26 一台单相变压器，$S_N = 4.6kV \cdot A$，$U_{1N}/U_{2N} = 380V/115V$。空载和短路试验数据如下：

试验名称	电压/V	电流/A	功率/W	备 注
空载试验	115	3	60	电压加在低压侧
短路试验	15.6	12.1	172	电压加在高压侧

试求：

1）折算到高压侧的励磁阻抗和短路阻抗。

2）额定负载且功率因数为0.8（滞后）和功率因数为0.8（超前）两种情况的电压变化率和效率。

3）功率因数为0.8（滞后）时变压器的最大效率。

2-27 一台三相变压器，额定容量 $S_N = 125000kV \cdot A$，50Hz，额定电压 $U_{1N}/U_{2N} = 110V/11kV$，Yd 接线。在低压侧加额定电压做空载试验，测得空载电流 $I_0 = 131.22A$，空载损耗 $p_0 = 133kW$；在高压侧加电源做短路试验，当短路电流为额定电流时，测得短路电压 $U_{kN} = 11550V$，短路损耗 $p_{kN} = 600kW$，试求：

1）励磁阻抗和短路阻抗的标幺值，以及折算到高压侧的实际值。

2）半载（$I_2^* = 0.5$）时，功率因数分别为1、0.8（滞后）和0.8（超前）三种情况下的电压变化率。

3）功率因数为0.8（滞后）时，半载和满载两种情况下的效率和功率因数为0.8（滞后）时的最大效率。

2-28 一台三相变压器，$S_N = 100\text{kV} \cdot \text{A}$，$U_{1N}/U_{2N} = 6000\text{V}/400\text{V}$，Yy0 接线。空载时测得 $I_0 = 6.5\%$，$p_0 = 600\text{W}$；短路时测得 $U_{kN} = 5\%$，$p_{kN} = 1800\text{W}$。试求：

1）励磁阻抗和短路阻抗的标幺值和归算到低压侧的实际值。

2）满载时，功率因数为 0.8（滞后）的二次电压和效率。

3）功率因数为 0.8（滞后）时的最大效率和此时的负载电流。

2-29 一台三相变压器，$S_N = 560\text{kV} \cdot \text{A}$，$U_{1N}/U_{2N} = 10\text{kV}/6.3\text{kV}$，Yd11 联结，变压器空载及短路试验数据如下：

试验名称	电压/V	电流/A	功率/W	备注
空载试验	6300	7.4	6800	电源加在低压侧
短路试验	550	324	18000	电压加在高压侧

试求：

1）变压器 T 形等效电路参数的实际值和标幺值。

2）用变压器参数的实际值绘制 T 形等效电路，并求满载且 $\cos\varphi_2 = 0.8$（滞后）时的二次电压及一次电流。

3）满载且 $\cos\varphi_2 = 0.8$（滞后）时的电压变化率及效率。

2-30 一台三相变压器，其额定数据为：$1000\text{kV} \cdot \text{A}$，$10\text{kV}/6.3\text{kV}$，Yd11 联结。变压器额定运行时的铁耗为 4.9kW，短路损耗为 15kW。计算该变压器在额定负载且 $\cos\varphi_2 = 0.8$（滞后）时的效率和最大效率各是多少？

2-31 分别画出联结组标号为 Yy2、Yd3、Yd5、Yd7 的三相变压器的绕组接线图和相量图。

2-32 用相量图判别图 2-64 中所示的三相变压器的联结组标号。

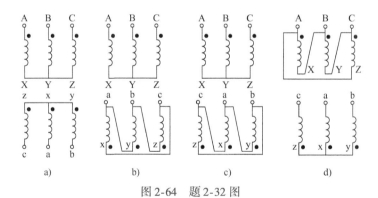

图 2-64 题 2-32 图

第3章
交流电机的绕组及其电动势与磁动势

通常将产生和使用交流电能的旋转电机称为交流电机，交流电机分同步电机和感应电机（也称为异步电机）两大类，两者都既可以作为发电机，也可以作为电动机。这两类电机的转子结构、工作原理、励磁方式和性能虽有很大的不同，但它们的定子绕组结构、定子中所发生的电磁过程以及机电能量转换的机理和条件却是相同的，所以，将交流电机定子绕组（也称为交流绕组，即交流电机中通过交流电流的绕组）的构成、定子绕组的感应电动势和磁动势这部分内容作为交流电机的共同问题，统一讨论。

本章将依次介绍交流电机的基本工作原理，交流绕组的构成，正弦磁场下交流绕组的感应电动势，以及通有正弦电流时交流绕组的磁动势。

3.1　交流电机的基本工作原理

1. 交流电机的基本模型及工作原理

如图 3-1a 所示，在一个可自由旋转的圆筒内嵌装上永久磁铁，将另一个永久磁铁装在转轴上，并放置在圆筒中，且保持转轴中心与圆筒中心重合。如果用外力转动圆筒，由于永久磁铁的互相吸引，装在转轴上的永久磁铁会随着转动，其转动速度与圆筒转动速度相同，这就是最简单的同步电机模型。如

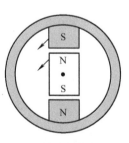

a) 同步电机模型　　　　b) 感应电机模型

图 3-1　交流电机的基本模型

果把装在转轴上的永久磁铁换成一个闭合线圈，如图 3-1b 所示，当用外力转动圆筒时，线圈将切割磁力线产生感应电动势。由于线圈闭合，线圈中有电流流过，载流导体在磁场中受到电磁力作用，使线圈转动起来，其转速将低于圆筒的转速，这就是最简单的感应电机（也称为异步电机）模型。

在实际电机中，图 3-1 中的圆筒通常用固定的铁心代替，并在固定的铁心内圆周开槽，安放三相对称绕组，图 3-1 中随圆筒旋转的永久磁铁的磁场，用在三相对称绕组中通入三相对称正弦交流电产生的旋转磁场来代替，这就是交流电机的基本结构。静止的铁心和绕组为交流电机的定子，旋转的部分为交流电机的转子，定子和转子之间存在气隙。对于同步电机，用在集中线圈中通入直流电流产生的恒定磁场来取代转轴上

的永久磁铁，如图 3-2a 所示，当原动机拖动转子旋转时，定子绕组中产生感应电动势，将从转轴输入的机械能转换为电能从定子绕组线端输出。对于感应电机，如图 3-2b 所示，其转子上常常安放多个闭合线圈，当三相定子绕组中通入三相对称正弦交流电流产生旋转磁场时，转子线圈切割旋转磁场产生感应电动势，并产生电流，使载流的转子线圈在磁场中受到电磁

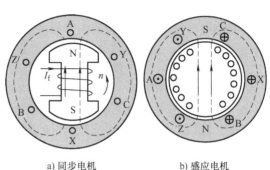

a) 同步电机　　　　　b) 感应电机

图 3-2　交流电机的基本工作原理

力作用，驱动转子旋转，最终将从定子绕组输入的电能转换为机械能从转子轴输出。

2. 交流电机中的旋转磁场

从交流电机基本工作原理可知，不管是同步电机还是感应电机，在交流电机的气隙中都存在旋转磁场，所以旋转磁场是交流电机工作的基础。交流电机中的旋转磁场有两种，一种称为机械旋转磁场，是指磁场本身恒定，而由原动机拖动磁极旋转，在电机气隙空间产生的旋转磁场，如在同步电机中，在转子绕组中通入直流电后产生恒定磁场，转子在原动机拖动下旋转，从而产生的旋转磁场即为机械旋转磁场；另一种称为电气旋转磁场，是指在电机定子的三相对称交流绕组中通入三相对称交流电流，在电机气隙空间产生的旋转磁场。交流电机中，虽然这两种旋转磁场产生的机理不同，但它们在交流绕组中形成的电磁感应效果是一样的。

思考题

1. 简述同步发电机的基本工作原理。
2. 简述感应电动机的基本工作原理。
3. 交流电机中的气隙磁场有何特点？

3.2　交流绕组

绕组是电机的主要部件，不论是发电机还是电动机，其能量转换都是通过一系列电磁过程实现的，而这些电磁过程的实现都必须通过绕组来完成，即由绕组中感应的电动势以及通电绕组产生的电磁转矩来传递电磁功率，实现机电能量转换。

3.2.1　交流绕组的构成原则和分类

交流绕组的形式虽然各不相同，但它们的构成原则却基本相同，主要从运行和设计制造两个方面考虑，这些原则包括：

1）交流绕组产生的合成电动势和合成磁动势的波形要接近正弦波，且幅值要大，其谐波成分尽量小。

2）对三相绕组，各相的感应电动势和磁动势要对称，各相电阻、电抗要平衡。

3）绕组的铜耗要小，节约用铜量。

交流绕组
构成与
基本概念

4）绝缘要可靠，机械强度要高，散热条件要好，制造与维修要方便。

交流绕组可按相数、绕组层数、每极下每相槽数和绕法来分类。

1）按照相数，交流绕组可分为单相绕组、两相绕组、三相绕组和多相绕组。

2）按槽内层数，交流绕组可分为单层绕组和双层绕组。

3）按每极下每相槽数，交流绕组可分为整数槽绕组和分数槽绕组。

4）按绕法，双层绕组可分为叠绕组和波绕组；单层绕组可分为同心式绕组、链式绕组和交叉绕组。现代动力用交流电机的定子绕组大多采用三相双层绕组。

3.2.2 交流绕组的基本概念

1. 电角度

电机定子内圆一周的机械角度为360°，在分析交流电机的绕组和磁场在空间的分布情况时，电机的空间角度常用电角度来表示。当磁场在空间按照正弦波分布，导体切割磁场，经过一对相邻的N、S磁极时，导体中的感应电动势就变化一个周期，即360°电角度。换言之，电机中一对相邻磁极占有的空间角度为360°电角度。因此，如果电机圆周布置有 p 对极，则电机定子内圆一周的电角度为 $p×360°$。可见，电角度与机械角度之间的关系为

$$电角度 = p × 机械角度 \tag{3-1}$$

对于 p 对极的同步发电机，转子相对定子每转过一对极，即每转过360°电角度，定子感应电动势将变化一个周期，即在时间上经过360°，因此，磁场转过的电角度与电动势变化的时间角度相同，于是有：转子每转过一周，感应电动势变化 p 个周期，所以，如果转子转速为 n_s（r/min），则感应电动势的频率为

$$f_1 = \frac{pn_s}{60} \tag{3-2}$$

由式（3-2）可见，同步电机的转速与频率之间有一一对应的关系，电机的极数越多，转速越低，这个转速称为同步转速 n_s。我国电网的标准频率为50Hz，同步电机极对数与同步转速之间的关系见表3-1。

表3-1 极对数 p 与同步转速 n_s 的对应关系

p	1	2	3	4	5	6	...
n_s/（r/min）	3000	1500	1000	750	600	500	...

2. 极距

相邻两个磁极轴线之间沿定子内圆周的距离称为极距 τ，一个极距 τ 对应的空间电角度为180°。极距 τ 可用长度表示，当电机定子内圆直径为 D 时，极距 τ 为

$$\tau = \frac{\pi D}{2p} \tag{3-3}$$

由于交流电机的定子内圆周开槽，在电机设计与制造中，极距 τ 通常用每个磁极下所占的定子槽数来表示，如图3-3所示，若定子槽数为 Q，则极距 τ 可表示为

$$\tau = \frac{Q}{2p} \tag{3-4}$$

3. 线圈

构成交流绕组的基本单位是线圈，线圈可以是单匝的，也可以是多匝的，如图3-4所示。每一个线圈有两个有效边，也称为线圈边，均放置于槽内，可切割磁场产生感

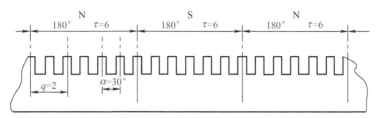

图 3-3 交流电机的极距、每极每相槽数和槽距角示意图

应电动势。连接两线圈边的部分称为端部，两个引出端分别称为首端和末端。槽内只放一个线圈边的绕组称为单层绕组，放两个线圈边的绕组称为双层绕组。在结构上，双层绕组将每个槽分为上、下两层，分别放置两个不同线圈的线圈边，如图 3-5 所示。单层绕组的线圈数为槽数的一半，双层绕组的线圈数等于槽数。

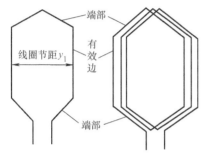

图 3-4 单匝和多匝线圈示意图

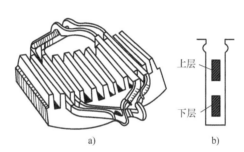

图 3-5 双层绕组在槽内布置示意图

4. 线圈节距

同一个线圈的两个有效边之间的距离称为线圈节距 y_1（见图 3-4），节距 y_1 通常用槽数来表示。为了使每个线圈获得最大的电动势，线圈的节距 y_1 应接近极距 τ。$y_1 = \tau$ 称为整距绕组，$y_1 > \tau$ 称为长距绕组，$y_1 < \tau$ 称为短距绕组。长距绕组和短距绕组均能削弱谐波电动势或磁动势，但因为长距绕组的端部接线较长，所以较少采用，短距绕组使用较多。

5. 槽距角

相邻两槽之间的电角度，称为槽距角，用 α 表示，如图 3-3 所示。由于电机定子内圆周的电角度为 $p \times 360°$，所以，槽距角可表示为

$$\alpha = \frac{p \times 360°}{Q} \tag{3-5}$$

6. 每极每相槽数

交流电机中，每一个磁极下，每一相绕组所占的平均槽数称为每极每相槽数，用 q 表示，如图 3-3 所示。若电机的相数为 m，则每极每相槽数 q 可表示为

$$q = \frac{Q}{2pm} \tag{3-6}$$

通常，$q = 1$ 的绕组称为集中绕组，$q > 1$ 的绕组称为分布绕组。q 等于整数的绕组称为整数槽绕组，q 等于分数的绕组称为分数槽绕组。

7. 相带

在每个磁极下每相绕组连续占有的电角度称为绕组的相带，即 $q\alpha$，可表示为

$$q\alpha = \frac{Q}{2pm} \frac{p \times 360°}{Q} = \frac{180°}{m} \tag{3-7}$$

由于每个磁极的电角度为 180°，对三相绕组，每相占有 60° 电角度，称为 60° 相带绕组，即将每对极下的定子槽 6 等分，如图 3-6 所示，然后按照 A、Z、B、X、C、Y 的顺序标出每个相带的相属，其中各相的首端 A、B、C 与其尾端 X、Y、Z 均分属于不同极性的极下，因此，其感应电动势的大小相同，但首端导体感应电动势的方向与尾端导体感应电动势的方向相反。

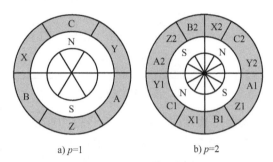

图 3-6　60° 相带的划分

如果将一对极（电角度为 360°）所对应的定子槽 3 等分，每相占 360°/3 = 120° 电角度，同样可以得到三相对称绕组，称为 120° 相带绕组。但其性能不如 60° 相带绕组，所以一般的三相绕组通常采用 60° 相带。

将每个磁极下属于同一相的 q 个线圈串联，组成一个线圈组，即称为极相组。

8. 槽电动势星形图

槽电动势星形图就是把定子各槽内按正弦规律变化的导体电动势分别用相量表示，这些相量就构成一个辐射的星形图，称为槽电动势星形图。它实质上就是槽内导体电动势相量图。

例如，若交流电机极数 $2p = 4$，相数 $m = 3$，定子槽数 $Q = 36$，则 36 个槽内导体沿定子圆周的分布如图 3-7 所示。根据计算可知该电机定子的每极每相槽数 $q = 3$，相邻两槽间的电角度，即槽距角 $\alpha = 20°$。设转子磁极产生的气隙磁密波沿气隙圆周按正弦规律分布，且以转速 n_s 顺时针方向旋转。定子槽内的导体将分别感应出正弦交流电动势，且各导体感应电动势的有效值相同，相邻两槽内导体感应电动势的相位差为 α；于是，可画出定子 36 个槽内导体感应电动势的相量图，即槽电动势星形图，如图 3-8 所示。由于电机极数 $2p = 4$，相邻两个极下的导体电动势形成一个槽电动势星形图（占 360° 电角度），因此四个极下将形成两个重叠在一起的槽电动势星形图。

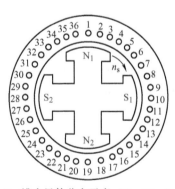

图 3-7　槽内导体分布示意（$Q = 36$，$2p = 4$）

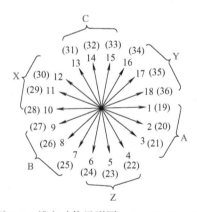

图 3-8　槽电动势星形图（$Q = 36$，$2p = 4$）

3.2.3　三相单层绕组

三相单层绕组是指定子每槽中只有一个线圈边的三相交流绕组，电机绕组的总线圈数等于总槽数的一半。单层绕组的嵌线比较方便，且没有层间绝缘，故槽的利用率较高；但它的电动势和磁动势波形要比双层短距绕组的差，一般用在中心高小于等于 160mm 的小型感应电动机中。

如果每个线圈的节距 y_1 相等且等于极距 τ，这样构成的单层绕组称为等元件式绕组。以图 3-8 所示的槽电动势星形图为例，即 $Q=36$，$2p=4$，A 相绕组导体的槽号为1、2、3、10、11、12，19、20、21、28、29、30。由于线圈节距为整距，$y_1=9$，则 A 相绕组由线圈 1、10，2、11，3、12，19、28，20、29，21、30 构成。如果每相仅有一条支路，即并联支路数 $a=1$，依据电动势相加原则，需要将两个线圈组进行首端与尾端相接，得到如图 3-9 所示的 A 相绕组展开图。

由以上分析可知，单层绕组在一对极下有一个线圈组，p 对极电机每相共有 p 个线圈组，连接为相绕组时，最大并联支路数等于极对数，即 $a_{\max}=p$。

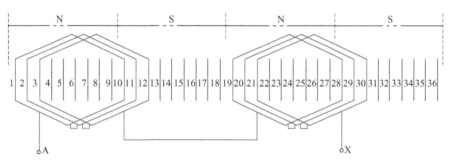

图 3-9　三相单层等元件式绕组 A 相展开图（$Q=36$，$2p=4$，$m=3$，$a=1$；$y_1=\tau=9$）

这种单层等元件式绕组需要消耗较多的铜线（端部较长），因此，三相单层绕组为了节约用铜量和制造方便，在满足各相电动势对称、各相磁动势对称，且波形接近于正弦波的情况下，通常采用线圈节距 y_1 小于极距 τ 的短距线圈，或者采用不同节距的线圈来构成。按照线圈的形状和端部连接方式的不同，实际应用的单层绕组有链式、同心式和交叉式三种。具体采用哪种需要根据电机的极对数 p 和每极每相槽数 q 的大小来选用。

1）链式：各线圈节距 y_1 相同，但不等于极距 τ（通常小于极距 τ），用槽数表示时 y_1 为奇数，当每极每相槽数 q 为偶数（如 $q=2$），且极对数 $p>1$（如 $2p=4$ 或 6）时采用。

2）同心式：各线圈节距 y_1 不等，通常当每极每相槽数 q 值较大（如 $q\geqslant2$）时采用。

3）交叉式：各线圈节距 y_1 不等，均小于极距 τ，且每极每相槽数 q 为奇数（如 $q=3$），且极对数 $p>1$（如 $2p=4$ 或 6）时采用。

三相单层
绕组构成

下面以实例分别说明三相单层链式绕组、同心式绕组和交叉式绕组的连接方法及其特点。

1. 链式绕组

链式绕组的线圈具有相同的节距，且小于极距，每个线圈的大小相同，绕制方便，从整个绕组的外形看，一环套一环，形如长链。链式绕组主要用在每极每相槽数 q 为偶数的小型 4 极、6 极感应电动机中。

例 3-1　已知定子槽数 $Q=24$，极数 $2p=4$，并联支路数 $a=1$，绘制三相单层链式绕组展开图。

解：（1）计算相关参数

将定子槽内的导体平均分配给三相，有每极每相槽数 $q=24/(3\times4)=2$；槽距角 $\alpha=(2\times360°)/24=30°$，极距 $\tau=24/4=6$。

（2）绘制槽电动势星形图

槽电动势星形图如图 3-10 所示。

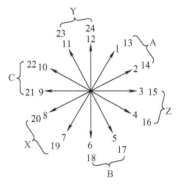

图 3-10　槽电动势星形图
（$Q=24$，$2p=4$）

（3）分相

由于每极每相槽数 $q=2$，于是，在图 3-10 所示的槽电动势星形图中，1、2 槽和 13、14 槽属于 A 相带；7、8 槽和 19、20 槽属于 X 相带。同理，B 相带和 C 相带的槽号分布见表 3-2。

表 3-2　例 3-1 中电机各相带所属槽号分布

相带	A	Z	B	X	C	Y
第一对极槽号	1、2	3、4	5、6	7、8	9、10	11、12
第二对极槽号	13、14	15、16	17、18	19、20	21、22	23、24

（4）绘制绕组展开图

根据槽电动势星形图和分相结果，将属于同一相的导体按照要求连接成线圈，再将各线圈连接成线圈组，进一步根据需要（并联支路数要求）将线圈组串并联构成一相绕组。在本例中，A 相绕组导体的槽号为 1、2、7、8、13、14、19、20。根据链式绕组的构成原则，为缩短线圈的端部接线，采用短距线圈，如线圈节距 $y_1=5$，则 A 相绕组由线圈 2、7，8、13，14、19，20、1 构成，同样依据电动势相加原则，此时需要进行首端与首端相接，尾端与尾端相接，得到如图 3-11 所示的绕组展开图。依据 A 相绕组构成原则，同理可得到 B、C 两相绕组的连接。

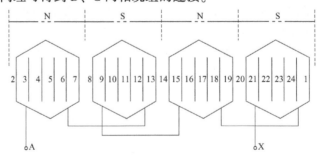

图 3-11　例 3-1 的三相单层链式短距绕组 A 相展开图
（$Q=24$，$2p=4$，$m=3$，$a=1$；$y_1=5$，$\tau=6$）

2. 同心式绕组

同心式绕组由不同节距的同心线圈组成，主要用于每极每相槽数较多的小型 2 极感应电机中。其优点是下线方便，端部的重叠层数较少，便于布置，散热也好；缺点是线圈的大小不等，绕制不太方便。

例 3-2　已知定子槽数 $Q=24$，极数 $2p=2$，并联支路数 $a=1$，绘制三相单层同心式绕组展开图。

解：（1）计算相关参数

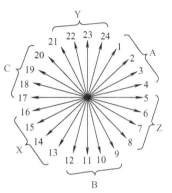

图 3-12　槽电动势星形图
（$Q=24$，$2p=2$）

将定子槽内的导体平均分配给三相，有每极每相槽数 $q=24/(3\times2)=4$；槽距角 $\alpha=(1\times360°)/24=15°$，极距 $\tau=24/2=12$。

（2）绘制槽电动势星形图

槽电动势星形图如图 3-12 所示。

（3）分相

由于每极每相槽数 $q=4$，于是，在图 3-12 所示的槽电动势星形图中，1、2、3、4 槽属于 A 相带；13、14、15、16 槽属于 X 相带。同理，B 相带和 C 相带的槽号分布见表 3-3。

表 3-3　例 3-2 中电机各相带所属槽号分布

相带	A	Z	B	X	C	Y
槽号	1、2、3、4	5、6、7、8	9、10、11、12	13、14、15、16	17、18、19、20	21、22、23、24

（4）绘制绕组展开图

本例中，A 相绕组导体的槽号为 1、2、3、4、13、14、15、16，按照同心式绕组的构成原则，线圈节距 y_1 小于极距 $\tau(\tau=12)$，所以 A 相绕组由线圈 1、16，2、15，3、14，4、13 构成，依据电动势相加原则，可得到 A 相绕组展开图如图 3-13 所示。同理

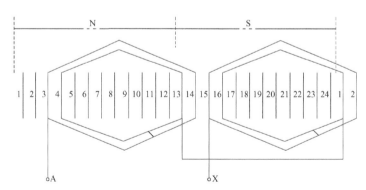

图 3-13　例 3-2 的三相单层同心式绕组 A 相展开图
（$Q=24$，$2p=2$，$m=3$，$a=1$；$y_1=11$、9，$\tau=12$）

可以得到 B、C 两相绕组的连接。

3. 交叉式绕组

交叉式绕组主要用于每极每相槽数 q 为奇数的小型 4 极或 6 极三相感应电动机中，由于采用不等距线圈，比同心式绕组的端部短，便于布置。

例3-3 已知定子槽数 $Q = 36$，极数 $2p = 4$，并联支路数 $a = 1$，绘制三相单层交叉式绕组展开图。

解：（1）计算相关参数

将定子槽内的导体平均分配给三相，有每极每相槽数 $q = 36/(3 \times 4) = 3$；槽距角 $\alpha = (2 \times 360°)/36 = 20°$，极距 $\tau = 36/4 = 9$。

（2）绘制槽电动势星形图

槽电动势星形图如图3-14所示。

（3）分相

由于每极每相槽数 $q = 3$，于是，在图3-14所示的槽电动势星形图中，1、2、3槽和19、20、21槽属于A相带；10、11、12槽和28、29、30槽属于X相带。同理，B相带和C相带的槽号分布见表3-4。

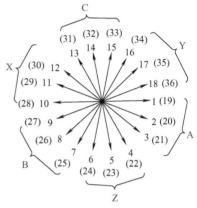

图3-14 槽电动势星形图
（$Q = 36$，$2p = 4$）

表3-4 例3-3中电机各相带所属槽号分布

相带	A	Z	B	X	C	Y
第一对极槽号	1、2、3	4、5、6	7、8、9	10、11、12	13、14、15	16、17、18
第二对极槽号	19、20、21	22、23、24	25、26、27	28、29、30	31、32、33	34、35、36

（4）绘制绕组展开图

本例中，A相绕组导体的槽号为1、2、3、10、11、12、19、20、21、28、29、30，按照交叉式绕组的构成原则，线圈节距 y_1 小于极距（$\tau = 9$），可以将2槽与10槽，3槽与11槽，20槽与28槽，21槽与29槽分别连成一种节距的"大圈"线圈，将1槽与30槽，12槽与19槽分别连成另一种节距的"小圈"线圈，两对极下依次按照"二大一小"交叉布置，然后依据电动势相加原则串联构成A相绕组，如图3-15所示。同理可以得到B、C两相绕组的连接。

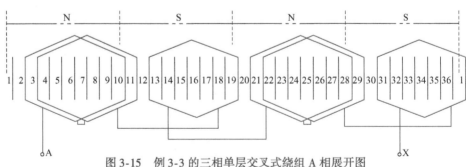

图3-15 例3-3的三相单层交叉式绕组A相展开图
（$Q = 36$，$2p = 4$，$m = 3$，$a = 1$；$y_1 = 8$、7，$\tau = 9$）

三相单层绕组从外形上看有不同的绕组形式，其线圈节距也有整距、短距或长距之分，但从每相电动势角度来看，绕组形式不同只是线圈构成方式不同、导体连接先后次序不同，而构成绕组导体所占的槽号是相同的，相当于是整距绕组。

3.2.4 三相双层绕组

中心高大于160mm的三相交流电机，其定子绕组一般均采用双层绕组。双层绕组的每个槽内有上、下两个线圈边，绕组的总线圈数等于总槽数。双层绕组的优点是：可以选择合适的节距，并采用分布绕组来改善电动势和磁动势波形；所有线圈的尺寸相同，便于制造，端部形状排列整齐，有利于散热和增强机械强度。双层绕组分为叠绕组和波绕组两大类，下面以实例介绍双层叠绕组和波绕组的连接方法和特点。

三相双层
绕组构成

1. 三相双层叠绕组

对于叠绕组中相邻的两个串联线圈，后一个线圈紧叠在前一个线圈上，所以形象地称为叠绕组。叠绕组每连接一个线圈，就前进一个槽。

叠绕组一般为多匝，短距时可以节约端部的用铜，主要用于电压和额定电流不太大的中、小型同步电机和感应电机，以及2极汽轮发电机的定子绕组中。

例3-4 已知 $Q = 36$，$2p = 4$，$y_1 = 8$，并联支路数 $a = 1$，绘制三相双层叠绕组展开图。

解：（1）计算相关参数

定子每极每相槽数 $q = 36/(3 \times 4) = 3$；槽距角 $\alpha = (2 \times 360°)/36 = 20°$，极距 $\tau = 36/4 = 9$，由于线圈节距 $y_1 = 8$，所以本例绕组的线圈为短距线圈。

（2）绘制槽电动势星形图

槽电动势星形图如图3-16所示。为了描述方便，双层绕组按如下方式进行编号：以某线圈上层边所在槽的号码代表该线圈的号码，即1号线圈的上层边放在1号槽的上层，按照线圈节距 $y_1 = 8$，则1号线圈的下层边放在9号槽的下层。按照这样的方式，可以依次放置36个线圈。

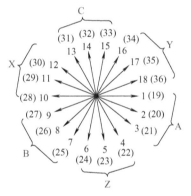

图3-16 槽电动势星形图
（$Q = 36$，$2p = 4$）

（3）分相

与单层绕组相似，根据线圈槽电动势星形图，将36个线圈分配给A、B、C三相。在图3-16中，属于A相的线圈槽号是1、2、3和10、11、12，以及19、20、21和28、29、30，其中1、2、3槽和19、20、21槽属于A相带，10、11、12槽和28、29、30槽属于X相带。同理，B相带和C相带的槽号分布见表3-5。

表3-5 例3-4中电机各相带所属槽号分布

相带	A	Z	B	X	C	Y
第一对极槽号	1、2、3	4、5、6	7、8、9	10、11、12	13、14、15	16、17、18
第二对极槽号	19、20、21	22、23、24	25、26、27	28、29、30	31、32、33	34、35、36

（4）绘制绕组展开图

观察导体槽电动势星形图3-16和表3-5，注意到线圈节距 $y_1 = 8$ 为短距，可知，在属于A相的12个线圈中，若将1、2、3号线圈的上层边放置于1、2、3号槽，其下层边应放置于 9、10、11 号槽,将 1、2、3 号线圈依次串联(即线圈 1 的尾端与线圈 2 的首端相接,其余类推),即可组成第一个线圈组;同理,将 10、11、12 号线圈的上层边放置于 10、11、12 号槽,其下层边应放置于 18、19、20 号槽,再将 10、11、12 号线圈串联,组成第二个线圈组;依次将 19、20、21 号线圈放置后串联,组成第三个线圈组,将 28、29、30 号线圈放置后串联,组成第四个线圈组。由此,形成 A 相的 4 个线圈组(极相组)。

从槽电动势星形图还发现,这 4 个线圈组的感应电动势大小相同,相位相同或相反,每个线圈组可作为一条并联支路。若假设第一个线圈组的 1、2、3 号线圈的上层边在 N_1 极下,则可判定其他线圈组的 10、11、12 号线圈,19、20、21 号线圈,28、29、30 号线圈的上层边分别在 S_1、N_2、S_2 极下,因此对于双层绕组,每相绕组的线圈组数等于电机极对数 $2p$,每相的最大并联支路数为 $a_{\max}=2p$。

当并联支路数 $a=1$ 时,应将 A 相的 4 个线圈组串联为一条支路。由于不同极性下线圈组电动势的方向相反,为了使整个绕组电动势相加,即依据电动势相加的原则,应采用尾-尾相连、首-首相连的规律,将 4 个线圈组串联起来,构成 A 相绕组,如图 3-17a 所示。图中实线表示线圈的上层边,虚线表示线圈的下层边。这时属于 A 相的 12 个线圈的串联次序如图 3-17b 所示。同理可构成 B 相、C 相绕组。

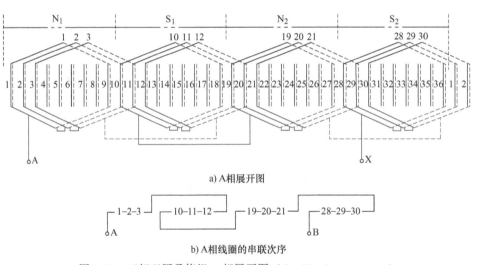

a) A 相展开图

b) A 相线圈的串联次序

图 3-17 三相双层叠绕组 A 相展开图($Q=36$,$2p=4$,$a=1$)

当并联支路数 $a=2$ 时,依据电动势相加的原则,将 A 相 4 个线圈组中的 2 个线圈组串联分别构成两条支路,然后再将这两条支路并联,构成 A 相绕组。图 3-18a 所示的 A 相绕组,是将相邻两个极(如 N_1 与 S_1,N_2 与 S_2)下的线圈组进行尾-尾相接串联,各得到一条支路,然后再将这两条支路并联构成 A 相绕组。这时属于 A 相的 12 个线圈的串联次序如图 3-18b 所示。同理可构成 B 相、C 相绕组。

总之,双层叠绕组的最大并联支路数等于电机的极数 $2p$。实际并联支路数 a 通常小于 $2p$,且 $2p$ 必须是 a 的整数倍。

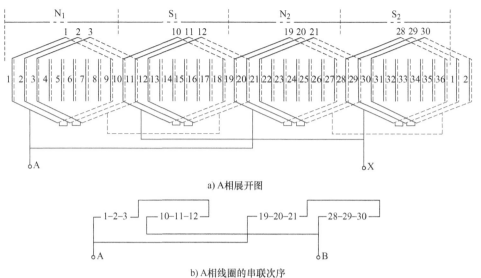

a) A相展开图

b) A相线圈的串联次序

图3-18 三相双层叠绕组 A 相展开图（$Q = 36$，$2p = 4$，$a = 2$）

2. 三相双层波绕组

对于多极、支路导线截面积较大的交流电机，为了节约极间连线的用铜，常常采用波绕组。波绕组的特点是两个相连的线圈呈波浪形前进。其连接规律是：将所有同一极性（如 N 极）下属于同一相的线圈依次串联组成一个线圈组，再把所有另一个极性（如 S 极）下属于同一相的线圈依次串联组成另一个线圈组，最后根据需要，将这两个线圈组进行串联或并联，构成一相绕组。

波绕组中，相串联的两个线圈，其对应线圈边之间的距离称为合成节距，用 y 表示，当用槽数表示 y 时，表明每连接一个线圈，绕组在定子表面前进多少个槽距，可表示为

$$y = \frac{Q}{p} = 2mq \tag{3-8}$$

对于例 3-4 中 4 极，36 槽，$y_1 = 8$ 的绕组，若连接成波绕组时，合成节距 $y = 36/2 = 18$。绕组的槽电动势星形图以及分相等均与叠绕组相同，不同的是线圈的连接次序。

以 A 相为例，假设 A 相绕组从 3 号线圈开始，3 号线圈的一条边嵌放于 3 号槽的上层（用实线表示），由于 $y_1 = 8$，则另一条边应嵌放于 11 号槽的下层（用虚线表示）。然后，根据合成节距 $y = 18$，3 号线圈应与 21 号线圈相连，21 号线圈的一条边嵌放于 21 号槽的上层，另一条线圈边嵌放于 29 号槽的下层。这样连续地连接两个线圈后，恰好在定子内圆绕行一周。为避免绕组闭合，人为地后退一个槽，从 2 号线圈出发，继续绕行下去，直到把 N 极下属于 A 相的 6 个线圈全部连接，组成一个线圈组 A_1A_2。同理，把 S 极下属于 A 相的 6 个线圈全部连接，组成另一个线圈组 X_1X_2，最后，根据并联支路数要求，依据电动势相加原则，连接构成 A 相绕组，如图 3-19 所示。

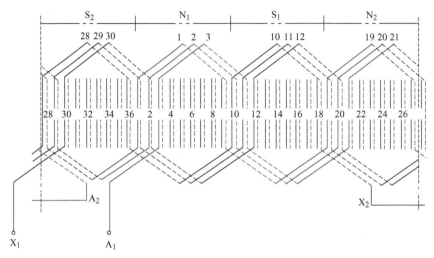

图 3-19　三相双层波绕组 A 相展开图 （$Q=36$，$2p=4$，$a=1$）

可见，在整数槽波绕组中，无论电机极数 $2p$ 等于多少，通常每相绕组只有两个线圈组。此外，若线圈为单匝，短距波绕组仅起改善电动势、磁动势波形的作用，而不能节约端部用铜，因为波绕组的合成节距为一常值（$y=Q/p=2\tau$），当线圈节距 y_1 变化时，其端部长度基本不变。

思考题

1. 交流绕组的构成原则有哪些？

2. 何谓电角度、极距、线圈节距、槽距角、每极每相槽数、相带？

3. 如何绘制槽电动势星形图？

4. 三相单层交流绕组有何特点？按线圈的形状和端部连接方式可分为哪些形式的绕组？

5. 三相双层交流绕组有何特点？双层绕组通常分为哪两类？两类绕组各自的连接规律是怎样的？

6. 对三相双层交流绕组，每个线圈组由几个线圈串联组成？每相绕组中有几个线圈组？每相绕组的最大并联支路数如何确定？

7. 在三相同步发电机中，交流绕组感应电动势的频率与转子转速的关系是怎样的？

3.3　交流绕组的感应电动势

本节主要讨论在正弦分布的气隙磁场下，交流绕组每相感应电动势有效值的计算方法，即计算展开图中某相绕组从首端到末端（如 A 到 X）之间的电动势有效值。在本节中，根据绕组的构成，按照导体电动势、线圈电动势、线圈组电动势、相电动势的顺序，逐步进行分析，最后，讨论气隙磁场非正弦分布时产生的谐波电动势以及削弱谐波电动势的方法。

3.3.1　导体感应电动势

图 3-20a 为一台 2 极交流同步发电机，转子由直流励磁形成主磁极磁场，定子内表

面光滑，内表面放置有一根导体。当转子被原动机拖动旋转时，气隙中将形成一个旋转磁场，定子导体将切割主磁极磁场，产生感应电动势。

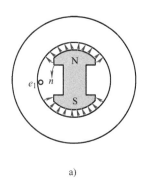 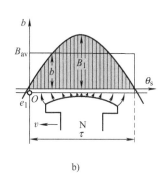 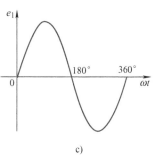

a)　　　　　　　　　　b)　　　　　　　　　c)

图 3-20　气隙磁场正弦分布时导体的感应电动势

当气隙中的主磁极磁场在空间按正弦分布时，假设正弦分布的气隙磁密幅值为 $B_1(\mathrm{T})$，用电角度 θ_s 表示定子内圆上距离原点的位置，则定子内圆各位置上的磁密波形如图 3-20b 所示，磁密的瞬时表达式为

$$b = B_1\sin\theta_\mathrm{s} \tag{3-9}$$

设定子槽内导体的有效长度为 $l(\mathrm{m})$，气隙磁场相对于导体运动的线速度为 $v(\mathrm{m/s})$，当主磁极以恒速旋转时，定子导体中的感应电动势将是随时间按正弦变化的交流电动势，其波形如图 3-20c 所示。导体感应电动势的瞬时表达式为

$$e_1 = blv = B_1lv\sin\theta_\mathrm{s} \tag{3-10}$$

当转子旋转速度用转速表示为 $n(\mathrm{r/min})$ 时，导体中感应交流电动势的频率 $f = pn/60(\mathrm{Hz})$。

由式(3-10) 可知，导体感应电动势的最大值为

$$E_{\mathrm{m}1} = B_1lv \tag{3-11}$$

其有效值为

$$E_1 = \frac{E_{\mathrm{m}1}}{\sqrt{2}} = \frac{1}{\sqrt{2}}B_1lv \tag{3-12}$$

由于每极下磁密的平均值 $B_{\mathrm{av}} = \dfrac{2}{\pi}B_1$，一个磁极下磁力线穿过的面积为 τl，因此，每极磁通量 Φ_1 为

$$\Phi_1 = B_{\mathrm{av}}\tau l = \frac{2}{\pi}B_1\tau l \tag{3-13}$$

于是磁密幅值 B_1 为

$$B_1 = \frac{\pi\Phi_1}{2\tau l} \tag{3-14}$$

当电机的转速为 $n(\mathrm{r/min})$ 时，磁场相对导体运动的线速度 v 可表示为

$$v = \frac{2p\tau n}{60} = 2\tau f \tag{3-15}$$

将式(3-14) 和式(3-15) 代入式(3-12)，可得导体电动势的有效值 E_1 为

交流绕组
电动势计算

$$E_1 = \frac{\pi}{\sqrt{2}} f\Phi_1 = 2.22 f\Phi_1 \tag{3-16}$$

式中，磁通量 Φ_1 的单位为 Wb，电动势 E_1 的单位为 V，频率 f 的单位为 Hz。

3.3.2 线圈电动势和节距因数

由于导体中的电动势随时间按正弦规律变化，因此，电动势可用相量来表示和运算。

1. 单匝整距线圈电动势

线圈为整距时，$y_1 = \tau$，单匝线圈只有两个导体，若一根导体位于 N 极下最大磁密处，则另一根导体将位于相邻 S 极下最大磁密处，如图 3-21a、b 中实线所示，两导体（线圈边）中感应电动势的大小相等，方向（相位）相反，用相量表示时如图 3-21c 所示，两电动势相量的方向恰好相反，于是，单匝整距线圈的电动势应为两根导体电动势相量之差，即

$$\dot{E}_{c1} = \dot{E}_1' - \dot{E}_1'' = 2\dot{E}_1' \tag{3-17}$$

单匝整距线圈的电动势有效值为

$$E_{c1} = 2E_1' = 4.44 f\Phi_1 \tag{3-18}$$

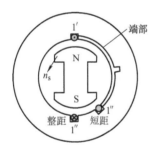
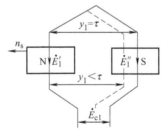
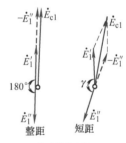

a) 整距和短距线圈(槽内)　　　b) 整距和短距线圈　　　c) 电动势相量图

图 3-21　整距和短距线圈的电动势

2. 单匝短距线圈电动势

线圈为短距时，$y_1 < \tau$，如图 3-21b 中虚线所示。此时，用电角度表示的两线圈边的节距为

$$\gamma = \frac{y_1}{\tau} \times 180° \tag{3-19}$$

若线圈为单匝，两导体（线圈边）感应电动势 $\dot{E}_1'$、$\dot{E}_1''$ 在时间上的相位差应为 γ 角，单匝线圈的电动势为 $\dot{E}_{c1} = \dot{E}_1' - \dot{E}_1''$，根据图 3-21c，单匝线圈电动势的有效值为

$$E_{c1(N_c=1)} = 2E_1 \cos\frac{180° - \gamma}{2} = 2E_1 \sin\frac{\gamma}{2} = 2E_1 \sin\frac{y_1}{\tau} \times 90° = 4.44 f k_{p1} \Phi_1 \tag{3-20}$$

式中，k_{p1} 为线圈的基波节距因数，它表示线圈短距时感应电动势相比于整距时应打的折扣，且

$$k_{p1} = \frac{E_{c1(y_1 < \tau)}}{E_{c1(y_1 = \tau)}} = \sin \frac{y_1}{\tau} \times 90° \tag{3-21}$$

对于短距线圈，$k_{p1} < 1$，而整距线圈的 $k_{p1} = 1$，因此短距线圈的电动势比整距线圈的电动势有所减小。长距线圈的 $k_{p1} < 1$，但由于长距线圈的端部较长，用铜量较多，所以很少采用。

3. 多匝线圈电动势

当线圈匝数为 N_c 时，各匝的感应电动势大小相等，相位相同，因此多匝线圈的基波电动势应为单匝线圈电动势的 N_c 倍，其有效值为

$$E_{c1} = 4.44 f N_c k_{p1} \Phi_1 \tag{3-22}$$

线圈短距对基波电动势的大小稍有影响，但当主磁极磁场中含有谐波磁场时，短距能有效地抑制线圈中的谐波电动势，因此，一般的交流绕组大多采用短距绕组。

3.3.3 线圈组电动势和分布因数

在交流绕组中，将一个极下属于同一相的 q 个线圈串联起来就组成一个线圈组，也称为一个极相组。由于每个线圈嵌放于不同的槽内，各个线圈的空间位置互不相同，这就形成了分布绕组。在分布绕组中，相邻两线圈之间的空间电角度为槽距角 α，则相邻两线圈电动势的相位差也等于槽距角 α，如图 3-22 所示。

由于一个线圈组由 q 个线圈串联组成，因此一个线圈组的电动势为 q 个线圈电动势的相量和。设 $q = 3$，将 3 个线圈的电动势相量相加，得线圈组电动势为 $\dot{E}_{q1} = \dot{E}_{c1} + \dot{E}_{c2} + \dot{E}_{c3}$。

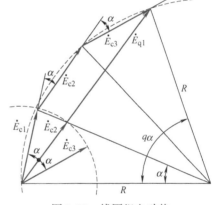

图 3-22 线圈组电动势

根据图 3-22 的特征不难看出，将 $q = 3$ 个线圈电动势相量首尾相接，构成了一个正多边形的一部分。画正多边形的外接圆，设 R 为外接圆的半径，且 $R = \dfrac{E_{c1}}{2\sin\dfrac{\alpha}{2}}$，则各边所对应的圆心角均为 α，由几何关系可得线圈组电动势的有效值 E_{q1} 为

$$E_{q1} = 2R\sin\frac{q\alpha}{2} = \frac{E_{c1}\sin\dfrac{q\alpha}{2}}{\sin\dfrac{\alpha}{2}} = qE_{c1}\frac{\sin q\dfrac{\alpha}{2}}{q\sin\dfrac{\alpha}{2}} = qE_{c1}k_{d1} \tag{3-23}$$

式中，k_{d1} 为绕组的基波分布因数，它表示由于绕组分布在不同的槽中，使得 q 个分布线圈的基波合成电动势 E_{q1} 小于 q 个集中线圈的基波合成电动势 qE_{c1}，由此所引起的折扣，所以，$k_{d1} \leqslant 1$。且有

$$k_{d1} = \frac{E_{q1}}{qE_{c1}} = \frac{\sin q\dfrac{\alpha}{2}}{q\sin\dfrac{\alpha}{2}} \tag{3-24}$$

将式 (3-22) 代入式 (3-23), 可得

$$E_{q1} = 4.44fN_c qk_{p1}k_{d1}\varPhi_1 = 4.44fN_c qk_{w1}\varPhi_1 \tag{3-25}$$

式中, k_{w1} 为绕组的基波绕组因数, 它等于基波节距因数和基波分布因数的乘积, 即

$$k_{w1} = k_{p1}k_{d1} \tag{3-26}$$

k_{w1} 是既考虑短距又考虑绕组分布时, 整个绕组的基波合成电动势与整距、集中绕组电动势对比所打的折扣。式 (3-26) 对叠绕组和波绕组均适用。

3.3.4 相电动势

相电动势指的是支路电动势。当电机极数为 $2p$ 时, 对于单层绕组, 每相绕组有 p 个线圈组, 若并联支路数为 a, 则每条并联支路由 p/a 个线圈组串联组成, 所以, 单层绕组的相电动势等于线圈组电动势的 p/a 倍, 即

$$E_{\varphi 1} = \frac{p}{a}E_{q1} = 4.44f\frac{p}{a}qN_c k_{w1}\varPhi_1 = 4.44fNk_{w1}\varPhi_1 \tag{3-27}$$

对于双层绕组, 每相绕组有 $2p$ 个线圈组, 若并联支路数为 a, 则每条并联支路由 $2p/a$ 个线圈组串联组成, 所以, 双层绕组的相电动势等于线圈组电动势的 $2p/a$ 倍, 即

$$E_{\varphi 1} = 4.44f\frac{2p}{a}qN_c k_{w1}\varPhi_1 = 4.44fNk_{w1}\varPhi_1 \tag{3-28}$$

式 (3-27) 和式 (3-28) 中, N 为每相绕组的总串联匝数, 实际代表每条并联支路的总匝数。对于单层绕组有

$$N = \frac{p}{a}qN_c \tag{3-29}$$

而对于双层绕组有

$$N = \frac{2p}{a}qN_c \tag{3-30}$$

式 (3-27) 和式 (3-28) 为交流绕组每相基波电动势有效值的计算公式, 是分析交流电机时常用的公式之一。

对于对称的三相绕组, 星形联结时, 绕组的线电动势 E_{L1} 应为相电动势 $E_{\varphi 1}$ 的 $\sqrt{3}$ 倍; 三角形联结时, 绕组的线电动势应等于相电动势。

例 3-5 一台三相 2 极 50Hz 的同步发电机, 转速 $n = 3000\mathrm{r/min}$, 定子槽数 $Q = 48$, 定子绕组为双层叠绕组, 星形联结, 线圈节距 $y_1 = 20$, 线圈匝数 $N_c = 2$, 并联支路数 $a = 2$, 基波磁通量 $\varPhi_1 = 1.11\mathrm{Wb}$, 试求:

1) 定子绕组感应电动势的频率。

2) 导体电动势。

3) 基波节距因数与线圈电动势。

4) 基波分布因数与线圈组电动势。

5) 基波绕组因数与基波相电动势和线电动势的有效值。

解： 1）电机感应电动势的频率为

$$f = \frac{pn}{60} = \frac{1 \times 3000}{60} \text{Hz} = 50 \text{Hz}$$

2）根据已知条件，导体电动势为

$$E_1 = 2.22 f \Phi_1 = 2.22 \times 50 \times 1.11 \text{V} = 123.21 \text{V}$$

3）电机的极距为

$$\tau = \frac{Q}{2p} = \frac{48}{2} = 24$$

已知线圈节距 $y_1 = 20$，线圈为短距线圈，因此，基波节距因数为

$$k_{p1} = \sin \frac{y_1}{\tau} \times 90° = \sin \frac{20}{24} \times 90° \approx 0.966$$

线圈电动势为

$$E_{c1} = 4.44 f N_c k_{p1} \Phi_1 = 4.44 \times 50 \times 2 \times 0.966 \times 1.11 \text{V} \approx 476.1 \text{V}$$

4）电机的槽距角为

$$\alpha = \frac{p \times 360°}{Q} = \frac{1 \times 360°}{48} = 7.5°$$

每极每相槽数为

$$q = \frac{Q}{2mp} = \frac{48}{2 \times 3} = 8$$

所以，线圈的基波分布因数为

$$k_{d1} = \frac{\sin \frac{q\alpha}{2}}{q \sin \frac{\alpha}{2}} = \frac{\sin \frac{8 \times 7.5°}{2}}{8 \sin \frac{7.5°}{2}} \approx 0.956$$

线圈组电动势为

$$E_{q1} = 4.44 f N_c q k_{p1} k_{d1} \Phi_1 = 4.44 \times 50 \times 2 \times 8 \times 0.966 \times 0.956 \times 1.11 \text{V} \approx 3641 \text{V}$$

5）基波绕组因数为

$$k_{w1} = k_{p1} k_{d1} = 0.966 \times 0.956 \approx 0.923$$

由于是双层绕组，所以每相总串联匝数为

$$N = \frac{2p}{a} q N_c = \frac{2 \times 1 \times 8 \times 2}{2} = 16$$

基波相电动势为

$$E_{\varphi1} = 4.44 f N k_{w1} \Phi_1 = 4.44 \times 50 \times 16 \times 0.923 \times 1.11 \text{V} \approx 3639.2 \text{V}$$

由于定子绕组为星形联结，所以基波线电动势为

$$E_{L1} = \sqrt{3} E_{\varphi1} = \sqrt{3} \times 3639.2 \text{V} \approx 6303.1 \text{V}$$

思考题

1. 推导交流绕组感应电动势的计算公式时，假设的气隙磁场具有何种空间分布规律？

2. 推导交流绕组感应电动势计算公式的思路是怎样的？何为导体感应电动势、线圈感应电动势、线圈组感应电动势？

3. 何谓交流绕组的基波节距因数、基波分布因数、基波绕组因数？它们各自的含义是怎样的？

4. 单层交流绕组和双层交流绕组的每相总串联匝数 N 应如何计算？

3.4 感应电动势的高次谐波

在实际的交流电机中，气隙磁场不一定按正弦规律分布。气隙磁通密度波中，除基波分量外，还含有一系列高次谐波分量，其对应的气隙磁场称为谐波磁场。谐波磁场相对于定子绕组运动时，会在定子绕组中产生相应的谐波电动势，这会影响定子绕组感应电动势的波形并产生其他不良影响。

1. 高次谐波电动势

对于凸极同步电机，若主磁极外形不是特殊设计，其主磁极磁场在气隙中呈平顶波形，是非正弦分布，如图 3-23 所示。由于主磁极磁场的分布通常以磁极轴线对称，因此，按照傅里叶级数分解，气隙磁场中除基波外，仅含有奇次空间谐波，若以 ν 表示谐波次数，则 $\nu = 1$，3，5，…，其中，$\nu = 1$ 时为基波。图 3-23 中仅画出了基波和 3 次、5 次谐波。

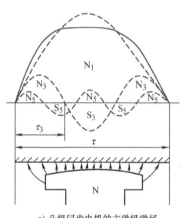
a) 凸极同步电机的主磁极磁场

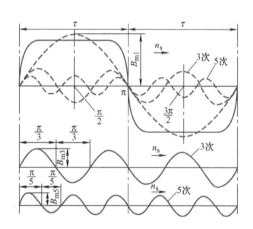
b) 气隙磁通密度波及其傅里叶分解

图 3-23　凸极同步电机的主磁极磁场及其傅里叶分解 （实线为实际分布）

由图 3-23b 可见，ν 次谐波磁场的极对数为基波磁场极对数的 ν 倍，其极距为基波极距的 $1/\nu$，且所有的谐波磁场均随主磁极一起以同步转速 n_s 在空间运动，即有

$$p_\nu = \nu p \quad \tau_\nu = \tau/\nu \quad n_\nu = n_s \tag{3-31}$$

故 ν 次谐波磁场产生的 ν 次谐波电动势的频率为

$$f_\nu = \frac{p_\nu n_\nu}{60} = \frac{\nu p n_s}{60} = \nu f_1 \tag{3-32}$$

式中，f_1 为基波电动势的频率。

依据基波感应电动势的推导思路，可以得到与式(3-28) 相似的、计算相绕组 ν 次谐波电动势有效值的计算公式为

$$E_{\varphi\nu} = 4.44 f_\nu N k_{w\nu} \Phi_\nu \tag{3-33}$$

式中，Φ_ν 为 ν 次谐波磁场的每极磁通量，且 $\Phi_\nu = \dfrac{2}{\pi} \tau_\nu l B_\nu$，$B_\nu$ 为 ν 次谐波的磁密幅值；

$k_{w\nu}$ 为 ν 次谐波的绕组因数,它等于 ν 次谐波的节距因数 $k_{p\nu}$ 和分布因数 $k_{d\nu}$ 的乘积,即

$$k_{w\nu} = k_{p\nu} k_{d\nu} \tag{3-34}$$

考虑到 ν 次谐波磁场的电角度为基波磁场电角度的 ν 倍,利用与推导 k_{p1} 和 k_{d1} 相似的方法,可得

$$k_{p\nu} = \sin\nu\left(\frac{y_1}{\tau} \times 90°\right) \tag{3-35}$$

$$k_{d\nu} = \frac{\sin q\nu \dfrac{\alpha}{2}}{q\sin\nu \dfrac{\alpha}{2}} \tag{3-36}$$

另外,在高次谐波中,有一种 $\nu = \dfrac{Q}{p} \pm 1 = 2mq \pm 1$ 次的谐波,这种谐波次数与一对极下齿数 Q/p 具有特定关系的谐波,称为一阶齿谐波。齿谐波的特点是其绕组因数恰好等于基波的绕组因数,即

$$k_{w\nu(\nu=2mq\pm1)} = \pm k_{w1} \tag{3-37}$$

考虑谐波电动势后,相电动势的有效值为

$$E_\varphi = \sqrt{E_{\varphi1}^2 + E_{\varphi3}^2 + E_{\varphi5}^2 + \cdots} \tag{3-38}$$

三相绕组可以接成三角形或星形联结。在三相对称系统中,各相电动势的 3 次谐波在时间上均为同相且幅值相等,当绕组接成星形时,如图 3-24a 所示,线电压等于相电压之差,相减时 3 次谐波电动势互相抵消,所以,线端将不存在 3 次及其倍数次的谐波电动

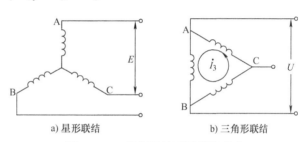

a) 星形联结　　　b) 三角形联结

图 3-24　三相绕组的不同联结形式

势,此时,定子绕组的线电动势的有效值 E_{LY} 为

$$E_{LY} = \sqrt{3}\sqrt{E_{\varphi1}^2 + E_{\varphi5}^2 + E_{\varphi7}^2 + \cdots} \tag{3-39}$$

当绕组接成三角形时,如图 3-24b 所示,三相的 3 次谐波电动势之和 $3\dot{E}_{\varphi3}$ 将在闭合的三角形回路中形成环流 $\dot{I}_3$。设 Z_3 为相绕组对 3 次谐波电流的阻抗,根据电路定律,在闭合三角形回路内有

$$3\dot{E}_{\varphi3} = 3\dot{I}_3 Z_3,\ \text{则}\ \dot{E}_{\varphi3} = \dot{I}_3 Z_3$$

可见,3 次谐波电动势 $\dot{E}_{\varphi3}$ 被 3 次谐波电流所引起的电压降 $\dot{I}_3 Z_3$ 抵消,因此定子绕组线端的线电动势中也不会出现 3 次谐波电动势,此时,定子绕组的线电动势有效值 $E_{L\Delta}$ 为

$$E_{L\Delta} = \sqrt{E_{\varphi1}^2 + E_{\varphi5}^2 + E_{\varphi7}^2 + \cdots} \tag{3-40}$$

当定子绕组采用三角形接法时,由于 3 次谐波环流的存在,必将在绕组中产生杂散损耗,使电机的效率下降,温升增高,所以,现代的交流发电机定子绕组一般不采用三角形联结,而采用星形联结。

例3-6 一台三相 4 极 50Hz 的同步发电机，定子绕组为双层叠绕组，定子槽数 $Q = 36$，线圈节距 $y_1 = 7$，试计算该电机：

1）5 次谐波绕组因数。

2）7 次谐波绕组因数。

解：1）电机的极距为

$$\tau = \frac{Q}{2p} = \frac{36}{4} = 9$$

电机的槽距角为

$$\alpha = \frac{p \times 360°}{Q} = \frac{2 \times 360°}{36} = 20°$$

每极每相槽数为

$$q = \frac{Q}{2mp} = \frac{36}{4 \times 3} = 3$$

已知线圈节距 $y_1 = 7$，因此 5 次谐波的短距因数为

$$k_{p5} = \sin\left(5 \times \frac{y_1}{\tau} \times 90°\right) = \sin\left(5 \times \frac{7}{9} \times 90°\right) \approx -0.174$$

5 次谐波的分布因数为

$$k_{d5} = \frac{\sin\dfrac{5q\alpha}{2}}{q\sin\dfrac{5\alpha}{2}} = \frac{\sin\dfrac{5 \times 3 \times 20°}{2}}{3\sin\dfrac{5 \times 20°}{2}} \approx 0.218$$

5 次谐波的绕组因数为

$$k_{w5} = k_{p5}k_{d5} = -0.174 \times 0.218 \approx -0.038$$

2）7 次谐波的短距因数为

$$k_{p7} = \sin\left(7 \times \frac{y_1}{\tau} \times 90°\right) = \sin\left(7 \times \frac{7}{9} \times 90°\right) \approx 0.766$$

7 次谐波的分布因数为

$$k_{d7} = \frac{\sin\dfrac{7q\alpha}{2}}{q\sin\dfrac{7\alpha}{2}} = \frac{\sin\dfrac{7 \times 3 \times 20°}{2}}{3\sin\dfrac{7 \times 20°}{2}} \approx -0.177$$

7 次谐波的绕组因数为

$$k_{w7} = k_{p7}k_{d7} = 0.766 \times (-0.177) \approx -0.136$$

2. 削弱高次谐波电动势的方法

感应电动势中的高次谐波会使发电机的电动势波形发生畸变，从而降低供电质量，高次谐波电动势的存在还会造成以下不良影响：

1）使发电机本身附加损耗（杂散损耗）增大、效率降低，温升增高。

2）可能引起输电线路中的电容和电感发生谐振、产生过电压。

3）高次谐波电流所产生的电磁场，可能对邻近电信线路的正常通信产生有害干扰。

4）使电动机等用电设备的运行性能变坏。

因此，在设计交流发电机时，应尽可能消除或削弱谐波电动势，把感应电动势总

的谐波含量限制在相关标准规定的范围内。

由谐波电动势公式 $E_{\varphi\nu} = 4.44 f_\nu N k_{w\nu} \Phi_\nu$ 可知，通过减小谐波磁通量 Φ_ν 或谐波绕组因数 $k_{w\nu}$，均可降低谐波电动势 $E_{\varphi\nu}$。通常谐波的次数越低，其幅值越大，影响也较大，所以主要考虑削弱 3、5、7 等低次谐波电动势。

削弱谐波电动势的主要方法有：

（1）改变发电机主磁极尺寸，使主磁极磁场分布接近于正弦波形

在凸极同步发电机中，需要改变主磁极的极靴外形，以改善主磁极磁场分布，削弱谐波磁场。通常使极靴宽度与极距之比在 0.7 ~ 0.75 之间，使极靴边缘处的最大气隙与主磁极中心线处的最小气隙之比为 1.5，如图 3-25a 所示。在隐极同步发电机中，通过改善励磁磁动势的分布，即使励磁绕组下线部分与极距之比在 0.7 ~ 0.8 之间，可以使主极磁场在气隙中接近于正弦分布，如图 3-25b 所示。

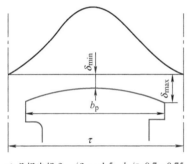

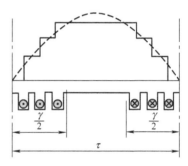

a) 凸极电机 $\delta_{max}/\delta_{min}=1.5$，$b_p/\tau=0.7\sim0.75$ b) 隐极电机 $\gamma/\tau=0.7\sim0.8$

图 3-25 凸极电机的极靴外形与隐极电机励磁绕组布置

（2）三相绕组采用星形联结

如前所述，三相绕组采用星形联结时，3 次谐波电动势互相抵消，其线端将不存在 3 次及其倍数次的谐波电动势。

（3）采用短距绕组，削弱高次谐波电动势

由 ν 次谐波的节距因数计算公式(3-35) 可知，适当选择线圈的节距，可以使某一次谐波的节距因数等于或接近于零，达到消除或削弱该次谐波的目的。例如，要消除 ν 次谐波，只要使 $k_{p\nu} = \sin\nu\left(\dfrac{y_1}{\tau} \times 90°\right) = 0$，即使

$$\nu \frac{y_1}{\tau}90° = k \times 180° \text{或} y_1 = \frac{2k}{\nu}\tau \quad (k = 1, 2, \cdots) \tag{3-41}$$

为了消除谐波，式(3-41) 中的 k 可以取任意整数，但从削弱高次谐波的同时，尽可能不削弱基波的角度考虑，应当选用接近于整距的短节距，即使 $2k = \nu - 1$，于是有

$$y_1 = \left(1 - \frac{1}{\nu}\right)\tau \tag{3-42}$$

式(3-42) 表明，为了削弱第 ν 次谐波，应当选用比整距短 $\dfrac{1}{\nu}\tau$ 的短距线圈。

由于采用星形或三角形联结可以消除线电动势中的 3 次谐波，因此，只考虑削弱 5 次、7 次谐波电动势。若要采用短距绕组消除 5 次谐波电动势，并保持基波电动势较

大，则应取 $y_1 = \frac{4}{5}\tau$，图 3-26 表示节距为 $\frac{4}{5}\tau$ 的
线圈放置于 5 次谐波磁场中，两线圈边处在 5 次
谐波磁场的同极性磁极的相同位置，两个线圈边
产生的 5 次谐波电动势正好抵消。

同理，若要削弱 7 次谐波电动势，并保持基
波电动势较大，则应取线圈的节距 $y_1 = \frac{6}{7}\tau$。在
设计电机时，为同时削弱 5 次、7 次谐波电动势，
一般取线圈的节距 $y_1 = \frac{5}{6}\tau$。

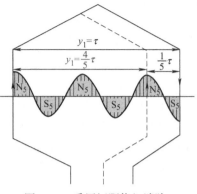

图 3-26 采用短距绕组消除
5 次谐波电动势

表 3-6 中列出了不同节距下，绕组基波和部
分谐波的短距因数。可以看出，采用短距绕组
后，能使谐波电动势有较大幅度的减小，同时也会使基波电动势有所减小。

表 3-6 不同节距下，绕组基波和部分谐波的短距因数

ν	y_1/τ					
	1	8/9	5/6	4/5	7/9	2/3
1	1	0.985	0.966	0.951	0.940	0.866
3	1	−0.866	−0.707	−0.588	−0.500	0
5	1	0.643	0.259	0	−0.174	−0.866
7	1	−0.342	0.259	0.588	0.766	0.866

（4）采用分布绕组，削弱高次谐波电动势

就分布绕组而言，每极每相槽数 q 越多，抑制谐波电动势的效果越好。但 q 增大，
意味着总槽数增多，线圈数增多，使电机的生产工艺复杂，成本升高。

表 3-7 中列出了当 q 不同时三相 60° 相带整数槽绕组基波和谐波的分布因数。可见，
当 $q > 1$ 时，基波的分布因数略有下降，但谐波的分布因数显著减小，当 $q > 6$ 时，谐波的
分布因数下降已不明显。因此，现代交流电机的定子绕组通常选用 $q = 2 \sim 6$ 的分布绕组。

表 3-7 三相 60° 相带整数槽绕组基波和谐波的分布因数

ν	q						
	2	3	4	5	6	7	∞
1	0.966	0.960	0.958	0.957	0.956	0.956	0.955
3	0.707	0.667	0.653	0.647	0.644	0.642	0.637
5	0.259	0.218	0.205	0.200	0.197	0.196	0.191
7	−0.259	−0.177	−0.158	−0.149	−0.145	−0.143	−0.136
9	−0.707	−0.333	−0.271	−0.247	−0.236	−0.229	−0.212
11	−0.966	−0.177	−0.126	−0.109	−0.102	−0.097	−0.087
13	−0.966	0.218	0.126	0.102	0.092	0.086	0.073

（续）

ν	q						
	2	3	4	5	6	7	∞
15	−0.707	0.667	0.271	0.200	0.173	0.159	0.127
17	−0.259	0.960	0.158	0.102	0.084	0.075	0.056
19	0.259	0.960	−0.205	−0.109	−0.084	−0.072	−0.050

以上四种方法主要用于削弱一般的高次谐波电动势。对于齿谐波，由于它的绕组因数等于基波的绕组因数，所以，不能采用短距和分布绕组的方法削弱齿谐波电动势，通常采用斜槽的方法。通过分析计算可知，让斜槽的距离恰好等于 ν 次空间谐波的波长，即使斜槽的距离恰好等于一个齿距，就可以削弱次数为 $\nu = 2mq \pm 1$ 的两个齿谐波。斜槽主要用于中、小型电机，在凸极同步电机中，常采用斜极来削弱齿谐波。

另外，在小型电机中常采用半闭口槽，在中型电机中常采用磁性槽楔来减小槽开口以及由此引起的气隙比磁导的变化和齿谐波。在多极低速同步发电机中，还常采用分数槽绕组来削弱谐波电动势，特别是齿谐波电动势。

思考题

1. 交流绕组的 ν 次谐波节距因数、分布因数和绕组因数如何计算？它们各自表达的含义是怎样的？

2. 交流电机中，产生高次谐波电动势的原因有哪些？

3. 削弱一般高次谐波电动势的方法有哪些？

4. 削弱齿谐波电动势的方法有哪些？

3.5 单相交流绕组的磁动势

交流绕组中通过电流时，将产生磁动势和磁场。为分析单相绕组的磁动势，依据相绕组的构成次序，需要首先分析单个线圈的磁动势，然后是线圈组（q 个分布线圈串联）的磁动势，最后得到相绕组的磁动势。

为了简化分析，假定：

1）绕组中的电流随时间按正弦规律变化，即电流 $i_c = \sqrt{2} I_c \cos\omega t$。

2）槽内电流集中在槽中心处。

3）定、转子之间的气隙均匀，忽略齿槽的影响。

4）定、转子铁心的磁导率为无穷大，即铁心中的磁位降可忽略不计，且磁路不饱和。

单相绕组
磁动势

3.5.1 整距线圈的磁动势

图 3-27a 为一个整距线圈通入电流后形成的 2 极磁场的分布情况。不难看出，由于载流导体在定子表面对称分布，所以载流线圈产生的磁场也是对称的，且磁场为 2 极磁场。设线圈匝数为 N_c，电流为 $i_c = \sqrt{2} I_c \cos\omega t$。根据安培环路定律，包围一个线圈边的任意闭合磁回路的磁位降等于该磁回路所包围电流的总和，即 $N_c i_c$。由于铁心中的

磁位降忽略不计，且定、转子之间的气隙均匀，因此，该线圈产生的总磁动势 $N_c i_c$ 将消耗在磁回路中的两段气隙上，且每段气隙上的磁位降都等于 $N_c i_c/2$。图 3-27a 中，当磁力线从定子内圆经过气隙指向转子时定义为定子磁场的 N 极，当磁力线从转子经过气隙指向定子内圆时定义为定子磁场的 S 极。

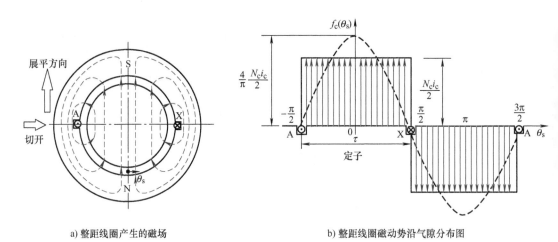

a) 整距线圈产生的磁场　　　　　　　　　b) 整距线圈磁动势沿气隙分布图

图 3-27　整距线圈的 2 极磁场与磁动势（$2p = 2$）

将图 3-27a 按图中所示方向切开并展平，若以线圈轴线位置作为定子内圆周 θ_s 的原点，并考虑定子磁场的极性，可得到如图 3-27b 所示的线圈磁动势沿气隙分布的波形图。图 3-27b 中的正半波对应于图 3-27a 中的 N 极，负半波对应于 S 极。可见，整距线圈的磁动势是一个一正一负的矩形波，矩形波的幅值等于 $N_c i_c/2$。由于假定槽内电流集中于槽中心处，所以，磁动势矩形波在经过载流线圈边 A 和 X 处时，将发生 $N_c i_c$ 的跃变。

图 3-28 为两组整距线圈形成的 4 极磁场的分布情况。此时，磁动势的波形仍为周期性矩形波，幅值为 $N_c i_c/2$。可以看出，4 极磁场分布情况是 2 极磁场分布情况的重复。所以，只要把 2 极磁场分布情况分析清楚，就可以推广到多极。

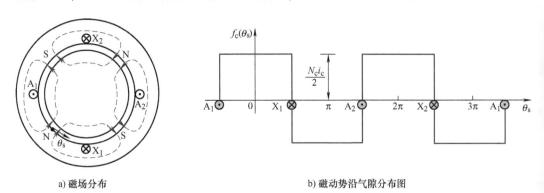

a) 磁场分布　　　　　　　　　　　　　b) 磁动势沿气隙分布图

图 3-28　两组整距线圈形成的 4 极磁场分布

当空间位置固定的线圈中通有随时间按余弦规律变化的电流 i_c 时，线圈磁动势波的空间位置固定不变，其幅值大小和正负将随时间按余弦规律变化，变化的频率与电流的频率相同。这种空间位置固定不变、幅值大小和正负随时间变化的磁动势称为脉振磁动势。

图 3-27 中整距线圈磁动势的瞬时表达式为

$$f_c(\theta_s, t) = \begin{cases} \dfrac{1}{2}i_c N_c = \dfrac{\sqrt{2}}{2}I_c N_c \cos\omega t & \left(-\dfrac{\pi}{2} < \theta_s < \dfrac{\pi}{2}\right) \\[3mm] -\dfrac{1}{2}i_c N_c = -\dfrac{\sqrt{2}}{2}I_c N_c \cos\omega t & \left(\dfrac{\pi}{2} < \theta_s < \dfrac{3\pi}{2}\right) \end{cases} \quad (3\text{-}43)$$

将矩形波进行傅里叶分解，可得到基波和一系列奇次空间谐波，且基波的幅值为矩形波幅值的 $\dfrac{4}{\pi}$。仍以线圈轴线作为坐标原点，基波和 3 次谐波磁动势波形如图 3-29 所示。基波磁动势和谐波磁动势都是脉振磁动势，且脉振频率都与电流频率相同。有

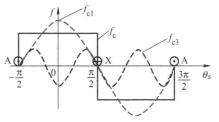

图 3-29 将矩形波分解为基波和谐波

$$f_c(\theta_s, t) = f_{c1}(\theta_s, t) + f_{c3}(\theta_s, t) + f_{c5}(\theta_s, t) + \cdots$$
$$= F_{c1}\cos\theta_s\cos\omega t - F_{c3}\cos3\theta_s\cos\omega t + F_{c5}\cos5\theta_s\cos\omega t - \cdots \quad (3\text{-}44)$$

式中，F_{c1} 为基波磁动势的振幅，即电流瞬时值达到最大值时每极基波磁动势的幅值，$F_{c\nu}$ 为 ν 次谐波磁动势的振幅。有

$$F_{c1} = \frac{4}{\pi}\frac{\sqrt{2}N_c I_c}{2} \quad (3\text{-}45)$$

$$F_{c\nu} = \frac{1}{\nu}F_{c1} \quad (3\text{-}46)$$

3.5.2 整距线圈组的磁动势

整距线圈组由 q 个整距线圈串联组成，相邻两线圈的轴线在空间相差 α 电角度。图 3-30 为 $q=3$ 的整距线圈组。

由于每个整距线圈所产生的磁动势都是一个矩形波，所以，空间互差 α 电角度的、线圈匝数和电流相同的 3 个整距线圈所产生的 3 个矩形波磁动势的幅值相同、在空间上也互差 α 电角度，将这 3 个矩形波磁动势逐点相加，可得到线圈组的合成磁动势为如图 3-30a 所示的阶梯波磁动势，同样是脉振磁动势。

图 3-30b 为这 3 个整距线圈的基波合成磁动势，其中 f_{c11}、f_{c12}、f_{c13} 分别表示 3 个线圈的基波磁动势，仍然是 3 个幅值相等、空间互差 α 电角度的磁动势；f_{q1} 表示线圈组的基波合成磁动势。由图 3-30b 可见，线圈组基波合成磁动势的幅值位置在线圈组的轴线上。

由于基波磁动势在空间按余弦规律分布，故可用空间矢量来表示和运算，于是，3 个整距线圈的基波合成磁动势矢量就等于各个线圈的基波磁动势矢量的矢量和，如图 3-30c 所示，其中 $\boldsymbol{F}_{c11}$、$\boldsymbol{F}_{c12}$、$\boldsymbol{F}_{c13}$ 为与三个线圈的基波磁动势对应的空间矢量，相邻两线圈的基波磁动势的空间相位相差 α 电角度，$\boldsymbol{F}_{q1}$ 为线圈组磁动势的空间矢量，$\boldsymbol{F}_{q1} = \boldsymbol{F}_{c11} + \boldsymbol{F}_{c12} + \boldsymbol{F}_{c13}$。

不难看出，利用矢量运算时，分布线圈基波磁动势的合成与基波电动势的合成相似，因此同样可以引入基波分布因数 k_{d1} 来计及线圈分布的影响。于是，单层整距线圈

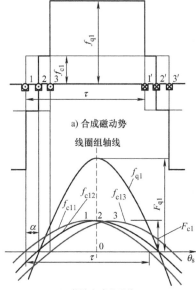

a) 合成磁动势

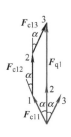

b) 基波合成磁动势　　　　　c) 用空间矢量求3个线圈的基波合成磁动势

图 3-30　整距分布线圈组的磁动势 （$q=3$）

组的基波合成磁动势 f_{q1} 的瞬时表达式为

$$
\begin{aligned}
f_{q1}(\theta_s,t) &= f_{c11}(\theta_s,t)+f_{c12}(\theta_s,t)+f_{c13}(\theta_s,t)\\
&=(qf_{c11})k_{d1}=qF_{c1}k_{d1}\cos\theta_s\cos\omega t\\
&=F_{q1}\cos\theta_s\cos\omega t
\end{aligned}
\tag{3-47}
$$

线圈组基波合成磁动势的幅值为

$$
F_{q1}=qF_{c1}k_{d1}=\frac{4}{\pi}\frac{\sqrt{2}qN_cI_c}{2}k_{d1}=0.9qN_cI_ck_{d1}
\tag{3-48}
$$

基波磁动势的分布因数 $k_{d1}=\dfrac{\sin q\dfrac{\alpha}{2}}{q\sin\dfrac{\alpha}{2}}$。

同理，可得线圈组每极谐波磁动势的幅值 $F_{q\nu}$ 为

$$
F_{q\nu}=qF_{c\nu}k_{d\nu}=\frac{1}{\nu}0.9qN_cI_ck_{d\nu}
\tag{3-49}
$$

其中，ν 次谐波磁动势的分布因数 $k_{d\nu}=\dfrac{\sin q\nu\dfrac{\alpha}{2}}{q\sin\nu\dfrac{\alpha}{2}}$。

整距线圈组总的磁动势表达式为

$$
f_q(\theta_s,t)=(F_{q1}\cos\theta_s-F_{q3}\cos3\theta_s+F_{q5}\cos5\theta_s-\cdots)\cos\omega t
\tag{3-50}
$$

3.5.3　相绕组的磁动势

不论是对于图 3-11 所示的单层绕组，还是图 3-17 所示的双层叠绕组，当相绕组中通过电流时，均可形成 4 极磁场。注意：本章中讨论计算的磁动势均为每极磁动势。

178

1. 单层相绕组的磁动势

可认为各种形式的单层绕组在电气上都属于整距绕组，其基波节距因数为 1。对于极数为 $2p$ 的单层绕组，其每相由 p 个线圈组构成，能产生 p 对极的磁场，因此单层相绕组的每极磁动势实际就等于线圈组的每极磁动势。因此，相绕组基波磁动势的振幅 $F_{\varphi 1}$ 和谐波磁动势的振幅 $F_{\varphi \nu}$ 分别为

$$F_{\varphi 1} = F_{q1} = 0.9 q N_c I_c k_{d1} \tag{3-51}$$

$$F_{\varphi \nu} = F_{q\nu} = \frac{1}{\nu} 0.9 q N_c I_c k_{d\nu} \tag{3-52}$$

2. 双层绕组的磁动势

双层绕组通常为短距绕组。以三相绕组中的 A 相绕组为例，图 3-31 为在一对极距范围内，A 相绕组的两个 $q = 3$ 的短矩线圈组在槽内的分布情况（与图 3-17 对应）。

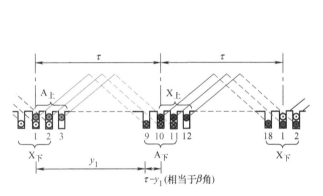
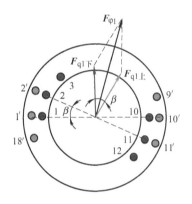

a) 双层短距绕组在槽内的布置　　　　b) 两个等效整距线圈组的磁动势

图 3-31　双层短距绕组的磁动势

具体地说，1、2、3 号线圈的上层边放在图 3-31 中的 1、2、3 号槽的上层（图 3-31 中的 1、2、3），1、2、3 号线圈的下层边放在图 3-31 中的 9、10、11 号槽的下层（图 3-31 中的 9′、10′、11′）；10、11、12 号线圈的上层边放在图 3-31 中的 10、11、12 号槽的上层（图 3-31 中的 10、11、12），10、11、12 号线圈的下层边放在图 3-31 中的 18、1、2 号槽的下层（图 3-31 中的 18′、1′、2′）。

现在，将这样的两个短距线圈组看成两个等效的整距线圈组，如图 3-31b 所示，其中，一个整距线圈组由原来的两个短距线圈组的下层边（即处在 18′、1′、2′和 9′、10′、11′的线圈边）构成，其合成基波磁动势用空间矢量 $\boldsymbol{F}_{q1下}$ 表示；另一个整距线圈组由原来的两个短距线圈组的上层边（即处在 1、2、3 和 10、11、12 的线圈边）构成，其合成基波磁动势用空间矢量 $\boldsymbol{F}_{q1上}$ 表示。由于各线圈的匝数和通入的电流均相同，因此，两个等效整距线圈组的基波合成磁动势幅值相同，为 $F_{q1上} = F_{q1下} = F_{q1} = 0.9 q N_c I_c k_{d1}$。

图 3-31b 中的两个等效整距线圈组的轴线在空间上相差的电角度，正好等于短距线圈节距 y_1 较极距 τ 缩短的电角度 β，所以，两个等效整距线圈组的基波磁动势矢量 $\boldsymbol{F}_{q1上}$ 与 $\boldsymbol{F}_{q1下}$ 在空间上的相位差即为 β 电角度，根据矢量合成原则，其基波合成磁动势的幅值 $F_{\varphi 1}$ 位于两线圈组构成的相绕组的轴线上。于是，利用矢量运算，两个等效整距线圈组的基波磁动势的合成与短距线圈基波电动势的合成相似，同样引入基波短距因

179

数 k_{p1} 来计及线圈短距的影响。所以,双层短距分布相绕组的每极磁动势幅值为

$$F_{\varphi 1} = 2F_{q1}k_{p1} = 2 \times 0.9qN_cI_ck_{p1}k_{d1} = 0.9 \times 2qN_cI_ck_{w1} \tag{3-53}$$

式中,F_{q1} 为整距线圈组每极磁动势的幅值;k_{p1} 为基波磁动势的节距因数;k_{d1} 为基波磁动势的分布因数;k_{w1} 为基波磁动势的绕组因数。

同理,两等效整距线圈组的 ν 次谐波磁动势在空间相差 $\nu\beta$ 电角度,所以 ν 次谐波磁动势的幅值为

$$F_{\varphi\nu} = 2F_{q\nu}k_{p1} = \frac{1}{\nu}0.9 \times 2qN_cI_ck_{p\nu}k_{d\nu} = \frac{1}{\nu}0.9 \times 2qN_cI_ck_{w\nu} \tag{3-54}$$

式中,$F_{q\nu}$ 为整距线圈组 ν 次谐波磁动势的振幅;$k_{p\nu}$ 为 ν 次谐波磁动势的节距因数;$k_{d\nu}$ 为 ν 次谐波磁动势的分布因数;$k_{w\nu}$ 为 ν 次谐波磁动势的绕组因数。

与计算交流绕组基波相电动势类似,设 N 为每相总串联匝数,I_φ 为相电流的有效值,a 为绕组的并联支路数。对于单层绕组,有

$$qN_c = \frac{Na}{p} \tag{3-55}$$

对于双层绕组,有

$$qN_c = \frac{Na}{2p} \tag{3-56}$$

考虑到支路电流有效值 I_c 与相电流有效值 I_φ 的关系为

$$I_c = \frac{I_\varphi}{a} \tag{3-57}$$

将式(3-55) 和式(3-56) 代入式(3-51)、式(3-53),并考虑式(3-57),可得相绕组基波磁动势幅值为

$$F_{\varphi 1} = 0.9\frac{NI_\varphi}{p}k_{w1} \tag{3-58}$$

将式(3-55) 和式(3-56) 代入式(3-52)、式(3-54),并考虑式(3-57),可得相绕组谐波磁动势幅值为

$$F_{\varphi\nu} = \frac{1}{\nu}0.9\frac{NI_\varphi}{p}k_{w\nu} \tag{3-59}$$

再考虑到电流随时间变化,以及磁动势沿空间按余弦规律分布等因素,可得到相绕组基波和谐波磁动势的瞬时表达式为

$$\begin{cases} f_1(\theta_s,t) = F_{\varphi 1}\cos\theta_s\cos\omega t \\ f_\nu(\theta_s,t) = F_{\varphi\nu}\cos\nu\theta_s\cos\omega t \end{cases} \tag{3-60}$$

注意: 在某一瞬间(如电流为最大值时),相绕组合成磁动势的分布波是由布置在槽中的众多导体产生的,仍然是阶梯波;相绕组磁动势也属于脉振磁动势,它既是空间 θ_s 的函数,又是时间 ωt 的函数,在空间上的分布与线圈的空间位置相关,在时间上的变化与电流随时间的变化相关。图 3-32 为不同瞬间单相绕组的基波脉振磁动

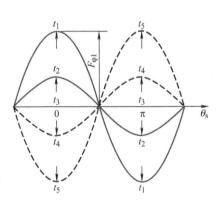

图 3-32 不同瞬间单相绕组的
基波脉振磁动势

势。脉振磁动势在物理上属于驻波。

可总结相绕组磁动势随时间和空间的变化规律为：

1）单相绕组的磁动势是脉振磁动势，脉振的频率与电流的频率相同，该磁动势波沿气隙圆周按阶梯形分布。

2）单相绕组的磁动势在空间上可分解为基波磁动势和一系列奇次谐波磁动势，其幅值分别由式（3-58）和式（3-59）表示。且基波磁动势和谐波磁动势均为脉振磁动势，脉振的频率与电流的频率相同，空间上沿气隙圆周按正弦规律分布。

3）基波磁动势的幅值位于相绕组轴线上，各次谐波磁动势的波幅亦在相绕组的轴线上。

例3-7 三相对称双层短距绕组，$2p = 4$，定子槽数 $Q = 48$，线圈节距 $y_1 = 10$，线圈匝数 $N_c = 22$，并联支路数 $a = 4$，若在三绕组中通入频率为50Hz、有效值为37A的对称交流电流，试计算一相绕组磁动势的基波、3次、5次和7次谐波的幅值，并写出每相基波磁动势的表达式。

解： 计算电机的相关参数：

极距为

$$\tau = \frac{Q}{2p} = \frac{48}{4} = 12$$

槽距角为

$$\alpha = \frac{p \times 360°}{Q} = \frac{2 \times 360°}{48} = 15°$$

每极每相槽数为

$$q = \frac{Q}{2mp} = \frac{48}{4 \times 3} = 4$$

由于是双层绕组，所以每相总串联匝数为

$$N = \frac{2p}{a} q N_c = \frac{4 \times 4 \times 22}{4} \text{匝} = 88 \text{ 匝}$$

1）已知线圈节距 $y_1 = 10$，所以，基波节距因数为

$$k_{p1} = \sin \frac{y_1}{\tau} \times 90° = \sin \frac{10}{12} \times 90° = 0.966$$

基波分布因数为

$$k_{d1} = \frac{\sin \frac{q\alpha}{2}}{q \sin \frac{\alpha}{2}} = \frac{\sin \frac{4 \times 15°}{2}}{4 \sin \frac{15°}{2}} \approx 0.954$$

基波绕组因数为

$$k_{w1} = k_{p1} k_{d1} = 0.966 \times 0.954 \approx 0.922$$

单相基波磁动势的幅值为

$$F_{\varphi 1} = 0.9 \frac{N k_{w1}}{p} I_\varphi = 0.9 \times \frac{88 \times 0.922}{2} \times 37\text{A} = 1350.9\text{A}$$

2）3次谐波的节距因数为

$$k_{p3} = \sin\left(3 \times \frac{y_1}{\tau} \times 90°\right) = \sin\left(3 \times \frac{10}{12} \times 90°\right) = -0.707$$

3 次谐波的分布因数为

$$k_{d3} = \frac{\sin\dfrac{3q\alpha}{2}}{q\sin\dfrac{3\alpha}{2}} = \frac{\sin\dfrac{4 \times 3 \times 15°}{2}}{4\sin\dfrac{3 \times 15°}{2}} \approx 0.65$$

3 次谐波的绕组因数为

$$k_{w3} = k_{p3}k_{d3} = -0.707 \times 0.65 \approx -0.46$$

单相 3 次谐波磁动势的幅值为

$$F_{\varphi3} = 0.9\frac{Nk_{w3}}{p_3}I_\varphi = 0.9 \times \frac{88 \times (-0.46)}{2 \times 3} \times 37\text{A} \approx -224.7\text{A}$$

3）5 次谐波的节距因数为

$$k_{p5} = \sin\left(5 \times \frac{y_1}{\tau} \times 90°\right) = \sin\left(5 \times \frac{10}{12} \times 90°\right) \approx 0.259$$

5 次谐波的分布因数为

$$k_{d5} = \frac{\sin\dfrac{5q\alpha}{2}}{q\sin\dfrac{5\alpha}{2}} = \frac{\sin\dfrac{5 \times 4 \times 15°}{2}}{4\sin\dfrac{5 \times 15°}{2}} \approx 0.206$$

5 次谐波的绕组因数为

$$k_{w5} = k_{p5}k_{d5} = 0.259 \times 0.206 \approx 0.053$$

单相 5 次谐波磁动势的幅值为

$$F_{\varphi5} = 0.9\frac{Nk_{w5}}{p_5}I_\varphi = 0.9 \times \frac{88 \times 0.053}{2 \times 5} \times 37\text{A} \approx 15.5\text{A}$$

4）7 次谐波的节距因数为

$$k_{p7} = \sin\left(7 \times \frac{y_1}{\tau} \times 90°\right) = \sin\left(7 \times \frac{10}{12} \times 90°\right) \approx 0.259$$

7 次谐波的分布因数为

$$k_{d7} = \frac{\sin\dfrac{7q\alpha}{2}}{q\sin\dfrac{7\alpha}{2}} = \frac{\sin\dfrac{7 \times 4 \times 15°}{2}}{4\sin\dfrac{7 \times 15°}{2}} \approx -0.158$$

7 次谐波的绕组因数为

$$k_{w7} = k_{p7}k_{d7} = 0.259 \times (-0.158) \approx -0.041$$

单相 7 次谐波磁动势的幅值为

$$F_{\varphi7} = 0.9\frac{Nk_{w7}}{p_7}I_\varphi = 0.9 \times \frac{88 \times 0.041}{2 \times 7} \times 37\text{A} \approx 8.58\text{A}$$

5）各相基波磁动势的表达式为

$$f_A(\theta_s, t) = 1350.9\cos\theta_s\cos\omega t$$
$$f_B(\theta_s, t) = 1350.9\cos(\theta_s - 120°)\cos(\omega t - 120°)$$
$$f_C(\theta_s, t) = 1350.9\cos(\theta_s + 120°)\cos(\omega t + 120°)$$

例3-8　2极单相整距绕组，其总串联匝数 $N = 100$。

1）若在单相绕组中通入正弦电流 $i = \sqrt{2} \times 10\cos100\pi t$，计算该单相绕组基波和3次谐波磁动势的幅值。

2）若通入 10A 直流电流，计算该单相绕组基波和3次谐波磁动势的幅值。

解： 由于是整距绕组，所以，绕组因数均等于1。

1）单相基波磁动势的幅值为

$$F_{\varphi 1} = 0.9 \frac{Nk_{w1}}{p} I_\varphi = 0.9 \times \frac{100 \times 1}{1} \times 10\text{A} = 900\text{A}$$

单相3次谐波磁动势的幅值为

$$F_{\varphi 3} = 0.9 \frac{Nk_{w3}}{p_3} I_\varphi = 0.9 \times \frac{100 \times 1}{1 \times 3} \times 10\text{A} = 300\text{A}$$

2）直流电流产生的磁动势其幅值恒定，即

$$F = \frac{1}{2} NI = \frac{1}{2} \times 100 \times 10\text{A} = 500\text{A}$$

基波磁动势的幅值为

$$F_1 = \frac{4}{\pi} F = \frac{4}{\pi} \times 500\text{A} \approx 637\text{A}$$

3次谐波磁动势的幅值为

$$F_3 = \frac{1}{3} F_1 = \frac{1}{3} \times 637\text{A} \approx 212\text{A}$$

思考题

1. 如何计算线圈基波磁动势、线圈组基波磁动势、相绕组基波磁动势？
2. 如何计算线圈谐波磁动势、线圈组谐波磁动势、相绕组谐波磁动势？
3. 单相绕组磁动势随时间、空间变化的规律是怎样的？

3.6　三相交流绕组的合成磁动势

在交流电机的定子三相对称绕组中，通入三相对称的交流电流，将产生在空间上互差120°电角度的3个脉振磁动势，三相绕组的合成磁动势将由这3个脉振磁动势合成。由于每个脉振磁动势均可分解为基波和奇次谐波磁动势，因此，三相绕组的合成磁动势中也包含基波磁动势和谐波磁动势。

三相交流
绕组磁动势

3.6.1　三相交流绕组的基波合成磁动势

1. 解析法

当三相对称绕组中通入幅值为 I_m 的三相对称电流，即

$$\begin{cases} i_A = I_m\cos\omega t \\ i_B = I_m\cos(\omega t - 120°) \\ i_C = I_m\cos(\omega t - 240°) \end{cases} \tag{3-61}$$

此时，以 A 相绕组轴线的位置作为空间坐标的原点，以 A 相电流达到最大的时刻作为时间的起点，按照 A→B→C 相序，依据式(3-60)，三相绕组的基波磁动势可表示为

$$\begin{cases} f_{A1}(\theta_s,t) = F_{\varphi1}\cos\theta_s\cos\omega t \\ f_{B1}(\theta_s,t) = F_{\varphi1}\cos(\theta_s - 120°)\cos(\omega t - 120°) \\ f_{C1}(\theta_s,t) = F_{\varphi1}\cos(\theta_s - 240°)\cos(\omega t - 240°) \end{cases} \quad (3\text{-}62)$$

利用三角函数的积化和差公式，式(3-62) 可变换为

$$\begin{cases} f_{A1}(\theta_s,t) = \dfrac{1}{2}F_{\varphi1}\cos(\theta_s - \omega t) + \dfrac{1}{2}F_{\varphi1}\cos(\theta_s + \omega t) \\ f_{B1}(\theta_s,t) = \dfrac{1}{2}F_{\varphi1}\cos(\theta_s - \omega t) + \dfrac{1}{2}F_{\varphi1}\cos(\theta_s + \omega t - 240°) \\ f_{C1}(\theta_s,t) = \dfrac{1}{2}F_{\varphi1}\cos(\theta_s - \omega t) + \dfrac{1}{2}F_{\varphi1}\cos(\theta_s + \omega t - 120°) \end{cases} \quad (3\text{-}63)$$

将式(3-63) 中的三个基波磁动势相加，可得三相绕组的基波合成磁动势为

$$\begin{aligned} f_1(\theta_s,t) &= f_{A1}(\theta_s,t) + f_{B1}(\theta_s,t) + f_{C1}(\theta_s,t) \\ &= \frac{3}{2}F_{\varphi1}\cos(\omega t - \theta_s) = F_1\cos(\omega t - \theta_s) \end{aligned} \quad (3\text{-}64)$$

式中，F_1 为三相基波合成磁动势的幅值，且

$$F_1 = \frac{3}{2}F_{\varphi1} = \frac{3}{2}\times 0.9\frac{Nk_{w1}}{p}I_\varphi = 1.35\frac{Nk_{w1}}{p}I_\varphi \quad (3\text{-}65)$$

由式(3-64) 和式(3-65) 可知，三相绕组的基波合成磁动势 $f_1(\theta_s,t)$ 是一个幅值恒定、空间正弦分布的正向行波，对于旋转电机，$f_1(\theta_s,t)$ 是一个沿气隙圆周 θ_s 不断向前推进的旋转磁动势波。下面分析 $f_1(\theta_s,t)$ 随时间和空间的变化规律。

旋转磁场的
产生

1）当 $\omega t = 0°$ 时，根据式(3-62)，A 相电流为正的最大值，B 相、C 相电流为负。不同瞬间的三相基波合成磁动势如图 3-33 所示。为了能清晰表示各相电流的瞬时正与负，假定相电流为正时，从其首端流出（用符号⊙表示），尾端流入（用符号⊗表示）；相电流为负时，从其首端流入，尾端流出。按此规则，此时各相导体电流如图 3-33a 所示。此时的三相基波合成磁动势 $f_1(\theta_s,t) = F_1\cos\theta_s$，是一个幅值为 F_1、沿气隙圆周按余弦规律分布的磁动势波，其正波幅位于 $\theta_s = 0°$ 处，与 A 相绕组的轴线重合。

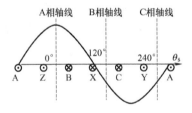

a) $\omega t = 0°$，$f_1(\theta_s,\ t) = F_1\cos\theta_s$

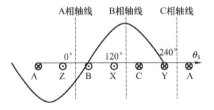

b) $\omega t = 120°$，$f_1(\theta_s,\ t) = F_1\cos(\theta_s - 120°)$

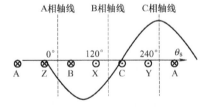

c) $\omega t = 240°$，$f_1(\theta_s,\ t) = F_1\cos(\theta_s - 240°)$

图 3-33　不同瞬间的三相基波合成磁动势波

2）当 $\omega t = 120°$ 时，B 相电流为正的最大值，A 相、C 相电流为负。此时 $f_1(\theta_s, t) = F_1\cos(\theta_s - 120°)$，是一个幅值为 F_1、沿气隙圆周按余弦规律分布的磁动势波，其正波幅位于 $\theta_s = 120°$ 处，与 B 相绕组轴线重合，如图 3-33b 所示。与 A 相电流最大时相比，时间上经过了 120°，而合成磁动势正波幅的位置在空间上也转过了 120°电角度。

3）当 $\omega t = 240°$ 时，C 相电流为正的最大值，A 相、B 相电流为负。此时 $f_1(\theta_s, t) = F_1\cos(\theta_s - 240°)$，是一个幅值为 F_1、沿气隙圆周按余弦规律分布的磁动势波，其正波幅位于 $\theta_s = 240°$ 处，与 C 相绕组轴线重合，如图 3-33c 所示。与 B 相电流最大时相比，时间上经过了 120°，而合成磁动势正波幅的位置在空间上同样转过了 120°电角度。

4）当时间再经过 120°，重新出现 A 相电流为最大值时，合成磁动势正波幅的位置重新与 A 相绕组轴线重合。

下面讨论三相基波合成磁动势 $f_1(\theta_s, t)$ 的移动速度，可以从波上任意一点（如波幅点）的推移速度来确定。由于波幅点的幅值恒定为 F_1，由式(3-64) 可知，应有 $\cos(\omega t - \theta_s) = 1$，即

$$\omega t - \theta_s = 0 \tag{3-66}$$

将式(3-66) 对时间 t 求导数，可得到波幅推移的角速度 ω 为

$$\omega = \frac{\mathrm{d}\theta_s}{\mathrm{d}t} \tag{3-67}$$

式中，ω 的单位为 rad/s。

式(3-67) 表明，磁动势波幅推移的角速度与交流电流的角频率相等，即合成磁动势正波幅转过的空间电角度与电流变化的时间电角度相同，因此电流每变化一个周期，即时间上经过 360°，磁动势波在空间亦移动 360°电角度，即一对极的距离。这样，当电流每秒变化 f 次，磁动势波在空间移动 f 对极距，而对于 p 对极电机，每 p 对极为一周，因此，在旋转电机中，三相基波合成磁动势沿气隙圆周旋转时，旋转磁动势波的转速为

$$n = \frac{f}{p}(\mathrm{r/s}) = \frac{60f}{p}(\mathrm{r/min}) \tag{3-68}$$

即等于同步转速 n_s。

总结三相绕组基波合成磁动势随时间和空间的变化规律为：

1）三相绕组的基波合成磁动势是一个旋转磁动势波，转速为同步转速 n_s，且 $n_s = \frac{60f}{p}(\mathrm{r/min})$。

2）当某相电流达到最大值时，基波合成磁动势的正波幅与该相绕组的轴线重合，因此磁动势的转向是从电流超前的相绕组轴线转向电流滞后的相绕组轴线。改变电流的相序即可改变磁动势的旋转方向。

3）三相基波合成磁动势的幅值 F_1 恒定，为单相脉振基波磁动势幅值 $F_{\varphi 1}$ 的 3/2 倍，即 $F_1 = \frac{3}{2}F_{\varphi 1} = 1.35\frac{Nk_{w1}}{p}I_\varphi$。

2. 图解法

下面通过图解法，从另一个角度对三相绕组基波磁动势的合成进行描述。

对于三相绕组各自的脉振基波磁动势，可以分别用三个脉振的空间矢量 $\boldsymbol{F}_A$、$\boldsymbol{F}_B$、$\boldsymbol{F}_C$ 来表示，而三相基波合成磁动势用空间矢量 $\boldsymbol{F}_1$ 表示。

1）当 $\omega t = 0°$ 时，$i_A = I_{\varphi m}$，$i_B = i_C = -\dfrac{1}{2}I_{\varphi m}$，此时 A 相电流达到正的最大值，所以 A 相脉振磁动势也达到正的最大值，幅值为 $F_{\varphi 1}$，A 相磁动势矢量 $\boldsymbol{F}_A$ 与 A 相绕组轴线重合。而 B 相、C 相电流为负，它们的磁动势矢量 $\boldsymbol{F}_B$、$\boldsymbol{F}_C$ 将分别与各自相绕组轴线反向重合，幅值大小为 $\dfrac{1}{2}F_{\varphi 1}$，如图 3-34a 所示，对此时的 $\boldsymbol{F}_A$、$\boldsymbol{F}_B$、$\boldsymbol{F}_C$ 进行矢量合成，得到空间矢量 $\boldsymbol{F}_1$ 即为该瞬间三相基波合成磁动势矢量，此时 $\boldsymbol{F}_1$ 与 A 相绕组轴线重合，其幅值的大小为 $\dfrac{3}{2}F_{\varphi 1}$。

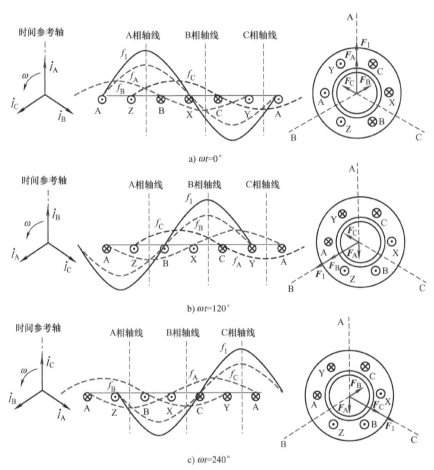

a) $\omega t = 0°$

b) $\omega t = 120°$

c) $\omega t = 240°$

图 3-34　不同瞬间三相基波合成磁动势的图解表示

2）当 $\omega t = 120°$ 时，$i_B = I_{\varphi m}$，$i_A = i_C = -\dfrac{1}{2}I_{\varphi m}$，此时 B 相电流达到正的最大值，所以 B 相脉振磁动势也达到正的最大值，幅值为 $F_{\varphi 1}$，B 相磁动势矢量 $\boldsymbol{F}_B$ 与 B 相绕组轴线重合。而 A 相、C 相电流为负，它们的磁动势矢量 $\boldsymbol{F}_A$、$\boldsymbol{F}_C$ 将分别与各自相绕组轴线反向重合，幅值大小为 $\dfrac{1}{2}F_{\varphi 1}$，如图 3-34b 所示，对此时的 $\boldsymbol{F}_A$、$\boldsymbol{F}_B$、$\boldsymbol{F}_C$ 进行矢量合成，得到空间矢量 $\boldsymbol{F}_1$ 即为该瞬间三相基波合成磁动势矢量，此时 $\boldsymbol{F}_1$ 与 B 相绕组轴

线重合，其幅值的大小为 $\dfrac{3}{2}F_{\varphi 1}$。

3）当 $\omega t=240°$ 时，$i_C=I_{\varphi m}$，$i_A=i_B=-\dfrac{1}{2}I_{\varphi m}$，此时 C 相电流达到正的最大值，所以 C 相脉振磁动势也达到正的最大值，幅值为 $F_{\varphi 1}$，C 相磁动势矢量 $\boldsymbol{F}_C$ 与 C 相绕组轴线重合。而 A 相、B 相电流为负，它们的磁动势矢量 $\boldsymbol{F}_A$、$\boldsymbol{F}_B$ 将分别与各自相绕组轴线反向重合，幅值大小为 $\dfrac{1}{2}F_{\varphi 1}$，如图 3-34c 所示，对此时的 $\boldsymbol{F}_A$、$\boldsymbol{F}_B$、$\boldsymbol{F}_C$ 进行矢量合成，得到空间矢量 $\boldsymbol{F}_1$ 即为该瞬间三相基波合成磁动势矢量，此时 $\boldsymbol{F}_1$ 与 C 相绕组轴线重合，其幅值的大小为 $\dfrac{3}{2}F_{\varphi 1}$。

由于三相交流电流随时间连续变化，可观察到三相基波合成磁动势矢量 $\boldsymbol{F}_1$ 端点的运动轨迹为一个圆，因此将这种幅值大小恒定的旋转磁动势称为圆形旋转磁动势。

推广来说，在对称 m（$m\geqslant 2$）相绕组中通入对称 m 相电流，其基波合成磁动势为圆形旋转磁动势，幅值为 $\dfrac{m}{2}0.9\dfrac{Nk_{w1}}{p}I_{\varphi}$。

3. 时空矢量图

观察图 3-34，左边部分为电流的相量图，其中的电流相量以角速度 $\omega=2\pi f(\text{rad/s})$ 相对于时间参考轴（简称为时轴）旋转；右边部分为空间矢量图，全圆周代表空间上 $360°$ 电角度，即一对极距。

已知三相基波合成磁动势空间矢量 $\boldsymbol{F}_1$ 的机械转速为 $n_s(\text{r/min})$，因此 $\boldsymbol{F}_1$ 在空间矢量图上旋转的电角速度应为 $\omega_s=2\pi pn_s/60=2\pi f(\text{rad/s})$，恰好与电流相量在相量图上旋转的角速度相同。于是，将时间相量与空间矢量人为联系起来，即将电流的时间相量图与磁动势的空间矢量图画在一起，并且将时间相量图中的时轴取为与 A 相绕组的

轴线（简称为相轴）重合，这样，当 A 相电流 $\dot{I}_A$ 与时轴重合时，即 A 相电流的瞬时值为正的最大值时，此时三相基波合成磁动势矢量 $\boldsymbol{F}_1$ 也恰好与 A 相的相轴重合，即此时时间相量 $\dot{I}_A$ 将与空间矢量 $\boldsymbol{F}_1$ 重合；又由于 $\dot{I}_A$ 在时间上经过（相对于时轴转过）的角度等于 $\boldsymbol{F}_1$ 在空间上转过的电角度，于是，时间相量 $\dot{I}_A$ 就可以与三相基波合成磁动势空间矢量 $\boldsymbol{F}_1$ 一直重合在一起，并以 ω_s 同步旋转，这样就构成所谓的时空矢量图，如图 3-35 所示。

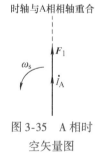

图 3-35 A 相时空矢量图

在时空矢量图中，除了存在"多相对称电流产生的磁动势矢量 $\boldsymbol{F}$ 与该相电流相量 $\dot{I}$ 同相"的关系外，还同时存在下列关系：

1）忽略磁滞和涡流损耗时，旋转磁场的磁密矢量 $\boldsymbol{B}$ 与产生它的磁动势矢量 $\boldsymbol{F}$ 同相（实际上磁密波在空间上滞后磁动势波一个铁耗角）。

2）某相绕组交链的磁通相量 $\dot{\Phi}$ 与产生它的旋转磁场的磁密矢量 $\boldsymbol{B}$ 同相。

根据上述三个关系可画出时空矢量图如图 3-36 所示。

时空矢量图直观地反映了交流电机的时、空统一性，在后面第 4 章、第 5 章中都将利用时空矢量图来分析感应电动机和同步发电机运行的物理过程。

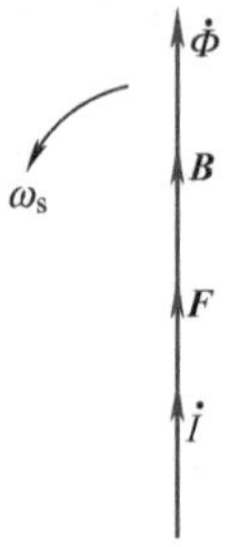

图 3-36　时空矢量图

4. 旋转磁动势与脉振磁动势的关系

由式(3-63) 可知，每相绕组的基波脉振磁动势都可以分解为两个幅值相等、推移方向相反的圆形旋转磁动势。如 A 相，有

$$
\begin{aligned}
f_{A1}(\theta_s,t) &= F_{\varphi1}\cos\theta_s\cos\omega t \\
&= \frac{1}{2}F_{\varphi1}\cos(\omega t-\theta_s)+\frac{1}{2}F_{\varphi1}\cos(\omega t+\theta_s)
\end{aligned}
\tag{3-69}
$$

其中，$\frac{1}{2}F_{\varphi1}\cos(\omega t-\theta_s)$是一个正向推移的圆形旋转磁动势波；$\frac{1}{2}F_{\varphi1}\cos(\omega t+\theta_s)$则是一个反向推移的圆形旋转磁动势波。

从式(3-63) 还可观察到，A、B、C 三相绕组的三个基波脉振磁动势可分解出三个正向和三个反向推移的圆形旋转磁动势，当三相电流为正序电流时，则分解出的三个反向推移的圆形旋转磁动势将相互抵消，使三相基波合成磁动势为正向推移的圆形旋转磁动势；当三相电流为负序电流时，则分解出的三个正向推移的圆形旋转磁动势将相互抵消，使三相基波合成磁动势为反向推移的圆形旋转磁动势。

若三相电流不对称，则正序电流和负序电流将同时存在，于是，三相基波合成磁动势将由两个正向和反向旋转磁动势合成，设正向和反向旋转磁动势的幅值分别为 F_{1+}和 F_{1-}，则三相基波合成磁动势的表达式将变为

$$
f_1(\theta_s,t)=F_{1+}\cos(\omega t-\theta_s)+F_{1-}\cos(\omega t+\theta_s) \tag{3-70}
$$

式(3-70) 中，正向与反向旋转磁动势的幅值不相等，即 $F_{1+}\neq F_{1-}$，因此，这种合成的三相基波磁动势将是一个幅值变化、非恒速推移的旋转磁动势，磁动势矢量端点的运动轨迹是一个椭圆，所以，通常称为椭圆形旋转磁动势。在式(3-70) 中，若 $F_{1+}=0$ 或 $F_{1-}=0$，椭圆形磁动势就转化为圆形磁动势；若 $F_{1+}=F_{1-}$，椭圆形磁动势就退化为脉振磁动势。

3.6.2　三相合成磁动势中的高次谐波磁动势

将 A、B、C 三相绕组所产生的 ν 次谐波磁动势相加，得到三相合成磁动势中的 ν 次谐波磁动势 $f_\nu(\theta_s,t)$，即

$$
\begin{aligned}
f_\nu(\theta_s,t) &= f_{A\nu}(\theta_s,t)+f_{B\nu}(\theta_s,t)+f_{C\nu}(\theta_s,t) \\
&= F_{\varphi\nu}\cos\nu\theta_s\cos\omega t+F_{\varphi\nu}\cos\nu(\theta_s-120°)\cos(\omega t-120°)+ \\
&\quad F_{\varphi\nu}\cos\nu(\theta_s-240°)\cos(\omega t-240°)
\end{aligned}
\tag{3-71}
$$

经运算可知：

1）当 $\nu=3k(k=1,3,5,\cdots)$，也即 $\nu=3,9,15,\cdots$时，有

$$
f_\nu(\theta_s,t)=0 \tag{3-72}
$$

式(3-72) 表明，对称三相绕组的合成磁动势中，不存在 3 次及 3 的倍数次谐波磁动势。

2）当 $\nu=6k-1(k=1,2,3,\cdots)$，也即 $\nu=5,11,17,\cdots$时，有

$$f_\nu(\theta_s, t) = \frac{3}{2} F_{\varphi\nu} \cos(\omega t + \nu\theta_s) \tag{3-73}$$

此时的谐波合成磁动势为转向反向（与基波磁动势的转向相反），转速为 n_s/ν，幅值为 $\frac{3}{2} F_{\varphi\nu}$ 的旋转磁动势。

3）当 $\nu = 6k+1(k=1, 2, 3, \cdots)$，也即 $\nu = 7, 13, 19, \cdots$时，有

$$f_\nu(\theta_s, t) = \frac{3}{2} F_{\varphi\nu} \cos(\omega t - \nu\theta_s) \tag{3-74}$$

此时的谐波合成磁动势为转向正向（与基波磁动势的转向相同），转速为 n_s/ν，幅值为 $\frac{3}{2} F_{\varphi\nu}$ 的旋转磁动势。

在同步电机中，谐波磁动势所产生的磁场在转子表面会产生涡流损耗，引起发热，降低电机的效率。在感应电动机中，谐波磁场会产生一定的寄生转矩，影响电动机的起动性能。因此需要采用短距、分布绕组等措施来削弱谐波磁动势。

例3-9 三相对称双层绕组，$2p=4$，定子槽数 $Q=36$，线圈节距 $y_1 = (7/9)\tau$，每相总串联匝数 $N=480$，若在三相绕组中通入频率为50Hz、有效值为10A的对称交流电流，试计算三相绕组产生的合成磁动势的基波、5次和7次谐波分量的幅值和转速。

解： 计算电机的相关参数：

槽距角为

$$\alpha = \frac{p \times 360°}{Q} = \frac{2 \times 360°}{36} = 20°$$

每极每相槽数为

$$q = \frac{Q}{2mp} = \frac{36}{4 \times 3} = 3$$

1）已知线圈节距 $y_1 = (7/9)\tau$，所以，基波节距因数为

$$k_{p1} = \sin\frac{y_1}{\tau} \times 90° = \sin\frac{7}{9} \times 90° \approx 0.94$$

基波分布因数为

$$k_{d1} = \frac{\sin\dfrac{q\alpha}{2}}{q\sin\dfrac{\alpha}{2}} = \frac{\sin\dfrac{3 \times 20°}{2}}{3\sin\dfrac{20°}{2}} \approx 0.96$$

基波绕组因数为

$$k_{w1} = k_{p1}k_{d1} = 0.94 \times 0.96 \approx 0.902$$

基波合成磁动势的幅值为

$$F_1 = 1.35 \frac{Nk_{w1}}{p} I_\varphi = 1.35 \times \frac{480 \times 0.902}{2} \times 10A \approx 2922.5A$$

基波合成磁动势的转速为

$$n_1 = \frac{60f}{p} = \frac{60 \times 50}{2} r/min = 1500 r/min$$

2）已知线圈节距 $y_1 = (7/9)\tau$，所以，5次谐波节距因数为

$$k_{p5} = \sin\left(5 \times \frac{y_1}{\tau} \times 90°\right) = \sin\left(5 \times \frac{7}{9} \times 90°\right) \approx -0.174$$

5 次谐波的分布因数为

$$k_{d5} = \frac{\sin\dfrac{5q\alpha}{2}}{q\sin\dfrac{5\alpha}{2}} = \frac{\sin\dfrac{5 \times 3 \times 20°}{2}}{3\sin\dfrac{5 \times 20°}{2}} \approx 0.218$$

5 次谐波的绕组因数为

$$k_{w5} = k_{p5}k_{d5} = -0.174 \times 0.218 \approx -0.038$$

5 次谐波合成磁动势的幅值为

$$F_5 = 1.35\frac{Nk_{w5}}{p_5}I_\varphi = 1.35 \times \frac{480 \times 0.038}{2 \times 5} \times 10\text{A} \approx 24.6\text{A}$$

5 次谐波合成磁动势的转速为

$$n_5 = -\frac{1}{5}n_1 = -\frac{1}{5} \times 1500\text{r/min} = -300\text{r/min}$$

5 次谐波合成磁动势的转向与基波磁动势的旋转方向相反。

3）7 次谐波的节距因数为

$$k_{p7} = \sin\left(7 \times \frac{y_1}{\tau} \times 90°\right) = \sin\left(7 \times \frac{7}{9} \times 90°\right) \approx 0.766$$

7 次谐波的分布因数为

$$k_{d7} = \frac{\sin\dfrac{7q\alpha}{2}}{q\sin\dfrac{7\alpha}{2}} = \frac{\sin\dfrac{7 \times 3 \times 20°}{2}}{3\sin\dfrac{7 \times 20°}{2}} \approx -0.177$$

7 次谐波的绕组因数为

$$k_{w7} = k_{p5}k_{d5} = 0.766 \times (-0.177) \approx 0.136$$

7 次谐波合成磁动势的幅值为

$$F_7 = 1.35\frac{Nk_{w7}}{p_7}I_\varphi = 1.35 \times \frac{480 \times 0.136}{2 \times 7} \times 10\text{A} \approx 62.95\text{A}$$

7 次谐波合成磁动势的转速为

$$n_7 = \frac{1}{7}n_1 = \frac{1}{7} \times 1500\text{r/min} \approx 214\text{r/min}$$

7 次谐波合成磁动势的转向与基波磁动势的旋转方向相同。

例 3-10 以 α 表示定子圆周的空间角度，定子绕组通入电流后产生的合成磁动势的表达式为 $f(\alpha,t) = F\cos(k\omega t + \nu\alpha)$，试分析：

1）该磁动势的性质。

2）产生该磁动势的电流频率。

解：1）根据磁动势的数学表达式 $f(\alpha,t) = F\cos(k\omega t + \nu\alpha)$，固定某一时刻观察磁动势在空间的变化，取时刻 $t = 0$，则有 $f(\alpha,0) = F\cos\nu\alpha$。

可见，当 α 变化 2π 弧度（电角度）时，磁动势变化 $\nu \times 2\pi$ 弧度（电角度），即磁动势变化 ν 个周期。由于磁动势变化一个周期表明其物理圆周为一对极距离，所以，可判定该磁动势的极对数为 ν。

由于磁动势幅值恒定不变，其幅值出现的位置随时间变化，当 $\cos(k\omega t + \nu\alpha) = 1$，即 $k\omega t + \nu\alpha = 0$，$\alpha = -\dfrac{k\omega t}{\nu}$时，为磁动势幅值位置。所以，该磁动势是沿 α 反方向旋转的旋转磁动势，其旋转转速为$\dfrac{\mathrm{d}\alpha}{\mathrm{d}t} = -\dfrac{k\omega}{\nu}$。

2）固定某一位置观察磁动势随时间的变化，如 $\alpha = 0$，则磁动势为 $f(0,t) = F\cos k\omega t$，该位置的磁动势随时间按余弦规律变化，变化的角频率为 $k\omega$，即与绕组电流的角频率相同，所以，产生该磁动势的电流频率为$\dfrac{k\omega}{2\pi}$。

思考题

1. 用解析法如何推导三相绕组基波合成磁动势和谐波合成磁动势？
2. 三相绕组基波合成磁动势随时间、空间变化的规律是怎样的？
3. 三相绕组合成磁动势的高次谐波具有怎样的特点？
4. 用图解法如何推导三相绕组基波合成磁动势和谐波合成磁动势？
5. 旋转磁动势与脉振磁动势的关系是怎样的？
6. 何谓时空矢量图？

本 章 小 结

本章主要介绍了三相对称交流绕组的构成和连接规律、交流绕组感应电动势的计算和磁动势的计算三部分内容，这些内容是研究感应电机和同步电机的理论基础，也是交流电机理论中的基本问题和共同问题。

在学习过程中要注意以下几点：

1. 三相交流绕组既有单层绕组，也有双层绕组。单层绕组的优点是槽内利用率较高，嵌线比较方便，主要用于小型电机。双层绕组的优点是可以同时利用短距和分布的办法来改善感应电动势和磁动势的波形，使电机得到较好的电磁性能，主要用于中、大型电机。双层绕组中又有叠绕组和波绕组两类，两者的连接规律虽然不同，应用场合也不同，但有效材料的利用情况却基本相同。

2. 在构成三相交流绕组时，首先需要确定每极每相槽数 q，并绘出槽电动势星形图。再按照对交流绕组的基本要求进行分相。根据分相的结果，把每极下同一相带内的线圈串联起来，组成一个线圈组（也称为极相组）。把所有极下属于同一相的全部线圈组连接起来，就可以组成一相绕组，如 A 相、B 相或 C 相，最终构成三相对称绕组。

在利用槽电动势星形图划分相带时，为了获得尽可能大的基波电动势和磁动势，三相对称绕组一般采用60°相带，且 B 相和 C 相的槽号应分别滞后于 A 相120°和240°电角度。不同极性下的线圈组互相串联时要反向连接，以使电动势互相累加。对于单层同心式和交叉式绕组，还应使每相绕组中的大、小线圈配置情况相同。

3. 在计算交流绕组感应电动势时，常采用 $e = Blv$ 的计算方法，也可以采用 $e = -\mathrm{d}\varPhi/\mathrm{d}t$ 的计算方法。感应电动势的频率取决于主极磁场与导体之间相对切割速度的大小和绕组极对数的多少；感应电动势的波形主要取决于主极磁场在气隙中的分布波形，以及绕组的节距因数 k_p 和分布因数 k_d 等，且绕组因数 $k_\mathrm{w} = k_\mathrm{p}k_\mathrm{d}$。整距绕组的节距

电机学

因数等于 1，集中绕组（$q=1$）的分布因数等于 1，整距集中绕组的绕组因数等于 1。交流绕组相绕组的基波感应电动势 $E_{\varphi1}=4.44fN_1k_{w1}\Phi_1$。

感应电动势中的高次谐波（时间谐波），主要是由主极磁场在气隙内的非正弦分布所引起。为削弱这类谐波，可以采用改善主极磁场的分布，采用短距和分布绕组等措施。为削弱齿谐波，需要采用斜槽、分数槽绕组和适当地选取阻尼绕组节距等措施。

4. 分析交流绕组磁动势时要特别注意磁动势的性质、大小以及随时间、沿空间的变化规律。单相绕组通入交流电流时，产生脉振磁动势，其运动规律类似于驻波。三相对称绕组通入三相对称交流电流时，产生旋转磁动势，其运动规律类似于行波，其幅值和分布形态以一定的速度在气隙内推移。

由于磁动势由电流产生，所以无论是脉振磁动势还是旋转磁动势波，其幅值均与每极下的有效安匝数成正比。单相绕组的基波脉振磁动势幅值为 $F_{\varphi1}=0.9N_1k_{w1}I/p$，对称三相绕组的基波旋转磁动势幅值为 $F_1=1.35N_1k_{w1}I/p$。脉振或旋转的角频率则取决于电流的角频率。推广来说，对称的 m 相绕组内通以对称的 m 相正弦电流时，其基波合成磁动势也将是一个圆形旋转磁动势波，其幅值为 $F_1=(m/2)\times(0.9N_1k_{w1}I/p)$。

脉振磁动势和旋转磁动势的关系：一个正弦分布的脉振磁动势，可以分解为两个幅值相等、推移方向相反的旋转磁动势波；对称三相绕组中通以对称的正序电流时，由三相的三个脉振磁动势分解出来的三个反向旋转磁动势互相抵消，于是合成磁动势将成为正向推移、恒幅的旋转磁动势波。

旋转磁动势波不但可以由直流励磁的主磁极用机械方法拖动来产生，也可以用电磁方法，在多相绕组内通以对称的多相交流电流来产生。感应电机内部的旋转磁场就是利用电磁方法产生的。

对旋转磁动势，还要注意其转向、转速以及幅值的位置与三相电流瞬时值之间的关系。在计算磁动势时也出现了节距因数 k_p 和分布因数 k_d，这在一定程度上反映了电与磁之间的联系，利用短距和分布等措施同样能够改善磁动势的波形。

习 题

3-1 感应电机与同步电机在结构上有哪些共同点？

3-2 交流绕组基波感应电动势是如何计算的？节距因数、分布因数和绕组因数如何计算？

3-3 交流绕组的谐波电动势是如何产生的？如何消除或削弱谐波电动势？

3-4 单相绕组基波磁动势具有哪些特点？

3-5 三相绕组基波合成磁动势有哪些特点？

3-6 交流电机中产生谐波磁动势的原因有哪些？如何消除或削弱高次谐波磁动势？

3-7 三相交流绕组基波旋转磁场的转速、转向各与哪些因素有关？

3-8 如何改变交流电机中旋转磁场的旋转方向？

3-9 在对称的两相绕组（绕组轴线空间差 90°电角度）内通入对称的两相电流（时间相位差 90°），试分析产生的基波合成磁动势的特点。

3-10 如果在三相对称绕组中通入大小及相位均相同的电流，试分析三相基波合成磁动势的特点。

3-11 三相感应电动机，定子绕组星形联结，若定子绕组有一相断线，将产生什么性质的磁动势？

3-12 如果在匝数、节距和空间位置相同的三个绕组中通入三相对称电流，试分析三相合成基波磁动势的特点。

3-13 如果在三相对称绕组中通入幅值、频率和初相位均相同的交流电流 $i_A = i_B = i_C = I_m \cos\omega t$，试分析三相合成基波磁动势的特点。

3-14 试分析三相合成磁动势的基波在绕组中产生的基波感应电动势的频率，以及三相合成磁动势的 5、7 次谐波在绕组中产生的 5、7 次谐波感应电动势的频率。

3-15 三相单层链式绕组，$Q = 24$，$2p = 4$，$a = 2$，画出绕组的展开图并计算绕组因数。

3-16 三相双层短距叠绕组，$Q = 24$，$2p = 2$，$y_1 = \dfrac{5}{6}\tau$，$a = 1$，画出 A 相绕组的展开图并计算绕组因数。

3-17 一台 2 极三相同步发电机，定子绕组星形联结，电流频率 50Hz，定子绕组每相总串联匝数 $N = 2000$ 匝，绕组因数 $k_w = 0.966$，要使发电机定子绕组空载端电压为 6kV，每极磁通应该为多少？

3-18 一台 2 极三相同步发电机，定子绕组星形联结，电流频率 50Hz，定子绕组每相总串联匝数 $N = 18$ 匝，绕组因数 $k_w = 0.933$。每极基波磁通为 3.31Wb，电机转速为 3600r/min。计算发电机空载相电压和线电压的有效值。

3-19 三相双层绕组，$Q = 36$，$2p = 4$，$y_1 = \dfrac{7}{9}\tau$，$f = 50$Hz，$a = 1$，试求基波、5 次、7 次和一阶齿谐波的绕组因数。若绕组星形联结，每个线圈的匝数 $N_c = 2$ 匝，每极基波磁通为 0.74Wb，谐波磁场幅值与基波磁场幅值之比 $B_5/B_1 = 1/25$，$B_7/B_1 = 1/49$，并联支路数 $a = 1$，求基波、5 次和 7 次谐波的相电动势有效值。

3-20 一台 2 极三相同步发电机，定子绕组星形联结，电流频率 50Hz，定子绕组每相总串联匝数 $N = 45$ 匝，绕组因数 $k_w = 0.93$，每极基波磁通为 2.1Wb，电枢电流有效值为 20A。试求：

1）定子绕组每相感应电动势的幅值和有效值。

2）定子单相绕组基波磁动势的幅值。

3）定子三相绕组基波合成磁动势的幅值和转速。

3-21 一台 6 极三相同步发电机，定子为双层叠绕组，星形联结，$Q_1 = 54$，$y_1 = 7$，$a = 1$，每个线圈的匝数 $N_c = 10$ 匝，试求：

1）定子绕组通入频率 50Hz、有效值 10A 的三相对称电流时，基波旋转磁动势的幅值和转速。

2）若每极磁通 $\Phi_m = 0.11$Wb，定子绕组基波相电动势、线电动势的有效值。

3-22 一台 4 极三相感应电动机，定子为双层叠绕组，星形联结，$Q_1 = 24$，$y_1 = 5$，$a = 1$，每个线圈的匝数 $N_c = 10$ 匝，当通入频率为 50Hz 的三相对称电流，每相电流有效值为 20A 时，试求：

1）三相基波合成磁动势的幅值和转速。

2）三相合成磁动势 5、7 次谐波的幅值和转速。

第4章

感应电机

感应电机属于交流电机。电机运行时，定子绕组接到交流电源，转子绕组自身短路，定、转子之间依靠电磁感应作用，在转子绕组中感应电动势和电流以实现机电能量转换，故称为感应电机。又由于感应电机转子的转速与定子电网频率不存在像同步电机那样的恒定比例关系，所以，感应电机也称为异步电机。

感应电机主要作为电动机，其功率范围从几瓦到上万千瓦，用于拖动各种生产机械，在国民经济各行业和人们日常生活中应用最广泛。例如，在工业应用中，它可以拖动风机、水泵、压缩机、各种轧钢设备、轻工机械，冶金和矿山机械等；在民用电器中，电扇、洗衣机、电冰箱、空调机等都由单相感应电动机拖动。感应电机也可作为发电机，用于风力发电场和小型水电站。

感应电动机的主要优点是结构简单、容易制造、价格低廉、维修方便、运行可靠、坚固耐用、效率较高，且具有适用于多种机械负载的工作特性，缺点是需要从电网吸收滞后的无功功率，增加了系统的无功负担，进而增加了电网损耗。但由于可以采用其他方法对电网功率因数进行补偿，因此这并不妨碍感应电动机的广泛使用（在单机容量大、恒速运行的场合，通常采用功率因数可以调节的同步电动机）。

感应电动机的种类很多，从不同的角度，有不同的分类方法。通常，按定子相数分，有单相感应电动机、两相感应电动机和三相感应电动机；按转子结构分，有绕线转子感应电动机和笼型感应电动机，后者又包括单笼型感应电动机、双笼型感应电动机和深槽感应电动机。另外，根据定子绕组所加电压的高低，感应电动机又可分为高压感应电动机和低压感应电动机。

本章首先介绍三相感应电动机的实物模型——基本结构，然后介绍其物理模型——三相感应电动机空载和负载运行时的电磁关系，进而介绍其数学模型——从电磁关系导出电压方程、相量图、等效电路，以及功率和转矩方程，进一步利用数学模型分析三相感应电动机的运行特性与工程应用（起动、调速和制动），最后简要介绍其他常用感应电机的工作原理与运行特点。

4.1　三相感应电动机的基本结构与工作原理

4.1.1　三相感应电动机的基本结构

三相感应电动机主要由静止的定子和旋转的转子组成，定、转子之间有均匀的气隙。此外还有端盖、机座、轴承等部件。图 4-1 为三相笼型感应电动机的结构拆解图。三相笼型感应电动机和三相绕线转子感应电动机的剖视图分别如图 4-2a、b 所示。

图4-1 三相笼型感应电动机结构拆解

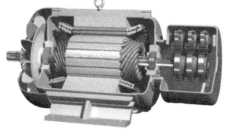

a) 笼型感应电动机剖视图   b) 绕线转子感应电动机剖视图

图4-2 三相感应电动机剖视图

感应电机
的结构

1. 定子

三相感应电动机的定子主要包括定子铁心、定子绕组、机座和端盖等部件。图4-3为三相感应电动机定子及其剖视图。

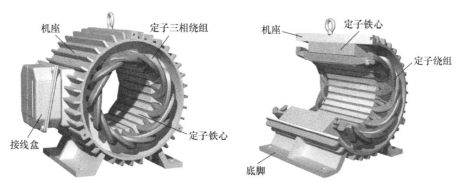

a) 定子   b) 定子剖视图

图4-3 三相感应电动机的定子

定子铁心是电机主磁路的一部分。为了减小旋转磁场在铁心中引起的损耗，铁心一般由导磁性能良好的0.35～0.5mm厚的硅钢片叠成，且硅钢片两面涂有绝缘漆，如图4-4a所示。叠成的定子铁心为如图4-4b所示的空心圆筒形结构，安置于电机的机座内。当铁心外径在1m以内时，钢片制成整圆；当外径大于1m时，则用扇形片来拼成圆形。为了增加散热面积，当电机铁心较长时，在轴向长度上，每3～6cm留有径向通风沟，整个铁心在两端用压板压紧。定子硅钢片沿着内圆冲制出均匀分布、尺寸相同的槽，以嵌放定子绕组。小型感应电动机常采用半闭口槽，中型低压感应电动机常采用半开口槽，中、大型高压感应电动机都采用开口槽，以便于嵌线，如图4-5所示。

195

a) 铁心冲片　　　　b) 定子铁心

图4-4　三相感应电动机的定子铁心

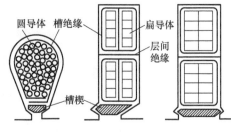

a) 半闭口槽　　b) 半开口槽　　c) 开口槽

图4-5　三相感应电动机的定子槽形

定子绕组是电机的电路部分，由若干线圈按照一定规律连接构成，并嵌放在定子铁心槽中，其作用是产生旋转磁场。该旋转磁场与转子绕组感应电流作用以实现机电能量转换。感应电机定子绕组的连接特点请参见第3章相关内容。

对10kW以下的小容量感应电动机，常用单层绕组，容量较大的感应电动机一般采用双层短距绕组。定子绕组分为散嵌绕组和成型绕组。散嵌绕组也称为软绕组，如图4-6a所示，它由圆截面高强度漆包铜线制成，线圈外包有槽绝缘，以与铁心隔离，主要用于中、小型感应电动机。大、中型感应电动机的定子绕组一般为成型绕组，如图4-6b所示，是用矩形截面的扁铜线制成，线圈预制成形，也称为硬绕组。

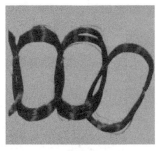

a) 散嵌绕组　　　　　b) 成型绕组

图4-6　三相感应电动机的定子绕组

常用的三相感应电动机的定子绕组有6个端子，如图4-7a所示。通常把定子绕组的6个端子引出来，接到固定在机座上的接线盒中，便于使用者根据需要将三相定子绕组接成星形（丫）或三角形（△）联结，如图4-7b、c所示。一般高压大、中型容量感应电动机的定子绕组采用星形联结，只有3根引出线。

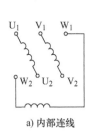
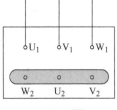
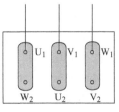

a) 内部连线　　　b) 星形联结　　　c) 三角形联结

图4-7　三相感应电动机的引出线

196

机座的作用是固定和支撑定子铁心，要求有足够的机械强度和刚度。端盖通过止口和螺栓固定在机座的两端，端盖上安装有轴承，用以支撑转子。机座和端盖一般由铸铁或钢板焊接而成，此外也有新型铸铝机座。对封闭式感应电机，铁心紧贴在机座的内壁，因内部损耗而产生的热量通过铁心传给机座，再由机座表面散发到周围空气中。为了增加散热面积，机座的外表面通常有散热片。此外，机座上还装有铭牌、出线盒、风扇罩、底脚和吊攀等。

2. 转子

感应电动机的转子由转子铁心、转子绕组和转轴等组成，如图4-8所示。

a) 笼型转子　　　　　　　　　　　　　b) 绕线转子

图4-8　三相感应电动机的转子

转子铁心也是电机主磁路的一部分，一般用0.35～0.5mm厚的硅钢片叠成，如图4-9所示。在转子铁心外圆均匀布置转子槽，用于安放转子绕组。中、小型感应电动机的转子铁心直接安装在电机转轴上。大型感应电动机的转子铁心则套在转子支架上，支架套在轴上。容量较大的感应电动机，为增强转子铁心的散热，在转子铁心上留有径向通风沟和轴向通风孔。

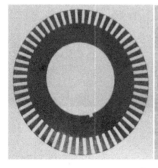
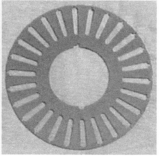

a) 转子冲片　　　　　　　　　　b) 转子铁心

图4-9　三相感应电动机的转子铁心

三相感应电动机转子绕组的作用是感应电动势、流过电流和产生电磁转矩，分为笼型绕组和绕线转子绕组两种。笼型转子绕组由导条和连接导条的端环构成，如果去掉铁心，整个绕组的外形就像一个松鼠笼子，所以称为笼型绕组。笼型转子的导条与端环材料可以用铜或铝。中、小型笼型感应电动机多采用铸铝转子，如图4-10a所示。把导条、端环以及端环上的风叶一起铸出，优点是节省用铜、生产率高。对于容量较大（比如 450kW 以上），或者有特殊性能要求的感应电动机，由于铸铝质量不易保证，多采用将铜条插入转子槽，并在两端焊上端环的方式，构成笼型绕组，如图 4-10b 所示。通常铸铝转子常采用斜槽结构来减小齿谐波磁场和谐波转矩。

a) 铸铝转子

b) 铜条转子

图 4-10　三相感应电动机的笼型转子

　　绕线转子的绕组也是由若干线圈按照一定规律连接构成，并嵌放在转子铁心槽中，其极数与定子绕组极数相同，一般也是三相交流绕组，常接为星形。转子绕组的三相引出线分别接到转轴一端的三个集电环上，如图 4-11a 所示。每个集电环与一个空间位置固定的电刷单独接触，通过电刷与集电环的滑动接触将转子绕组与外电路相连，如图 4-11b 所示。为了减少电刷的磨损和摩擦损耗，绕线转子感应电动机有的还有提刷短路装置，以便当电动机起动完毕又不需要调速时，提起电刷并同时将三个集电环短路。但提刷短路装置使电机的制造工艺以及维护都变得复杂，因此只适用于中等容量的电动机。绕线转子的缺点是结构复杂、价格较高、可靠性稍差，其优点是通过转子外接可变电阻等可以改善电动机的起动性能和调速性能。

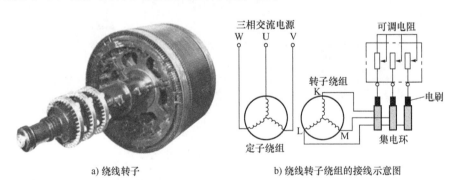

a) 绕线转子

b) 绕线转子绕组的接线示意图

图 4-11　三相感应电动机的绕线转子

　　电机的转轴由钢制成。转轴的一端装有离心式风扇，通过风扇罩的导向作用，将风向由径向改为轴向，冷却机座表面。转轴的另一端从端盖伸出，称为轴伸，用以连接机械负载，电机的机械功率从转轴输入或输出。

3. 气隙

三相感应电动机定、转子之间的间隙称为气隙，感应电动机的气隙很小，而且均匀。中小型感应电动机的气隙一般为 0.2 ~ 1.5mm。气隙的大小对感应电动机的参数及运行性能影响很大。因为与变压器类似，感应电动机的励磁电流由电网供给，气隙越大，产生一定大小磁场所需要的励磁电流就越大，而励磁电流又是无功电流，故使得电动机的功率因数降低。因此，为了减少励磁电流和提高电动机的功率因数，感应电动机的气隙应尽可能小，但是气隙过小，将导致装配困难和运行不可靠，因此允许采用的最小气隙受制造工艺及机械安全所限制。

4.1.2　三相感应电机的工作原理与运行状态

1. 三相感应电机的工作原理

依据第 3 章相关内容，当三相感应电机的定子绕组接到频率为 f_1 的三相对称交流电源上时，定子绕组中将流过三相对称交流电流，在气隙中将产生旋转磁场，其基波旋转磁场的转速为同步转速 n_s，电机极对数为 p 时，有

$$n_s = \frac{60f_1}{p} \tag{4-1}$$

假定三相定子电流产生的基波旋转磁场以 n_s 逆时针方向旋转，则该基波旋转磁场在短路闭合的转子绕组（若是笼型转子，其绕组本身就是短路闭合的，若是绕线转子，则通过电刷将其短路闭合）中将产生感应电动势，并产生转子电流。感应电动势的方向由右手定则判定，转子导条电流方向与电动势方向相同，即在 N 极下转子导条中的感应电动势和电流为流入纸面，在 S 极下转子导条中的感应电动势和电流为流出纸面。于是，载流的转子导条与气隙旋转磁场相互作用，将产生电磁力 f_{em}，其方向由左手定则判定，该电磁力形成的电磁转矩将驱动转子旋转，且电磁转矩方向与气隙磁场旋转方向一致，也为逆时针方向，如图 4-12 所示。

当电磁转矩大于电机的负载转矩和空载转矩之和时，电机由静止起动。当电机转速上升，旋转磁场与转子绕组间产生的感应电动势减小，相应的转子电流减小，电磁转矩减小，当电磁转矩等于总的制动转矩时，电机在该转速 n 下匀速运转，且转子旋转方向与气隙中磁场的旋转方向一致，即转子跟随气隙磁场旋转。此时，从电源输入定子绕组的交流电能经气隙磁场的作用，转换为机械能从电机转轴上输出，电机作为电动机运行。

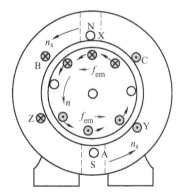

图 4-12　感应电机的工作原理示意图

感应电机的
运行原理

从上述分析可以发现，感应电动机转子的转速 n 总是低于同步转速 n_s。因为转子电路没有外接电源，完全依靠转子和气隙旋转磁场之间的相对运动感应出转子电动势和电流并产生电磁转矩。如果转子转速 n 等于同步转速 n_s，转子导条与气隙旋转磁场之间将没有相对运动，也就不能在转子导条中产生感应电动势和电流，电动机转子将不能旋转。

2. 转差率

感应电机运行时，转子转速 n 与旋转磁场的同步转速 n_s 总是不相等，因此，感应电机又称为异步电机。将旋转磁场和转子的相对运动速度称为转差，用 Δn 表示，且 $\Delta n = n_s - n$。转差 Δn 与同步转速 n_s 的比值称为转差率，用 s 表示，即

$$s = \frac{n_s - n}{n_s} \tag{4-2}$$

转差率 s 是一个没有量纲的数。它的大小反映了感应电机转子的不同转速。例如：

1）电机起动瞬间，转子转速 $n = 0$，转差率 $s = 1$。

2）当转子转速等于同步转速，即 $n = n_s$ 时，转差率 $s = 0$。

3）当转子转速大于同步转速，即 $n > n_s$ 时，转差率 $s < 0$。

4）当转子的转向与旋转磁场的方向相反，即 $n < 0$ 时，转差率 $s > 1$。

可见，转差率是反映感应电机运行状态的一个基本变量，s 的大小和正负既反映了转子不同的转速范围，也反映了感应电机的不同运行状态。

3. 三相感应电机的三种运行状态

感应电机的负载变化时，转子的转速和转差率将随之变化，使得转子导条中的感应电动势、电流和作用在转子上的电磁转矩也将相应发生变化，以适应负载的需要。按照转差率的正、负和大小，感应电机有电动机、发电机和电磁制动三种运行状态，如图 4-13 所示。

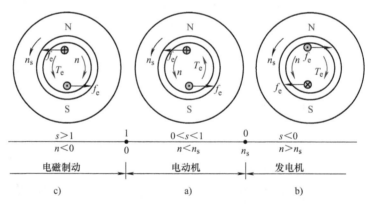

图 4-13 感应电机的三种运行状态

（1）电动机状态（$0 < s < 1$）

当转子转速低于旋转磁场转速，即 $n_s > n > 0$ 时，转差率 $0 < s < 1$。若定子三相电流产生的气隙旋转磁场（用 N 和 S 表示）按逆时针旋转，根据右手定则，转子导条切割该旋转磁场后，产生感应电动势的方向如图 4-13a 所示。由于转子绕组是短路闭合的，转子导条中有电流流过，此时转子电流有功分量应与转子感应电动势同相，即在 N 极下转子导条中的感应电动势和电流为流入纸面，在 S 极下转子导条中的感应电动势和电流为流出纸面。根据左手定则，转子电流有功分量与气隙磁场相互作用产生电磁力，使转子受到与 n_s 同方向的电磁转矩 T_e，此时电磁转矩的方向与转子转向相同，电磁转矩为驱动性质的转矩，拖动转子及转轴所带的机械负载以转速 n 旋转。电机将从电源输入的电功率，通过电磁感应作用，转换为机械功率从转轴输出，感应电机处于电动机状态。

（2）发电机状态（$s<0$）

如果电机转子由原动机拖动，将转子转速提高到 $n>n_s$，则转差率 $s<0$，如图4-13b所示。与电动机状态时相比，由于旋转磁场相对转子的旋转方向改变，转子导条中感应电动势和转子电流有功分量的方向改变，因此，电磁转矩方向与转子和旋转磁场的转向相反，为制动转矩。为使转子持续以高于旋转磁场的转速旋转，原动机的驱动转矩必须能够克服制动的电磁转矩。此时从原动机输入机械功率，通过电磁感应作用，由定子输出电功率，电机处于发电机状态。

同步转速 n_s 是电动机状态和发电机状态之间的临界点，即转子转速高于 n_s 时为发电机状态，转子转速低于 n_s 时是电动机状态。运行状态的改变取决于外施机械转矩的性质，若外施机械转矩为制动转矩，则转子转速就低于同步转速，电机就运行于电动机状态。如果外施机械转矩为驱动转矩，使转子加速，则电机就运行于发电机状态。

（3）电磁制动状态（$s>1$）

电机从转轴输入机械功率，若外施的转矩足够大，迫使感应电机转子逆着旋转磁场的转向旋转，即 $n<0$，则转差率 $s>1$ 时，如图4-13c所示，此时转子导条的感应电动势及转子电流有功分量的方向与图4-13a的电动机状态时相同，使转子电磁转矩方向为逆时针方向。但在此状态下转子按顺时针方向旋转，与电磁转矩方向相反，即此时的电磁转矩为制动性质的转矩，电机运行于电磁制动状态。

对比观察图4-13a与图4-13c中转子电流的方向可知，此时的转子电流方向与电动机状态时相同，相应的定子电流方向也应与电动机时相同，因而在电磁制动下电机从定子输入电功率，即定子绕组从电源吸收电功率。

可见，在电磁制动状态下，感应电机一方面从轴上输入机械功率，同时又从电源输入电功率，这两部分功率都消耗在电机内部，变成电机内部的损耗。

转速 $n=0$，对应 $s=1$ 的运行点，是电动机状态和电磁制动状态的临界点，电机正转时 $n>0$，为电动机状态，反转时 $n<0$ 进入电磁制动状态。两种运行状态的转变取决于外施转矩的性质。外施转矩较小时，电磁转矩足以克服外施转矩维持转子正向旋转，感应电机处于电动机状态。若与电磁转矩方向相反的外施转矩太大，会迫使转子反转，使感应电机进入电磁制动状态。

尽管感应电机可以在电动机、发电机和电磁制动三种状态下运行。实际上，因为感应发电机的性能不如同步发电机优越，因此感应发电机应用的较少，仅在一些特殊的场合，如风力发电机等才用到。至于电磁制动状态一般在起吊重物时出现，大多情况下感应电机作为电动机运行。

三种运行状态下的转差率、转矩性质和功率转换见表4-1。

表4-1 感应电机的三种运行状态

运行状态	电磁制动	电动机	发电机
转差率 s	$s>1$	$1>s>0$	$s<0$
转速 n	$n<0$	$0<n<n_s$	$n>n_s$
电磁转矩性质	制动	驱动	制动
功率转换	将输入电功率和机械功率转换为电机内部损耗	将输入电功率转换为机械功率输出	将输入机械功率转换为电功率输出

4.1.3 三相感应电动机的额定值与型号

1. 三相感应电动机的额定值

1）额定功率 P_N：电动机在铭牌规定的额定条件下运行时，电动机转轴上输出的机械功率，单位为 W 或 kW。

2）额定电压 U_N：电动机在额定工况下运行时，加在定子绕组上的线电压，单位为 V。

3）额定电流 I_N：电动机在定子绕组加额定电压，转轴输出功率为额定功率的额定工况下运行时，定子绕组的线电流，单位为 A。

4）额定转速 n_N：电动机在额定工况下运行时，电动机转子的转速，单位为 r/min。

5）额定频率 f_N：电动机在额定工况下运行时，定子供电电源的频率，单位为 Hz。我国电网的标准频率为 50Hz。

6）额定效率 η_N：电动机在额定条件下运行时，转轴输出的机械功率（即额定功率）与定子侧输入的电功率（即额定输入功率）的比值。

7）额定功率因数 $\cos\varphi_N$：电动机在额定条件下运行时，定子侧的功率因数。

除以上额定值外，感应电机的铭牌上还标有电机相数、绕组联结方式、防护等级、绝缘等级、额定温升、工作方式等。对绕线转子感应电机，还标有转子绕组的联结方式、转子开路电压和转子额定电流等。

对于三相感应电动机，定子三相绕组不管是星形联结还是三角形联结，额定值之间均有如下关系：

$$P_N = \sqrt{3}\, U_N I_N \cos\varphi_N \eta_N = 3 U_{N\varphi} I_{N\varphi} \cos\varphi_N \eta_N \tag{4-3}$$

式中，$U_{N\varphi}$、$I_{N\varphi}$ 分别为定子绕组的额定相电压和额定相电流。

2. 三相感应电动机的型号

三相感应电动机的型号主要包括产品代号、设计序号、规格代号和特殊环境代号等。

1）产品代号表示电动机的类型，用大写的汉语拼音字母表示，如 Y 表示异步电动机（即感应电动机），YR 表示绕线转子异步电动机（即绕线转子感应电动机），YB 表示防爆感应电动机，YD 表示多速感应电动机，YH 表示高转差率感应电动机。

2）设计序号是指电动机产品设计的顺序，用阿拉伯数字表示。

3）规格代号是用机座号（中心高）、铁心外径、机座长度、铁心长度、功率、转速或极数表示。

中心高是指电动机轴中心到底角平面之间的距离，单位为 mm；按照国家标准，国产小型感应电动机的机座中心高在 63～315mm 之间；中型感应电动机的机座中心高在 355～630mm 之间；大型感应电动机的机座中心高大于 630mm。

定子铁心外径是指定子铁心的外圆直径，单位为 mm。

机座长度用字母代号表示：S 表示短机座、M 表示中机座、L 表示长机座。

铁心长度用数字代号 1、2、3、…表示。

功率的单位为 W 或 kW。

4）一般中小型感应电动机的规格代号为：机座号［中心高（mm）］—机座长度代号—铁心长度代号—极数。大型感应电动机的规格代号为：功率（kW）—极数/定子铁心外径（mm）。

例如：型号 Y200L2 - 6，表示机座中心高为 200mm，采用长机座、2 号铁心的 6 极小型感应电动机；型号 Y355M2 - 4，表示机座中心高为 355mm，采用中机座、2 号铁心的 4 极中型感应电动机。

此外，还有特殊环境代号等，详见相关的电机手册。

例 4-1 有一台三相4极 50Hz 的感应电动机，定子绕组三角形联结，额定功率 $P_N = 10kW$，额定电压 $U_N = 380V$，额定频率 $f_N = 50Hz$，额定运行时转差率 $s_N = 0.028$，额定效率 $\eta_N = 89\%$，额定功率因数 $\cos\varphi_N = 0.88$，试求该电动机的额定转速、额定电流、额定相电流，以及额定输出转矩。

解：该电动机的同步转速为

$$n_s = \frac{60f}{p} = \frac{60 \times 50}{2}r/min = 1500r/min$$

电动机的额定转速为

$$n_N = (1 - s_N)n_s = (1 - 0.028) \times 1500r/min = 1458r/min$$

额定电流为

$$I_N = \frac{P_N}{\sqrt{3}\,U_N\cos\varphi_N\eta_N} = \frac{10 \times 10^3}{\sqrt{3} \times 380 \times 0.88 \times 0.89}A \approx 19.4A$$

定子绕组三角形联结，则额定相电流为

$$I_{N\varphi} = \frac{I_N}{\sqrt{3}} = \frac{19.4}{\sqrt{3}}A \approx 11.2A$$

额定转矩为

$$T_N = \frac{P_N}{\Omega_N} = \frac{P_N}{\frac{2\pi}{60}n_N} = \frac{10 \times 10^3}{\frac{2\pi}{60} \times 1458}N \cdot m \approx 65.53N \cdot m$$

思考题

1. 感应电动机有哪些主要部件？它们各起什么作用？

2. 感应电动机转子有哪两种类型？各有何特点？

3. 三相感应电动机的额定功率与额定电压、额定电流有什么关系？

4. 三相感应电动机定子绕组通电产生的旋转磁场转速与电动机的极对数有何关系？为什么三相感应电动机运行时转子转速总低于同步转速？

5. 什么是转差率？如何计算？如何根据转差率的数值来判断感应电机的运行状态？

6. 一台 4 极三相感应电机，电源频率为 50Hz，问电机在表 4-2 所列转速时的转差率及运行状态各是什么？

表 4-2 转速 n 与转差率 s、运行状态的关系

$n/(r/min)$	1530	1470	-500
s			
运行状态			

4.2 三相感应电动机的运行原理

三相感应电动机是借助电磁感应作用实现定、转子之间的能量传递的，它的定子和转子之间没有电的直接联系，只有磁的耦合。所以，从工作原理和内部的电磁关系而言，三相感应电动机与变压器相似，其定子绕组相当于变压器的一次绕组，转子绕组相当于变压器的二次绕组。因此，本章将利用这种相似性，将分析变压器内部电磁关系的三种基本方法（电压方程、等效电路和相量图）用于分析三相感应电动机运行时的物理过程。

与分析变压器类似，首先分析三相感应电动机空载运行的磁动势和磁场，再分析负载运行时电动机内部的磁动势和磁场。

4.2.1 三相感应电动机的空载运行

三相感应电动机的空载运行是指三相定子绕组接至对称三相交流电源，而电动机的转轴不带负载时的运行状态。空载运行时，无论是笼型转子还是绕线转子，三相感应电动机转子的转速非常接近于同步转速 n_s（转差率 s 接近于 0），此时旋转磁场切割转子导条的相对速度接近于 0，所以转子电流很小，可以近似认为转子电流等于 0。因此，与变压器空载运行时二次绕组电流等于 0 类似，三相感应电动机空载运行时，其转子绕组电流也近似等于 0。

注意：变压器空载运行与三相感应电动机空载运行的差异：三相感应电动机空载运行时，其转子电流为一个比较小的值，是近似等于 0；而转子电流真的等于 0 只有转子绕组开路才可以实现。这种转子绕组开路的三相感应电动机，当定子绕组接至三相对称交流电源时，其转子是不可能旋转的。

1. 空载运行时的磁动势

设三相感应电动机定、转子绕组的极对数为 p，电动机空载运行时，定子绕组所接三相对称交流电源的电压为 $\dot{U}_1$、频率为 f_1，则三相定子绕组中将流过三相对称交流电流 $\dot{I}_{10}$，于是，三相定子电流将产生定子基波旋转磁动势 F_1，其转速为同步转速 $n_s = 60f_1/p$。假定三相定子电流的相序为 A→B→C，则基波旋转磁动势 F_1 的转向由 A 相绕组轴线转向 B 相绕组轴线，再转向 C 相绕组轴线。在该基波旋转磁动势的作用下，将产生一个穿过气隙的以同步转速旋转的基波主磁场 B_m，它将切割转子绕组，使转子绕组内产生对称的三相感应电动势 $\dot{E}_2$ 和电流 $\dot{I}_2$，气隙中的基波主磁场和转子电流相互作用将产生电磁转矩，使转子顺着旋转磁场的方向转动起来。

由于空载运行时，转子电流很小，近似认为转子电流 $\dot{I}_2 = 0$（转子磁动势也近似为 0），所以，此时三相感应电动机气隙中的基波主磁场 B_m 基本上由定子电流产生。空载时的定子电流 $\dot{I}_{10}$（也称为空载电流）就近似等于励磁电流 $\dot{I}_m$。定子磁动势 F_{10} 基本上就是产生气隙主磁场 B_m 的励磁磁动势 F_m。当计及铁心的磁滞损耗和涡流损耗（统称为铁心损耗）时，B_m 在空间滞后基波磁动势 F_m 一个铁心损耗角 α_{Fe}，如图4-14所示。

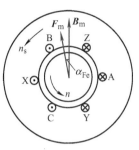

2. 空载运行时的磁场

三相感应电动机空载运行时的气隙磁场主要由定子电流 $\dot{I}_{10}$ 产生，根据磁通所经过的路径、作用和性质的不同，分为主磁通和漏磁通，如图4-15和图4-16所示。

图4-14 感应电动机的励磁
磁动势和气隙磁场

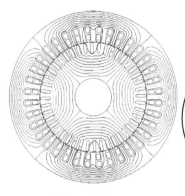

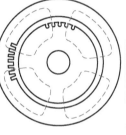

a) 空载磁场分布图(2p=4)   b) 空载主磁通   c) 定子槽部漏磁通分布

图4-15 三相感应电动机空载磁场分布

感应电机空载
时空矢量图

（1）主磁通和励磁阻抗

由图4-15a可知，空载运行时，励磁磁动势 F_m 产生的磁通绝大部分通过气隙同时与定、转子绕组相交链，这部分磁通称为主磁通。它经过的磁路包括气隙、定子齿、定子轭、转子齿、转子轭等五部分，称为主磁路，如图4-15b中虚线所示。主磁通参与机电能量转换，在电机中产生有用的电磁转矩。

当气隙中的主磁场以同步转速旋转时，主磁通 $\dot{\Phi}_m$ 将在三相对称定子绕组中感应出对称三相电动势 $\dot{E}_1$（取一相来分析）。当规定定子绕组感应电动势 $\dot{E}_1$ 与主磁通 $\dot{\Phi}_m$ 参考方向符合右手螺旋定则时，定子感应电动势 $\dot{E}_1$ 的相位滞后主磁通 $\dot{\Phi}_m$ 以90°，有

$$\dot{E}_1 = -j4.44f_1 N_1 k_{w1} \dot{\Phi}_m \qquad (4-4)$$

主磁通受磁路饱和的影响，它与励磁电流的关系即为电机的磁化曲线。设计电机时，额定相电压通常在磁化曲线的膝点附近，膝点以下的磁化曲线可以用一条直线代替，可认为主磁通 $\dot{\Phi}_m$ 与励磁电流 $\dot{I}_m$ 成正比，于是 $\dot{E}_1$ 与 $\dot{I}_m$ 之间的关系为

$$\dot{E}_1 = -\dot{I}_m Z_m = -\dot{I}_m(R_m + jX_m) \qquad (4-5)$$

式中，Z_m 为励磁阻抗，是表征主磁路的磁化特性、电磁感应关系和铁耗的综合参数；R_m 为励磁电阻，是表征铁心损耗的等效电阻；X_m 为励磁电抗，是表征主磁路磁化特性的等效电抗。

不计铁耗时，励磁电抗与主磁路的磁导成正比，即 $X_m = 2\pi f_1 N_1^2 \Lambda_m$，其中 Λ_m 为主磁路的磁导，N_1 为定子绕组的匝数。可见，气隙 δ 越大，磁导 Λ_m 越小，励磁电抗就越小，表明在相同电压下，产生相同大小磁场所需要的励磁电流就会越大。所以比较感应电动机与变压器的主磁路可知，由于变压器主磁路中没有气隙，因此变压器的励磁电抗要远大于感应电动机的励磁电抗。进而还可以知道，在额定电压下工作时，感应电动机的励磁电流要比变压器的大很多，通常可达额定电流的 15% ~ 40%，小型感应电动机的空载电流最大甚至可达额定电流的 70%，而变压器的空载电流约为额定电流的 2% ~ 10%。

当考虑铁心饱和时，励磁电抗 X_m 不是常数，磁路饱和程度越高，磁导就会减小，使得励磁电抗也减小。

需要说明的是，励磁阻抗虽然是一相的参数，但不只与一相电流产生的磁通有关。因为励磁阻抗与主磁通对应，主磁通是由三相电流的合成磁动势产生的，它反映的是三相电流建立的合成磁场对一相作用的影响。

（2）定子漏磁通与定子漏抗

定子磁动势除了产生主磁通以外，还会产生仅与定子绕组交链，而不进入转子的定子漏磁通。定子漏磁通 $\dot{\Phi}_{1\sigma}$ 也由定子电流产生，根据所经路径不同，定子漏磁通又分为槽漏磁、端部漏磁和谐波漏磁三部分。图 4-15c、图 4-16a 所示为定子槽漏磁，它只交链定子绕组。图 4-16b 所示为定子绕组端部漏磁，它只交链定子绕组端部。在槽漏磁路和端部漏磁路中，空气的磁阻占据整个磁路磁阻的主要部分。

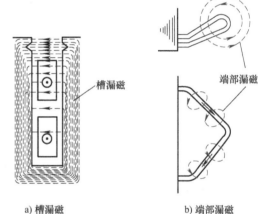

a) 槽漏磁   b) 端部漏磁

图 4-16 感应电动机定子漏磁通

谐波漏磁是指高次谐波磁动势产生的磁通。电机气隙中的定子高次谐波磁场，其极对数为 vp，转速为 n_s/v。虽然它们也通过气隙与转子绕组交链，但它们在转子绕组中感应电动势和电流的频率与主磁场感应的互不相同，因此不会产生有用的电磁转矩；另一方面，谐波磁场也会在定子绕组中感应电动势，其频率为

$$f_v = \frac{p_v n_v}{60} = \frac{vp\dfrac{n_s}{v}}{60} = \frac{pn_s}{60} = f_1 \tag{4-6}$$

虽然在定子绕组中感应电动势的频率为基波频率，但谐波磁场的效果与定子漏磁场相类似。因此，通常把定子高次谐波磁通作为定子漏磁通的一部分来处理，称为谐波漏磁。

定子漏磁通 $\dot{\Phi}_{1\sigma}$ 将在定子绕组中感应定子漏磁电动势 $\dot{E}_{1\sigma}$，且 $\dot{E}_{1\sigma}$ 在相位上滞后 $\dot{\Phi}_{1\sigma}$ 以 90°，由于漏磁路是线性的，因此定子漏磁通 $\dot{\Phi}_{1\sigma}$ 与定子电流 $\dot{I}_{10}$ 成正比，并与其

同相位，则定子漏磁电动势 $\dot{E}_{1\sigma}$ 在相位上滞后 $\dot{I}_{10}$ 以 $90°$，且与其成比例。因此，与变压器类似，把定子漏磁电动势 $\dot{E}_{1\sigma}$ 作为负漏抗电压降来处理，有

$$\dot{E}_{1\sigma} = -\mathrm{j}\dot{I}_{10}X_{1\sigma} = -\mathrm{j}\dot{I}_{10}2\pi fL_{1\sigma} \tag{4-7}$$

式中，$X_{1\sigma}$ 为定子的漏电抗；$L_{1\sigma}$ 为定子漏电感。$X_{1\sigma}$ 是定子漏磁感应电动势与定子电流之间的比例常数，由槽漏电抗、端部漏电抗、谐波漏电抗三部分构成。需要说明的是，虽然 $X_{1\sigma}$ 是一相的定子漏抗，但是它所对应的漏磁通是由三相电流共同产生的。

注意：在工程分析中，常把电机内的磁通分为主磁通和漏磁通两部分来处理。因为二者所起的作用不同，主磁通直接关系到能量转换，在电机中产生有用的电磁转矩，而漏磁通不具有此作用。此外，这两种磁通经过的磁路不同，主磁通经过的是主磁路，主磁路是非线性磁路，受磁饱和的影响较大，因而主磁路对应的励磁电抗较大；而漏磁通经过的磁路大部分是空气，漏磁路是线性的，受磁饱和影响小，因而漏磁路的磁阻大，漏电抗也比较小，远小于励磁电抗。

3. 空载运行时的定子电压方程和等效电路

空载运行时，除了主磁通 $\dot{\Phi}_m$ 在定子绕组中感应的每相电动势 $\dot{E}_1$，定子漏磁通 $\dot{\Phi}_{1\sigma}$ 在每相绕组中感应的漏磁电动势 $\dot{E}_{1\sigma}$ 之外，定子绕组还有每相电阻电压降 $\dot{I}_{10}R_1$。设定子绕组相电压为 $\dot{U}_1$，空载相电流为 $\dot{I}_{10}$，则根据基尔霍夫第二定律，可以列出空载时的定子电压方程为

$$\dot{U}_1 = -\dot{E}_1 - \dot{E}_{1\sigma} + \dot{I}_{10}R_1 \tag{4-8}$$

考虑到式(4-5) 和式(4-7)，式(4-8) 可写成

$$\begin{cases} \dot{U}_1 = -\dot{E}_1 + \dot{I}_{10}(R_1 + \mathrm{j}X_{1\sigma}) = -\dot{E}_1 + \dot{I}_{10}Z_{1\sigma} \\ \dot{E}_1 = -\dot{I}_m Z_m \end{cases} \tag{4-9}$$

式中，$Z_{1\sigma}$ 为定子漏阻抗，$Z_{1\sigma} = R_1 + \mathrm{j}X_{1\sigma}$。

根据式(4-9)，可得到三相感应电动机空载时的等效电路，如图 4-17 所示。

根据前面的分析可知，$|\dot{E}_1| \gg |\dot{I}_{10}Z_{1\sigma}|$，因此在式(4-9) 的电压方程中，可以忽略 $\dot{I}_{10}Z_{1\sigma}$，则式(4-9) 可以简化为

$$\dot{U}_1 \approx -\dot{E}_1 = \mathrm{j}4.44fN_1k_{w1}\dot{\Phi}_m \tag{4-10}$$

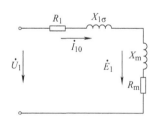

图 4-17 三相感应电动机空载时的等效电路

可见，对于已制成的三相感应电动机，当电源频率 f 一定时，$U_1 \propto \Phi_m$，即主磁通的大小由电源电压的大小决定。所以，当电源电压 U_1 保持不变时，电机的主磁通 Φ_m 将基本保持为定值不变，这与变压器是相似的。

上述分析结果表明，感应电动机空载时的电压方程与变压器十分相似。但由于变压器主磁路中不存在气隙，因此感应电动机与变压器的相关参数在数值上有较大的不同。如前述分析的空载电流的占比以及励磁阻抗等。

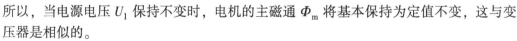

4. 时空矢量图

（1）时间相量与空间矢量

在分析感应电动机运行的物理过程时，涉及的物理量中既有时间相量，也有空间矢量。

在时间相量图中，频率为 f、大小随时间正弦规律变化的物理量，如电流 i，可以用一个长度等于有效值 I，旋转速度 $\omega = 2\pi f$ 的相量 $\dot{I}$ 来表示。当选取的时轴不同时，计算时间的起点不同，通常一个时间相量图只能取一根时轴。

在空间矢量图中，任意一个沿空间正弦规律分布的物理量，如绕组的基波磁动势，可用一个空间矢量 F 来表示，矢量的长度表示磁动势波的幅值，矢量 F 所在的位置和方向表示磁动势波正波幅所在的位置。通常还在空间矢量图中画出绕组的轴线，称为相轴。矢量 F 与相轴之间的夹角，表示磁动势波的正波幅在空间上与该相相轴相距的空间电角度。显然，用以表明空间矢量具体位置的参考相轴，只需画出一相。如果磁动势波的幅值不变，且以角速度 $\omega = 2\pi f$ 旋转，则相应的空间矢量 F 的长度不变，在矢量图中以角速度 $\omega = 2\pi f$ 旋转。

由于在三相感应电动机中，当某相电流达到正的最大值，即该相电流相量与其时轴重合时，三相合成基波磁动势的正波幅将位于该相绕组的轴线上，此时三相基波合成磁动势矢量 F 与该相相轴重合。如果取某相电流相量的时轴与该相相轴重合，则电流相量 $\dot{I}$ 恰好与磁动势矢量 F 重合。

以 A 相为例，取 A 相电流相量 $\dot{I}_A$ 的时轴与 A 相相轴重合，则相量 $\dot{I}_A$ 和磁动势矢量 F 重合，在 $i_A = I_m$ 的瞬时，$\dot{I}_A$ 和 F 都在相轴上，如图 4-18a 所示。在分析基波合成磁动势时已经指出，当电流在时间上经过多少秒，相应的电流相量就转过对应的电角度，则基波合成磁动势在空间上也就转过同一数值的电角度。因此当时间经过 t 秒后，相量 $\dot{I}_A$ 和矢量 F 应同时转过同一

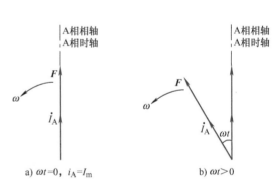

a) $\omega t = 0$, $i_A = I_m$　　　　b) $\omega t > 0$

图 4-18　时间相量与空间矢量
统一图（时空矢量图）

电角度 ωt，如图 4-18b 所示。说明当把时间相量图和空间矢量图画在一起时，若各相时间相量的时轴均取在各自的相轴上时，电流相量 $\dot{I}$ 应与三相合成基波磁动势矢量 F 重合。这种把时间相量与空间矢量联系在一起的统一图，称为时空矢量图，它给交流电机的研究带来很大方便。

（2）时空矢量图的绘制

根据上述分析，在绘制感应电动机的时空矢量图时，应注意三个关系：①每一相都取自己的相轴作为时轴；②相电流相量 $\dot{I}$（时间相量）与该电流系统产生的合成磁

208

动势矢量 **F**（空间矢量）重合；③磁通相量 $\dot{\Phi}_m$（时间相量）与主磁通磁密 **B**$_m$（空间矢量）重合。合成磁动势波 **F** 产生的气隙磁密波 **B**$_m$ 不同相，因铁心中存在磁滞、涡流损耗，**B**$_m$ 落后于磁动势 **F** 一个铁耗角 α_{Fe}。当主磁通磁密波 **B**$_m$ 的波幅到达某一相的相轴时，主磁通与该相交链的磁通达到最大值，也就是说该相交链的主磁通相量 $\dot{\Phi}_m$ 应与该相时轴重合，又由于每一相的相轴与时轴重合，所以时间相量 $\dot{\Phi}_m$ 应转到该相相轴上，磁通相量 $\dot{\Phi}_m$ 与主磁通磁密 **B**$_m$ 重合。

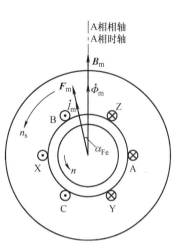

图 4-19 三相感应电动机空载的时空矢量图

考虑到三相感应电动机空载时的定子电流 $\dot{I}_{10}$ 近似等于励磁电流 $\dot{I}_m$，结合空载时的等效电路，以 A 相为研究对象，根据时空矢量图的三个关系，可画出三相感应电动机空载的时空矢量图，如图 4-19 所示（图中各时间相量均省略了下标 A）。

4.2.2 三相感应电动机的负载运行

当三相感应电动机转子带上负载时，电机的转速将从空载转速下降到稳定转速 n，转子绕组的感应电动势和电流将会增大。

1. 负载运行时的转子频率与转子磁动势

（1）转差频率（转子感应电动势和电流的频率）

三相感应电动机负载运行时，设转子以转速 n 旋转（$n < n_s$），其转向与气隙磁场的转向一致。则气隙旋转磁动势与转子的相对切割转速为

$$\Delta n = n_s - n = sn_s$$

于是，转子绕组中将感应出电动势，产生电流，转子电流的频率为 f_2，则

$$f_2 = \frac{psn_s}{60} = sf_1 \tag{4-11}$$

感应电机负载运行（转子频率、转子磁动势）

其中，f_2 称为转差频率。由于三相感应电动机在额定负载运行时的转差率 s 很小，因此，转子绕组中感应电动势和电流的频率也很小，一般为 $1 \sim 3\,\text{Hz}$。

（2）转子磁动势的转速和基波幅值

三相感应电动机负载时，若气隙旋转磁场为正向旋转（即从 A→B→C），对于绕线转子的三相对称绕组，转子的感应电动势和电流也将是正相序，三相正序转子电流必将产生正向旋转（与气隙磁场旋转方向相同）的转子磁动势 **F**$_2$；对于笼型转子转子导条中的感应电动势和电流是多相对称的，因此，多相对称的转子电流将产生与气隙磁场旋转方向相同的转子磁动势 **F**$_2$。所以，无论是笼型转子还是绕线转子，三相感应电动机负载时，转子电流都将产生与定子磁动势 **F**$_1$ 同方向旋转的转子磁动势 **F**$_2$。下面分析转子磁动势 **F**$_2$ 的转速、幅值和空间相位。

设转子转速为 n，根据式(4-11) 可知，转子感应电动势 $\dot{E}_{2s}$ 和电流 $\dot{I}_{2s}$ 的频率 $f_2 = sf_1$，所以，转子磁动势 $\boldsymbol{F}_2$ 相对于转子的转速为

$$n_2 = \frac{60f_2}{p} = \frac{60sf_1}{p} = sn_s = n_s - n \tag{4-12}$$

考虑到转子相对于定子的转速为 n，因此，转子磁动势 $\boldsymbol{F}_2$ 相对于定子的转速为

$$n_2 + n = (n_s - n) + n = n_s \tag{4-13}$$

感应电机负载电磁关系

可见，无论转子的实际转速是多少，转子磁动势 $\boldsymbol{F}_2$ 与定子磁动势 $\boldsymbol{F}_1$ 在空间的转速总是等于同步转速 n_s，即定、转子磁动势保持相对静止，如图 4-20 所示。

定、转子磁动势保持相对静止是产生恒定电磁转矩的必要条件。对称稳态运行时，三相感应电动机在任何转速下 $\boldsymbol{F}_1$ 和 $\boldsymbol{F}_2$ 均能保持相对静止，并产生恒定的电磁转矩。电机负载时的气隙磁场将由定子磁动势 $\boldsymbol{F}_1$ 和转子磁动势 $\boldsymbol{F}_2$ 共同作用产生。

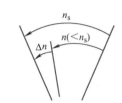

图 4-20　定、转子磁动势转速

若转子的每相匝数为 N_2，转子相数为 m_2，转子基波绕组因数为 k_{w2}，转子每相电流的有效值为 I_{2s}（下标 s 表明转子频率为转差频率），极对数为 p。则转子基波磁动势 $\boldsymbol{F}_2$ 的幅值为

$$F_2 = \frac{m_2}{2} \times 0.9 \times \frac{N_2 k_{w2} I_{2s}}{p} \tag{4-14}$$

例 4-2　一台三相感应电动机，额定频率 $f_N = 50\text{Hz}$，额定转速 $n_N = 960\text{r/min}$，试求：

1）额定运行时转子电流的频率。

2）转子旋转磁场相对于转子的转速。

3）转子旋转磁场相对于定子的转速。

解：1）因为三相感应电动机的额定转速很接近于同步转速，故由额定频率和额定转速，可判断出该电动机的同步转速为 1000r/min，于是，电动机极对数为

$$p = \frac{60f_1}{n_s} = \frac{60 \times 50}{1000} = 3$$

电动机的额定转差率 s_N 为

$$s_N = \frac{n_s - n_N}{n_s} = \frac{1000 - 960}{1000} = 0.04$$

转子电流频率 f_2 为

$$f_2 = s_N f_1 = 0.04 \times 50\text{Hz} = 2\text{Hz}$$

2）转子旋转磁场相对于转子的转速为

$$n_2 = \frac{60f_2}{p} = \frac{60 \times 2}{3}\text{r/mim} = 40\text{r/mim}$$

3）转子旋转磁场相对于定子的转速为

$$n_2 + n = (40 + 960)\text{r/mim} = 1000\text{r/mim}$$

即定、转子磁动势相对静止。

（3）转子磁动势的空间相位

感应电动机拖动负载时，转子磁动势的基波会对气隙主磁场产生影响，它使气隙主磁场的大小和空间相位发生变化，从而引起定子感应电动势和定子电流发生变化，继而影响输入功率。转子电流与气隙主磁场作用，产生电磁转矩，使得感应电动机的机电能量转化得以实现。

与变压器相似，感应电动机的定、转子之间通过气隙磁场耦合，没有电的直接联系。转子是通过转子磁动势 F_2 对定子起作用。转子对定子的影响取决于转子磁动势 F_2 的大小和空间相位，F_2 的大小取决于转子电流，下面分析 F_2 的空间相位。

图 4-21 为绕线转子感应电动机负载时转子三相绕组在气隙磁场中的情况。为简单计，每相用一个集中线圈来表示，a 相为 ax，b 相为 by，c 相为 cz；气隙主磁场 B_m 正弦分布，并以同步转速 n_s 在气隙中推移，设转子转速为 n，气隙主磁场 B_m 将以转差速度 Δn 切割转子绕组。图中用 "⊙" 和 "⊗" 表示转子各线圈边中电动势的方向。

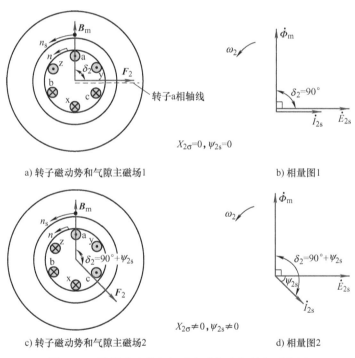

a) 转子磁动势和气隙主磁场1 b) 相量图1

c) 转子磁动势和气隙主磁场2 d) 相量图2

图 4-21　转子磁动势与气隙主磁场之间的相对位置

图 4-21a 所示瞬间为转子 a 相感应电动势为正的最大值的情况，即转子导条 a 中的电动势为穿出纸面的方向，用 "⊙" 表示，转子导条 x 中的电动势为进入纸面的方向，用 "⊗" 表示。

若不计转子漏电抗，即 $X_{2\sigma s}=0$，则转子电路为纯电阻性质，即转子的阻抗角 $\psi_{2s}=0°$，于是，转子电流 $\dot{I}_{2s}$ 应与转子感应电动势 $\dot{E}_{2s}$ 同相位，如图 4-21b 相量图所示，则 a 相感应电流为正的最大值，因此，三相转子电流所产生的转子基波磁动势 F_2 的幅值应与 a 相轴线重合，如图 4-21a 所示，所以，F_2 落后气隙主磁场 B_m 的幅值90°电角度。

211

实际电机的转子漏抗都不等于零，即 $X_{2\sigma s} \neq 0$，即转子电路的阻抗角 $\psi_{2s} \neq 0$，仍然是转子 a 相感应电动势为最大值，各线圈边中的电动势方向同图 4-21a 的情况，此时，转子电流 $\dot{I}_{2s}$ 将滞后于感应电动势 $\dot{E}_{2s}$ 一个阻抗角 ψ_{2s}，如图 4-21d 所示。所以，a 相电流将在该相感应电动势达到最大值以后，再经过相当于 ψ_{2s} 电角度的时间，才能达到其最大值，也就是说，在空间相位上，转子磁动势 F_2 落后气隙主磁场 B_m 以 $90° + \psi_{2s}$ 电角度，即如图 4-21c 所示位置。因此，考虑到转子漏电抗，气隙主磁场和转子磁动势之间的空间夹角应为 $90° + \psi_{2s}$。

注意，F_2 落后 B_m 的电角度与转子转速没有直接关系，而只取决于转子阻抗角 ψ_{2s} 的大小，即使转子堵转，F_2 仍然落后 B_m 以 $90° + \psi_2$ 电角度。

（4）负载磁动势方程

三相感应电动机负载时，定、转子磁动势共同作用建立气隙主磁场。根据式(4-10)可知，感应电动机从空载到负载，当定子绕组所接电源电压不变时，电机稳态时的气隙主磁通应基本保持不变。由前面分析可知，三相感应电动机定、转子磁动势的极对数相同、转速相同、转向也相同，它们在空间相对静止，因此可以进行矢量合成，且合成后的磁动势应与空载时的励磁磁动势具有相同的值，即定、转子磁动势叠加合成为励磁磁动势 F_m，有

$$F_1 + F_2 = F_m \tag{4-15}$$

式(4-15) 即为感应电动机负载时的磁动势方程。

仿照变压器中磁动势的分析方法，式(4-15) 可改写为

$$F_1 = F_m + (-F_2) = F_m + F_{1L} \tag{4-16}$$

即 F_1 由两个分量构成，一个是励磁分量 F_m，用于产生主磁通；另一个是负载分量 F_{1L}，与转子磁动势大小相等，方向相反，用以抵消转子磁动势，即

$$F_{1L} = -F_2 \tag{4-17}$$

经频率归算和绕组归算，式(4-16) 可以改写为如下电流表示的形式，即

$$\dot{I}_1 = \dot{I}_m + \dot{I}_{1L} \tag{4-18}$$

式中，$\dot{I}_m$ 为 $\dot{I}_1$ 的励磁分量，简称励磁电流，用于产生 F_1 的励磁分量 F_m；$\dot{I}_{1L}$ 为 $\dot{I}_1$ 的负载分量，用于产生 F_1 的负载分量 F_{1L}。

根据时空矢量图可知，F_1、F_m、F_{1L} 三者在空间上的相位差与产生它们的电流 $\dot{I}_1$、$\dot{I}_m$、$\dot{I}_{1L}$ 在时间上的相位差一致。将式(4-17) 改写为对应的电流关系式，有

$$0.9 \frac{m_1 N_1 k_{w1}}{p} \dot{I}_{1L} = -0.9 \frac{m_2 N_2 k_{w2}}{p} \dot{I}_2 \tag{4-19}$$

将式(4-19) 化简，可得

$$\dot{I}_{1L} = -\frac{m_2 N_2 k_{w2}}{m_1 N_1 k_{w1}} \dot{I}_2 = -\frac{\dot{I}_2}{k_i} = -\dot{I}_2' \tag{4-20}$$

式中，k_i 为电流比，定义为 $k_i = \dfrac{m_1 N_1 k_{w1}}{m_2 N_2 k_{w2}}$；$\dot{I}_2'$ 为归算到定子边时转子电流的归算值，且

$\dot{I}_{1L} = -\dot{I}_2'$。

分析可知，感应电动机负载运行时，定子电流中除励磁分量以外，还会出现一个补偿转子磁动势的负载分量，以使气隙中的主磁场与空载时基本保持不变。于是，定子将从电源输入一定的电功率，通过电磁感应作用，传递到转子侧，转化为机械功率从转轴输出，以带动轴上的机械负载，完成机电能量转换。由于能量转换主要发生在转子，所以感应电动机的转子实质上就是电机的电枢，转子磁动势对气隙主磁场的影响实质上就是电枢反应。

图4-22为感应电动机负载时的气隙磁场 B_m 和定、转子磁动势 F_1、F_2 与励磁磁动势 F_m 的空间矢量图，以及主磁通 $\dot{\Phi}_m$ 与励磁电流 $\dot{I}_m$、转子电流 $\dot{I}_2$ 的时间相量图。在图4-22中，依据时空矢量图绘制原则，B_m 与 $\dot{\Phi}_m$ 为同一方向，F_1 与 $\dot{I}_m$ 为同一方向，F_2 与 $\dot{I}_2$ 为同一方向。

2. 转子漏磁通和转子漏抗

转子电流除产生转子磁动势 F_2、进行机电能量转换之外，还将产生仅与转子绕组交链的转子漏磁通 $\dot{\Phi}_{2\sigma}$。$\dot{\Phi}_{2\sigma}$ 将在转子

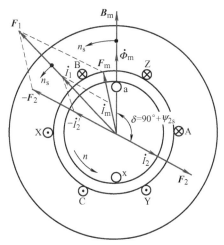

图4-22 三相感应电动机负载时的时空矢量图

绕组中感应漏磁电动势 $\dot{E}_{2\sigma s}$，由于转子频率为 $f_2(f_2 = sf_1)$，故 $\dot{E}_{2\sigma s}$ 为

$$\dot{E}_{2\sigma s} = -j\dot{I}_{2s}2\pi f_2 L_{2\sigma} = -j\dot{I}_{2s}X_{2\sigma s} \tag{4-21}$$

式中，$L_{2\sigma}$ 为转子漏电感；$X_{2\sigma s}$ 为转子频率等于 f_2 时的转子漏电抗，且有

$$X_{2\sigma s} = 2\pi f_2 L_{2\sigma} = 2\pi sf_1 L_{2\sigma} = sX_{2\sigma} \tag{4-22}$$

式中，$X_{2\sigma} = 2\pi f_2 L_{2\sigma}$，为转子频率等于 f_1（即转子静止不转）时的转子漏抗。

图4-23为一台三相4极感应电动机负载时的磁场分布图。

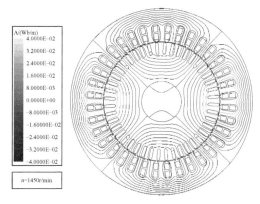

图4-23 三相4极感应电动机负载时的磁场分布图（$2p = 4$，$f = 50Hz$，$n = 1450r/min$）

3. 负载时的电压方程

根据前面的分析可归纳出三相感应电动机负载运行时，定、转子各物理量之间的电磁关系如图 4-24 所示。

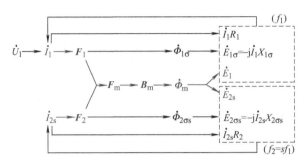

图 4-24　三相感应电动机负载运行时定、转子之间的电磁关系图

由于三相对称，可仅分析其中一相，根据图 4-24 所示各物理量的电磁关系，可写出定子一相的电压方程为

$$\dot{U}_1 = -\dot{E}_1 + \dot{I}_1(R_1 + jX_{1\sigma}) \tag{4-23}$$

式中，R_1 和 $X_{1\sigma}$ 分别为定子每相的电阻和漏电抗，且 $\dot{E}_1 = -\dot{I}_m Z_m = \dot{I}_m(R_m + jX_m)$。

同理，可写出负载时转子一相的电压方程为

$$\dot{E}_{2s} = \dot{I}_{2s}(R_2 + jX_{2\sigma s}) = \dot{I}_{2s}(R_2 + jsX_{2\sigma}) \tag{4-24}$$

式中，R_2 为转子每相的电阻；$\dot{I}_{2s}$ 为转子电流相量。

由于转子电路的频率为转差频率 f_2，与定子电源频率 f_1 不相等，因此，转子侧与频率有关各量的下标都含有 s。式(4-24) 中由主磁通感应的转子每相电动势 $\dot{E}_{2s}$ 为

$$\dot{E}_{2s} = -j4.44 f_2 N_2 k_{w2} \dot{\Phi}_m = -j4.44 s f_1 N_2 k_{w2} \dot{\Phi}_m = s\dot{E}_2 \tag{4-25}$$

式中，$\dot{E}_2 = -j4.44 f_1 N_2 k_{w2} \dot{\Phi}_m$ 为转子静止时（$s=1$）转子每相的感应电动势。

由式(4-24) 的转子电压方程，可得到转子电流的有效值 I_{2s} 和相位角 ψ_{2s} 分别为

$$\begin{cases} I_{2s} = \dfrac{E_{2s}}{\sqrt{R_2^2 + (X_{2\sigma s})^2}} = \dfrac{sE_2}{\sqrt{R_2^2 + (sX_{2\sigma})^2}} \\[4mm] \psi_{2s} = \arctan \dfrac{sX_{2\sigma}}{R_2} \end{cases} \tag{4-26}$$

图 4-25 为与式(4-23) 和式(4-24) 相应的定、转子耦合电路图，其中定子的频率为 f_1，转子的频率为 f_2。定子电路与旋转的转子电路通过气隙旋转磁场（主磁场）耦合。定子电路是静止的，而转子电路是旋转的。

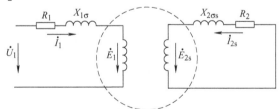

图 4-25　三相感应电动机负载时的定、转子耦合电路（一相）

思考题

1. 三相感应电动机运行时定子电流的频率和转子电流的频率分别是多少？
2. 试证明三相感应电动机转速变化时定子、转子磁动势之间没有相对运动。
3. 三相感应电动机主磁通和漏磁通的性质和作用有什么不同？
4. 三相感应电动机的励磁电抗与什么磁通相对应？这个磁通是一相电流产生的还是三相电流共同产生的？该参数本身是一相的还是三相的值？
5. 如果三相感应电动机的气隙变大，电动机的励磁电抗、空载电流将如何变化？
6. 如果三相感应电动机空载运行时定子电压大小不变，但频率由 50Hz 变为 60Hz，每极磁通量将如何变化？

4.3 三相感应电动机的等效电路

为了便于对三相感应电动机进行分析计算，与变压器分析类似，需要推导三相感应电动机的等效电路。由于三相感应电动机负载运行时转子侧电路的频率 sf_1 与定子侧电路的频率 f_1 不相同，而不同频率的物理量所列出的方程是不能联立求解的。另一方面，转子绕组的匝数、相数、绕组因数与定子的也不同，要得到统一的等效电路，除了像变压器一样需要进行绕组归算以外，还必须要先进行频率归算。

4.3.1 频率归算

频率归算的目的是要解决定、转子频率不同的问题。在三相感应电动机中，需要将转子电路中的参数及电量归算为定子频率下的参数和电量，实际是用一个频率为 f_1 而等效于转子的电路去代替实际转子电路，并使电机中的各种电磁关系和能量关系保持不变，即归算原则是：确保归算前后，转子磁动势 F_2 的空间转速、幅值和空间相位角均应保持不变，则转子对定子的影响才能保持不变。

感应电机的
频率归算

首先分析转子磁动势 F_2 空间转速的变化：如果使转子电路静止且将其频率归算为定子电路的频率 f_1，则转子电流产生的转子旋转磁动势一定以同步转速旋转，即与定子磁动势同速同方向旋转，定、转子磁动势保持相对静止。所以，用静止的转子代替旋转转子后，转子磁动势 F_2 的空间转速保持不变，为同步转速 n_s。

由于转子磁动势 F_2 的幅值和相位取决于转子电流的大小和转子的阻抗角。首先分析负载时的转子电流。从式(4-24)的转子电压方程，得到转子电流与转子阻抗角分别为

$$\begin{cases} \dot{I}_{2s} = \dfrac{\dot{E}_{2s}}{R_2 + jX_{2\sigma s}} \\[3mm] \psi_{2s} = \arctan \dfrac{X_{2\sigma s}}{R_2} \end{cases} \tag{4-27}$$

已知 $\dot{E}_{2s} = s\dot{E}_2$，$X_{2\sigma s} = sX_{2\sigma}$，将其代入式(4-27)，并将等式右端分子、分母同除以转差率 s，令运算后的表达式等于 $\dot{I}_2$、ψ_2，则进行运算后式(4-27)变为

$$\begin{cases} \dot{I}_2 = \dfrac{\dot{E}_2}{\dfrac{R_2}{s} + jX_{2\sigma}} = \dfrac{\dot{E}_2}{R_2 + \dfrac{1-s}{s}R_2 + jX_{2\sigma}} \\ \psi_2 = \arctan\dfrac{X_{2\sigma}}{R_2/s} \end{cases}$$

(4-28)

式中，$\dot{E}_2$、$\dot{I}_2$、$X_{2\sigma}$ 和 ψ_2 分别是转子回路电流频率为 f_1（转子静止）时的转子电动势、转子电流、转子漏电抗和转子阻抗角。并且，归算前转子电流 $\dot{I}_{2s}$ 与归算后转子电流 $\dot{I}_2$ 的大小和相位（阻抗角）均相同，从而实现了转子频率的归算。从式(4-28) 还可以发现：进行转子频率归算后，转子电动势由 $\dot{E}_{2s}$ 变为 $\dot{E}_2$，漏电抗由 $X_{2\sigma s}$ 变为 $X_{2\sigma}$，而转子电阻则由 R_2 变为 $\dfrac{R_2}{s}$。

图 4-26 为感应电动机转子频率归算前、后的转子电路示意图。在频率归算前，转子旋转，转轴上输出机械功率，转子频率为 $f_2 = sf_1$，转子回路阻抗为 $R_2 + jX_{2\sigma s}$；频率归算后，转子静止，没有机械功率输出，转子频率为 f_1，转子回路阻抗为 $\dfrac{R_2}{s} + jX_{2\sigma}$。

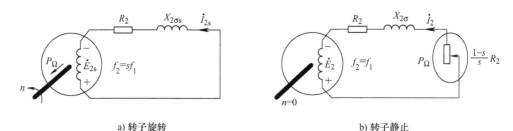

a) 转子旋转 b) 转子静止

图 4-26 感应电动机的频率归算

下面分析频率归算之后转子电路的阻抗参数。式(4-28) 中转子回路的总电阻为 $\dfrac{R_2}{s}$，它可以分解为两项，一项是转子自身每相电阻 R_2，另一项为 $\dfrac{(1-s)R_2}{s}$，这项电阻在实际电机中并不存在，可以称为附加电阻。总电阻 $\dfrac{R_2}{s}$ 上消耗的功率为 $\dfrac{m_2 I_2^2 R_2}{s}$，是通过电磁感应由定子传递到转子的有功功率，即电磁功率。R_2 上消耗的功率 $m_2 I_2^2 R_2$ 为转子铜耗，频率归算前后转子铜耗大小不变；附加电阻 $\dfrac{(1-s)R_2}{s}$ 上消耗的功率 $\dfrac{m_2 I_2^2 (1-s)R_2}{s}$ 等效于转子旋转时产生的总机械功率，即附加电阻 $\dfrac{(1-s)R_2}{s}$ 是感应电动机轴上总机械功率的等效电阻。

可见，转子频率归算的物理意义就是用一个静止的具有电阻为 $\dfrac{R_2}{s}$ 的等效转子去代替电阻为 R_2 的实际旋转的转子，等效转子具有与实际转子相同的转子磁动势，且转子旋转时的总机械功率等效于转子静止时附加电阻 $\dfrac{(1-s)R_2}{s}$ 上的电功率损耗。

4.3.2 绕组归算

频率归算后，旋转的感应电动机等效于一台接有负载电阻 $\dfrac{(1-s)R_2}{s}$ 的变压器。与

分析变压器运行一样，需要进一步解决定、转子绕组匝数、相数和绕组因数不同的问题，即需要进行绕组归算，才能得到等效电路。

所谓绕组归算，就是用与定子绕组有相同相数、有效匝数（匝数与绕组因数的乘积）的等效转子绕组代替经频率归算后的转子绕组。归算的原则是，归算前、后转子绕组应当具有相同的转子磁动势（同幅值、同相位），这样转子对定子的影响才能确保不会改变。转子绕组归算后，转子方的各物理量均加 "′"，以示区别，即，$m_2' = m_1$，$N_2' = N_1$，$k_{w2}' = k_{w1}$。

感应电机的
绕组归算

1. 转子电流归算

根据绕组归算原则，归算前、后转子磁动势的幅值和相位不变，有

$$0.9\,\frac{m_2'}{2}\,\frac{N_2' k_{w2}'}{p}\,\dot{I}_2' = 0.9\,\frac{m_2}{2}\,\frac{N_2 k_{w2}}{p}\,\dot{I}_2 \tag{4-29}$$

归算后的转子电流为

$$\dot{I}_2' = \frac{m_2 N_2 k_{w2}}{m_1 N_1 k_{w1}}\,\dot{I}_2 = \frac{\dot{I}_2}{k_i} \tag{4-30}$$

式中，k_i 称为电流比，且 $k_i = \dfrac{m_1 N_1 k_{w1}}{m_2 N_2 k_{w2}}$。结合式（4-15）、式（4-16），可得到电流形式的磁动势方程为

$$\dot{I}_1 + \dot{I}_2' = \dot{I}_m \tag{4-31}$$

2. 转子电动势归算

由于转子磁动势幅值和相位不变，则主磁通 $\dot{\Phi}_m$ 也不变，归算后的转子电动势为

$$\dot{E}_2' = -j4.44 f_1 N_2' k_{w2}' \dot{\Phi}_m = -j4.44 f_1 N_1 k_{w1} \dot{\Phi}_m = k_e \dot{E}_2 = \dot{E}_1 \tag{4-32}$$

式中，k_e 为电压比，且 $k_e = \dfrac{N_1 k_{w1}}{N_2 k_{w2}}$。

归算后感应电动机转子侧的视在功率为

$$m_1 \dot{E}_2' \dot{I}_2' = m_1 (k_e \dot{E}_2) \frac{\dot{I}_2}{k_i} = m_2 \dot{E}_2 \dot{I}_2 \tag{4-33}$$

由式（4-33）可知，归算前、后转子侧的视在功率不变。

3. 转子阻抗归算

绕组归算前、后要确保转子上消耗的有功功率保持不变，因此有

$$m_2' I_2'^2 \frac{R_2'}{s} = m_1 I_2'^2 \frac{R_2'}{s} = m_2 I_2^2 \frac{R_2}{s} \tag{4-34}$$

得到

$$R_2' = \frac{m_2}{m_1}\left(\frac{I_2}{I_2'}\right)^2 R_2 = k_e k_i R_2 \tag{4-35}$$

同理，绕组归算前、后要确保转子无功功率不变，有

$$X_{2\sigma}' = k_e k_i X_{2\sigma} \tag{4-36}$$

归算后转子回路的电压方程变为

$$\dot{E}_2' = \dot{I}_2'\left(\frac{R_2'}{s} + jX_{2\sigma}'\right) \tag{4-37}$$

可见，绕组归算时，转子电动势和电压乘以电压比 k_e，转子电流除以电流比 k_i，转子电阻和漏电抗则乘以 $k_e k_i$；归算前后转子磁动势、转子总视在功率、有功功率、转子铜耗和漏磁场储能均保持不变。

4. 笼型转子参数

笼型转子可以看作一种特殊的多相绕组，转子电流是由于电磁感应作用产生的。因此转子电流所产生的转子磁动势的极数取决于气隙磁场的极数，即转子极数与定子极数永远相等。

笼型转子的相数取决于一对极下有多少根不同相位的导条。由于笼型转子每相邻两根导条的电动势、电流的相位差电角度与它们空间相差的电角度相同，所以，笼型绕组是一个对称多相绕组。设转子有 Q_2 根导条，相邻两根导条感应电动势的相位差为 α_2 电角度，且 $\alpha_2 = \dfrac{p \times 360°}{Q_2}$。$Q_2$ 根转子导条将构成一个对称的 Q_2 相电动势系统，该电动势系统作用在对称的笼型转子导条上，便产生一个对称的 Q_2 相电流系统。所以笼型绕组的相数等于转子槽数，即 $m_2 = Q_2$。由于一根导条相当于半匝，所以每相绕组的匝数 $N_2 = \dfrac{1}{2}$，也不存在短距与分布问题，因此笼型绕组的绕组因数为 $k_{w2} = 1$。所以对于笼型转子，有

$$m_2 = Q_2 \qquad N_2 = \frac{1}{2} \qquad k_{w2} = 1 \tag{4-38}$$

如果转子导条数 Q_2 能被电机极对数 p 整除，即 Q_2/p 是整数，则可将每对极下的导条数 Q_2/p 看作转子相数，即 $m_2 = Q_2/p$，此时，转子的每一相均由 p 根导条并联构成。

4.3.3 等效电路与相量图

感应电动机
基本方程等
效电路相量图

1. 电压方程与 T 形等效电路

经过前面的频率归算和绕组归算后，可得到三相感应电动机的基本方程为

$$
\begin{cases}
\dot{U}_1 = -\dot{E}_1 + \dot{I}_1(R_1 + jX_{1\sigma}) \\
0 = \dot{E}_2' - \dot{I}_2'(R_2'/s + jX_{2\sigma}') \\
\dot{I}_1 = \dot{I}_m + (-\dot{I}_2') \\
\dot{E}_1 = -\dot{I}_m(R_m + jX_m) \\
\dot{E}_1 = \dot{E}_2'
\end{cases} \tag{4-39}
$$

根据式(4-39)的基本方程，可得到与变压器相似的 T 形等效电路，如图 4-27 所示。

图 4-27 与变压器带纯电阻负载时的等效电路相似。所接的纯电阻负载即为模拟机械功率的附加电阻 $\frac{1-s}{s}R_2'$。

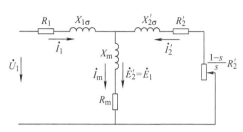

图 4-27 感应电动机的 T 形等效电路

观察图 4-27 的感应电动机 T 形等效电路，当转差率 s 不同时，对应电动机不同的运行情况：

1）三相感应电动机空载运行时，转子转速接近同步转速，即 $n \approx n_s$，$s \approx 0$。于是有 $\frac{1-s}{s}R_2' \to \infty$，转子近似于开路，转子电流近似为零，即 $\dot{I}_2' \approx 0$，表明定子电流的负载分量很小，几乎全部是励磁电流，即 $\dot{I}_1 \approx \dot{I}_m$，用以产生主磁通，属于无功电流性质，因此，感应电动机空载时定子功率因数很低。

2）三相感应电动机额定运行时，转差率 s 很小（通常不超过 0.05），若 $s = 0.02$，$\frac{R_2'}{s} = 50R_2'$，转子回路电阻远大于转子漏电抗，T 形等效电路转子侧基本呈阻性，转子电流基本为有功分量，因此转子功率因数很高，相应的电动机定子的功率因数也比较高。

3）三相感应电动机起动时，$n = 0$，$s = 1$。于是有 $\frac{1-s}{s}R_2' = 0$，转子回路仅有转子漏电抗与自身电阻 R_2'，整个电路的等效阻抗很小，转子电流和定子电流都很大，但定、转子侧的功率因数都很低。

此外，由等效电路可以看出，三相感应电动机的等效阻抗为阻感性，因此感应电动机定子功率因数总是滞后的。因为感应电动机运行时需从电网吸收感性无功功率来产生主磁通和漏磁通。

需要注意：

1）由于感应电动机三相对称，分析时按照一相进行，T 形等效电路代表一相的情况，因此利用 T 形等效电路计算的电压和电流均为相电压和相电流。

2）由等效电路计算出的所有定子侧的量均为电动机中的实际量，而计算出的转子电动势、转子电流则是归算值，不是实际值。但由于归算是在有功功率不变的原则下进行的，所以，用归算值算出的转子有功功率、损耗和转矩均与实际值相同。

表 4-3 列出了三相感应电动机与变压器的阻抗参数标幺值的范围。虽然二者有相同形式的等效电路，但它们的参数值相差较大。感应电动机的励磁电抗远小于变压器的励磁电抗，而感应电动机的漏电抗大于变压器的漏电抗，这是因为感应电动机的主磁路中存在气隙而导致的（详细分析请参见 4.2.1 节相关内容）。

表 4-3 感应电动机与变压器参数比较

	R_m^*	X_m^*	$X_{1\sigma}^*$、$X_{2\sigma}^*$
感应电动机	0.08 ~ 0.35	2 ~ 5	0.07 ~ 0.15
变压器	1 ~ 5	10 ~ 50	0.04 ~ 0.08

2. 近似等效电路

T形等效电路能够准确全面地反映感应电动机的基本方程，属于精确等效电路，但电路结构稍显复杂。为了计算简便，实际应用中常对T形等效电路进行简化。变压器的近似等效电路中直接把励磁支路移至电源侧，但感应电动机由于存在气隙，励磁阻抗小，励磁电流大，因此需要在将励磁支路移至电源端时，对电路参数进行修正。感应电动机的近似等效电路如图4-28所示。

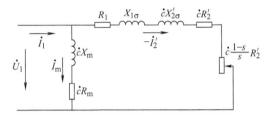

图4-28　感应电动机的近似等效电路

图4-28中复数 $\dot{c}$ 是为使该电路与T形等效电路等效而引入的校正系数，

$$\dot{c} = 1 + \frac{Z_{1\sigma}}{Z_{m}} \approx 1 + \frac{X_{1\sigma}}{X_{m}} \tag{4-40}$$

图4-28近似等效电路的详细推导过程请参见参考文献 [1] 中第5章感应电机的相关内容。

3. 相量图

三相感应电动机的相量图与接有纯电阻负载时变压器的相量图相类似，感应电动机T形等效电路中附加电阻电压降相当于变压器的二次电压。图4-29为与式（4-39）中的电压方程和磁动势方程相对应的相量图。假设已知感应电动机T形等效电路的参数、转差率 s，图4-29相量图的作图步骤如下：

1）以主磁通 $\dot{\Phi}_{m}$ 为参考相量，根据 $\dot{\Phi}_{m}$ 可以画出 $\dot{E}_{1}$、$\dot{E}'_{2}$，它们滞后 $\dot{\Phi}_{m}$ 以90°。

2）画出转子电流 $\dot{I}'_{2}$，它滞后于 $\dot{E}'_{2}$ 以 ψ_{2} 角度，且 $\psi_{2} = \arctan \dfrac{sX'_{2\sigma}}{R'_{2}}$。

3）画出 $\dot{I}'_{2}\dfrac{R'_{2}}{s}$，它与 $\dot{I}'_{2}$ 同相位，再从相量 $\dot{I}'_{2}\dfrac{R'_{2}}{s}$ 的尾端，以超前 $\dot{I}'_{2}$ 90°相位画出 $j\dot{I}'_{2}X'_{2\sigma}$，最后得到两相量的和，即 $\dot{E}'_{2}$。

4）由于励磁电流 $\dot{I}_{m}$ 超前 $\dot{\Phi}_{m}$ 一个较小的铁耗角 α，画出 $\dot{I}_{m}$ 后，根据 $\dot{I}_{1} = \dot{I}_{m} + (-\dot{I}'_{2})$ 进行相量合成得到定子电流 $\dot{I}_{1}$。

5）根据 $\dot{U}_{1} = -\dot{E}_{1} + \dot{I}_{1}(R_{1} + jX_{1\sigma})$，进行各相量相加，画出 $\dot{U}_{1}$。于是 $\dot{U}_{1}$ 与 $\dot{I}_{1}$ 的夹角为 φ_{1}，$\cos\varphi_{1}$ 即为感应电动机在相应负载下的定子功率因数。

从图4-29的相量图可见，感应电动机的定子电流 $\dot{I}_{1}$ 总是滞后于电源电压 $\dot{U}_{1}$，这是因为产生气隙中的主磁场和定、转子漏磁场，都需要从电源输入一定的感性无功功

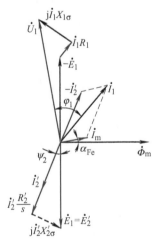

图4-29　感应电动机的相量图

率。励磁电流越大，定、转子漏电抗越大，同样负载下感应电动机所需要的无功功率就越大，电动机的功率因数就越低。

三相感应电动机的基本方程、等效电路和相量图是反映感应电动机内部各物理量电磁关系的三种不同方式，它们在本质上是一致的。实际运用中，可根据具体情况灵活选择，例如，等效电路便于进行计算，而相量图则能清楚地反映出各量之间的相位关系。

例 4-3 一台三相 4 极感应电动机：$U_N = 380V$，$f_N = 50Hz$，$n_N = 1455r/min$，定子绕组三角形联结，$R_1 = 1.42\Omega$，$X_{1\sigma} = 4.51\Omega$，$R_2' = 1.26\Omega$，$X_{2\sigma}' = 7.75\Omega$，$X_m = 90.4\Omega$，$R_m = 10.6\Omega$，试计算电动机额定运行时的转子频率，并用 T 形等效电路计算额定运行时的定子相电流、定子功率因数和输入功率。

解：（1）转子频率

同步转速　$n_s = \dfrac{60f_1}{p} = \dfrac{60 \times 50}{2}r/min = 1500r/min$

额定转差率　$s_N = \dfrac{n_s - n_N}{n_s} = \dfrac{1500 - 1455}{1500} = 0.03$

转子频率　$f_2 = sf_1 = 0.03 \times 50Hz = 1.5Hz$

（2）用 T 形等效电路计算

额定转速时，转子的等效阻抗为

$$Z_2' = \dfrac{R_2'}{s_N} + jX_{2\sigma}' = \left(\dfrac{1.26}{0.03} + j7.75\right)\Omega = (42 + j7.75)\Omega \approx 42.71\angle 10.45°\Omega$$

励磁阻抗为

$$Z_m = R_m + jX_m = (10.6 + j90.4)\Omega \approx 91.02\angle 83.31°\Omega$$

定子三角形联结，线电压等于相电压，设定子电压相量为参考相量，$\dot{U}_1 = 380\angle 0°V$，定子相电流为

$$\dot{I}_1 = \dfrac{\dot{U}_1}{Z_1 + \dfrac{Z_m Z_2'}{Z_m + Z_2'}} = \dfrac{380\angle 0°}{(1.42 + j4.51) + \dfrac{91.02\angle 83.31° \times 42.71\angle 10.45°}{(42 + j7.75) + (10.6 + j90.4)}}A$$

$$\approx 9.84\angle -36.51°A$$

定子功率因数为

$$\cos\varphi_1 = \cos 36.51° \approx 0.804（滞后）$$

输入功率为

$$P_1 = 3U_1 I_1 \cos\varphi_1 = 3 \times 380 \times 9.84 \times 0.804W \approx 9019W$$

例 4-4 一台三相 4 极感应电动机，$f_N = 50Hz$，$n_N = 1425r/min$，转子侧参数 $R_2 = 0.02\Omega$，$X_{2\sigma} = 0.08\Omega$，电压比 $k_e = 10$，当 $E_1 = 200V$ 时，试求：

1）电动机起动瞬间，转子绕组每相的感应电动势 E_{20}、电流 I_{20}、功率因数 $\cos\varphi_{20}$ 和转子频率 f_{20}。

2）电动机在额定转速下，转子绕组每相的感应电动势 E_2、电流 I_2、功率因数 $\cos\varphi_2$

和转子频率 f_2。

解：1）起动瞬间，转子不动，$n=0$，$s=1$，转子频率 $f_{20}=f_1=50\text{Hz}$。

转子绕组感应电动势 $E_{20}=\dfrac{E_1}{k_e}=\dfrac{200}{10}\text{V}=20\text{V}$

转子电流 $I_{20}=\dfrac{E_{20}}{\sqrt{R_2^2+X_{2\sigma}^2}}=\dfrac{20}{\sqrt{0.02^2+0.08^2}}\text{A}=242.5\text{A}$

转子侧功率因数 $\cos\varphi_{20}=\cos\left(\arctan\dfrac{X_{2\sigma}}{R_2}\right)=\cos75.96°\approx0.243$

2）4 极感应电动机的同步转速为

$$n_s=\frac{60f_1}{p}=\frac{60\times50}{2}\text{r/min}=1500\text{r/min}$$

额定转差率 $s_N=\dfrac{n_s-n_N}{n_s}=\dfrac{1500-1425}{1500}=0.05$

转子频率 $f_2=sf_1=0.05\times50\text{Hz}=2.5\text{Hz}$

额定转速时转子绕组的感应电动势为

$$E_2=sE_{20}=0.05\times20\text{V}=1\text{V}$$

转子绕组电流 $I_2=\dfrac{sE_2}{\sqrt{R_2^2+(sX_{2\sigma})^2}}=\dfrac{0.05\times20}{\sqrt{0.02^2+(0.05\times0.08)^2}}\text{A}\approx49\text{A}$

转子侧功率因数 $\cos\varphi_2=\cos\left(\arctan\dfrac{sX_{2\sigma}}{R_2}\right)=\cos11.3°\approx0.98$

思考题

1. 什么是频率归算？感应电动机 T 形等效电路中附加电阻 $\dfrac{(1-s)R_2'}{s}$ 代表什么含义？

2. 绕组归算的原则是什么？

3. 感应电动机定子与转子之间没有电的联系，为什么转子负载增加时，定子电流和输入功率会自动增加？从空载到满载其主磁通有无变化？

4. 相同容量的感应电动机的空载电流与变压器的空载电流哪个大？为什么？

5. 为什么感应电动机的功率因数总是滞后的？为什么感应电动机的气隙比较小？

6. 笼型转子感应电动机转子绕组的相数、极数是如何确定的？与导条数有关吗？

4.4 三相感应电动机的参数测定

为了用等效电路对感应电动机进行分析计算，需要先知道电机的相关参数。等效电路中的有关参数可通过空载试验和堵转试验来测定。

4.4.1 空载试验

空载试验的目的是测定感应电动机的励磁电阻 R_m、励磁电抗 X_m，以及铁耗 p_{Fe} 和机械损耗 p_Ω。

进行空载试验时，电动机的转轴上不加任何负载，即处于空载运行。定子绕组通过调压器接到额定频率的三相对称电源上，电压表、电流表、功率表的接线如图4-30所示。用调压器调节定子电压 U_1 至额定电压 U_N，让电动机运行一段时间，使其机械损耗达到稳定值。然后通过调压器改变定子电压

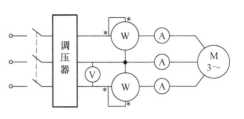

图4-30 感应电动机的空载试验接线图

U_1，使其从（1.1 ~ 1.2）U_N 逐渐减小到可能达到的最低电压，此电压值约为 $0.3U_N$（在该电压下，定子电流出现回升，这是因为电压降低，使得磁场很弱，电动机为了克服一定的空载转矩，转差率会增大，转子电流也随之增大，从而引起定子电流回升），低于此电压电动机转速发生明显下降，试验结束。在上述试验过程中读取三相空载电压 U_1、空载电流 I_0 和空载输入功率 P_0 以及电机转速 n，一共记录7 ~ 9组试验数据。在运行结束后，立即用电阻测量仪表或伏安法测出定子每相绕组电阻 R_1。

根据试验数据，画出感应电动机的空载特性曲线 I_0，$P_0 = f(U_1)$，如图4-31a所示。根据感应电动机的功率平衡方程（详细分析请参见4.5.1节相关内容），如忽略空载时的附加损耗和转子铜耗，空载功率全部用于产生定子铜耗、铁耗和机械损耗，即

$$P_0 = p_{Cu1} + p_{Fe} + p_{\Omega} \tag{4-41}$$

从输入功率中减去定子铜耗，并用 P_0' 表示，得

$$P_0' = P_0 - p_{Cu1} = P_0 - 3I_{0\varphi}^2 R_1$$
$$= p_{Fe} + p_{\Omega} \tag{4-42}$$

式中，$I_{0\varphi}$ 为空载相电流。

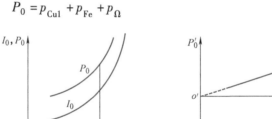

感应电机的
空载试验

空载试验时，由于电动机的转速变化很小，机械损耗基本不变，可认为 p_{Ω} 与 U_1 无关；而铁耗 p_{Fe} 与磁密的二次

a) 空载特性曲线　　b) 分离机械损耗和铁耗

图4-31 感应电动机的空载试验

方成正比，近似看成与 U_1^2 成正比。可以把 P_0' 与 U_1^2 的关系画出来，$P_0' = f(U_1^2)$ 近似为一条直线，如图4-31b所示。将该线延长，与纵坐标交于点 O'，过 O' 作水平线，即可把机械损耗 p_{Ω} 分离出来，进而得到铁耗 p_{Fe}。

感应电动机空载时，$s \to 0$，$\dfrac{1-s}{s}R_2' \to \infty$，转子近似为

开路，T形等效电路变为如图4-32所示。

根据感应电动机空载时的等效电路，定子的空载阻抗 Z_0 为

$$|Z_0| = \frac{U_{1\varphi}}{I_{0\varphi}} \tag{4-43}$$

式中，$I_{0\varphi}$ 为空载相电流；$U_{1\varphi}$ 为空载相电压。

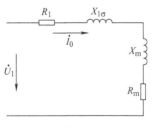

图4-32 感应电动机空载
时的等效电路

根据分离出的铁耗可以计算励磁电阻，即

$$R_m = \frac{p_{Fe}}{3I_{0\varphi}^2} \qquad (4\text{-}44)$$

式中，p_{Fe} 为电动机在额定电压下的铁耗。

而定子的空载电阻 $R_0 = R_1 + R_m$，因此空载电抗 X_0 为

$$X_0 = \sqrt{|Z_0|^2 - R_{0\varphi}^2} \qquad (4\text{-}45)$$

励磁电抗 X_m 为

$$X_m = X_0 - X_{1\sigma} \qquad (4\text{-}46)$$

其中，定子漏抗 $X_{1\sigma}$ 可由堵转试验确定。

4.4.2　堵转试验

堵转试验也称短路试验，其目的是测定感应电动机的短路阻抗 Z_k、短路电抗 X_k 和短路电阻 R_k，并进一步求出转子电阻 R_2'。

堵转试验的接线图如图 4-33a 所示。进行堵转试验前，先要将转子堵住（卡住）。为了不使电流过大，应降低电源电压，控制堵转电流 I_k 在 $1.2I_N$ 以下，电压约在 $0.4U_N$ 以下。进行堵转试验时，通过调压器将电动机接到额定频率的电源上，将定子电压 U_1 从 0 逐渐增加到 $0.4U_N$，然后逐步降低 U_1，大约在 $1.2I_N \sim 0.2I_N$ 范围测取 $5 \sim 7$ 组试验数据，记录定子电压 U_1、定子电流 I_k 和定子输入功率 P_k。堵转试验过程要迅速完成，因为此时电动机不转，散热条件差，要防止电动机绕组过热。将记录的试验数据整理成曲线，得到感应电动机的堵转特性 I_k，$P_k = f(U_1)$，如图 4-33b 所示。

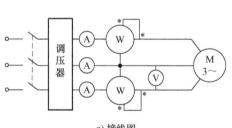

a) 接线图

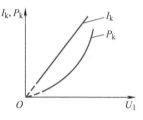

b) 堵转特性

图 4-33　感应电动机堵转试验

电动机堵转时，$s = 1$，因此 $Z_m \gg Z_2'$，此时可以认为励磁支路开路，T 形等效电路变为如图 4-34 所示。

由于堵转电压 U_1 低，铁耗可以忽略，且堵转时感应电动机机械损耗为零，可认为全部输入功率都消耗在定、转子电阻上。因此，可以按照以下关系求出相关参数。

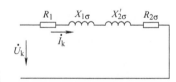

图 4-34　感应电动机
堵转时的等效电路

$$|Z_k| = \frac{U_{1\varphi}}{I_{k\varphi}}, \quad R_k = \frac{P_k}{3I_{k\varphi}^2}, \quad X_k = \sqrt{|Z_k|^2 - R_k^2} \qquad (4\text{-}47)$$

式中，$U_{1\varphi}$、$I_{k\varphi}$ 为相电压、相电流，P_k 为三相总损耗。

空载试验时已经测量出了定子电阻 R_1，因此

$$R_2' = R_k - R_1 \tag{4-48}$$

定、转子漏抗难以分离，一般认为

$$X_{1\sigma} \approx X_{2\sigma}' \approx \frac{1}{2}X_k \tag{4-49}$$

此外，需要注意：

1）利用空载试验测定感应电动机的励磁参数时，由于励磁参数反映电机中主磁通的作用效果，因此，在计算工作特性时，应该用额定电压下的测试参数。

2）感应电动机在正常工作时，定、转子漏电抗处于不饱和状态，为一常数。但当感应电动机直接起动时，定、转子电流比额定电流大 5~7 倍，漏磁路饱和，漏电抗比正常工作时小 15%~30% 左右。在最大转矩时，定子电流约为 2~3 倍额定电流。所以感应电动机从起动到正常运行漏磁路饱和情况是变化的，漏电抗也是变化的。为了计算不同饱和程度下的漏电抗值，一般短路试验测取 $I_k = I_N$，$U_k = U_N$ 和 $I_k = (2~3)I_N$ 三组数据。计算工作特性时，用 $I_k = I_N$ 时的不饱和漏电抗。计算起动特性时，用 $U_k = U_N$ 时求得的饱和漏电抗值。计算最大转矩时，采用 $I_k = (2~3)I_N$ 时的漏电抗值。

例 4-5 一台三相 4 极异步电动机，额定数据为：$P_N = 10\text{kW}$，$U_N = 380\text{V}$，$I_N = 19.8\text{A}$；定子绕组为 Y 联结，$R_1 = 0.5\Omega$；空载试验数据为：$U_0 = 380\text{V}$，$P_0 = 425\text{W}$，$I_0 = 5.4\text{A}$，机械损耗 $p_\Omega = 80\text{W}$；堵转试验数据为：$U_k = 120\text{V}$，$P_k = 920\text{W}$，$I_k = 18.1\text{A}$。忽略空载附加损耗，认为 $X_{1\sigma} = X_{2\sigma}'$，求：该电动机的参数 R_2'、$X_{1\sigma}$、$X_{2\sigma}'$、R_m、X_m。

解： 由题可知，定子绕组为 Y 联结，则

$$I_{0\varphi} = I_0 = 5.4\text{A}, \quad U_{0\varphi} = \frac{U_0}{\sqrt{3}} = \frac{380}{\sqrt{3}}\text{V} \approx 219.4\text{V}$$

$$I_{k\varphi} = I_k = 18.1\text{A}, \quad U_{k\varphi} = \frac{U_k}{\sqrt{3}} = \frac{120}{\sqrt{3}}\text{V} \approx 69.3\text{V}$$

由空载试验，得空载阻抗 Z_0 为

$$|Z_0| = \frac{U_{0\varphi}}{I_{0\varphi}} = \frac{219.4}{5.4}\Omega \approx 40.6\Omega$$

铁耗 p_{Fe} 为

$$p_{Fe} = P_0 - 3I_{0\varphi}^2 R_1 - p_\Omega = (425 - 3 \times 5.4^2 \times 0.5 - 80)\text{W} = 301.26\text{W}$$

励磁电阻 R_m 为

$$R_m = \frac{p_{Fe}}{3I_{0\varphi}^2} = \frac{301.26}{3 \times 5.4^2}\Omega \approx 3.4\Omega$$

励磁电抗 X_m 为

$$X_m = \sqrt{Z_0^2 - (R_1 + R_m)^2} = \sqrt{40.6^2 - (0.5 + 3.4)^2}\Omega \approx 40.4\Omega$$

由短路试验，得短路阻抗 Z_k 为

$$|Z_k| = \frac{U_{k\varphi}}{I_{k\varphi}} = \frac{69.3}{18.1}\Omega \approx 3.8\Omega$$

短路电阻 R_k 为

$$R_k = \frac{P_k}{3I_{k\varphi}^2} = \frac{920}{3 \times 18.1^2}\Omega \approx 0.9\Omega$$

短路阻抗 X_k 为

$$X_k = \sqrt{Z_k^2 - R_k^2} = \sqrt{3.8^2 - 0.9^2}\Omega \approx 3.7\Omega$$

转子侧折算到定子侧的电阻 R_2' 为

$$R_2' = R_k - R_1 = (0.9 - 0.5)\Omega = 0.4\Omega$$

定子侧漏抗 $X_{1\sigma}$ 及转子侧折算到定子侧的电阻 $X_{2\sigma}'$ 为

$$X_{1\sigma} = X_{2\sigma}' = \frac{X_k}{2} = 0.5 \times 3.7\Omega = 1.85\Omega$$

思考题

1. 感应电动机空载试验和堵转试验的目的是什么？

2. 如何通过试验测定感应电动机的机械损耗和铁耗？

3. 三相感应电动机在额定电压下堵转和空载运行时，分别主要有哪些损耗？哪些损耗通常可以忽略不计？

4.5　三相感应电动机的功率方程与转矩方程

本节用等效电路来分析三相感应电动机内部的功率流程，并列出功率方程和转矩方程。

4.5.1　功率方程

感应电动机运行时，电源输入的电功率通过电磁感应传递到转子，转换成机械功率输出。在能量转换过程中不可避免地会有损耗。下面利用感应电动机的 T 形等效电路，分析三相感应电动机的内部功率关系。

感应电机功率方程和转矩方程

根据图 4-35 可以求出感应电动机的各项功率和损耗。

1）从电源输入的有功功率 P_1 为

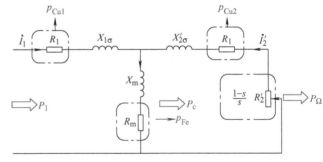

图 4-35　感应电动机的功率和损耗图

$$P_1 = m_1 U_1 I_1 \cos\varphi_1 \tag{4-50}$$

式中，m_1 为定子相数；U_1、I_1 分别为定子相电压和相电流的有效值；$\cos\varphi_1$ 为定子功率因数。

2）定子绕组铜耗 p_{Cu1}，即电路中定子电阻 R_1 上的损耗为

$$p_{\text{Cu1}} = m_1 I_1^2 R_1 \tag{4-51}$$

3）铁心铁耗 p_{Fe}，即电路中励磁电阻 R_m 上的损耗为

$$p_{\mathrm{Fe}} = m_1 I_\mathrm{m}^2 R_\mathrm{m} \qquad (4\text{-}52)$$

由于感应电动机正常运行时,转子的转速接近同步转速,转差率 s 很小,转子频率 sf_1 很低,通常为 $1 \sim 3\mathrm{Hz}$,而且转子铁心也由 $0.35 \sim 0.5\mathrm{mm}$ 厚的硅钢片(大中型电机还涂漆)叠压而成,所以转子铁耗很小,可以略去不计。感应电动机的铁耗主要是定子铁耗。

4)传递给转子的电磁功率 P_e:从输入的电功率 P_1 中减去定子铜耗 p_{Cu1} 和铁耗 p_{Fe} 后,其余部分即为通过气隙磁场传递到转子的电磁功率 P_e,即

$$P_\mathrm{e} = P_1 - p_{\mathrm{Cu1}} - p_{\mathrm{Fe}} \qquad (4\text{-}53)$$

根据等效电路,电磁功率可表示为

$$P_\mathrm{e} = m_1 E_2' I_2' \cos\psi_2 = m_1 I_2'^2 \frac{R_2'}{s} \qquad (4\text{-}54)$$

式中, $\cos\psi_2$ 为转子的内功率因数, $\psi_2 = \arctan \dfrac{X_{2\sigma}'}{R_2'/s}$。

5)转子绕组的铜耗 p_{Cu2},即电路中转子电阻 R_2' 上的损耗为

$$p_{\mathrm{Cu2}} = m_1 I_2'^2 R_2' = s P_\mathrm{e} \qquad (4\text{-}55)$$

6)传输给电机转轴上的总机械功率 P_Ω:从传送到转子的 P_e 中扣除转子铜耗 p_{Cu2},即得到总机械功率(即转换功率) P_Ω。在等效电路中,总机械功率等于附加电阻 $\dfrac{1-s}{s} R_2'$ 上的损耗,即

$$P_\Omega = P_\mathrm{e} - p_{\mathrm{Cu2}} = m_1 I_2'^2 \frac{1-s}{s} R_2' = (1-s) P_\mathrm{e} \qquad (4\text{-}56)$$

7)机械损耗 p_Ω:电机在运行时,会产生轴承以及风阻等摩擦转矩,这也要损耗一部分功率,这部分功率称为机械损耗。

8)附加损耗 p_{ad}:除了上述各部分损耗外,由于定、转子开槽和气隙谐波磁动势,还会产生附加损耗。附加损耗一般不易计算,往往根据经验估算。在大型感应电动机中, p_{ad} 约为输出额定功率的 0.5%;而在小型感应电动机中,满载时 p_{ad} 可达输出额定功率的 $1\% \sim 3\%$,或更大一些。

9)输出功率 P_2:总机械功率 P_Ω 减去机械损耗 p_Ω 和附加损耗 p_{ad},即得感应电动机转轴上真正输出的机械功率 P_2,即

$$P_2 = P_\Omega - p_\Omega - p_{\mathrm{ad}} \qquad (4\text{-}57)$$

图 4-36 为感应电动机的功率流程图。

观察式(4-55)和式(4-56)可知,感应电动机运行时,电磁功率、转子铜耗、总机械功率三者之间存在如下比例关系:

$$P_\mathrm{e} : p_{\mathrm{Cu2}} : P_\Omega = 1 : s : (1-s) \qquad (4\text{-}58)$$

可见,通过电磁感应,由定子传递到转子的电磁功率中, s 部分转变成转子铜耗, $(1-s)$ 部分转换为机械功率。由于转子铜耗等于 sP_e,所以也称其

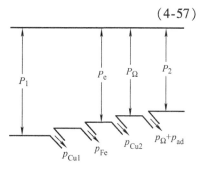

图 4-36 感应电动机的功率流程图

为转差功率。当电磁功率一定时，若转差率 s 越小，转子回路铜损耗越小，输出的机械功率就越大；反之，转差率 s 越大，转子铜耗越大，电机的效率会降低。因此，感应电动机额定运行时的转差率不宜太大，一般额定转差率 $s_N = 0.01 \sim 0.05$。

4.5.2 转矩方程

由动力学可知，旋转体的机械功率 P 等于作用在旋转体上转矩 T 与它的机械角速度 Ω 的乘积，机械角速度 Ω 与转速 n 的关系为 $\Omega = \dfrac{2\pi n}{60}$。

式(4-57) 两边同除以机械角速度 Ω，可得转子的转矩方程

$$T_2 = T_e - T_0 \tag{4-59}$$

式中，T_2 为电动机的输出转矩，$T_2 = \dfrac{P_2}{\Omega}$；$T_e$ 为电磁转矩，$T_e = \dfrac{P_\Omega}{\Omega}$；$T_0$ 为空载制动转矩，

$T_0 = \dfrac{p_\Omega + p_{ad}}{\Omega}$。

由于总机械功率 $P_\Omega = (1-s)P_e$，机械角速度 $\Omega = (1-s)\Omega_s$，因此电磁转矩可表示为

$$T_e = \frac{P_\Omega}{\Omega} = \frac{(1-s)P_e}{(1-s)\Omega_s} = \frac{P_e}{\Omega_s} \tag{4-60}$$

式(4-60) 表明，电磁转矩既可以用总机械功率除以机械角速度计算，也可以用电磁功率除以同步机械角速度来计算。

例4-6 一台三相4极感应电动机，额定功率 $P_N = 5.5\text{kW}$，额定电压 $U_N = 380\text{V}$，定子绕组三角形联结，额定频率为 50Hz，额定功率因数 $\cos\psi_N = 0.824$，定子电阻 $R_1 = 2.5\Omega$，额定效率 $\eta_N = 87\%$，铁耗为 167.5W，机械损耗为 45W，附加损耗为 29W。试求额定运行时的定子相电流、电磁功率、总机械功率、转子铜耗、转差率和电磁转矩。

解： 由 $\eta_N = \dfrac{P_N}{P_1}$，可得电动机输入功率为

$$P_1 = \frac{P_N}{\eta_N} = \frac{5.5}{87\%}\text{kW} \approx 6.32\text{kW}$$

由于定子绕组为三角形联结，所以 $U_{1\varphi} = U_N = 380\text{V}$。

由 $P_1 = m_1 U_{1\varphi} I_1 \cos\psi_1$，可得定子相电流为

$$I_1 = \frac{P_1}{m_1 U_{1\varphi} \cos\psi_1} = \frac{6.32 \times 10^3}{3 \times 380 \times 0.824}\text{A} \approx 6.73\text{A}$$

由定子电阻 $R_1 = 2.5\Omega$，则定子铜耗 p_{Cu1}、电磁功率 P_e 为

$$p_{Cu1} = m_1 I_1^2 R_1 = 3 \times 6.73^2 \times 2.5\text{W} \approx 339.7\text{W}$$

$$P_e = P_1 - p_{Cu1} - p_{Fe} = (6320 - 339.7 - 167.5)\text{W} = 5812.8\text{W}$$

总机械功率 P_Ω 为

$$P_\Omega = P_N + p_\Omega + p_{ad} = (5.5 \times 10^3 + 45 + 29)\text{W} = 5574\text{W}$$

转子铜耗 p_{Cu2} 为

$$p_{Cu2} = P_e - P_\Omega = (5812.8 - 5574)\text{W} = 238.8\text{W}$$

转差率 s 为

$$s = \frac{p_{Cu2}}{P_e} = \frac{238.8}{5812.8} \approx 0.04$$

电磁转矩 T_e 为

$$n_s = \frac{60f_1}{p} = \frac{60 \times 50}{2}r/min = 1500r/min$$

$$T_e = \frac{P_e}{\frac{2\pi n_s}{60}} = \frac{60 \times 5812.8}{2\pi \times 1500}N \cdot m \approx 37N \cdot m$$

思考题

1. 三相感应电动机的功率流程是怎样的？

2. 三相感应电动机正常运行时，电机的铁耗为何常常认为是定子铁耗？为何不计转子铁耗？

3. 为什么感应电动机正常运行时的转差率一般都很小？

4. 三相感应电动机铭牌上的额定功率是什么功率？额定运行时的电磁功率、机械功率、转子铜耗三者之间有何关系？

5. 当三相感应电动机转子堵转运行时，电动机内部是否还有电磁功率、总机械功率、电磁转矩？

4.6 三相感应电动机的机械特性

三相感应电动机拖动机械负载运行时，必须满足机械负载对电动机转矩和转速的要求，为此，需要分析其机械特性。三相感应电动机的机械特性指的是：在电源电压、电源频率和电动机参数不变的情况下，电动机的转速与电磁转矩之间的关系，即 $n = f(T_e)$。

4.6.1 三相感应电动机的电磁转矩

1. 电磁转矩的物理表达式

感应电机机械特性-电磁转矩

式(4-60)给出了感应电动机电磁转矩与电磁功率的关系，即 $T_e = \frac{P_e}{\Omega_s}$，并且由式(4-54)可知三相感应电动机的电磁功率为 $P_e = m_1 E_2' I_2' \cos\psi_2$，再考虑到 $E_2' = \sqrt{2}\pi f_1 N_1 k_{w1}\Phi_m$，$I_2' = \frac{m_2 N_2 k_{w2}}{m_1 N_1 k_{w1}}I_2$，$\Omega_s = \frac{2\pi f_1}{p}$，把这些关系代入电磁转矩计算式(4-60)，经过整理，可得

$$T_e = \frac{P_e}{\Omega_s} = \frac{1}{\sqrt{2}}pm_2 N_2 k_{w2}\Phi_m I_2 \cos\psi_2 = C_T\Phi_m I_2 \cos\psi_2 \tag{4-61}$$

式中，C_T 为转矩常数，$C_T = \frac{1}{\sqrt{2}}pm_2 N_2 k_{w2}$，对于已制成的电机 C_T 是一个常数。

式(4-61)称为电磁转矩的物理表达式,表明电磁转矩与主磁通 Φ_m 和转子电流有功分量 $I_2\cos\psi_2$ 的乘积成正比。

下面利用 $T_e = C_T\Phi_m I_2\cos\psi_2$ 定性分析电磁转矩 T_e 随转速 n 的变化趋势。由于这个公式并不直接显示 T_e 与转速 n 的关系,需要分析每极磁通 Φ_m、转子电流 I_2、转子功率因数 $\cos\psi_2$ 随转速 n 的变化规律。

(1) Φ_m 与 n 的关系

在感应电动机定子电压大小一定时,电机从空载到额定负载,电机转速由接近同步转速下降到额定转速,转差率 s 数值变化不大,定子电动势 E_1 接近于 U_1,Φ_m 与 E_1 成正比,则 Φ_m 几乎为常数。但是随着转差率 s 继续增大,定子电流 I_1 要增大,定子漏阻抗电压降增大,致使电动势 E_1 与 U_1 相差较大,气隙每极磁通量 Φ_m 减小。在起动时 $n =$

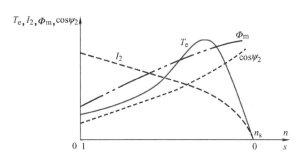

图 4-37 Φ_m、I_2、$\cos\psi_2$、T_e 随转速 n 或转差率 s 的变化曲线

0,Φ_m 会减小到额定时的一半左右,所以 Φ_m 随 n 的变化曲线示意图如图 4-37 所示。

(2) 转子电流 I_2 与转速 n 的关系

依据转子电压方程或式(4-26)可知,转子电流的有效值为

$$I_{2s} = \frac{E_{2s}}{\sqrt{R_2^2 + X_{2\sigma s}^2}} = \frac{E_2}{\sqrt{(R_2/s)^2 + X_{2\sigma}^2}} = I_2 \qquad (4-62)$$

可见,当转速 n 下降,转差率 s 增大,式(4-62)中转子回路阻抗减小,转子电流 I_2 会增大。但由于转子电动势与主磁通成正比,当转速下降很多,s 增大很多时,由于主磁通的下降会导致转子电动势减小,使转子电流增大的程度逐渐减小,所以,I_2 与 n 的关系呈非线性变化,变化曲线见图 4-37。

(3) $\cos\psi_2$ 与转速 n 的关系

依据 T 形等效电路,转子的功率因数为

$$\cos\psi_2 = \frac{R_2/s}{\sqrt{(R_2/s)^2 + X_{2\sigma}^2}} \qquad (4-63)$$

当转速 n 较高,s 很小时,R_2/s 占转子阻抗的主要成分,转子漏抗可以忽略不计,$\cos\psi_2 \approx 1$;随着转速 n 下降,转差率 s 增大,$\cos\psi_2$ 的数值逐渐减小。$\cos\psi_2$ 与转速 n 的关系曲线示意图见图 4-37。

依据每极磁通 Φ_m、转子电流 I_2、转子功率因数 $\cos\psi_2$ 随转速 n 或转差率 s 的变化规律,考虑到 $T_e = C_T\Phi_m I_2\cos\psi_2$,可得到电磁转矩 T_e 随转速 n 变化的曲线,见图 4-37。

从图 4-37 可以看出,随着转速从空载时的接近于同步转速,降到起动时的 0 转速,每极磁通 Φ_m 和转子功率因数 $\cos\psi_2$ 都是下降的,而转子电流 I_2 随着转速下降会升高,使得电磁转矩 T_e 随转速 n 的变化呈非线性,在某个转差率下会出现最大电磁转矩。

2. 电磁转矩的参数表达式

公式 $T_e = C_T\Phi_m I_2\cos\psi_2$ 可以定性分析电磁转矩随转速的变化关系,但不能准确获

得最大转矩的数值以及所对应的转速。为了直接从电动机参数获得感应电动机电磁转矩，可利用感应电动机的 T 形等效电路来推导电磁转矩的参数表达式。

根据式(4-54)和式(4-60)，可得电磁转矩 T_e 与转子电流 I_2' 的关系为

$$T_e = \frac{P_e}{\Omega_s} = \frac{m_1}{\Omega_s}I_2'^2\frac{R_2'}{s} = \frac{m_1 I_2'^2 \dfrac{R_2'}{s}}{\dfrac{2\pi n_s}{60}} = \frac{m_1 I_2'^2 \dfrac{R_2'}{s}}{\dfrac{2\pi f_1}{p}} \tag{4-64}$$

在 T 形等效电路中，由于励磁阻抗 Z_m 比定、转子漏阻抗 Z_1 和 Z_2' 大很多，如果把励磁阻抗支路认为开路，则有

$$I_2' = \frac{U_1}{\sqrt{\left(R_1 + \dfrac{R_2'}{s}\right)^2 + (X_{1\sigma} + X_{2\sigma}')^2}} \tag{4-65}$$

将式(4-65)代入式(4-64)中，整理得

$$T_e = \frac{m_1 p U_1^2 \dfrac{R_2'}{s}}{2\pi f_1 \left[\left(R_1 + \dfrac{R_2'}{s}\right)^2 + (X_{1\sigma} + X_{2\sigma}')^2\right]} \tag{4-66}$$

式(4-66)为电磁转矩的参数表达式。

当电源电压 U_1、频率 f_1 和电机参数已知，把不同的转差率 s 代入式(4-66)，计算出对应的电磁转矩，可得到电磁转矩 T_e 与转差率 s 的曲线，即 $T_e - s$ 曲线，如图 4-38 所示。

从图 4-38 可以看出，$T_e - s$ 曲线分为三个区间，与感应电机的三个运行状态一一对应。

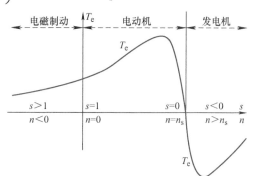

图 4-38　感应电机的 $T_e - s$ 曲线

4.6.2　三相感应电动机的固有机械特性

1. 固有机械特性

当三相感应电动机定子绕组外加额定频率的额定电压，且定、转子回路不串入任何电路元件条件下，电机转速 n 与电磁转矩 T_e 之间的关系曲线 $n = f(T_e)$ 称为固有机械特性。固有机械特性可以通过把 $T_e - s$ 曲线的纵坐标与横坐标对调，并利用 $n = n_s(1-s)$ 把转差率转换成对应的转速 n 来得到，如图 4-39 所示。

图 4-39 中，标出了感应电动机固有机械特性的四个关键点：

1）同步转速点（也称理想空载点）A：$n = n_s$，$T_e = 0$，电机实际空载转速略低于同步转速。

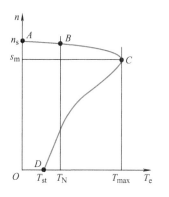

图 4-39　感应电动机的
固有机械特性曲线
$n = f(T_e)$

感应电机机械
特性-固
有机械特性

2）额定运行点 B：$n = n_N$，$T_e = T_N$，电机额定转差率为 s_N，一般 s_N 范围为 $0.01 \sim 0.05$。

3）最大转矩点 C：$s = s_m$，$T_e = T_{max}$，最大转矩 T_{max} 对应的转差率称为临界转差率 s_m，一般 s_m 范围为 $0.1 \sim 0.2$。

4）起动点 D：$n = 0$，$s = 1$，$T_e = T_{st}$，这时的转矩 T_{st} 称为起动转矩。

2. 最大转矩

为了求最大转矩 T_{max}，对式（4-66）求导，并令 $dT_e/ds = 0$，即可求得最大转矩 T_{max} 和临界转差率 s_m 分别为

$$
\begin{cases}
s_m = \dfrac{R_2'}{\sqrt{R_1^2 + (X_{1\sigma} + X_{2\sigma}')^2}} \\[4mm]
T_{max} = \pm \dfrac{m_1 p U_1^2}{4\pi f_1 \left[\pm R_1 + \sqrt{R_1^2 + (X_{1\sigma} + X_{2\sigma}')^2} \right]}
\end{cases} \tag{4-67}
$$

式（4-67）中，"+"号用于电动机状态；"–"号用于发电机状态。通常 R_1^2 值不超过 $(X_{1\sigma} + X_{2\sigma}')^2$ 的 5%，可以忽略 R_1，式（4-67）可简化为

$$
\begin{cases}
s_m \approx \pm \dfrac{R_2'}{X_{1\sigma} + X_{2\sigma}'} \\[4mm]
T_{max} \approx \pm \dfrac{m_1 p U_1^2}{4\pi f_1 (X_{1\sigma} + X_{2\sigma}')}
\end{cases} \tag{4-68}
$$

由式（4-68）可见：

1）在发电机和电动机两种状态下的最大转矩的绝对值可近似认为相等，临界转差率的绝对值也近似相等，机械特性具有对称性。

2）感应电机的最大转矩 T_{max} 与电压的二次方 U_1^2 成正比，与定、转子漏抗之和 $(X_{1\sigma} + X_{2\sigma}')$ 近似成反比，而临界转差率 s_m 与电压 U_1 无关。

3）最大转矩 T_{max} 的大小与转子电阻 R_2' 无关，而临界转差率 s_m 与转子电阻 R_2' 成正比，R_2' 增大，s_m 增大，但 T_{max} 保持不变。

电动机的最大转矩 T_{max} 与额定转矩 T_N 之比称为电动机的过载能力（也称为最大转矩倍数），用 k_m 表示，即

$$
k_m = T_{max}/T_N \tag{4-69}
$$

k_m 是感应电动机的一个重要性能指标，它反映了电动机承受短时过载的能力。如果负载转矩大于电动机的最大转矩，电动机就会停转。为了保证电动机不因短时过载而停机，要求电动机具有一定的过载能力，一般三相感应电动机的 $k_m = 1.6 \sim 2.2$，起重、冶金用的感应电动机 $k_m = 2.2 \sim 2.8$。应用于不同场合的三相感应电动机都有足够大的过载能力，当电压突然降低或者负载转矩突然增大时，电动机转速变化不大，待干扰消失后，又能恢复正常运行。但是要注意，绝不能让电动机长期工作在最大转矩处，因电流过大，温升会超出允许值，有可能烧毁电动机，同时在最大转矩处运行电动机的转速也不稳定。

3. 起动转矩

感应电动机接通电源开始起动（$n = 0$，$s = 1$）时的电磁转矩，称为起动转矩（又称为堵转转矩），用 T_{st} 表示。将 $s = 1$ 代入式（4-66），可得起动转矩 T_{st} 为

$$T_{st} = \frac{m_1 p U_1^2 R_2'}{2\pi f_1 \left[(R_1 + R_2')^2 + (X_{1\sigma} + X_{2\sigma}')^2 \right]} \tag{4-70}$$

由式(4-70)可见：

1）当电源频率 f_1 不变时，起动转矩 T_{st} 与电压的二次方 U_1^2 成正比，所以电源电压降低时，电动机的起动转矩会大大下降。并且电动机的漏电抗越大，起动转矩会越小。

2）当增大转子电阻 R_2' 时，起动转矩 T_{st} 将增大，且临界转差率 s_m 也将增大，所以对于绕线型转子感应电动机，可以在转子回路串入电阻来实现增大起动转矩 T_{st}，直至 $T_{st} = T_{max}$，若再继续增大转子电阻，则起动转矩将从最大转矩值逐渐下降。

3）采用式(4-70)计算感应电动机的起动转矩时，由于起动时的趋肤效应与磁饱和效应，转子阻抗和定子漏电抗均会发生变化，一般用短路试验 $U_k = U_N$ 时求得的饱和漏电抗值。

感应电动机的起动转矩 T_{st} 与额定转矩 T_N 之比称为起动转矩倍数 k_{st}，即

$$k_{st} = T_{st}/T_N \tag{4-71}$$

国产的 Y 系列三相感应电动机，$k_{st} = 1.2 \sim 2.4$（中小型）和 $0.5 \sim 0.8$（大中型），具体可查相关电机手册。

4. 稳定运行区域

当电动机拖动机械负载稳定运行时，电磁转矩 T_e 与负载转矩 T_L 满足转矩平衡方程，即 $T_e = T_L + T_0$（T_L 大小等于 T_2），若不计 T_0，则 $T_e = T_L$，即二者大小相等，方向相反。当 $T_e > T_L$ 时电动机加速；当 $T_e < T_L$ 时电动机减速。

感应电动机稳定运行分析如图4-40所示，其中曲线1为感应电动机的机械特性曲线 T_e，直线2为初始的负载特性曲线 T_L。机械特性曲线1与负载特性直线2有两个交点 A、B，在这两个交点上均满足 $T_e = T_L$。下面分析这两个点是否为稳定运行点。

假设电动机在 A 点稳定运行，$T_e = T_L$，如果负载发生扰动，突然增大到 T_L'，负载特性从直线2变为图中直线 $2'$，扰动发生的瞬间，电动机转速来不及突变，则电磁转矩小于负载转矩 $T_e < T_L'$，电动机转速将下降，随着转速降低电磁转矩会增大，直到 $T_e = T_L'$，电动机稳定运行于 A' 点。在 A' 点，当扰动消除后，出现 $T_e > T_L$，电动机将加速，逐渐恢复到原来的运行点 A。可见 A 点是稳定运行点。

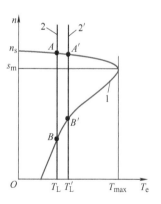

图4-40 感应电动机的稳定运行条件

对于 B 点，如果负载转矩突然增大到 T_L'，出现 $T_e < T_L'$，则电动机将减速。随着转速的降低，电动机的电磁转矩会沿着其机械特性曲线逐渐减小，这会导致电动机转速进一步降低，电磁转矩随之越来越小，最终会停转。因此 B 点不是电动机的稳定运行点。

对于感应电动机，可以通过比较电磁转矩 T_e 和负载转矩 T_L 随转速的变化来判断能否稳定运行，当运行点满足 $\frac{dT_e}{dn} < \frac{dT_L}{dn}$ 的条件，系统就能稳定运行，反之就不能稳定运行。

不难证明，当 $0 < s < s_m$ 时，电动机的机械特性曲线下斜，$\frac{dT_e}{dn} < 0$，电动机拖动恒

转矩负载、恒功率和风机类负载均能稳定运行；当 $s_m < s < 1$ 时，机械特性上翘，电动机拖动恒转矩和恒功率负载都不能稳定运行，只有拖动风机类负载才有可能稳定运行，但由于此时转速低，转差率大，使得转子电流、定子电流都很大，电动机不能长期运行。所以当 $0 < s < s_m$，即从空载点到最大转矩点之间是稳定运行区，当 $s_m < s < 1$，即从最大转矩点到起动点之间是不稳定运行区。

转差率 $s = s_m$ 是临界状态，当 $s > s_m$，电动机的运行便进入不稳定状态，故称 s_m 为临界转差率，最大转矩 T_{max} 又称为停转转矩。为了使电动机能适应在短时间内适当过载而不致停转，额定运行转矩不宜靠近最大转矩。

需要说明的是，以上分析的稳定运行条件是在定子外施电压大小不变，且没有采用任何反馈控制方法的前提下得到的。

例 4-7 一台三相 6 极感应电动机，定子绕组为丫联结，额定电压 $U_N = 380V$，额定转速 $n_N = 965 r/min$，电源频率 $f_1 = 50Hz$，定子电阻 $R_1 = 2.1\Omega$，定子漏抗 $X_{1\sigma} = 3.08\Omega$，转子电阻归算值 $R_2' = 1.48\Omega$，转子漏抗归算值 $X_{2\sigma}' = 4.2\Omega$。试计算电动机的

1）额定电磁转矩；

2）最大转矩及过载能力；

3）临界转差率。

解： 该电动机的同步转速 n_s 为

$$n_s = \frac{60f_1}{p} = \frac{60 \times 50}{3} r/min = 1000 r/min$$

额定转差率 s_N 为

$$s_N = \frac{n_s - n_N}{n_s} = \frac{1000 - 965}{1000} = 0.035$$

定子绕组额定相电压 U_1 为

$$U_1 = \frac{380}{\sqrt{3}} V \approx 220V$$

1）额定电磁转矩 T_N 为

$$T_N = \frac{m_1 p U_1^2 \frac{R_2'}{s_N}}{2\pi f_1 \left[\left(R_1 + \frac{R_2'}{s_N} \right)^2 + (X_1 + X_2')^2 \right]}$$

$$= \frac{3 \times 3 \times 220^2 \times \frac{1.48}{0.035}}{2\pi \times 50 \times \left[\left(2.1 + \frac{1.48}{0.035} \right)^2 + (3.08 + 4.2)^2 \right]} N \cdot m$$

$$\approx 28.99 N \cdot m$$

2）最大转矩 T_{max} 为

$$T_{max} = \frac{m_1 p U_1^2}{4\pi f_1 (X_1 + X_{2\sigma}')} = \frac{3 \times 3 \times 220^2}{4\pi \times 50 \times (3.08 + 4.2)} N \cdot m = 95.28 N \cdot m$$

过载能力 k_m 为

$$k_m = \frac{T_{max}}{T_N} = \frac{95.28}{28.99} \approx 3.29$$

3）临界转差率 s_m 为

$$s_m = \frac{R_2'}{X_{1\sigma} + X_{2\sigma}'} = \frac{1.48}{3.08 + 4.2} \approx 0.203$$

4.6.3 三相感应电动机的人为机械特性

当改变三相感应电动机的定子端电压（即电源电压）、电源频率，以及在电动机定、转子回路串入电路元件得到的机械特性称为人为机械特性。

1. 降低定子端电压的人为机械特性

由于感应电动机的磁路在额定电压下已接近饱和，故不宜再升高电压，下面只讨论降低定子端电压的人为机械特性。

感应电动机的同步转速 n_s 与电源电压 U_1 无关，所以不同电压 U_1 的人为机械特性曲线都经过同步转速点。

根据式(4-66)、式(4-68) 和式(4-70) 可知，感应电动机电磁转矩 T_e、最大转矩 T_{max} 和起动转矩 T_{st} 都与电源电压 U_1 的二次方成正比，因此最大电磁转矩 T_{max} 和起动转矩 T_{st} 均随电源电压的减小而降低；由式(4-68) 可知，临界转差率 s_m 与电源电压 U_1 无关，于是可画出降低电源电压时的人为机械特性曲线，如图4-41 所示，它们是一组通过同步转速点且临界转差率保持不变，而最大电磁转矩和起动转矩都减小的曲线族。

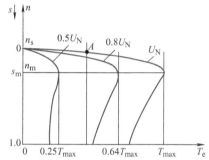

图 4-41 降低定子端电压的人为机械特性

降低电源电压对电动机运行的影响分析如下：

1）当电动机带额定恒转矩负载运行于 A 点时（见图4-41），若降低电源电压 U_1，则电动机转速 n 略有降低。由于负载转矩 T_L 不变，电源电压 U_1 虽然降低了，但电动机的电磁转矩 T_e 依然不变。电源电压 U_1 下降后，气隙主磁通 Φ_m 会减小，而转子功率因数 $\cos\psi_2$ 变化不大（因转速变化不大，转子功率因数角 ψ_2 变化不大），从转矩公式 $T_e = C_T\Phi_m I_2\cos\psi_2$ 可见，转子电流 I_2 将增大，从而引起定子电流 I_1 增大。从电动机损耗角度看，气隙主磁通 Φ_m 的减小可以降低铁心损耗，但随着定子、转子电流的增大，铜耗增加得更快。所以如果电源电压 U_1 降低过多，拖动额定转矩的感应电动机将长期处于低电压下运行，由于铜耗增大，势必引起电动机过热，甚至烧坏电动机。但如果电动机处于半载或轻载运行，降低电源电压，则会使气隙主磁通 Φ_m 减小以降低电动机的铁损耗，从节能的角度看，是有好处的。

2）若电源电压 U_1 下降过多，则最大电磁转矩 T_{max} 将大大降低。当最大转矩 T_{max} 小于总制动转矩 $T_2 + T_0$ 时，会发生电动机停转事故。

2. 转子回路串入三相对称电阻的人为机械特性

绕线转子感应电动机可以通过电刷、集电环，在转子回路串入适当的对称电阻 R_P，来调节电动机的转速或改善电动机的起动性能。

首先，感应电动机的同步转速 n_s 与转子回路电阻 $R_2 + R_P$ 无关，所以转子回路串接电阻 R_P 后，同步转速 n_s 大小不变，故人为机械特性曲线都经过同步转速点。

其次，由式(4-68) 可知，感应电动机的最大电磁转矩 T_{max} 与转子回路电阻 $R_2 + R_P$ 无关，故最大电磁转矩 T_{max} 的大小将不变；而临界转差率 s_m 与 $R_2 + R_P$ 成正比，故 s_m 将随着转子回路电阻的增大而增大。

再根据式(4-70)，起动转矩 T_{st} 与转子回路电阻 $R_2 + R_P$ 成正比，因此起动转矩 T_{st} 将随 $R_2 + R_P$ 的增大而增大。由此可画出转子回路串入三相对称电阻时的人为机械特性曲线如图 4-42 所示，它们是一组通过同步转速点、临界转差率逐渐增大，而最大转矩保持不变、起动转矩逐渐增大的曲线族。

由图 4-42 可见，若电动机带额定恒转矩负载，在转子回路串接电阻后，电动机的转速将要下降，串接电阻 R_P 越大，转速越低，同时电动机的起动转矩增大，串入合适的电阻可以使起动转矩等于最大转矩 T_{max}。若再增大转子回路串接电阻，起动转矩将反而下降。因此利用转子回路串接电阻来提高起动转矩，并非串接电阻越大越好，而是有一个限度。

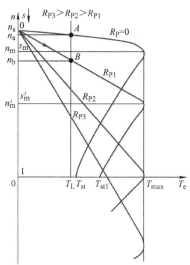

图 4-42　转子回路串入三相对称
电阻的人为机械特性

三相感应电动机改变定子电源频率的人为机械特性将在感应电动机的调速方法中介绍（参见 4.9 节相关内容）。

4.6.4　机械特性的实用公式

1. 实用公式

机械特性的参数表达式(4-66)，对于分析电动机各种参数对机械特性的影响是方便的，但在实际使用时，设计者往往希望不用电动机参数而只用产品说明书中提供的数据来获得转矩与转速关系，如额定数据、最大转矩倍数和临界转差率等。

忽略定子电阻 R_1，由式(4-68) 中临界转差率的计算式可得

$$X_{1\sigma} + X'_{2\sigma} = \frac{R'_2}{s_m} \tag{4-72}$$

将式(4-72) 代入式(4-68) 最大转矩的计算式中，有

$$T_{max} = \frac{m_1 p U_1^2}{2\pi f_1} \frac{1}{2\dfrac{R'_2}{s_m}} \tag{4-73}$$

将式(4-72) 代入式(4-66) 电磁转矩计算式中，有

$$T_e = \frac{m_1 p U_1^2}{2\pi f_1} \frac{\dfrac{R'_2}{s}}{\left(\dfrac{R'_2}{s}\right)^2 + \left(\dfrac{R'_2}{s_m}\right)^2} = T_{max} \frac{2}{\dfrac{s_m}{s} + \dfrac{s}{s_m}} \tag{4-74}$$

将式(4-74) 变换为

$$\frac{T_e}{T_{max}} = \frac{2}{\dfrac{s}{s_m} + \dfrac{s_m}{s}} \tag{4-75}$$

式(4-75) 就是三相感应电动机 $T_e - s$ 的实用表达式。这个公式虽然是近似的，但其中不含电动机参数，当已知 T_{max} 和 s_m，即可表示出转矩和转差率的函数关系，方便求出不同 s 下的电磁转矩 T_e。

2. 实用公式的使用方法

从式(4-75) 可以看出，一旦知道最大转矩 T_{max} 和临界转差率 s_m，就能计算出感应电动机的整条机械特性。由于额定输出转矩可通过额定功率和额定转速算出，在实际应用中，忽略空载转矩，近似认为额定电磁转矩等于额定输出转矩；而过载能力 k_m 可从产品目录中查到，因此可算出最大转矩 $T_{max} = k_m T_N$。临界转差率 s_m 可利用额定点的 s_N 和 T_N 算出。将其代入式(4-75)，得到

$$\frac{1}{k_m} = \frac{2}{\dfrac{s_N}{s_m} + \dfrac{s_m}{s_N}} \tag{4-76}$$

求解式(4-76) 可得

$$s_m = s_N \left(k_m + \sqrt{k_m^2 - 1} \right) \tag{4-77}$$

需要指出的是，由于趋肤效应和磁饱和影响，电机的电磁参数是变化的。用式(4-75) 所计算的机械特性只能用于估算，尤其是在 $s = s_m \sim 1$ 不稳定运行区的误差较大。但是如果不研究起动过程，仅研究正常运行的那一段机械特性，这种简化方法还是可行的。

机械特性的实用公式也适用于人为机械特性，但人为机械特性上没有铭牌数据中的额定点，这时，可将任意一个已知点的 T_e 和 s 代入式(4-75) 中求出 s_m，并且注意公式中的最大电磁转矩 T_{max} 也应代入人为机械特性上的最大电磁转矩值。

例4-8 已知一台三相笼型感应电动机，额定频率 $f_N = 50Hz$，额定功率 $P_N = 70kW$，额定电压 $U_N = 380V$，额定转速 $n_N = 721r/min$，过载能力 $k_m = 2.5$，试计算转子回路不串电阻时机械特性的实用表达式。

解： 根据电动机的额定转速 $n_N = 721r/min$，判断出电动机的同步转速 $n_s = 750r/min$，于是电动机的额定转差率为

$$s_N = \frac{n_s - n_N}{n_s} = \frac{750 - 721}{750} \approx 0.039$$

电动机的临界转差率为

$$s_m = s_N \left(k_m + \sqrt{k_m^2 - 1} \right) = 0.039 \times \left(2.5 + \sqrt{2.5^2 - 1} \right) \approx 0.156$$

电动机的额定电磁转矩为

$$T_N = \frac{P_N}{\Omega_N} = \frac{60}{2\pi} \frac{P_N}{n_N} = 9.55 \frac{P_N}{n_N} = 9.55 \times \frac{70 \times 10^3}{721} N \cdot m \approx 927.18 N \cdot m$$

电动机的最大电磁转矩为

$$T_{max} = k_m T_N = 2.5 \times 927.18 N \cdot m = 2317.95 N \cdot m$$

于是转子不串电阻时机械特性的实用表达式为

$$T = \frac{2T_{max}}{\dfrac{s}{s_m} + \dfrac{s_m}{s}} = \frac{2 \times 2317.95}{\dfrac{s}{0.156} + \dfrac{0.156}{s}} = \frac{4635.9}{\dfrac{s}{0.156} + \dfrac{0.156}{s}}$$

例4-9 已知一台三相 6 极笼型感应电动机，额定频率 $f_1 = 50\text{Hz}$，额定功率 $P_N = 7.5\text{kW}$，额定电压 $U_N = 380\text{V}$，额定转速 $n_N = 950\text{r/min}$，过载能力 $k_m = 2.2$，试计算：

1）转差率 $s = 0.04$ 时电动机的电磁转矩。

2）当电动机拖动 70N·m 的恒转矩负载时电动机的转速。

解： 电动机的同步转速 n_s 为

$$n_s = \frac{60f_1}{p} = \frac{60 \times 50}{3}\text{r/min} = 1000\text{r/min}$$

额定转差率为

$$s_N = \frac{n_s - n_N}{n_s} = \frac{1000 - 950}{1000} \approx 0.05$$

电动机的临界转差率为

$$s_m = s_N\left(k_m + \sqrt{k_m^2 - 1}\right) = 0.05 \times \left(2.2 + \sqrt{2.2^2 - 1}\right) \approx 0.208$$

电动机的额定转矩为

$$T_N = 9.55\frac{P_N}{n_N} = 9.55 \times \frac{7.5 \times 10^3}{950}\text{N·m} \approx 75.4\text{N·m}$$

电动机的最大电磁转矩为

$$T_{max} = k_m T_N = 2.2 \times 75.4\text{N·m} = 165.88\text{N·m}$$

利用机械特性的实用表达式计算可得

1）当转差率 $s = 0.04$ 时电动机的电磁转矩为

$$T_e \approx \frac{2T_{max}}{\dfrac{s}{s_m} + \dfrac{s_m}{s}} = \frac{2 \times 165.88}{\dfrac{0.04}{0.208} + \dfrac{0.208}{0.04}}\text{N·m} \approx 61.55\text{N·m}$$

2）当电磁转矩等于 70N·m 时电动机的转差率为

$$70 = \frac{2T_{max}}{\dfrac{s}{s_m} + \dfrac{s_m}{s}} = \frac{2 \times 165.88}{\dfrac{s}{0.208} + \dfrac{0.208}{s}}$$

由此可求出 $s = 0.0461$（另一解为 0.94，不合理，舍去）。此时电动机的转速为

$$n = n_s(1 - s) = 1000 \times (1 - 0.0461)\text{r/min} = 953.9\text{r/min}$$

思考题

1. 三相感应电动机电磁转矩的物理表达式是怎样的？其大小与哪些因素有关？

2. 三相感应电动机电磁转矩的参数表达式是怎样的？电机的哪些参数影响电磁转矩的大小？

3. 画出三相感应电动机的固有机械特性曲线，并标明其电动机运行状态时的几个特殊点。

4. 如果降低三相感应电动机定子绕组端电压，电动机的最大转矩、临界转差率、

起动转矩将如何变化？如果在转子回路串电阻呢？如果在定子回路串电阻呢？

5. 三相感应电动机带恒转矩负载运行，电动机运行于机械特性曲线的哪一段是稳定的？哪一段是不稳定的？如果带风机类负载呢？

4.7 三相感应电动机的工作特性

1. 工作特性

三相感应电动机定子从电网吸收电能变换成机械能之后，通过转轴输出给负载。除了过载能力、起动转矩和起动电流等性能指标外，还有额定效率、额定功率因数等。

三相感应电动机的工作特性是指：在额定电压和额定频率下，感应电动机的转速 n、电磁转矩 T_e、定子电流 I_1、功率因数 $\cos\varphi_1$、效率 η 与输出功率 P_2 的关系曲线，即当 $U_1 = U_N$，$f_1 = f_N$ 时，n、T_e、I_1、$\cos\varphi_1$、$\eta = f(P_2)$。一台 10kW 三相感应电动机的工作特性如图 4-43a、b 所示。

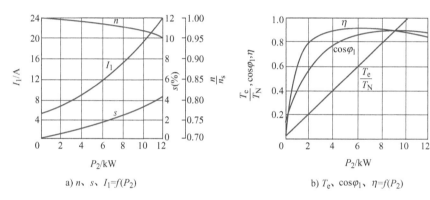

a) n、s、$I_1 = f(P_2)$ b) T_e、$\cos\varphi_1$、$\eta = f(P_2)$

图 4-43 三相感应电动机的工作特性

（1）转速特性 $n = f(P_2)$

当感应电动机空载时，转子转速接近于同步转速，随着负载的增加，转速略下降，转差率 s 增大，转子电动势增大，转子电流也增加，以产生大的电磁转矩来平衡负载转矩，见图 4-43a。当 $P_2 = P_N$ 时，$s_N = 0.01 \sim 0.05$，因此，$n_N = (1 - s_N) n_s = (95\% \sim 99\%) n_s$。$n = f(P_2)$ 为略微下倾的曲线，转速变化量不大，称这种特性为硬特性。

感应电机
工作特性

（2）定子电流特性 $I_1 = f(P_2)$

根据 $\dot{I}_1 = \dot{I}_m + (-\dot{I}_2')$，当输出功率 $P_2 = 0$ 时，转子电流近似为零，$I_1 \approx I_m$，即定子电流为空载励磁电流，大约为额定电流的 $15\% \sim 40\%$；当输出功率增加，转速下降，转子电流增加，定子电流随之增大，定子电流特性曲线见图 4-43a。

（3）电磁转矩特性 $T_e = f(P_2)$

由转矩方程 $T_e = T_0 + T_2 = T_0 + \dfrac{P_2}{\Omega}$ 可见，$P_2 = 0$ 时，$T_e = T_0$。当 P_2 增加时，转速 n 和 Ω 略有减小，$T_e = f(P_2)$ 的变化近似为一条直线，略有上翘，见图 4-43b。

（4）效率特性 $\eta = f(P_2)$

感应电动机作为机电能量转换装置，效率是最重要的性能指标。效率的大小取决

于电动机的功率损耗，即

$$\eta = \frac{P_2}{P_1} = 1 - \frac{\sum p}{P_2 + \sum p} \tag{4-78}$$

式中，$\sum p$ 是感应电动机的总损耗。总损耗可分为不变损耗和可变损耗。不变损耗主要是铁耗和机械损耗。正常运行时电源电压和频率保持不变，则电动机的磁通和转速变化很小，所以铁耗和机械损耗基本不变。可变损耗包括定、转子铜耗和一部分附加损耗，与电动机的负载大小关系密切，它们与定、转子电流的二次方成正比。

空载时 $P_2 = 0$，效率为0。轻载时，总损耗中主要是不变损耗，可变损耗较小，随着负载增加，总损耗增加较慢，故负载增加时效率上升；而在重载时，情况相反，总损耗随着负载增加而增加很快，效率随负载加大而降低。在不变损耗等于可变损耗时，电动机效率达到最大值。效率特性曲线见图 4-43b。对中小型感应电动机，通常在 $0.8 \sim 1.1P_N$ 范围内，电动机均有较高的效率。不同容量的感应电动机的额定效率在 $85\% \sim 97\%$ 之间。电动机容量越大，额定效率越高。

（5）功率因数特性 $\cos\varphi_1 = f(P_2)$

对电网来说，感应电动机属于感性负载，运行时必须从电网中吸收感性无功功率，功率因数恒小于1且滞后。当输出功率 $P_2 = 0$ 时，$I_1 \approx I_m$，此时定子功率因数很低，通常 $\cos\psi_1$ 在 0.2 以下。当 P_2 增加后，转子功率因数 $\cos\psi_2$ 较大，定子电流中的有功分量增加，故功率因数随负载增加而提高。一般在额定负载附近 $\cos\varphi_1$ 达到最高。如果负载进一步增加，转差率 s 增大，转子的功率因数角 $\psi_2 = \arctan\dfrac{sX_{2\sigma}}{R_2}$ 变大，$\cos\psi_2$ 下降较快，定子功率因数 $\cos\varphi_1$ 也随之减小，见图 4-43b。

由感应电动机的工作特性可知，在额定负载附近，感应电动机具有较高的效率和功率因数，运行的经济性较好，因此，在选用电动机时，应使电动机的容量与负载的功率相匹配。若所选的电动机功率过大，除设备投资较大外，电动机长期轻载运行（$P_2 < 0.5P_N$），效率和功率因数都较低，不经济；反之，若所选电动机的容量小于负载的功率，则电动机长期过载运行，电动机的寿命会大为缩短。

2. 工作特性的获取方法

三相感应电动机的工作特性可以通过直接负载法或计算法获得。

直接负载法是在额定电压 U_N、额定频率 f_N 条件下，给电动机轴带上不同的机械负载，测量不同负载下的输入功率 P_1、定子电流 I_1、转速 n、负载转矩 T_2。由此计算出输出功率、功率因数、效率，从而得到感应电动机的工作特性。

直接负载法适合于中、小型感应电动机，对于大容量感应电动机，直接加负载有困难，工作特性可以采用计算法得到。采用计算法时，可先用空载、堵转试验测出三相感应电动机的参数（也可以用设计值）以及机械损耗和附加损耗（附加损耗也可以估算），然后给定转差率 s，利用 T 形等效电路，计算出定、转子电流，励磁电流和各种功率损耗，进而计算出功率因数、电磁转矩、输出功率和效率，从而得到感应电动机的工作特性。

思考题

1. 什么是三相感应电动机的工作特性？

2. 三相感应电动机的不变损耗包括哪些损耗？这些损耗为什么是不变的？

3. 三相感应电动机的可变损耗包括哪些损耗？这些损耗为什么是变化的？

4. 为什么三相感应电动机空载时效率较低，负载增大则效率随之增大，在负载增大到一定程度后效率又开始下降？

5. 为什么三相感应电动机空载时的功率因数较低？

6. 为什么三相感应电动机不宜长期在轻载或过载下运行？

4.8 三相感应电动机的起动

将三相感应电动机定子绕组接入交流电网，如果电动机的电磁转矩能够克服转轴上的阻力转矩，即 $T_e > T_0 + T_L$，电动机将从静止加速到某一转速稳定运行，这个过程称为起动。衡量三相感应电动机起动性能的主要指标有起动转矩倍数 $k_{st} = T_{st}/T_N$、起动电流倍数 $k_I = I_{st}/I_N$。

三相感应电动机的起动

4.8.1 三相感应电动机的直接起动

直接起动就是利用开关或者接触器将电动机定子绕组直接接在额定电压的电源上起动，也称为全压起动。一台普通的笼型感应电动机，如不采取任何措施在额定电压下全压起动，则其起动电流较大，而起动转矩并不大。

起动电流大的原因可以从等效电路来分析。起动瞬间，$n = 0$，$s = 1$，旋转磁场以同步速度切割转子绕组，在转子绕组中有较大的感应电动势，产生较大的转子电流，从而定子绕组也有较大的电流。由于励磁电流相对较小，可略去不计，根据等效电路，可求得最初的起动电流（相电流）为

$$I_{st} = \frac{U_1}{\sqrt{(R_1 + R_2')^2 + (X_{1\sigma} + X_{2\sigma}')^2}} = \frac{U_1}{Z_k} \tag{4-79}$$

即起动电流仅受定、转子漏阻抗之和的限制，由于感应电动机的漏阻抗较小，故起动电流很大。

利用电磁转矩公式 $T_e = C_T \Phi_m I_2 \cos\psi_2$ 可以分析起动电流大但起动转矩不大的原因。起动时，$s = 1$，$X_{2\sigma}' \gg R_2'$，转子的转子功率因数角 $\psi_2 = \arctan(sX_{2\sigma}'/R_2')$，功率因数 $\cos\psi_2$ 很低，大约 0.2。因此，转子电流的有功分量 $I_2 \cos\psi_2$ 并不大。此外，由于起动电流 I_{st} 大，使定子绕组的漏阻抗电压降增大，感应电动势 E_1 减小，主磁通 Φ_m 约减少到额定值的一半。因此，感应电动机起动时起动电流虽大，起动转矩并不按起动电流正比增长。一般笼型感应电动机 $Z_k^* = 0.14 \sim 0.25$，在额定电压 $U_1^* = 1$ 下直接起动，$I_{st}^* = 4 \sim 7$，即起动电流倍数 $k_I = 4 \sim 7$，起动转矩倍数 $k_{st} = 1.4 \sim 2.2$。

图 4-44 为三相感应电动机直接起动时的电流特性曲线和固有机械特性曲线。

直接起动的优点是操作简单，不需要复杂

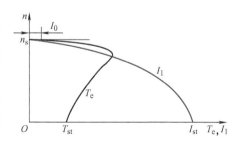

图 4-44 三相感应电动机直接
起动时的电流特性曲线和
固有机械特性曲线

的起动设备；缺点是起动电流大。

通常希望有较大的起动转矩以带动负载快速达到正常转速，但不希望有较大的起动电流。因为较大的起动电流会造成较大的线路电压降而影响同一电网上的其他设备的正常工作。另外，还希望起动设备简单、便宜和易于操作及维护。

一台电动机采用什么方法起动，需看供电系统的容量、负载的性质、以及起动的频繁程度而定。如果供电系统的容量比感应电动机的容量大的多，起动电流造成的电压降落不至于影响同一电网的其他电气设备的正常工作，又非频繁起动，则可允许电动机直接起动。否则就需要采取措施限制起动电流。

降低起动电流的方法有：降低电源电压、增大定子侧电阻与电抗、增大转子侧电阻与电抗。增加起动转矩的方法是：对绕线转子三相感应电动机，可适当加大转子电阻，但不能过分，否则起动转矩反而可能减小。

4.8.2　笼型感应电动机的减压起动

若电网容量不够大，无法承受电动机起动电流时，需要减压起动。常用的减压起动法有星-三角起动法、自耦变压器法、电力电子降频降压法、定子串电抗器法、定子串电阻法等。限于篇幅，这里仅介绍最常见的星-三角起动法和自耦变压器法。

1. 星-三角起动法

只有正常运行时定子是三角形联结且六个出线端全部引出来的三相感应电动机才能采用星-三角起动。起动时，定子绕组为星形联结，起动后换成三角形联结。

假设电源电压为 U_1，电动机每相阻抗为 Z。电动机在三角形联结直接起动时，每相电压为 U_1，每相起动电流为 U_1/Z，如图4-45a 所示；由于三角形联结时线电流是相电流的 $\sqrt{3}$ 倍，因此电网供给的起动电流为 $I_{st\triangle} = \sqrt{3}\,U_1/Z$。电动机在星形联结减压起动时，如图4-45b 所示，相电压为 $U_1/\sqrt{3}$，起动相电流为 $U_1/(\sqrt{3}\,Z)$，由于星形联结时线电流等于相电流，因此

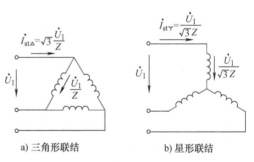

a) 三角形联结　　　　b) 星形联结

图4-45　星-三角换接减压起动的起动电流分析

电网供给的起动电流 $I_{st\curlyvee} = U_1/(\sqrt{3}\,Z)$。所以星形联结减压起动与三角形联结直接起动两种情况下起动电流的比值为

$$\frac{I_{st\curlyvee}}{I_{st\triangle}} = \frac{U_1/(\sqrt{3}\,Z)}{\sqrt{3}\,U_1/Z} = \frac{1}{3} \tag{4-80}$$

由于起动转矩与相电压的二次方成正比，故星形联结减压起动与三角形联结直接起动时，起动转矩的比值为

$$\frac{T_{st\curlyvee}}{T_{st\triangle}} = \left(\frac{U_1/\sqrt{3}}{U_1}\right)^2 = \frac{1}{3} \tag{4-81}$$

总结上述分析，在星-三角换接起动时，

1）电动机绕组的相电压为原来的 $1/\sqrt{3}$。

2）电动机绕组的相电流为原来的 $1/\sqrt{3}$。

3）电动机从电网吸取的电流（线电流）为原来的 1/3。

4）电动机的起动转矩为原来的 1/3。

星-三角起动方法简单，只需要一个星-三角换接开关，价格低廉，在轻载条件下应该优先采用。但起动转矩比较小，适合于正常运行时定子是三角形联结的感应电动机在轻载或者空载下起动。

2. 自耦变压器起动法

自耦变压器起动也称为自耦补偿起动，其接线图如图4-46所示。起动时，将开关投向起动位置，这时电源电压加在自耦变压器的高压侧，电动机的定子绕组接在自耦变压器的低压侧，经自耦变压器降压后，电动机定子绕组上的电压降低，使电动机减压起动。待电动机转速上升到接近额定转速时，再将开关转换到运行位置，此时自耦变压器被切除，电动机全压运行，起动过程结束。选取合适的抽头，可以得到允许的起动电流值和所需的起动转矩值。

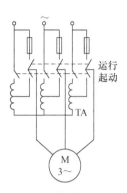

图4-46　自耦变压器起动

假设自耦变压器的电压比为 k，则加在电动机上的电压将减小到直接起动时的 $1/k$，电动机的起动电流也减小到直接起动时的 $1/k$。而电网供给的起动电流是自耦变压器高压侧的电流，它是电动机起动电流（即自耦变压器低压侧电流）的 $1/k$，所以，实际电网供给的起动电流减小到原来的 $1/k^2$。由于电动机端电压减小为原来的 $1/k$，所以起动转矩减小到原来的 $1/k^2$。

自耦变压器起动的优点是不受电动机定子绕组接线方式的限制，正常运行定子为星形联结或三角形联结的电动机均可采用。此外，由于自耦变压器通常备有好几个抽头，故可按容许的起动电流和所需要的起动转矩进行选择。自耦变压器起动法的缺点是起动设备费用较高，且仅使用于对起动转矩要求不太高的场合。

前面介绍的几种笼型感应电动机减压起动方法，主要目的都是减小起动电流，但同时又都不同程度地降低了起动转矩，因此，只适合空载或轻载起动。对于重载起动，尤其要求起动过程很快的情况，则需要起动转矩较大的感应电动机。由前述可知，加大起动转矩的方法是增大转子电阻。对于绕线转子感应电动机，可以在转子回路中串电阻，对于笼型感应电动机，只有在设计电动机时设法加大笼型转子本身的电阻值。

此外，采用变频器驱动感应电动机时，可逐渐提高变频器的频率和电压，实现电动机的平滑起动（起动时间会变长）。

4.8.3　高起动转矩的笼型感应电动机

由式(4-70)可知，在一定范围内增大转子电阻，既可以增加起动转矩，又可以减小起动电流。但转子电阻增大，转子铜耗将增大，电动机的运行效率将降低。为了解决这些问题，工程技术人员从改进转子槽形入手，如采用转子小槽、转子深槽和双笼型等，以改善笼型感应电动机的起动性能。

1. 转子电阻值较大的笼型感应电动机

为了增大转子电阻 R_2，可以采用电阻率较大的合金铝浇注转子的笼型导条，或者同时采用改变转子槽形、减小转子导条的截面，如图4-47a所示。如果是焊接式的笼型转子，可以采用纯铜、黄铜等电阻率高的材料制成的导条。

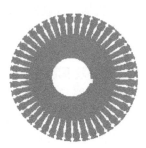

a) 转子电阻值较大的笼型　　　　　b) 深槽式　　　　　c) 双笼型

图4-47　改善起动性能的转子冲片

转子电阻大，直接起动时起动转矩大，最大转矩也大，但同时额定转差率较大，运行段的机械特性较软。电动机转子电阻大，正常运行时效率较低，而且电动机价格较贵。一般高转差率感应电动机和起重冶金用感应电动机都是这种类型。

2. 深槽式笼型感应电动机

深槽式笼型感应电动机转子的槽形深而窄，如图4-47b所示，其槽深与槽宽之比约为10～20，而普通笼型感应电动机该值不超过5。深槽式笼型感应电动机运行时，转子导条中有电流通过，其槽漏磁通分布如图4-48a所示。把沿槽高方向的转子导条看成是由许多根小的股线并联组成，则越靠近槽底的小导条交链的漏磁通越多，其漏电抗也越大；接近于槽口部分的小导条交链的漏磁通少，其漏电抗也越小。

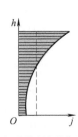

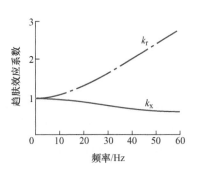

a) 槽漏磁通的分布　　　b) 电流密度的分布　　　c) 趋肤效应系数随频率的变化曲线

图4-48　深槽式笼型感应电动机

电动机起动时，$s=1$，转子电流频率 $f_2=sf_1$ 较高，转子漏电抗较大，大于其电阻值，因此各小并联导条中的电流分布主要取决于漏电抗值。因为槽底漏电抗大，槽口部分漏电抗小，在相同气隙磁通所感应的电动势作用下，导条中靠近槽底处的电流密度将很小，而越靠近槽口处，电流密度越大，如图4-48b所示（图中，h 为槽高；j 为槽内导体电流密度），这种现象称为电流的趋肤效应。相当于减少了导条的有效截面。趋肤效应使得转子电阻增加，并使槽漏抗减小，同时由于磁饱和效应，定子漏抗会略有减小。图4-48c为某深槽式笼型感应电动机的趋肤效应系数随频率的变化曲线，其中电阻系数 k_r 为转子交流电阻与直流电阻的比值，电感系数 k_x 为转子交流电感与直流电感随频率的变化曲线。可以看出：趋肤效应的强弱与转子电流频率有关。起动时，趋肤效应最强，转子电阻大，漏抗减小。随着转速升高，转子频率降低，趋肤效应减弱，到正常运行时，转子电阻和电抗自动变回正常运行值。

图4-49为深槽式转子感应电动机的机械特性与普通笼型感应电动机机械特性曲线的对比，其中曲线1为普通笼型感应电动机的机械特性曲线，曲线2为深槽式笼型感应电动机的机械特性曲线。深槽式笼型感应电动机起动时电阻增大、电抗减小，使得起动转矩增大，改善了起动特性。正常运行时，转子电流频率很低，漏电抗很小，导条中的电流均匀分布，转子电阻减小，接近直流电阻。因此从运行特性来说电动机的运行效率并不低。

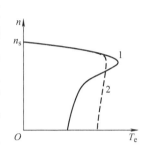

图4-49 深槽式笼型感应
电动机的机械特性

深槽式笼型感应电动机由于槽很窄，转子的槽漏抗比普通笼型感应电动机转子的漏抗大，功率因数稍低，最大转矩倍数稍小。

3. 双笼型感应电动机

双笼型感应电动机的转子上装有两套笼型绕组，如图4-47c所示，上笼导条截面积小，用电阻率较大的材料制造，电阻较大；下笼导条截面积大，用电阻率较小的材料制造，电阻较小，两笼间由狭长的缝隙隔开，如图4-50a所示，上下笼的导条相互独立。上下笼也可采用铸铝构成，如图4-50b所示，通过选择适当的截面积，使上笼电阻大于下笼电阻。

由图4-50a可见，与下笼交链的漏磁通比上笼的大很多，因此下笼的漏电抗比上笼的大很多。当电动机起动时，转子电流频率较高，转子漏电抗较大，转子电流的分布主要取决于漏电抗的大小。因为下笼的漏电抗大，电流主要从漏电抗小的上笼流过，因此上笼又称为起动笼。由于上笼电阻大，能有效地限制起动电流，并产生较大的起动转矩。

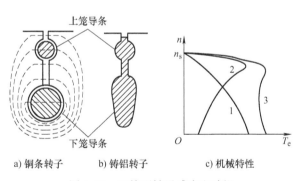

a) 铜条转子　　　b) 铸铝转子　　　c) 机械特性

图4-50 双笼型转子感应电动机

当起动完毕，电动机正常运行时，转子电流频率很低，转子漏电抗很小，转子电流的分布主要取决于电阻的大小，此时电流主要从电阻较小的下笼流过，产生正常运行时的电磁转矩，因此下笼又称为运行笼。双笼型转子可以通过改变上、下笼的几何尺寸和所用的材料，获得需要的电感和电阻，以改善起动性能，可以灵活地获得所需的机械特性，以满足不同负载的要求。

双笼型转子感应电动机的机械特性可看成是两个笼的机械特性曲线的合成，如图4-50c所示，其中曲线1为起动笼的机械特性曲线，曲线2为运行笼的机械特性曲线，曲线3为合成的机械特性曲线。可见，双笼型转子感应电动机具有较大的起动转

矩，一般可以带额定负载起动。

双笼型感应电动机比普通笼型感应电动机转子漏抗大，功率因数稍低，但效率却差不多。双笼型感应电动机的转子槽不像深槽式转子感应电动机那么深，因此，具有较好的机械强度，适用于高速大容量的电机。目前国内生产的笼型感应电动机，其转子槽形各种各样，如有刀形槽，其目的也是为了有大的起动转矩，小的起动电流及小的额定运行转差率。

4.8.4　绕线转子感应电动机的起动

减压起动可以减小起动电流，但也同时降低了起动转矩。前者对起动有利，后者对起动不利。因此，在既要起动电流小又要起动转矩大的场合，可以选用起动性能好的绕线转子感应电动机。在转子中串入合适的起动电阻，可以使起动电流减小，增大起动转矩。

如果想使起动转矩达到电动机的最大转矩，只要使临界转差率 s_m 等于 1 即可。根据式(4-68)，并考虑用转子侧的实际参数值（即从定子侧折算回转子侧），此时需要接入的起动电阻 R_st 的实际值应为

$$R_\mathrm{st} = \frac{X_{1\sigma} + X'_{2\sigma}}{k_\mathrm{e} k_\mathrm{i}} - R_2 \tag{4-82}$$

下面分析转子电阻增大使得起动电流减小而起动转矩增大的原因。

根据电磁转矩公式 $T_\mathrm{e} = C_\mathrm{T} \Phi_\mathrm{m} I_2 \cos\psi_2$，当气隙磁通一定时，电磁转矩与转子电流有功分量成正比。在转子串入电阻 R_st 后，转子的功率因数角 $\psi_2 = \arctan\dfrac{sX_{2\sigma}}{R_2 + R_\mathrm{st}}$ 比串入电阻前减小，转子功率因数 $\cos\psi_2$ 增大，使转子电流有功分量增大，从而增大起动转矩。当然，过分增大所串的电阻值，虽然 $\cos\psi_2$ 会增大，但其极限值为 1，电动机会因转子电流减小而使起动转矩也跟着减小。

绕线转子感应电动机的起动性能好，因此在起动性能要求高的场合，如铲土机、卷扬机、起重用吊车中，大多采用绕线转子感应电动机。它的缺点是结构稍复杂，价格较贵，并需经常维护。

中、大容量感应电动机的起动电阻多采用无触头的频敏变阻器，这种变阻器的电阻会随着频率的变化而变化。当电动机起动时，转子频率较高，此时变阻器的等效电阻较大，可以限制电动机的起动电流，增加起动转矩；起动后，随着转速上升，转子频率逐渐降低，变阻器的等效电阻随之减小，满足正常工作的要求。

思考题

1. 为什么普通笼型感应电动机全压起动时起动电流大，起动转矩并不大？

2. 要使绕线转子感应电动机起动时获得最大转矩，转子回路所串附加电阻如何确定？

3. 为什么减压起动方式不适合重载起动？

4. 星-三角换接起动适用于正常运行时什么接法的电动机？采用这种方法后起动电流和起动转矩倍数与原来相比有何变化？

5. 三相感应电动机在哪种运行情况下会出现趋肤效应？趋肤效应的特点是怎样的？

4.9 三相感应电动机的调速

三相感应电动机由于结构简单、价格低廉、运行可靠，在工农业生产中得到广泛应用。现代电力拖动系统往往要求电动机具有宽广的调速范围、较高的运行效率和高可靠性等。

由于感应电动机的转速为

$$n = n_s(1-s) = \frac{60f_1}{p}(1-s) \tag{4-83}$$

因此，感应电动机的调速方法有：

1）改变供电电源频率 f_1。

2）改变电动机的极对数 p。

3）改变电动机的转差率 s（改变定子电压、绕线转子回路串电阻等）。

三相感应电
动机的调速

4.9.1 变频调速

改变三相感应电动机的供电频率 f_1，可以改变定子旋转磁场的同步转速 n_s，于是转子转速 n 也相应改变，可实现转速的平滑调节。通常将电动机的额定频率 f_N 称为基频，电源频率既可以从基频向上调节，也可以从基频向下调节。

1. 从基频向下调节

当忽略三相感应电动机的定子漏电抗和定子绕组电阻时，定子电压 U_1 和频率 f_1、主磁通 Φ_m 之间有如下关系：

$$U_1 \approx E_1 = 4.44 f_1 N_1 k_{w1} \Phi_m \tag{4-84}$$

可见，若保持电源电压 U_1 不变，随着频率 f_1 的下降，气隙每极磁通 Φ_m 将增加，使磁路过于饱和，导致励磁电流急剧增加，功率因数降低。为使主磁通保持不变，应使电压随频率按正比例变化，即

$$\frac{U_1}{f_1} \approx \frac{E_1}{f_1} = 4.44 N_1 k_{w1} \Phi_m = 常值 \tag{4-85}$$

电压与频率之比保持不变的调频方式称为恒磁通控制方式。当频率从额定值 f_N 向下调节时，通常采用这种方式。

从式（4-68）可知，当忽略定子电阻 R_1 时，最大转矩和临界转差率与频率和电压的关系为

$$\begin{cases} T_{max} = \dfrac{m_1 p}{4\pi f_1} \dfrac{U_1^2}{(X_{1\sigma}+X_{2\sigma}')} \propto \dfrac{U_1^2}{f_1^2} \\[3mm] s_m = \dfrac{R_2'}{X_{1\sigma}+X_{2\sigma}'} \propto \dfrac{1}{f_1} \end{cases} \tag{4-86}$$

可见，若调速过程中保持恒定的压频比，则调速时最大转矩基本保持不变。图 4-51a 为从基频向下调节时，保持 $\dfrac{U_1}{f_1}$ = 常值下感应电动机的机械特性，图中虚线为不计定子

电阻时的情况，实线为计及定子电阻时的情况。因为当频率较低时，定子电阻相对较大，最大转矩会有下降，所以低频时电压需要加以补偿，才能获得恒最大转矩的调速特性。

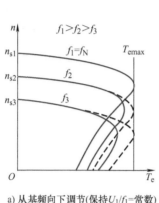

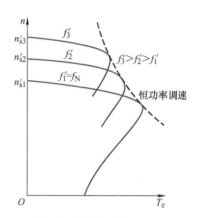

a) 从基频向下调节(保持U_1/f_1＝常数)　　b) 从基频向上调节(保持$U_1＝U_{1N}$)

图 4-51　变频调速时感应电动机的机械特性

2. 从基频向上调节

当定子频率从f_N向上调节时，若要保持$\dfrac{U_1}{f_1}$＝常值，则定子电压将超过其额定值，这是不允许的。此时应当保持电压为额定电压不变，即$U_1＝U_{1N}$，而把定子频率从基频向上调节。根据式(4-84)可知，当频率f_1增大时，磁通Φ_m将减小，因此从基频向上调节的变频调速是一种恒压弱磁调速方式，这种情况与直流电动机（恒压）弱磁调速很相似。

保持电源电压为U_{1N}不变，升高频率f_1时，由于f_1较高，电动机的最大转矩为

$$T_{\max} = \frac{m_1 p U_1^2}{4\pi f_1 (X_{1\sigma} + X_{2\sigma}')} \propto \frac{1}{f_1^2} \tag{4-87}$$

由式(4-87)可知，当电源频率f_1越高时，保持电源电压不变，则最大转矩$T_{\max}$减小，电动机转速上升，可近似看作恒功率调速。此时的机械特性如图4-51b所示。

目前，变频调速通过使用变频器来实现。变频器是一种采用电力电子器件的频率变换装置，作为感应电动机的交流电源，其输出电压的大小和频率均连续可调，可使感应电动机转速在较宽的范围内连续平滑调节。变频调速是感应电动机各种调速方法中性能最好的一种调速方式，可与直流电动机调速性能相媲美。随着变频器其性能价格比的不断提高，它在许多行业中得到了日益广泛的应用，如目前我国高铁动车组的电力牵引等。

此外，需要注意的是，虽然感应电动机变频调速系统具有很好的调速性能，但是变频器输出的交流电压、电流中，除了基波分量外，还有丰富的高频谐波分量，这些高频谐波将对电动机的运行性能产生不良影响。对此，为适应变频器供电的要求，需要专门设计变频调速感应电动机。另外，使用变频器还会带来一些负面效应，如电磁干扰、电机绝缘过早老化以及电机轴承电腐蚀等，也需要采取相应的策略来进行抑制。

4.9.2 变极调速

改变三相感应电动机定子绕组的极对数 p 时，定子旋转磁场的同步转速 n_s 将随之改变，于是转子转速 n 也将相应改变。由于电动机的极对数只能是整数，所以变极调速是有级不平滑的调速。在电动机中，仅当定、转子极对数相等时才能产生平均电磁转矩，实现机电能量的转换。由于笼型感应电动机转子极对数能自动与定子极对数保持一致，所以变极调速多应用于笼型感应电动机。

改变定子绕组极对数的方法有双绕组变极和单绕组变极两种方法。双绕组变极是定子上有两套独立的绕组，每次运行只用其中一套，绕组设计较方便，但材料利用率差，较少使用；单绕组变极，定子上只有一套绕组，通过线圈间的不同接法，构成不同的极对数，这种方法材料利用率较高，但要使不同极对数的电动机均有较好的性能，绕组设计难度较大，目前大多数变极电机采用这种方法。下面介绍一种简单的单绕组变极调速方法。

由于电机的极数与绕组的相数无关，所以下面只用定子一相来进行说明。设定子每相有两组线圈 A_1X_1 和 A_2X_2，每组线圈用一个集中线圈表示。如果把两组 A_1X_1 和 A_2X_2 正向串联，如图 4-52 所示，此时气隙中将形成 4 极磁场；若把 A_1X_1 和 A_2X_2 反向串联，使第二组线圈中的电流反向，如图 4-53 所示，此时气隙中将形成 2 极磁场。由此可见，要使定子极对数改变一倍，只要改变定子各相绕组的接线，使一相绕组的两组线圈中有一组电流反向流通即可。

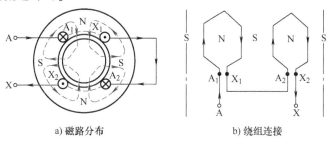

a) 磁路分布　　　　　　　　b) 绕组连接

图 4-52　两组线圈正向串联时一相绕组的连接（$2p=4$）

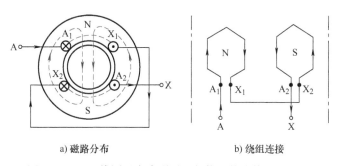

a) 磁路分布　　　　　　　　b) 绕组连接

图 4-53　两组线圈反向串联时一相绕组的连接（$2p=2$）

变极调速虽然只能有级的改变转速，不能平滑调节，且绕组引出线较多，但它仍是一种比较简单而经济的调速方法，单绕组变极调速感应电动机已广泛应用于机床、风机、水泵等负载的电力拖动中。

4.9.3 调压调速

降低定子电压时的人为机械特性是一条通过同步转速点且临界转差率不变的曲线，如图 4-54 所示。若电动机拖动恒转矩负载 T_{L1}，工作点分别为 A 点、B 点和 C 点，对应的转速分别是 n_A、n_B 和 n_C。可见，降低定子电压时，转速将下降，但降压调速的调速范围很窄，对于一般的笼型感应电动机，没有多大的使用价值。若电动机拖动通风机类负载 T_{L2}，降压调速的范围就比较大。但应注意最大转矩与电压二次方成正比，当感应电动机降低电压时，过载能力下降很多。此外低速运行时，会出现过电流和功率因数较低的现象。

4.9.4 绕线转子感应电动机转子回路串电阻调速

在绕线转子感应电动机的转子回路串接适当电阻，亦可以调节电动机的转速。转子回路串接电阻的人为机械特性是一组通过同步转速点且最大转矩恒定不变的曲线族，如图 4-55 所示。

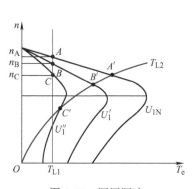

图 4-54 调压调速

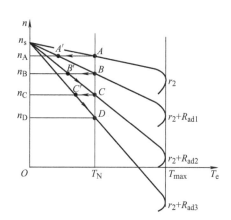

图 4-55 绕线转子感应电动机转子回路串接电阻调速

假设电动机拖动恒转矩负载 $T_L = T_N$ 运行于固有机械特性的 A 点，转速为 n_A。当转子回路串接附加电阻 R_{ad1} 时，转子电流 I_2 瞬间减小，电磁转矩 T_e 也相应减小，工作点从 A 点水平跃变至 A' 点，此时 $T_e < T_L$，电动机减速，转差率 s 增大，于是转子电动势、转子电流和电磁转矩 T_e 开始增大，直到 $T_e = T_L$ 为止，电动机稳定运行于 B 点，转速为 n_B。显然，转子回路串接电阻后转速将下降。所串电阻越大转速越低，机械特性越软。这种调速属于恒转矩调速，适合于拖动恒转矩负载。

设负载转矩不变，转子串入附加电阻 R_{ad}，串入电阻前、后电动机的转差率分别为 s_1 和 s_2，若忽略空载转矩，调速前后电动机的电磁转矩不变，由电磁转矩参数表达式式 (4-66) 有

$$\frac{R_2}{s_1} = \frac{R_2 + R_{ad}}{s_2} \tag{4-88}$$

利用式 (4-88)，可以求得从转差率 s_1 调节到 s_2 时转子每相需要串入的电阻值 R_{ad}。

同时式（4-88）表明，调速前后，转子回路中始终有 $\dfrac{R_2}{s}$ = 常值。

三相感应电动机带恒转矩负载 T_L 进行转子串电阻的调速过程中，由于电源电压不变，即主磁通 Φ_m 不变时，根据 $T_e = C_T \Phi_m I_2 \cos\psi_2 \approx T_L$，则转子电流的有功分量 $I_2 \cos\psi_2$ 将保持不变，又由于调速过程中 $\dfrac{R_2}{s}$ = 常值，即转子回路的阻抗保持不变，则必然有转子功率因数角 $\psi_2 = \arctan\dfrac{X_{2\sigma}}{R_2/s}$ 为常值，所以，转子串入电阻电动机达稳态时，转子电流将保持不变。根据磁动势平衡关系，定子电流也保持不变，电动机的输入功率也不变。但由于转差率增大，消耗在转子回路电阻 $(R_2 + R_{ad})$ 上的转子铜耗 $p_{Cu2} = sP_e$ 增大，使得电动机的总机械功率和输出功率减小，且转速 n 越低，s 越大，p_{Cu2} 越大。因此这种调速方法的效率较低，只在中小型感应电动机中采用，主要应用于起动机械的电力拖动。

为了提高运行效率，可以不串接电阻，改为通过电力电子电路，在转子每相回路中串入频率为 $f_2 = sf_1$ 的附加电动势，这就是双馈调速（或串级调速）。具体方法可以参阅有关文献。

思考题

1. 笼型感应电动机和绕线转子感应电动机各有哪些调速方法？这些调速方法各有何特点？

2. 变频调速在基频以下和基频以上调速各采取什么控制方式？为什么？其机械特性如何变化？

3. 绕线转子感应电动机拖动恒转矩负载，采用转子串电阻调速。若忽略空载转矩，当电动机运行在不同转速时，其输入功率、输出功率、效率如何变化？

4.10 三相感应电动机的电磁制动

感应电动机有三种运行状态，即电动机状态（$0 < s < 1$）、发电机状态（$s < 0$）和电磁制动状态（$s > 1$）。当感应电动机运行于电动机状态时，电磁转矩 T_e 与转速 n 同向，T_e 是驱动转矩，机械特性 $n = f(T_e)$ 在第一、三象限；而在发电机状态和电磁制动状态时，电磁转矩 T_e 与转速 n 反向，T_e 是制动转矩，机械特性 $n = f(T_e)$ 在第二、四象限。因此，使感应电动机运行于发电机状态或电磁制动状态，均可以对电动机实现制动。

感应电动机制动的目的是使电力拖动系统快速停车或尽快减速，以及使位能性负载（如起重机下放重物）获得稳定的下放速度。感应电动机的电气制动方法有能耗制动、反接制动和回馈制动三种。在制动过程中，要求有足够大的制动转矩且制动电流不宜过大，并希望制动平滑、可靠、经济等。

4.10.1 能耗制动

能耗制动是指在感应电动机运行时，把定子绕组从交流电源断开，同时在定子绕组中通入直流电流。此时，旋转的转子切割定子直流电流产生的静止气隙磁场，在转子绕组中产生感应电动势和电流，产生制动性的电磁转矩。

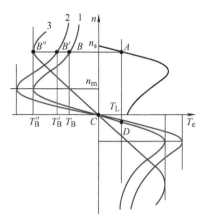

三相感应电动机能耗制动的机械特性曲线如图4-56所示，其曲线形状与电动机接在交流电网上正常运行时的机械特性相似，只是它要通过坐标原点。图中曲线 1 和曲线 2 具有相同的转子电阻，但曲线 2 比曲线 1 具有较大的直流电流；曲线 1 和曲线 3 具有相同的直流电流，但曲线 3 比曲线 1 具有较大的转子电阻。

图 4-56　能耗制动的机械特性

能耗制动过程分析如下：设电动机原来工作在固有机械特性曲线上的 A 点，在制动瞬间，因转速不突变，工作点便由 A 点水平跃变至能耗制动特性（如曲线 1）上的 B 点，在制动转矩作用下，电动机开始减速，工作点沿曲线 1 变化，直到原点 C 点，此时 $n=0$，$T_e=0$；如果拖动的是反抗性恒转矩负载，电动机便准确停在 C 点，这样就实现了快速制动停车。如果拖动的是位能性负载，如起重机提升重物，若要停车，则当转速过零时，必须立即切断直流电源，否则电动机将在位能性负载转矩作用下反向起动并旋转，直到进入第四象限中的 D 点（$T_e=T_L$），系统处于稳态能耗制动状态，并以恒速下放重物。D 点称为能耗制动运行点。

由图4-56可见，转子电阻较小（曲线 1）时，初始制动转矩比较小。为了提高能耗制动的效果，即提高初始制动转矩，对于笼型感应电动机，就必须增大直流电流（曲线 2）；对于绕线转子感应电动机，可以在转子回路串接适当的电阻，以获得足够大的初始制动转矩（曲线 3）。

不管是准确停车的能耗制动，还是稳定下放重物的能耗制动，电动机在运行过程中，都将从轴上输入的机械能转换为电能，并消耗在转子回路的电阻上。能耗制动被广泛应用于要求平稳准确停车的场合，以及如起重机类带位能性负载的机械上，用来限制重物的下降速度，使重物稳定匀速下放。

4.10.2　反接制动

当感应电动机转子的旋转方向与定子磁场的旋转方向相反时，电动机便处于反接制动状态。有两种情况，一是在电动状态下突然将电源两相反接，使定子旋转磁场的方向由原来的顺转子转向变为逆转子转向，这种情况下的制动称为定子两相反接的反接制动，也称为反接正转制动；另一种是保持定子磁场旋转方向不变，而使转子在位能性负载作用下进入倒拉反转，这种情况下的制动称为倒拉反转的反接制动，也称为正接反转制动。

1. 反接正转制动

设电动机在电动状态下稳态运行，其工作点为固有机械特性上的 A 点，如图4-57所示。当把定子两相绕组出线端对调时，由于定子电压的相序改变，所以旋转磁场的旋转方向将随之改变，电磁转矩方向也将随之改变，变为制动性质，其机械特性曲线变为图 4-57 中的曲线 2，其同步转速为 $-n_s$。在制动瞬间，电动机的转速由于惯性不能突变，电动机的工作点将从 A 点水平跃变至曲线 2 上的 B 点，电动机在负载转矩与制动电磁转矩的共同作用下迅速减速，工作点沿曲线 2 移动；当达到 C 点时，转速为零，制动过程结束，但此时电磁转矩不为零，若要准确停车，则应立即切断电源，否则电动机将反向起动旋转。

由图 4-57 可见，对于绕线转子感应电动机，为了增大制动电磁转矩并限制制动瞬间电流，通常在定子两相反接的同时，在转子回路串接适当的制动电阻，此时电动机的人为机械特性如

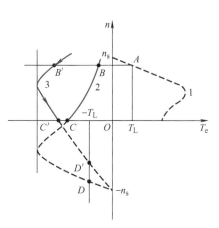

图 4-57　定子两相反接的反接制动

图 4-57 中的曲线 3 所示。定子两相反接的反接制动是指从反接开始至转速为零的这一段制动过程，即图 4-57 中曲线 2 的 BC 段或曲线 3 的 $\overline{B'C'}$ 段。

在反接制动过程中，电动机从电网吸收电功率，同时负载也向电动机输入机械功率，这两部分功率全部以电阻损耗的形式消耗在电动机转子回路的电阻上。

反接正转制动方法的优点是制动迅速、设备简单；缺点是制动电流很大，需要采取限流措施，并且制动时的能耗大，振动和冲击力也较大。

2. 正接反转制动

正接反转制动是指定子接线保持原接法不变，转子在外力推动下迫使转子反向旋转，这时电磁转矩为制动转矩。这种制动方式适用于绕线转子感应电动机拖动位能性负载的情况，它能够使重物获得稳定的下放速度。下面以起重机为例来进行说明。

当起重机工作于电动状态提升重物时，即电动机工作于图 4-58 中固有机械特性曲线 1（虚线）的 A 点，在转子回路串接制动电阻的瞬间，电动机的机械特性变为直线 2，由于惯性电动机的转速不能突变，工作点由 A 点水平跃变至直线 2 上的 B 点，此时电动机的提升转矩 T_{eB} 小于位能性负载转矩 T_L，于是提升速度减小，工作点沿直线 2 由 B 向 C 点移动。在减速过程中，电机仍运行于电动机状态。当工作点达到 C 点时，转速变为零，对应的电磁转矩 T_{eC} 仍小于负载转矩 T_L，重物将倒拉电动机的转子反向旋转，并加速到 D 点，这时，$T_{eD}=T_L$，拖动系统将以速度 n_D 稳定下放重物。在 D 点，负载转矩变为拖动转矩，拉着电动机反转，而电动机的电磁转矩起制动作用，因此将这种制动称为倒拉反转的反接制动。

要实现倒拉反转反接制动，转子回路必须串接适当的电阻，使工作点位于第四象限。这种制动方式的目的，主要是限制重物的下放速度。在制动过程中，负载从轴上向电动机输入机械功率，电动机定子绕组从电网吸收电功率，这两部分功率全部消耗于转子回路的电

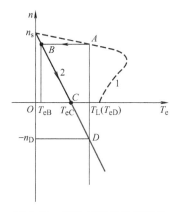

图 4-58　倒拉反转的反接制动

253

阻中。

4.10.3 回馈制动

当电动机的转速 n 由于某种原因高于同步转速 n_s 时，电动机将处于回馈制动状态。回馈制动可分为正向回馈制动和反向回馈制动两种。

1. 正向回馈制动

当电动机在变极（极数增大）调速或变频（频率减小）调速过程中时，由于电动机的同步转速突然减小，会出现正向回馈制动运行状态。图4-59为三相感应电动机变极调速时的机械特性，电动机从少极对数切换到多极对数，即由高速变至低速时，同步转速从 $2n_s$ 降低至 n_s，机械特性由曲线1变为曲线2。变极对数瞬间，转子转速 n 由于机械惯性不能突变，工作点从 A 点水平跃变至 B 点，此时电磁转矩将改变方向，起制动作用，电动机的转速 n 将迅速降低，沿曲线2一直到 D 点，此时 $T_{eD} = T_L$，系统将在 D 点稳态运行。在这个降速过程中，电动机运行在第二象限 B 点到 C 点这一段，属于正向回馈制动过程。

在正向回馈制动过程中，始终有 $n > n_s$，$s < 0$，负载向电机输入机械功率，电机向电网回馈电功率，电机是处于发电机状态的制动，因此称为正向回馈制动，也称为再生制动。

2. 反向回馈制动

起重机从提升重物过渡到高速下放重物使 $n > n_s$ 的过程中，会出现反向回馈制动运行状态。此时同步转速不变，电动机的转速因位能性负载的作用而高于同步转速。图4-60为反向回馈制动的机械特性。

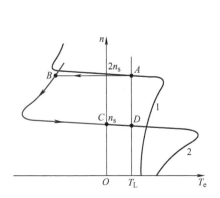

图4-59　正向回馈制动的机械特性

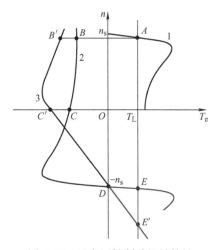

图4-60　反向回馈制动机械特性

图4-60中，曲线1是正向电动状态的机械特性，曲线2是反向电动状态的机械特性，A 点是电动状态提升重物的工作点，E 点是回馈制动状态下放重物的工作点。电动机从提升重物工作点 A 过渡到下放重物的工作点 E 的过程如下：首先将电动机定子两相反接，这时定子旋转磁场的同步转速为 $-n_s$，机械特性为图4-60

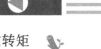

中的曲线2。反接瞬间，转速不能突变，工作点由 A 点水平跃变至 B 点，电磁转矩反向，电动机进入定子两相反接制动过程，电动机转速下降；到达 C 点时，$n=0$，但电磁转矩 $T_{eC} \neq 0$，若不采取停车措施，电动机将在反向电磁转矩和负载的作用下，又反向起动旋转起来。此时 $n<0$，电磁转矩 T 与 n 同向，起拖动作用，电动机进入反向电动状态，重物由上升变为下降。当转速 $|n|$ 超过同步转速 $|-n_s|$（D 点）时，转差率 $s<0$，电机进入发电机状态，称为反向回馈制动状态。此时电磁转矩又变为正向转矩，而 $n<0$，电磁转矩起制动作用，重物下放的加速度减小，但转速在升高，属于高速下放重物，直到到达 E 点，$T_{eE}=T_L$，系统于 E 点稳态运行。曲线2在第四象限中的 D 点到 E 点这一段机械特性，为反向回馈制动时的机械特性。

定子两相反接制动时，常在转子回路串接较大的制动电阻来限制反接时的电流，并提高初始制动转矩，图4-60中的曲线3即为转子回路串接制动电阻的人为机械特性。可见转子回路串接的电阻越大，在反向回馈制动时重物的下放速度就越高。为了使反向回馈制动时下放重物的速度不至于过高，通常应减小或切除转子回路串接的制动电阻。

反向回馈制动时，始终有 $|n|>|-n_s|$，$s<0$，负载向电机输入机械功率，电机向电网回馈电功率。

图4-61为绕线转子三相感应电动机四象限运行的机械特性曲线，其中电动运行的特性在第一、三象限；能耗制动的机械特性过原点，在第二、四象限；反接正转制动的机械特性在第二象限，正接反转制动的机械特性在第四象限；正向回馈制动的机械特性是在第二象限，反向回馈制动的机械特性在第四象限。实际三相感应电动机电力拖动系统中，由于生产机械的工艺要求，电动机也必须要经常改变运行状态，而不能仅在某一种状态下运行。

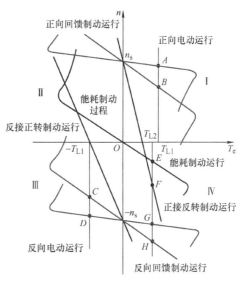

图4-61 绕线转子三相感应电动机的各种运转状态

思考题

1. 三相感应电动机常用的电气制动方法有哪些？各有什么特点？

2. 试分析在能耗制动过程中，增大直流励磁电流为何能增大初始制动转矩？

3. 起重机下放重物时，电磁转矩是驱动性质的还是制动性质的？负载转矩是驱动性质的还是制动性质的？可以采用哪几种制动运行方式来实现稳定下放重物？

4. 试分析三相感应电动机反接制动时的功率平衡关系。

4.11 其他常用感应电机

4.11.1 三相感应发电机

感应电机主要作为电动机运行,在某些情况下,也可以作为发电机运行。本节讨论感应发电机的基本工作原理和运行方式。

1. 基本工作原理

一台转子绕组短路的三相感应电机,若将其定子绕组接至额定电压、额定频率的交流电网,用原动机拖动电机转子,使其顺着旋转方向旋转,且转速 n 高于同步转速 n_s,则转差率 $s = \dfrac{n_s - n}{n_s} < 0$,这时感应电机处于发电机运行。

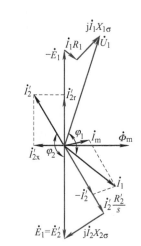

图 4-62 三相感应发电机相量图

前面在推导三相感应电机的基本方程式和等效电路时,并没有限定转差率 s 的大小和正负,因此它们适用于感应电机的各种运行状态。对于感应发电机,只不过转差率 s 必须用负值而已。因此感应发电机的基本方程式同式(4-39),等效电路同图 4-27 所示,与电动机有相同的形式。三相感应发电机的相量图如图 4-62 所示。

下面分析三相感应发电机的功率关系。从图 4-27 的等效电路可知,当 $s < 0$ 时,感应电机总机械功率 $P_\Omega = m_1 I_2'^2 \dfrac{1-s}{s} R_2' < 0$,表明电机从轴上输入机械功率;从图 4-62 可知,当 $s < 0$ 时,定子电压 $\dot{U}_1$ 与定子电流 $\dot{I}_1$ 的夹角 φ_1,其变化范围为 $90° \sim 180°$,即定子功率因数 $\cos\varphi_1$ 为负值,则定子功率 $m U_1 I_1 \cos\varphi_1 < 0$,表明电机向电网输出电功率。

三相感应发电机吸收原动机的机械功率 P_1,减去机械损耗 p_Ω 和附加损耗 p_{ad},得到感应发电机的总机械功率 P_Ω,且 $P_\Omega = m_1 I_2'^2 \dfrac{1-s}{s} R_2'$。总机械功率减去转子铜耗 p_{Cu2} 后,成为传递到定子侧的电磁功率 P_e,电磁功率减去定子铜耗 p_{Cu1} 和铁耗 p_{Fe},即为三相感应发电机定子输出的电功率 P_2。三相感应发电机的功率流程图如图 4-63 所示,功率方程为

$$\begin{cases} P_1 - p_\Omega - p_{ad} = P_\Omega \\ P_e = P_\Omega - p_{Cu2} \\ P_2 = P_e - p_{Fe} - p_{Cu1} \end{cases} \quad (4\text{-}89)$$

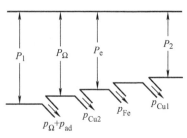

由于感应发电机自身不能产生无功功率,仍需由电网供给或者用并联电容器方式供给。

2. 感应发电机的运行方式

(1)感应发电机与电网并联运行

图 4-63 三相感应发电机的功率流程图

感应发电机与电网并联运行时，定子电压和频率完全取决于电网的电压和频率，与转速无关。当原动机的输入机械功率增加，转速 n 增大，转差率 $|s|$ 增大，发电机输出有功功率也增大。对于无功功率，发电机所需的励磁电流由电网提供，由于感应发电机的励磁电流较大，约 $0.3I_N \sim 0.5I_N$，所以并网运行时，增加了电网的无功负担。但这种电机结构简单，运行可靠，且无需调压和调频，并网手续极其简单，只需转速略大于同步转速，即可投入运行。感应发电机与电网并联运行一般只用于小容量的发电厂。

（2）感应发电机单机运行

三相感应发电机也可以单独带负载运行，此时必须解决自励问题。通常在定子绕组出线端并联一组对称的三相电容器，接线图如图 4-64a 所示。另外，转子中要有一定的剩磁。空载运行时，原动机拖动发电机转子旋转，转子铁心剩磁在定子绕组中感应剩磁电动势，并向并联电容器送出容性电流，该容性电流流过定子绕组，产生增磁性定子磁动

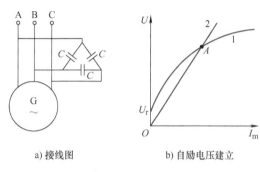

a) 接线图　　　　b) 自励电压建立

图 4-64　单机运行的三相感应发电机

势和磁场，使气隙磁场得以加强，并使发电机的定子电压逐步建立起来，最后由于磁路饱和的作用，定子绕组建立起稳定的端电压，过程如图 4-64b 所示。曲线 1 为感应发电机空载特性 $U = f(I_0)$，是一条饱和曲线；曲线 2 为电容器的伏安特性曲线，它是一条直线，斜率取决于容抗。曲线 1 和曲线 2 的交点 A 即为稳定运行点。显然，稳态空载电压取决于空载曲线和电容器伏安特性曲线的交点。电容 C 增大，则曲线 2 的斜率变小，交点上升，发电机的电压升高，如果电容 C 过小，两曲线无交点，发电机无法正常工作。

感应发电机并联电容器独立带负载运行时，电压和频率将随负载的变化而变化。为保持其不变，需要相应地调节原动机的拖动转矩和并联电容的大小，但调节比较困难，给使用带来不便，也难保障电压和频率不变。因此三相感应发电机单机运行适合于对供电质量要求不太高的边远地区或一些紧急情况。

4.11.2　单相感应电动机

1. 单相感应电动机的工作原理

单相感应电动机是由单相交流电源供电的一种感应电动机。由于使用方便，单相感应电动机在家用电器、办公设备和医疗器械中得到广泛应用。单相感应电动机在小功率感应电动机中占比很高。与同容量的三相感应电动机相比，单相感应电动机的体积稍大，运行性能稍差，因此一般只做成小容量电动机，功率一般不超过 2kW。

当单相感应电动机定子一相绕组通入正弦电流 $i_1 = \sqrt{2}I_1\sin\omega t$ 时，则每极脉振基波磁动势 $f_1(\theta_s, t)$ 为

$$f_1(\theta_s, t) = F_1 \cos\theta_s \sin\omega t$$
$$= \frac{1}{2}F_1\left[\sin(\omega t - \theta_s) + \sin(\omega t + \theta_s)\right]$$
$$= f_{1+}(\theta_s, t) + f_{1-}(\theta_s, t) \tag{4-90}$$

式中，F_1 为单相脉振基波磁动势的幅值。

由式(4-90)可知，单相基波脉振磁动势可分解为幅值相等、转速相同、转向相反的两个旋转磁动势，其幅值分别用 F_{1+} 和 F_{1-} 表示。这两个旋转磁动势通过电磁感应，在转子绕组内分别感应产生电流 $\dot{I}_{2+}$ 和 $\dot{I}_{2-}$。上述转子电流对应产生的旋转磁动势为 F_{2+} 和 F_{2-}。其中，F_{2+} 和 F_{1+} 同转速、同方向。F_{2-} 和 F_{1-} 同转速、同方向。定、转子正转磁场合成产生的每极气隙磁通为 $\dot{\Phi}_+$，定、转子反转磁场合成产生的每极气隙磁通为 $\dot{\Phi}_-$，两个磁场分别在转子上产生电磁转矩 T_+ 和 T_-。令转子相对气隙正、反转旋转磁场的转差率分别为 s_+ 和 s_-，有

$$\begin{cases} s_+ = \dfrac{n_s - n}{n_s} \\[3mm] s_- = \dfrac{-n_s - n}{-n_s} = 1 + \dfrac{n}{n_s} = 2 - s_+ \end{cases} \tag{4-91}$$

单相绕组通电时的转矩-转差率曲线如图 4-65 所示，其中 T_+ 和 T_- 分别为正向、反向电磁转矩，T 为合成电磁转矩。正向电磁转矩随着 s 变化而变化的曲线和反向电磁转矩随着 $2-s$ 变化而变化的曲线完全对称。

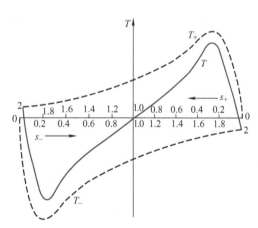

图 4-65　单相感应电动机仅有工作绕组时的转矩–转差率曲线

从图 4-65 可以看出，当单相感应电动机只有一相绕组通电时：

1）起动转矩等于 0。当转速为 0，即 $n=0$，$s=1$ 时，合成转矩 $T=0$，这说明单相感应电动机仅有一个绕组工作时是不能自行起动的。但如果转子已经转动，电动机只有一个绕组工作，此时 $T_+ \neq T_-$，$T \neq 0$，电动机能够继续运转。

2）由于反向转矩的存在，使电动机的总转矩减少，最大转矩和过载能力均有所降低，转子中的反向电流会增加转子铜耗，反向磁场又增加了铁耗，因此单相感应电动机的效率较低，各种性能指标都低于三相感应电动机。

3）理想空载状态也达不到同步转速。当负载转矩为 0 时，转子电流不可能为 0，单相感应电动机转差率不为 0。

从上述分析可以看出，单相感应电动机没有自起动能力。解决这个问题的关键在于消除反转磁场。单相感应电动机的电源为单相交流电，但其定子上有两相绕组，一

个是主绕组或工作绕组，用于产生主磁场和正常电磁转矩；另一个是辅助绕组或起动绕组，用于产生起动转矩。两绕组在空间有相位差，一般为 90° 电角度。转子为结构简单的笼型绕组，工作时气隙磁场为椭圆形旋转磁场。单相感应电动机接线示意图如图 4-66 所示。

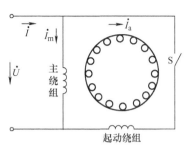

图 4-66 单相感应电动机接线示意图

一般主绕组和辅助绕组的串联匝数和绕组因数不同。设两相电流相位差为 φ，则两相绕组的磁动势为

$$
\begin{cases}
\begin{aligned}
f_m(\theta_s, t) &= F_m \cos\theta_s \sin\omega t \\
&= \frac{1}{2} F_m \left[\sin(\omega t - \theta_s) + \sin(\omega t + \theta_s) \right] \\
&= f_{m+}(\theta_s, t) + f_{m-}(\theta_s, t)
\end{aligned} \\
\begin{aligned}
f_a(\theta_s, t) &= F_a \cos(\theta_s - 90°) \sin(\omega t - \varphi) \\
&= \frac{1}{2} F_a \left\{ \sin\left[(\omega t - \theta_s) - (\varphi - 90°) \right] + \sin\left[(\omega t + \theta_s) - (\varphi + 90°) \right] \right\} \\
&= f_{a+}(\theta_s, t) + f_{a-}(\theta_s, t)
\end{aligned}
\end{cases}
\tag{4-92}
$$

电动机内部合成磁动势为

$$
f(\theta_s, t) = f_m(\theta_s, t) + f_a(\theta_s, t)
\tag{4-93}
$$

如果两相绕组对称，即每相绕组串联匝数和绕组因数相同，两相绕组轴线在空间相差 90° 空间电角度，且两相绕组中电流幅值相同，而相位相差 90° 时间电角度，则两相绕组的磁动势幅值相等，其瞬时表达式为

$$
\begin{cases}
\begin{aligned}
f_m(\theta_s, t) &= F \cos\theta_s \sin\omega t \\
&= \frac{1}{2} F \left[\sin(\omega t - \theta_s) + \sin(\omega t + \theta_s) \right] \\
&= f_+(\theta_s, t) + f_-(\theta_s, t)
\end{aligned} \\
\begin{aligned}
f_a(\theta_s, t) &= F \cos(\theta_s - 90°) \sin(\omega t - 90°) \\
&= \frac{1}{2} F \left[\sin(\omega t - \theta_s) - \sin(\omega t + \theta_s) \right] \\
&= f_+(\theta_s, t) - f_-(\theta_s, t)
\end{aligned}
\end{cases}
\tag{4-94}
$$

合成磁动势为

$$
f(\theta_s, t) = f_m(\theta_s, t) + f_a(\theta_s, t) = F \sin(\omega t - \theta_s)
\tag{4-95}
$$

由此可见，此时电动机气隙磁场是一个圆形旋转磁动势，如同对称的三相感应电动机一样。通常，单相感应电动机中两绕组不完全对称，两绕组中电流相位差也不是 90°，所以，两个绕组产生的磁动势为椭圆形旋转磁动势。单相感应电动机的起动和运行性能均比三相感应电动机的稍差。

2. 单相感应电动机的基本类型

根据起动方式和运行方式的不同，单相感应电动机可以分为单相电容起动式感应电动机、单相电容运转式感应电动机、单相电阻起动式感应电动机以及罩极

电动机。

　　单相电容起动式感应电动机是将主绕组接单相电源，辅助绕组串联电容器后接单相电源。起动绕组按短时运行方式设计，所以当电动机转速大约 70%～80% 同步转速时，起动绕组和起动电容器就在离心开关的作用下自动退出工作，这时电动机只有工作绕组单独运行。

　　上述单相电容起动式感应电动机在起动之后其串联的起动绕组自行断开，其气隙磁场很差。为了改善气隙磁场的椭圆度，使之接近圆形旋转磁场，可采用单相电容运转式感应电动机。单相电容运转式感应电动机一般在起动绕组里有两个电容：一个是起动电容 C_{st}，与离心开关串联；另一个为工作电容 C，且 $C_{st} > C$。起动时，两个电容同时接入，此时电容较大，满足起动要求，起动完毕，由离心开关将起动电容 C_{st} 切除，工作电容 C 便与工作绕组及起动绕组一起参与运行。电容运转式感应电动机实际上是两相感应电动机，若适当的选择电容器电容，可使流入两相绕组的电流对称，以产生圆形旋转磁动势。电容运转式感应电动机的运行性能、起动特性、过载能力及功率因数等均较电容起动式感应电动机好。

　　电阻起动式感应电动机的起动绕组电流不是用串联电容的方法来分相，而是用串联电阻的方法来分相，更多地是利用将两绕组本身的参数设计的不一样而分相。但是由于此时两个绕组电流之间的相位差较小，其起动转矩较小，因此电阻起动式感应电动机只适合于容量较小且比较容易起动的场合。

4.11.3　直线感应电动机

　　每类旋转电机都有与之对应的直线电机，如直线直流电动机、直线感应电动机、直线同步电动机、直线步进电动机等。直线电动机是直接把电能转换为直线运动机械能的电力传动装置。在需要直线运动的地方，采用直线电动机可省去将旋转运动转换为直线运动的传动装置，节约成本，缩小体积，不存在中间传动机构惯量的影响。直线电动机反应速度快、灵敏度高、准确度高，较多地应用于各种定位系统和自动控制系统。大功率的直线电动机还被用于电气铁路高速列车的牵引、鱼雷的发射等装备中。

1. 直线感应电动机的基本结构

　　直线感应电动机可以看作是把旋转感应电动机沿径向剖开，并将圆周展开成直线演变而来，如图 4-67 所示。在直线感应电动机中，装有三相绕组并与电源相接的一侧称为初级（一次侧），另一侧称为次级（二次侧）。固定不动的部分称为定子，运动的部分称为动子。初级既可作为定子，也可以作为运动的动子。旋转电动机的径向、周向和轴向，在直线感应电动机中对应地称为法向、纵向和横向。

　　直线感应电动机按结构分类主要有扁平型和圆筒形。扁平形结构是最基本的结构，应用也最广泛。如果把扁平形结构直线电动机沿横向卷起来，就得到了圆筒形结构直线感应电动机，图 4-67 为旋转电机演变为直线感应电动机的示意图。

　　圆筒形结构直线感应电动机的优点是没有绕组端部，不存在横向边缘效应，次级的支撑也比较方便；缺点是铁心必须沿周向叠片，才能阻挡由交变磁通在铁心中感应的涡流，工艺上比较复杂，散热条件也比较差。

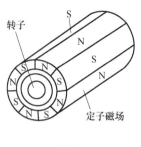

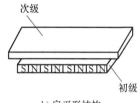

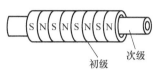

a) 旋转电机   b) 扁平形结构   c) 圆筒形结构

图4-67 由旋转电机演变为直线电机的示意图

为了在运动过程中始终保持初级和次级耦合，初级或次级之一必须做得较长。次级做得较长的称为短初级长次级结构，初级做得较长的称为长初级短次级结构。直线感应电动机的次级可以是整块均匀的金属材料，即采用实心结构，成本较低，适宜做得较长。对于扁平形结构，可以仅在次级的一侧安放初级，称为单边结构，也可以在次级的两侧各安放一个初级，称为双边结构。双边结构可以消除单边磁拉力，次级的材料利用率也较高。

为保证长距离运动中定子和动子不致相擦，直线感应电动机的气隙一般比普通感应电动机大得多。对复合次级和铜（铝）次级电机，除了通常的机械气隙外，还要引入电磁气隙的概念。因为铜（铝）属非磁性材料，其导磁性能与空气相同，故铜（铝）板的厚度应归并到气隙中，总气隙应由机械气隙加上铜（铝）板的厚度构成，该总气隙称为电磁气隙。

2. 直线感应电动机的工作原理

当直线感应电动机的初级接到三相交流电源时，与普通感应电动机相似，气隙内将形成一个从 A 相移向 B 相、从 B 相移向 C 相的行波磁场（主磁场），当绕组中的电流交变一次，多相对称绕组所产生的行波磁场在空间将移动过一对极距，若电动机的极距为 τ，电源的频率为 f，行波磁场的推移同步速度 $v_s = 2\tau f_1$。行波磁场将在次级感应电动势和电流，此电流与行波磁场相互作用，在次级产生切向电磁力，在初级则产生反作用力。如果将初级固定，次级将随着行波磁场移动的方向运动。反之，若将次级固定，则初级将会朝着行波磁场移动的反方向运动。

设动子的速度为 v，则转差率 $s = \dfrac{v_s - v}{v}$。直线感应电机通常用作电动机，故 $0 < s < 1$。

与旋转电机一样，通过对换任意两相的电源接线，可以改变三相直线感应电动机的运动方向，因而可以使电动机做往复运动。由同步速度 $v_s = 2\tau f_1$ 可知，改变极距 τ 或者电源频率 f 都可以改变电动机的同步速度，从而调整电动机的运动速度。

直线感应电动机的缺点是气隙较大，电动机的功率因数比较低，且初级铁心两端断开，存在边缘效应，电动机的效率较低。此外由于三相阻抗不对称，所以即使外加对称三相电压，三相电流也不对称。由于电路和磁路上的不对称性，所以直线感应电动机要用二维或三维电磁场理论来分析和计算。

 思考题

1. 画出表示三相感应发电机各种功率和损耗的分配、传递情况的功率流程图。
2. 并网运行的感应发电机能否发出滞后的无功功率？为什么？
3. 单相感应电动机如何才能起动？
4. 为什么直线感应电动机的气隙相对于旋转电机要大得多？解释电磁气隙的概念。

本 章 小 结

感应电机（也称异步电机）运行时，转子转速 n 与旋转磁场的同步转速 n_s 不相等，转子绕组切割旋转磁场产生感应电动势、电流和电磁转矩。电机转差速度与同步转速之比用转差率 s 表示，s 是反映感应电机运行状态（电动状态、发电状态、制动状态）和负载大小的基本变量。感应电机的结构有定、转子铁心（磁路部分），定、转子绕组（电路部分），以及定、转子间均匀的气隙。依据转子型式有笼型感应电机和绕线转子感应电机，且转子绕组为闭合绕组。

学习过程中要注意以下几点：

1. 感应电动机空载运行时，转轴不带负载，转子电流很小，近似等于零，三相定子空载电流（即励磁电流）产生以同步转速旋转的励磁磁动势 $\boldsymbol{F}_m$，并产生主磁通和漏磁通，主磁通分别在定、转子绕组中感应电动势，漏磁通在定子绕组产生漏电动势。主磁通的作用是引入励磁阻抗，漏磁通的作用是引入漏电抗。

2. 感应电动机负载运行时，三相定子电流产生以同步转速旋转的定子磁动势 $\boldsymbol{F}_1$，三相/多相转子电流也产生以同步转速旋转的转子磁动势 $\boldsymbol{F}_2$，当定子电压不变时，空间相对静止的定、转子磁动势的合成磁动势与空载励磁磁动势 $\boldsymbol{F}_m$ 相等，即磁动势平衡：$\boldsymbol{F}_1 + \boldsymbol{F}_2 = \boldsymbol{F}_m$。

感应电动机负载运行时转子电流频率为转差频率 $f_2 = sf_1$，转子回路感应电动势 $E_{2s} = sE_2$，漏电抗 $X_{2\sigma s} = sX_{2\sigma}$，转子电流为 I_{2s}。

感应电动机的基本方程包括定、转子电压方程和磁动势方程。推导 T 形等效电路时，需要进行频率归算和绕组归算，即用一个静止不转、相数和有效匝数与定子绕组相同的等效转子，去代替实际旋转的转子。归算原则是归算前后转子磁动势 $\boldsymbol{F}_2$ 的转速、幅值和空间相位均保持不变，这样，从气隙磁场传递到转子的电磁功率和转换功率都保持不变，电磁转矩也保持不变，即转子对定子的影响不变。因此，用 T 形等效电路计算的所有定子量均与实际定子中的对应量相同，计算出的转子电动势和电流则与实际转子中的感应电动势和电流相差 k_e 和 $1/k_i$ 倍，计算出的转子有功功率、电阻损耗和电磁转矩则与实际转子中的值相同。T 形等效电路的参数可用空载试验和堵转试验来确定。感应电动机的相量图与变压器带纯电阻负载时的相量图相似，绘制步骤也相似。

3. 感应电动机空载和负载运行时内部电磁关系与变压器很相似，因此采用相同的分析方法和推导过程，但是，必须注意到感应电动机与变压器之间的差别：

1）感应电动机是旋转电机，主磁场是旋转磁场；变压器是静止电器，主磁场是脉振磁场。

2）作为旋转电机，感应电动机产生电磁转矩，涉及机电能量转换；而变压器传输交流电能，变换交流电压和交流电流。

3）感应电动机的定、转子频率不同，推导 T 形等效电路需要进行频率归算；变压器一次和二次绕组的频率相同。

4）感应电动机的主磁路中有气隙，而变压器主磁路为铁心磁路，因此感应电动机的励磁电抗远小于变压器的励磁电抗，感应电动机的空载电流较大，占额定电流的 15% ~40%，而变压器的空载电流只占其额定电流的2% ~10%。基于此，感应电动机的简化等效电路中需要对转子支路和励磁支路的参数做较多的修正。

5）感应电动机采用短距分布绕组，而变压器使用整距集中绕组。

4. 感应电动机能量系统的方程是功率方程，机械系统的方程是转矩方程。电磁功率、转子铜耗和总机械功率之间的比例关系为 $P_e : p_{Cu2} : P_\Omega = 1 : s : (1-s)$，据此可以分析大型感应电动机转差率小的原因。

感应电动机电磁转矩的物理表达式为 $T_e = C_T \Phi_m I_2 \cos\psi_2$，可以从物理概念上对感应电动机的运行问题做定性分析。电磁转矩的参数表达式为

$$T_e = \frac{m_1 p U_1^2 \dfrac{R_2'}{s}}{2\pi f_1 \left[\left(R_1 + \dfrac{R_2'}{s} \right)^2 + (X_{1\sigma} + X_{2\sigma}')^2 \right]}$$

由上式可以做出感应电动机的固有机械特性曲线 $n = f(T_e)$，这是一条非常重要的曲线。由此可以导出感应电动机的最大电磁转矩、起动转矩、稳定运行区，还可以分析运行参数（电压、频率、转速及负载大小）及电机参数（定、转子电阻、漏抗等）对电机特性的影响。

5. 感应电动机的工作特性是指转速、转矩、定子电流、功率因数、效率等随着输出功率变化的曲线。从使用的观点看，定子电流是个关键的量，效率和功率因数是重要的力能指标。感应电动机的功率因数恒为滞后，特别是轻载时，功率因数很低。实际选用电机时其容量应当与负载相匹配，以获得较高的功率因数和效率。

6. 起动、调速、制动是感应电动机工程应用中涉及的问题。笼型感应电动机的起动性能较差，直接起动时，起动电流大但起动转矩并不大。为改善其起动性能，可以采用减压起动：如星形-三角形换接起动，自耦变压器起动，但都适用于对起动转矩要求不高的场合。对起动转矩要求高时，可以采用深槽式或双笼型感应电机。绕线转子感应电动机可以采用转子回路串电阻起动。三相感应电动机的调速方法可分为变极调速、变频调速和改变端电压或者在绕线转子感应电动机转子电路中串附加电阻和电动势调速。三相感应电动机的制动方法有反接制动、正接反转制动、回馈制动和能耗制动等。这几种制动方法的适用条件、制动过程、用途等各不相同。

7. 感应发电机是感应电机在 $s < 0$ 时的一种运行状态。它将原动机输入的机械功率转换为电功率，与电动机时的功率平衡关系相反。并网运行时，需要从电网吸收无功功率，以建立气隙磁场。单独运行时，需要在定子绕组上并联电容器，利用电机的剩磁自励而产生气隙磁场，建立端电压。

8. 单相感应电动机在只有单相交流电源的场所有非常广泛的应用。其主要分析方法是双旋转磁场理论，即把定子主绕组所产生的脉振磁动势分解成正向和反向旋转的两个磁动势和磁场，分别在转子中产生感应电动势、电流和转矩。单相感应电动机自身没有起动转矩。为解决起动问题，需要加装起动绕组并采取分相措施，使主绕组和起动绕组成为一个两相系统，以产生旋转磁场。

9. 直线感应电动机的工作原理与普通感应电动机相似，只是其磁场为行波磁场，运动方向变为直线运动，从而省去了把旋转运动转换为直线运动的传动机构。由于气隙较大，且存在边缘效应，所以直线感应电动机的功率因数和效率较低。

习　题

4-1　一台三相绕线转子感应电动机，定子绕组短路，转子绕组通入频率为 f_1 的三相对称交流电流，产生的旋转磁场相对于转子以转速 $n_s = \dfrac{60 f_1}{p}$ r/min 逆时针方向旋转，问此时转子转向如何？转差率如何计算？

4-2　在三相感应电动机中，转子静止与转动时相比，转子侧的电量和参数有何不同？

4-3　如果三相感应电动机工作时转子转速下降，转子频率将如何变化？

4-4　如果三相感应电动机工作时的电源频率增加而电源电压不变，电动机主磁通、励磁电流、励磁电抗将如何变化？

4-5　如果三相感应电动机的定子电压发生波动，当电压上升时，电动机的主磁通、励磁电流、铁耗、功率因数将如何变化？

4-6　为什么三相感应电动机从空载到满载稳态运行时，电动机的主磁通基本不变？

4-7　三相感应电动机转速变化时，为什么定子、转子磁动势之间仍然没有相对运动？

4-8　三相感应电动机进行堵转试验时，若定子电流达到额定值，电磁转矩是否达到额定值？

4-9　三相感应电动机带额定负载运行时，如果电压下降过多，往往会使电动机过热甚至烧毁，为什么？

4-10　请画图说明，当其他的参数和条件不变时，三相感应电动机定子绕组电压降低 10%，感应电动机机械特性曲线上的最大转矩、起动转矩会如何变化？

4-11　分析三相感应电动机定、转子漏电抗大小对感应电动机的起动电流、起动转矩、最大转矩和功率因数有何影响？

4-12　三相感应电动机在额定电压下起动时，定子电流很大，为什么？可以采取哪些措施限制定子电流？

4-13　一台三相笼型感应电动机，转子导条由铜条制成，后因损坏将转子导条改为铸铝导条，改制前后转子电阻有何变化？若电动机输出同样的转矩（带相同转矩的负载），电动机运行性能会有哪些变化？

4-14　三相感应电动机的起动电流与外加电压及所带负载是否有关？如果电动机

参数不变，是否起动电流越大，起动转矩也越大？负载转矩的大小对起动过程产生什么影响？

4-15 三相绕线转子感应电动机的转子回路串电阻起动时，为什么既能降低起动电流，又能增加起动转矩？转子回路所串电阻越大越好吗？

4-16 三相感应电动机的变频调速有几种调节方式？为什么从基频降低频率时需要降低电源电压？从基频升高频率时，应如何调节电源电压？为什么？

4-17 一台三相感应电动机在额定状态运行，当负载转矩增大时，试问以下物理量将如何变化：①同步转速；②电动机转速；③转差率；④转子电流频率；⑤转子感应电压；⑥转子电流；⑦转子铜耗。

4-18 一台三相绕线转子感应电动机带额定恒转矩负载运行，当转子回路串入电阻且电动机达到稳态运行，试问串入电阻前后电动机稳态运行时，以下物理量将如何变化：①同步转速；②电动机转速；③转差率；④转子电流频率；⑤转子电流有功分量；⑥定子电流；⑦转子铜耗；⑧最大电磁转矩；⑨临界转差率；⑩起动转矩。

4-19 一台三相感应电动机带额定恒转矩负载运行，当电源电压降低10%且电动机达到稳态运行，试问降压前后电动机稳态运行时，以下物理量将如何变化？①同步转速；②电动机转速；③转差率；④转子电流频率；⑤电磁转矩；⑥最大电磁转矩；⑦临界转差率；⑧起动转矩。

4-20 一台三相感应电动机，定子绕组星形联结，$P_N = 7.5\text{kW}$，$U_N = 380\text{V}$，$I_N = 15.6\text{A}$，$n_N = 1426\text{r/min}$，$f_N = 50\text{Hz}$，$\cos\varphi_N = 0.87$（滞后），求电动机的极数、额定转差率、额定相电压、额定相电流、额定效率。

4-21 一台型号为 Y132M1-6 的三相笼型感应电动机，额定频率 $f_N = 50\text{Hz}$，额定输入功率 $P_{1N} = 4.762\text{kW}$，额定电压 $U_N = 380\text{V}$（三角形联结），额定转速 $n_N = 960\text{r/min}$，额定效率 $\eta_N = 84\%$，额定功率因数 $\cos\varphi_N = 0.77$，求该电动机的同步转速、额定转差率、额定输出功率、输出转矩、额定电流、额定相电流、额定相电压。

4-22 一台三相 2 极感应电动机，额定电压 220V，额定频率 50Hz，当其转差率 s 为 0.05 时，试求：①旋转磁场转速；②转子转速；③转子的转差速度；④电动机的转差率；⑤转子电流的频率。

4-23 一台三相 4 极感应电动机，额定电压 460V，额定功率 37kW，额定频率 60Hz，额定转速 1755r/min，当该电动机带额定负载运行时，试求：

1）电动机的转差率，转子电流的频率。

2）定子旋转磁场相对于定子的转速，定子旋转磁场相对于转子的转速。

3）转子旋转磁场相对于定子的转速，转子旋转磁场相对于转子的转速。

4-24 一台三相 6 极感应电动机，额定功率 50kW，额定电压 440V，额定频率 50Hz，额定运行时的转差率 0.06，机械损耗 300W，铁耗 600W，附加损耗 100W。试求电动机额定运行时：

1）转子的转速、转子电流的频率。

2）电动机的电磁功率、转子铜耗。

3）电动机的电磁转矩、输出转矩。

4-25 一台三相感应电动机，$P_N = 150\text{kW}$，$f_N = 50\text{Hz}$，$2p = 4$，额定运行时转子铜耗为 4.8kW，机械损耗为 700W，附加损耗为 1500W，求额定运行时电动机的电磁转矩和输出转矩。

4-26 一台三相感应电动机，$U_N = 380\text{V}$，$f_N = 50\text{Hz}$，$n_N = 1426\text{r/min}$，定子绕组三角形联结，$R_1 = 2.865\Omega$，$X_{1\sigma} = 7.71\Omega$，$R_2' = 2.82\Omega$，$X_{2\sigma}' = 11.75\Omega$，$X_m = 202\Omega$，$R_m$ 忽略不计，试用 T 形等效电路计算电动机额定负载运行时的定子电流 I_1、输入功率 P_1、定子功率因数 $\cos\varphi_1$ 和转子电流 I_2'。

4-27 一台三相感应电动机，$P_N = 17\text{kW}$，$U_N = 380\text{V}$，$f_N = 50\text{Hz}$，$n_N = 1480\text{r/min}$，定子绕组三角形联结，$R_1 = 0.715\Omega$，$X_{1\sigma} = 1.74\Omega$，$R_2' = 0.416\Omega$，$X_{2\sigma}' = 3.03\Omega$，$X_m = 75\Omega$，$R_m = 6.2\Omega$，电动机额定运行时机械损耗为 170W，附加损耗为 110W，试计算额定负载运行时电动机的转差率、定子电流、定子功率因数、电磁转矩、输出转矩、输入功率、输出功率和效率。

4-28 一台三相笼型感应电动机，$P_N = 3\text{kW}$，$U_N = 380\text{V}$，$f_N = 50\text{Hz}$，$n_N = 957\text{r/min}$，定子绕组星形联结，电动机的参数 $R_1 = 2.08\Omega$，$X_{1\sigma} = 3.12\Omega$，$R_2' = 1.525\Omega$，$X_{2\sigma}' = 4.25\Omega$，$X_m = 62\Omega$，$R_m = 4.12\Omega$。电动机额定运行时机械损耗为 60W，附加损耗为 60W，求电动机额定运行时的定子电流、转子电流、定子功率因数、输入功率、输出功率和电动机的效率。

4-29 一台三相 4 极笼型感应电动机，$P_N = 10\text{kW}$，$f_N = 50\text{Hz}$，$U_N = 380\text{V}$，定子绕组三角形联结，$n_N = 1452\text{r/min}$，电动机的参数为 $R_1 = 1.33\Omega$，$X_{1\sigma} = 2.43\Omega$，$R_2' = 1.12\Omega$，$X_{2\sigma}' = 4.4\Omega$，$X_m = 90\Omega$，$R_m = 7\Omega$。电动机额定运行时机械损耗为 100W，附加损耗为 100W，求电动机额定运行时的转差率、电磁转矩、定子电流、转子电流、定子功率因数、输入功率、输出功率和电动机的效率。

4-30 一台三相感应电动机，$P_N = 7.5\text{kW}$，$U_N = 380\text{V}$，$f_N = 50\text{Hz}$，$n_N = 962\text{r/min}$，定子绕组三角形联结，额定负载时 $\cos\varphi_N = 0.827$，定子铜耗为 470W，铁耗为 234W，机械损耗为 45W，附加损耗为 80W。试计算在额定负载时的转差率、转子电流频率、转子铜耗、效率、定子电流。

4-31 一台三相感应电动机，$U_N = 380\text{V}$，$f_N = 50\text{Hz}$，$n_N = 1460\text{r/min}$，定子绕组星形联结，$R_1 = 0.574\Omega$，$R_2' = 0.444\Omega$，$X_{1\sigma} = 1.82\Omega$，$X_{2\sigma}' = 2.39\Omega$，$R_m = 6.53\Omega$，$X_m = 78.65\Omega$。电动机在额定运行时，定子相电流的有效值为 14.3A，励磁电流有效值为 4.7A，折算到定子侧的转子相电流有效值为 11A。计算电动机额定运行时的转子电流频率、定子铜耗、铁耗、转子铜耗、电磁功率、总机械功率。

4-32 一台三相感应电动机，定子绕组星形联结，电动机额定电压为 380V，额定频率为 50Hz，额定电流为 19.5A，$R_1 = 0.5\Omega$；空载试验数据如下：$U_0 = 380\text{V}$（线电压），$I_0 = 5.4\text{A}$，$P_0 = 425\text{W}$，机械损耗为 80W；短路试验数据如下：$U_k = 130\text{V}$（线电压），$I_k = 19.5\text{A}$，$P_k = 1180\text{W}$。忽略空载杂散损耗，假设 $X_{1\sigma} = X_{2\sigma}'$。试求该电动机 T 形等效电路的参数。

4-33 一台三相感应电动机，$P_N = 10\text{kW}$，$f_N = 50\text{Hz}$，$U_{1N} = 380\text{V}$，定子绕组星形联结，$I_N = 19.8\text{A}$。已知 $R_1 = 0.5\Omega$，空载试验数据如下：$U_N = 380\text{V}$（线电压），$I_{10} = 5.4\text{A}$（线电流），$P_{10} = 425\text{W}$，$p_\Omega = 170\text{W}$；短路试验数据如下：

U_{1k}(线)/V	200	160	120	80	40
I_{1k}(线)/A	36	27	18.1	10.5	4
P_{1k}(三相)/W	3680	2080	920	290	40

试求：

1）电动机 T 形等效电路参数 X_m，R_m，$X_{1\sigma}$，$X'_{2\sigma}$，R'_2（设 $X_{1\sigma}=X'_{2\sigma}$）。

2）用 T 形等效电路计算电动机额定运行时的定子电流 I_1 和定子功率因数 $\cos\varphi_1$（设附加损耗为 100W）。

4-34　一台三相 2 极感应电动机，额定功率 11kW，额定电压 380V，定子绕组星形联结，额定频率 50Hz，其等效电路参数 $R_1=0.2\Omega$，$R'_2=0.120\Omega$，$X_{1\sigma}=0.410\Omega$，$X'_{2\sigma}=0.410\Omega$。电动机额定转差率为 0.05，试求：

1）额定运行时的电磁转矩和转速。

2）最大转矩、临界转差率和过载能力（最大转矩倍数）。

3）起动转矩和起动转矩倍数。

4-35　一台三相 8 极笼型感应电动机，$P_N=260kW$，$U_N=380V$，$n_N=722r/min$，$f_N=50Hz$，过载能力（最大转矩倍数）$k_m=2.13$，忽略空载转矩，试求：

1）额定转差率、额定电磁转矩。

2）最大转矩、临界转差率。

3）当 $s=0.02$ 时的电磁转矩。

4-36　一台三相 6 极笼型感应电动机，定子绕组三角形联结，$U_N=380V$，$n_N=957r/min$，$f_N=50Hz$。电动机参数 $R_1=2.08\Omega$，$X_{1\sigma}=2.16\Omega$，$R'_2=1.715\Omega$，$X'_{2\sigma}=3.18\Omega$。试求：

1）最大转矩倍数。

2）额定电压下直接起动时的起动电流和起动转矩倍数。

3）星-三角换接起动时的起动电流和起动转矩倍数。

第5章

同步电机

同步电机和感应电机一样，都属于常用的交流电机。同步电机的特点是：稳态运行时，转子转速 n 与电网频率 f 之间具有固定不变的关系 $n = n_s = 60f/p$，因此称之为同步电机。其中，n_s 称为同步转速。当电网频率不变时，同步电机稳态运行的转速为常值，与负载的大小无关。

同步电机既可作为发电机运行，也可作为电动机运行，此外，同步电机还有一种特殊的运行方式，即作为专门调节电网无功功率以改善电网功率因数的补偿机（又称调相机）。现代水电站、火电站和核电站中的交流发电机几乎全部都是同步发电机，而同步电动机和同步补偿机则多用于工矿企业和电力系统。

本章首先介绍同步发电机的实物模型——基本结构，然后介绍同步发电机的物理模型——同步发电机空载和负载运行的电磁关系，进而介绍发电机的数学模型——电压方程、相量图、等效电路，以及功率和转矩方程，再进一步利用数学模型分析同步发电机的单机运行特性，以及与电网并联运行的特性等，最后简要介绍同步电动机和同步补偿机的工作原理与运行特点。

5.1 同步电机的基本结构、工作原理与运行状态

按照结构型式，同步电机可分为旋转电枢式和旋转磁极式两类。旋转电枢式的主磁极装在定子上，电枢绕组装在转子上，通过三相集电环与电刷的滑动接触输出或输入电能，旋转电枢式结构在小型同步电机中有一定的应用。旋转磁极式的电枢绕组装在定子上，励磁绕组装在转子上，由于励磁部分的容量和电压要比电枢的容量和电压小得多，电刷和集电环（直流）的负载大为减轻，故旋转磁极式结构已成为中、大型同步电机的基本结构型式。

在旋转磁极式同步电机中，按照磁极形状，又可分为隐极式和凸极式两种基本型式，如图 5-1 所示。隐极式电机的转子做成圆柱形，电机的气隙均匀，励磁绕组分布于转子表面槽内，转子机械强度高，适合高速（3000r/min）旋转；凸极式电机的转子有明显凸出的磁极，电机的气隙不

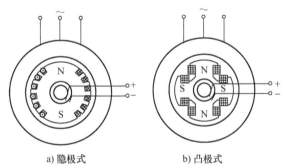

a) 隐极式　　　　b) 凸极式

图 5-1　旋转磁极式同步电机的两种基本型式

均匀，励磁绕组集中放置，制造较为简单，适合中低速（1500r/min 及以下）旋转。

　　按照拖动发电机的原动机的不同，同步发电机还可分为汽轮发电机和水轮发电机两种型式。汽轮发电机由汽轮机拖动高速旋转，所以汽轮发电机的转子一般采用隐极式结构，做成细长形；水轮发电机由水轮机拖动低速旋转，所以水轮发电机的转子一般采用凸极式结构，做成短粗形。

5.1.1　同步电机的基本结构

1. 隐极同步电机

　　下面以汽轮发电机为例介绍隐极同步电机的结构。在火电厂，汽轮发电机由原动机汽轮机驱动旋转，其生产现场通常如图 5-2c、e 所示，图 5-2c 为大型汽轮发电机的安装现场。与常规的旋转电机一样，隐极同步发电机由静止的定子和旋转的转子组成，且定子和转子之间有均匀的气隙。图 5-2d、e 为汽轮发电机剖视图和横截面示意图。

a) 火电厂运行的汽轮发电机组　　　　　　　b) 火电厂1000MW汽轮发电机组

三相同步
电机结构

c) 大型汽轮发电机的安装现场

图 5-2　汽轮发电机

d) 汽轮发电机剖视图

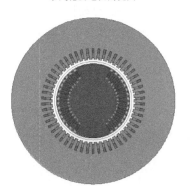

e) 汽轮发电机横截面示意图

图 5-2　汽轮发电机（续）

（1）定子

汽轮发电机的定子由定子铁心、定子绕组、机座和端盖等部件组成。图 5-3 为哈尔滨电机厂制造的不同容量的大型汽轮发电机定子实物图。

a) 1000MW　　　　　　　　　　　b) 330MW

图 5-3　大型汽轮发电机定子实物图（哈尔滨电机厂制造）

定子铁心是构成电机主磁路和固定定子绕组的重要部件，一般用 0.35mm 或 0.5mm 厚、两面均涂有绝缘的冷轧硅钢片叠成，以减小铁心的涡流损耗。定子铁心沿轴向分成好几叠，每叠厚度为 3~6cm，叠与叠之间留有宽 0.6~0.8cm 的通风沟，以便于定子绕组和铁心的冷却。整个铁心用拉紧螺杆和非磁性端压板压紧成整体后，固定在定子机座上，如图5-4所示。

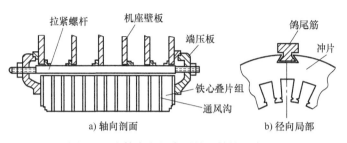

a) 轴向剖面　　　　　　b) 径向局部

图5-4　汽轮发电机定子铁心结构示意图

同步发电机的定子绕组，也称为电枢绕组，是电机的电路部分，一般为三相双层短距叠绕组，三相绕组通常采用星形联结，电枢绕组在定子槽中的放置如图5-5所示。大容量汽轮发电机的定子绕组由于尺寸较大，大都制成半匝式(线棒)，即将一个线圈的两个线圈边（线棒）分开来制造，嵌入定子槽后，再将其端接部分焊接，成为一个线圈。每个线棒由若干股包有股线绝缘的铜线并联，并在槽内依次进行换位，以减小定子绕组内的涡流及其引起的杂散损耗。为了冷却的需要，大型同步发电机的定子绕组通常还采用空心与实心导体的组合形式，空心导体可实现定子绕组内冷的功能。

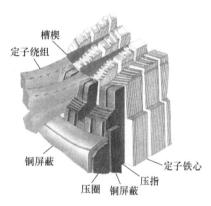

图5-5　汽轮发电机定子铁心与定子绕组

机座起固定和支撑定子铁心及定子绕组等部件的作用，并形成合适的冷却风道。汽轮发电机的机座一般采用钢板焊接而成，需要具有足够的强度和刚度，能承受正常和故障时可能发生的最大应力而不产生不允许的形变。

端盖的作用是保护定子和转子的端部，并使发电机内部形成一个与外界隔绝的冷却风路系统。端盖一般用钢板焊接而成，或采用铸铁或硅铝合金铸件制成，也必须具有足够的刚度。对于大型同步发电机，由于端部漏磁通较大，需要对固定端盖的螺栓加以绝缘，以防止漏磁通引起的涡流流过螺栓时使其发热。

（2）转子

汽轮发电机的转子由转子铁心、励磁绕组、护环和风扇等部件组成。图5-6为哈尔滨电机厂制造的大型汽轮发电机转子铁心实物图。

转子铁心也是同步发电机主磁路的一部分，由于汽轮发电机的转速很高，所以转子铁心一般用整块的导磁性好的高强度合金钢锻制而成。转子表面约2/3部分铣有2组（2极，3000r/min）或4组（4极，1500r/min）对称的轴向凹槽，用于嵌放励磁绕组，开槽部分称为小齿，其余不铣槽的部分称为大齿，如图5-1a、图5-2e所示。同步发电机的主磁极轴线与大齿轴线重合。

励磁绕组的作用是通入直流电流建立转子主极磁场，通常是用扁铜线绕成的同心式绕组，线圈嵌放在转子槽中，并用非磁性合金槽楔压紧，如图5-7所示，励磁绕组的端部还套有用高强度非磁性钢锻成的护环，以防止励磁绕组发生径向位移。

图 5-6　大型汽轮发电机转子铁心实物图（哈尔滨电机厂制造）

图 5-7　汽轮发电机的励磁绕组

2. 凸极同步电机

凸极同步发电机的结构包括定子和转子，且定子与转子之间的气隙不均匀。凸极同步电机有卧式（横式）和立式两种结构型式，绝大部分同步电动机、同步补偿机和用内燃机或冲击式水轮机拖动的同步发电机均采用卧式结构；低速、大容量水轮发电机和大型水泵用同步电动机则采用立式结构。

卧式同步电机的定子结构与感应电机基本相同，定子也由机座、定子铁心、定子绕组和端盖等部件组成；转子由主磁极、磁轭、励磁绕组和阻尼绕组、集电环和转轴等部件组成。图 5-8 为一台凸极同步发电机的定子和转子。

a) 定子　　　　　　　　　　　b) 转子

图 5-8　凸极同步发电机的定子和转子

大型水轮发电机通常都是立式结构，由于它的转速低、极数多、转动惯量大，所以水轮发电机的直径大，轴向长度短。立式水轮发电机的转子部分必须支撑在一套推力轴承上，推力轴承要承担整个机组转动部分的重量和水的压力。依据推力轴承的安放位置，立式水轮发电机可以有悬吊式和伞式两种，如图 5-9 所示。悬吊式推力轴承装在转子上部，整个转子都悬挂在推力轴承上，这种结构的机械稳定性好，但机组的轴向高度较大，转速为 150r/min 以上的高转速水轮发电机通常采用悬吊式结构。伞式推力轴承装在转子下部，整个转子被托架着，机械稳定性稍差，但机组的轴向高度小，

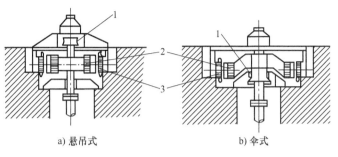

a) 悬吊式　　　　b) 伞式

图 5-9　立式水轮发电机的两种安装形式
1—推力轴承　2—转子　3—定子

转速低于 125r/min 的低转速水轮发电机可以采用伞式结构。

（1）定子

水轮发电机的定子由定子铁心、定子绕组和机座等部件组成。图 5-10 为大型水轮发电机的安装现场。

定子铁心是构成电机主磁路和固定定子绕组的重要部件，一般用 0.35mm 或 0.5mm 厚的硅钢片叠成。定子铁心沿轴向叠成好几段，每段厚度为

图 5-10　大型水轮发电机安装现场

3~6cm，段与段之间留有宽 0.6~0.8cm 的通风沟，以便于定子绕组和铁心的冷却。定子铁心的内圆均匀分布有槽，用以嵌放定子绕组。大型水轮发电机的直径相当大，为了便于运输，通常把定子机座连同铁心一起在圆周上分成扇形的几瓣，分别制造好后，运到电站现场再组装为一个定子整体。图 5-11 为大型水轮发电机的分瓣定子。

由于水轮发电机的极数较多，每极每相槽数较少，为改善定子绕组感应电动势波形，节约极间连接线的用铜量，低速（多极）大容量水轮发电机的定子绕组大多采用波绕组，而中小容量的凸极同步电机通常采用叠绕组。

机座起固定和支撑定子铁心的作用，并形成风道，当定子直径较大时，通常采用分瓣机座。

（2）转子

水轮发电机的转子由磁极、励磁绕组、磁轭、转轴和阻尼绕组等部件组成。图 5-12 为一台大

图 5-11　大型水轮发电机的分瓣定子

型水轮发电机的转子。

图 5-13 为水轮发电机的磁极和绕组，转子磁极一般由 1～1.5mm 厚的钢板冲片叠压而成，极身上套装同心式励磁绕组，极靴上开有槽，内装阻尼绕组。图 5-14 为水轮发电机的磁极与磁轭，磁极通常采用 T 尾或鸽尾固定在转子磁轭上，因此磁轭除了作为磁路的一部分以外还起到固定磁极的作用。对于直径较

图 5-12　大型水轮发电机的转子

大的转子，要先把磁轭与转子支架连接起来，再把转子支架装设到转轴上。

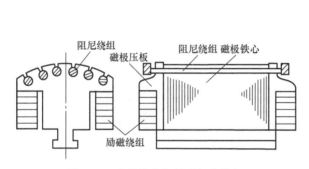

图 5-13　水轮发电机的磁极和绕组

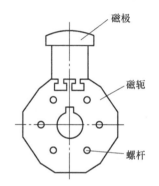

图 5-14　水轮发电机的磁极与磁轭

阻尼绕组由插入磁极极靴槽中的铜条和两端的端环焊成一个闭合绕组，如图 5-13 所示。当发电机不对称运行时，阻尼绕组起削弱负序旋转磁场的作用；当发电机发生振荡时，阻尼绕组可使振荡衰减。

5.1.2　同步电机的工作原理

图 5-15 为一台 2 极同步电机的简化模型。定子铁心中放置有空间上互差 120° 电角度的对称三相绕组，当转子励磁绕组通入直流电流励磁，建立转子主极磁场，再用原动机拖动转子以同步转速 n_s 旋转时，气隙内就会形成一个旋转磁场；定子三相绕组切割气隙旋转磁场，将产生三相交流感应电动势。若定子绕组与外电路连接，电机将输出电功率，作

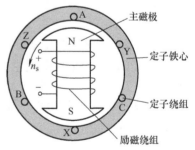

图 5-15　2 极同步电机的简化模型

为一台同步发电机运行。当转子以同步转速 n_s 旋转时，定子感应电动势的频率为

$$f = \frac{p n_s}{60} \tag{5-1}$$

当在同步电机的定子三相绕组中通入三相对称交流电流，电机气隙中将产生以同步转速 n_s 旋转的旋转磁场；给转子励磁绕组通入直流电流，建立转子主极磁场，依靠

定、转子磁场之间异性磁极相互吸引的原理，使转子被定子磁场拉着同向同速旋转。若转轴上带有负载，电机将输出机械功率，作为同步电动机运行。当三相交流电流的频率为 f 时，转子的同步转速为

$$n_{\mathrm{s}} = \frac{60f}{p} \qquad\qquad (5\text{-}2)$$

由此可见，不论作为发电机还是电动机运行，同步电机的转速 n_{s} 与电网频率 f 具有式(5-2) 表示的固定关系。若电网频率一定时，同步电机稳态运行的转速恒定不变，与负载大小无关。

5.1.3　同步电机的运行状态

当同步电机定子三相绕组中流过三相对称电流时，将在电机气隙内产生一个以同步转速旋转的定子磁场；电机稳态运行时，转子也以同步转速旋转，所以，定子旋转磁场与直流励磁的转子主极磁场总是同速度、同方向旋转，保持相对静止，两者相互作用并产生电磁转矩，实现机电能量的转换。同时，定子旋转磁场与同速旋转的转子主极磁场可合成为一个幅值恒定且以同步转速旋转的气隙合成磁场，气隙合成磁场与转子主极磁场之间的夹角 δ 称为功率角。分析表明，功率角 δ 的大小与同步电机电磁功率的大小直接相关；功率角 δ 的正、负与同步电机的运行状态直接相关。这里定义主极磁场超前气隙合成磁场时 δ 为正。

如同转差率 s 是反映感应电机运行状态的一个重要变量一样，功率角 δ 是反映同步电机运行状态的一个重要变量。

同步电机有三种运行状态：发电机、电动机和补偿机，如图 5-16 所示。发电机把从转子输入的机械能转换为电能，从定子绕组输出；电动机把从定子绕组输入的电能转换为机械能，从转轴输出；补偿机中没有有功功率的转换，它专门用来发出或吸收无功功率，以调节电网的功率因数。

当转子主极磁场轴线超前气隙合成磁场轴线时，功率角 $\delta > 0$，磁力线从主极发出后向后扭斜进入定子，转子上受到一个与其旋转方向相反的制动性质的电磁转矩 T_{e} 作用，如图 5-16a 所示。为了使转子能以同步转速持续旋转，转子必须获得从原动机输入的驱动转矩 T_1。此时转子输入机械功率，定子向电网或负载输出电功率，同步电机作为发电机运行。

当转子主极磁场轴线与气隙合成磁

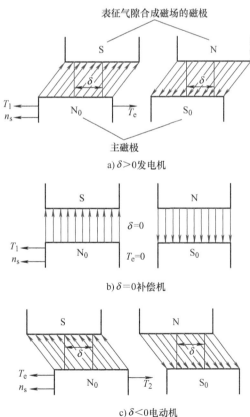

图 5-16　同步电机的三种运行状态

场的轴线重合时，功率角 $\delta = 0$，磁力线从主极发出后垂直进入定子，电磁转矩 T_e 为 0，如图 5-16b 所示。此时，同步电机内没有有功功率的转换，同步电机处于补偿机状态或空载状态。

当转子主极磁场轴线滞后气隙合成磁场轴线时，功率角 $\delta < 0$，磁力线从主极发出后向前扭斜进入定子，转子上受到一个驱动电磁转矩 T_e 作用，如图 5-16c 所示，该驱动电磁转矩 T_e 可拖动转轴上的负载旋转，输出机械功率，而定子则从电网吸收电功率，同步电机作为电动机运行。

5.1.4　同步电机的额定值、型号与励磁方式

1. 同步电机的额定值

1）额定容量 S_N（或额定功率 P_N）：额定运行时电机的输出功率。

同步发电机可以用输出的视在功率 S_N（kV·A）表示，也可以用输出的有功功率 P_N（kW 或 MW）表示，且 $S_N = \sqrt{3}\,U_N I_N$，$P_N = \sqrt{3}\,U_N I_N \cos\varphi_N$。

同步电动机转轴上输出的机械功率，用 P_N(kW) 表示，且 $P_N = \sqrt{3}\,U_N I_N \eta_N \cos\varphi_N$。

同步补偿机输出的最大无功功率，用 S_N(kvar) 表示，且 $S_N = \sqrt{3}\,U_N I_N$。

2）额定电压 U_N：额定运行时定子绕组的线电压，单位为 V 或 kV。

3）额定电流 I_N：额定运行时定子绕组中的线电流，单位为 A。

三相同步发电机的额定电流　$I_N = \dfrac{S_N}{\sqrt{3}\,U_N} = \dfrac{P_N}{\sqrt{3}\,U_N \cos\varphi_N}$

三相同步电动机的额定电流　$I_N = \dfrac{P_N}{\sqrt{3}\,U_N \eta_N \cos\varphi_N}$

4）额定功率因数 $\cos\varphi_N$：额定运行时电机的功率因数。

5）额定频率 f_N：额定运行时定子绕组输入或输出电压的频率。我国标准工频规定为 50Hz。

6）额定转速 n_N：额定运行时电机的转速，即同步转速 n_s，单位为 r/min。

除以上额定值外，同步电机的铭牌上还标有绝缘等级、允许温升 Δt_N、额定励磁电压 U_{fN} 和额定励磁电流 I_{fN} 等。

2. 同步电机的型号

国产汽轮发电机型号由型式代号、发电机容量、发电机极数三部分组成，有 QFQ、QFN、QFS 等系列。其中，前两个字母（QF）表示汽轮发电机，第三个字母（Q/N/S）表示冷却方式：Q 表示氢外冷；N 表示氢内冷；S 表示双水内冷。如汽轮发电机型号 QFS-300-2 表示容量为 300MW 双水内冷 2 极汽轮发电机。

国产水轮发电机有 SF 系列，例如，SF20-12/4250 表示容量（功率）为 20MW，极数为 12 极，定子铁心外径为 4250cm 的水轮发电机。

同步电动机系列有 TD、TDL 等，其中 TD 表示多速同步电动机，第三个字母表示其用途。如 TDG 表示高速同步电动机；TDL 表示立式同步电动机。

同步调相机有 TT 系列。

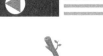

3. 同步电机的励磁方式

同步电机的励磁方式指同步电机获得直流励磁电流的方式，而供给励磁电流的装置称为励磁系统。励磁系统主要分为直流励磁机励磁系统和整流器励磁系统两大类，前者用同轴直流发电机供给励磁电流；后者又分为静止整流器励磁系统和旋转整流器励磁系统两种。

静止整流器励磁系统主要用同轴交流主励磁机发出交流电，经静止半导体整流器整流后供给励磁电流。旋转整流器励磁系统是用同轴转枢式交流主励磁机发出交流电，经同步发电机转子上的半导体整流器整流后供给励磁电流，由于取消了集电环和电刷，故又称为无刷励磁系统。

思考题

1. 为什么现代的大容量同步电机都制成旋转磁极式？
2. 汽轮发电机和水轮发电机在结构上有什么不同？各有什么特点？
3. 同步电机转速与电流频率的关系是怎样的？同步转速与电机极数的关系是怎样的？转速为 75r/min、频率为 50Hz 的同步电机的极数是多少？30 极、50Hz 同步电机的转速是多少？
4. 同步电机的额定值包括哪些？

5.2 空载和负载运行时同步发电机的磁场

同步发电机用原动机拖动以同步转速旋转，励磁绕组通入直流励磁电流，电枢绕组（定子绕组）开路或电枢电流为零的情况，称为同步发电机的空载运行；当同步发电机定子绕组与电网或负载连接，电枢绕组中有电流流过时，称为同步发电机的负载运行。

5.2.1 空载运行时的磁场

空载运行时，同步发电机内仅有励磁电流建立的转子主极磁场。图 5-17a 为一台 4 极凸极同步电机的空载磁路，包括主磁通磁路和主极漏磁通磁路两部分。其中，Φ_0 为通过气隙同时与励磁绕组和电枢绕组交链的磁通，称为主磁通；$\Phi_{f\sigma}$ 表示仅与励磁绕组本身相交链的磁通，称为主极漏磁通。主磁通磁路包括气隙、电枢齿、电枢轭、主磁极和磁轭五部分。图 5-17b 为用有限元计算的 2 极隐极同步电机空载时的磁场分布图。

同步发电机
空载运行

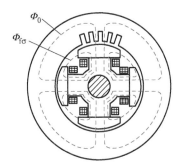 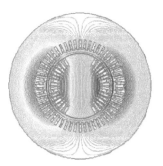

a) 凸极电机空载磁路(2p=4)　　b) 隐极电机空载磁场分布图(2p=2)

图 5-17　同步电机的空载磁路与磁场分布图

1. 空载运行时的电磁过程

同步发电机空载运行时,转子励磁电流 I_f 产生主极磁动势 F_f,由于原动机拖动转子以同步转速旋转,因此主极磁动势是一个旋转磁动势,其基波磁动势用 F_{f1} 表示。主极基波磁动势 F_{f1} 将在气隙中建立一个旋转磁场 B_0,该旋转磁场将顺序切割定子三相绕组,在定子绕组中产生三相对称感应电动势 $\dot{E}_{0A}$、$\dot{E}_{0B}$、$\dot{E}_{0C}$,称为励磁电动势。有

$$\dot{E}_{0A} = E_0 \angle 0°, \dot{E}_{0B} = E_0 \angle -120°, \dot{E}_{0C} = E_0 \angle 120° \tag{5-3}$$

忽略高次谐波时,励磁电动势(相电动势)的有效值 E_0 为

$$E_0 = 4.44 f N_1 k_{w1} \Phi_0 \tag{5-4}$$

式中,Φ_0 为每极主磁通量。

通过以上分析可知,同步发电机空载时的电磁关系为

$$I_f \longrightarrow F_{f1} \longrightarrow B_0 \longrightarrow \dot{\Phi}_0 \longrightarrow \dot{E}_0$$

式中,$\dot{\Phi}_0$ 为一相电枢绕组交链的主磁通,它是一个随时间变化的相量,其最大值为每极的主磁通量 Φ_0。改变励磁电流 I_f,即可改变励磁电动势 E_0。

2. 空载特性

由式(5-4)可知,当同步电机以同步转速稳态运行时,改变励磁电流 I_f,可得到不同的主磁通 Φ_0 和励磁电动势 E_0,此时,将励磁电动势 E_0 与励磁电流 I_f 之间的关系曲线 $E_0 = f(I_f)$,称为同步电机的空载特性,如图 5-18所示。空载特性是同步电机的基本特性之一。

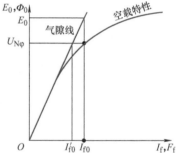

图 5-18 同步电机的空载特性

由于 E_0 正比于 Φ_0,I_f 正比于 F_f,所以空载特性 $E_0 = f(I_f)$ 与磁化曲线 $\Phi_0 = f(F_f)$ 的形状相似,所以,空载特性实际上反映的是电机磁路的饱和情况。

在图 5-18 中,当主磁通 Φ_0 较小时,整个磁路处于不饱和状态,所以空载特性的起始段是一条直线,其延长线称为气隙线。随着主磁通 Φ_0 的增大,铁心逐渐饱和,空载特性就逐渐弯曲。通常用主磁路的饱和系数 k_μ 来衡量主磁路的饱和情况,定义 k_μ 为空载电压等于额定电压时,空载特性曲线和气隙线分别对应的励磁电流 I_{f0} 与 I'_{f0} 的比值,即 $k_\mu = I_{f0}/I'_{f0}$。通常同步发电机的饱和系数 k_μ 在 1.1 ~ 1.25 之间。

在研究同步电机的许多问题时,为了避免求解非线性问题带来的复杂性,常常不计铁心的磁饱和,此时空载特性就成为一条理想的直线——气隙线。

空载特性可以通过计算或试验得到,表 5-1 给出了一条典型的用标幺值表示的同步发电机空载特性。其中励磁电动势 E_0 的基值为额定相电压 $U_{N\varphi}$,励磁电流的基值为 $E_0 = U_{N\varphi}$ 时的励磁电流 I_{fN}。

表 5-1 典型的同步发电机空载特性

E_0^*	0.58	1.0	1.21	1.33	1.40	1.46	1.51
I_f^*	0.5	1.0	1.5	2.0	2.5	3.0	3.5

空载特性在同步发电机理论中有着重要作用：①将设计好的电机的空载特性与表5-1中的数据相比较，如果两者接近，说明电机设计合理，反之，则说明该电机的磁路过于饱和或者材料没有充分利用；②空载特性与短路特性结合可以求取同步电机的参数（在5.6节中有详细介绍）；③发电厂通过测取空载特性来判断定子三相绕组的对称性以及励磁系统的故障。

5.2.2 负载运行时的电枢反应与磁场

1. 负载运行时的电磁过程

当同步发电机带对称负载运行时，电枢绕组中流过三相对称电流，产生以同步转速旋转的电枢磁动势，其基波磁动势用 F_a 表示。主极基波磁动势 F_{f1} 与电枢基波磁动势 F_a 同向、同速旋转，二者在空间保持相对静止，可以合成为一个幅值恒定且以同步转速旋转的合成基波磁动势 F_1。负载时气隙内的旋转磁场 B 由合成基波磁动势 F_1 建立，定子绕组切割气隙旋转磁场 B，在定子三相绕组中产生三相对称感应电动势 $\dot{E}_A$、$\dot{E}_B$、$\dot{E}_C$，称为气隙电动势 $\dot{E}$（也称为合成相电动势）。有

$$\dot{E}_A = E\angle 0°, \quad \dot{E}_B = E\angle -120°, \quad \dot{E}_C = E\angle 120° \tag{5-5}$$

同步发电机负载时的电磁过程为

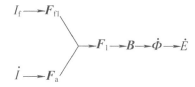

其中，$\dot{i}$ 为电枢（定子）绕组相电流；$\dot{\Phi}$ 为合成基波磁动势产生的气隙磁场与一相电枢绕组交链的磁通；$\dot{E}$ 为一相电枢绕组内感应的气隙电动势。

2. 对称负载时的电枢反应

同步电机带对称负载运行时，气隙内的合成磁场由电枢磁动势和主极磁动势共同作用产生，电枢磁动势的基波对主极磁场基波的影响，称为电枢反应。

电枢反应的性质（增磁、去磁或交磁）取决于主极磁动势 F_{f1}（或主极磁场 B_0）与电枢磁动势 F_a 在空间的相对位置。利用时空矢量图分析表明，该空间相对位置同励磁电动势 $\dot{E}_0$ 与电枢电流 $\dot{i}$ 的时间相位差 ψ_0 一致，称 ψ_0 为内功率因数角。这里约定 $\dot{E}_0$ 超前于 $\dot{i}$ 时 ψ_0 为正。

根据第3章中关于时空矢量图的说明，对于对称多相系统，由于时间相量和空间矢量的旋转角速度 ω_s 相等，因此任何时刻它们之间的相位关系不变，所以，当把时间参考轴（时轴）与某一相绕组的轴线（相轴）取为同一方向（同相）时，存在：①多相对称电流产生的磁动势矢量 F 与该相电流相量 $\dot{i}$ 同相；②忽略磁滞和涡流损耗时，旋转磁场的磁密矢量 B 与产生它的磁动势矢量 F 同相；③某相绕组交链的磁通相量 $\dot{\Phi}$ 与产生它的旋转磁场磁密矢量 B 同

图 5-19 时空矢量图

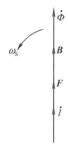

同步发电机
负载运行与
电枢反应

相。可得到如图5-19所示的时空矢量图。

同理，对于主极磁动势 $\boldsymbol{F}_{\mathrm{fl}}$ 和主磁场 $\boldsymbol{B}_0$ 以及与某相绕组交链的主磁通 $\dot{\boldsymbol{\Phi}}_0$ 之间也存在上述相位关系。

下面利用时空矢量图来分析证明：三相同步发电机负载时主磁场 $\boldsymbol{B}_0$ （或主极磁动势 $\boldsymbol{F}_{\mathrm{fl}}$ ）与电枢磁动势 $\boldsymbol{F}_{\mathrm{a}}$ 的空间相对位置同励磁电动势 $\dot{E}_0$ 与电枢电流 $\dot{I}$ 的时间相位差 ψ_0 一致。

图5-20a为一台2极同步发电机示意图。定子绕组每相用一个集中线圈来表示，并规定，某相电流为正时，从其首端流出（用 $\odot$ 表示），尾端流入（用 $\otimes$ 表示）。转子主极轴线为直轴，用d轴表示，与直轴正交的轴线称为交轴，用q轴表示。主极磁动势 $\boldsymbol{F}_{\mathrm{fl}}$ 和主磁场 $\boldsymbol{B}_0$ 与d轴重合，转子的d、q轴是旋转坐标系，与转子主极同步旋转。

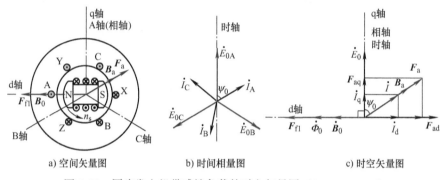

a) 空间矢量图　　　　b) 时间相量图　　　　c) 时空矢量图

图5-20　同步发电机带感性负载的时空矢量图（ $0° < \psi_0 < 90°$ ）

在图5-20a瞬间，主极轴线（d轴）超前A相绕组轴线90°电角度，即A相绕组与d轴正交，与q轴重合，其交链的主磁通 $\dot{\boldsymbol{\Phi}}_{0\mathrm{A}}$ 为零，但由于感应电动势滞后其交链磁通90°电角度，因此此刻A相绕组励磁电动势 $\dot{E}_{0\mathrm{A}}$ 的瞬时值将达到正的最大值。在图5-20b的时间相量图中， $\dot{E}_{0\mathrm{A}}$ 将转到与时轴重合的位置，相应地，B、C两相的励磁电动势 $\dot{E}_{0\mathrm{B}}$ 和 $\dot{E}_{0\mathrm{C}}$ 分别滞后于 $\dot{E}_{0\mathrm{A}}$ 以120°和240°电角度，它们的时间相位关系如图5-20b所示。

假设同步发电机带感性负载运行，则电枢电流 $\dot{I}_{\mathrm{A}}$ 、 $\dot{I}_{\mathrm{B}}$ 、 $\dot{I}_{\mathrm{C}}$ 将分别滞后 $\dot{E}_{0\mathrm{A}}$ 、 $\dot{E}_{0\mathrm{B}}$ 、 $\dot{E}_{0\mathrm{C}}$ 一个锐角 ψ_0 ，即 $0° < \psi_0 < 90°$ ，电枢电流的相量关系如图5-20b所示。将各电流相量分别往时轴上投影，可知此瞬间，A相、C相电流为正，B相电流为负，依据前面对相电流表示的规定，可得到如图5-20a所示的各相电流首尾端的表示，并且，依据右手螺旋定则可判定，此瞬间三相电流产生的合成电枢磁动势 $\boldsymbol{F}_{\mathrm{a}}$ 为图5-20a中所示位置。

将时间相量图5-20b中的时轴与空间矢量图5-20a中的A相相轴重合，可绘制出此瞬间的时空矢量图，如图5-20c所示，其中，时轴、相轴、q轴三轴线重合，且A相励磁电动势 $\dot{E}_{0\mathrm{A}}$ 也与此三轴线重合；主极磁动势 $\boldsymbol{F}_{\mathrm{fl}}$ 、主磁场 $\boldsymbol{B}_0$ 、A相绕组交链磁通 $\dot{\boldsymbol{\Phi}}_{0\mathrm{A}}$ 均与d轴重合；三相电流产生的电枢磁动势 $\boldsymbol{F}_{\mathrm{a}}$ 与A相电流 $\dot{I}$ 同相位。因此可观察到：主极磁动势 $\boldsymbol{F}_{\mathrm{fl}}$ 与电枢磁动势 $\boldsymbol{F}_{\mathrm{a}}$ 的空间相位差恰好等于主磁通 $\dot{\boldsymbol{\Phi}}_0$ 与电枢电流 $\dot{I}$ 的时

间相位差，即 $90° + \psi_0$，即主极磁动势 $\boldsymbol{F}_{f1}$（或主极磁场 $\boldsymbol{B}_0$）与电枢磁动势 $\boldsymbol{F}_a$ 在空间的相位差，同励磁电动势 $\dot{E}_0$ 与电枢电流 $\dot{I}$ 的时间相位差 ψ_0 一致。在图 5-20c 的时空矢量图中，除了相轴和时轴静止不动外，转子 d、q 轴以及所有时间相量和空间矢量都以同步转速旋转。

由于三相励磁电动势和三相电流均为对称，所以，在统一的时空矢量图中，通常仅画出 A 相一相的励磁电动势、一相的电流和与之交链的主磁通，并把下标 A 省略，分别用 $\dot{E}_0$、$\dot{I}$ 和 $\dot{\Phi}_0$ 表示。

当同步发电机所带负载的性质不同时，如阻性、感性、容性，就会使 $\dot{I}$ 与 $\dot{E}_0$ 之间的相位差 ψ_0 不同。内功率因数角 ψ_0 与发电机的内阻抗及外加负载性质有关，ψ_0 不同，电枢反应的性质也不同。下面分析同步发电机内功率因数角 ψ_0 取不同值时的电枢反应性质。

（1）内功率因数角 $\psi_0 = 0°$（即电枢电流 $\dot{I}$ 与励磁电动势 $\dot{E}_0$ 同相）

仍以图 5-20a 所示的 2 极同步发电机为例。在图 5-21a 所示瞬间，A 相绕组励磁电动势 $\dot{E}_{0A}$ 的瞬时值达到正的最大值，其相量与时轴重合，$\dot{E}_{0B}$，$\dot{E}_{0C}$ 分别滞后于 $\dot{E}_{0A}$ 以 120° 和 240°。当电枢电流 $\dot{I}$ 与励磁电动势 $\dot{E}_0$ 同相（即 $\psi_0 = 0°$）时，$\dot{I}_A$ 与时轴重合，$\dot{I}_B$ 与 $\dot{I}_C$ 将分别与 $\dot{E}_{0B}$ 和 $\dot{E}_{0C}$ 同相，电动势与电流的时间相量关系如图 5-21b 所示。将各电流相量分别往时轴上投影，可知此瞬间，A 相电流达正的最大值，B 相与 C 相电流为负，依据前面对相电流表示的规定，可得到如图 5-21a 所示的各相电流首尾端表示，可判定此瞬间三相电流产生的合成电枢磁动势 $\boldsymbol{F}_a$ 与 A 相轴线和 q 轴重合，对应的时空矢量图如图 5-21c 所示。此时电枢磁动势 $\boldsymbol{F}_a$ 作用在 q 轴上，而且主极磁动势 $\boldsymbol{F}_{f1}$ 与电枢磁动势 $\boldsymbol{F}_a$ 及 d、q 轴同步旋转，电枢磁动势 $\boldsymbol{F}_a$ 始终与主极磁动势 $\boldsymbol{F}_{f1}$ 正交，此时的电枢反应为交轴电枢反应。

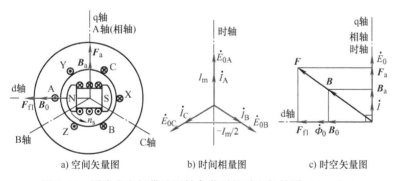

a) 空间矢量图　　　　b) 时间相量图　　　　c) 时空矢量图

图 5-21　同步发电机带纯阻性负载时的时空矢量图（$\psi_0 = 0°$）

由图 5-21 可见，交轴电枢反应使气隙合成磁动势 $\boldsymbol{F}$（或合成磁场 $\boldsymbol{B}$）与主极磁动势 $\boldsymbol{F}_{f1}$（或主极磁场 $\boldsymbol{B}_0$）在空间形成了一个夹角（即功率角 δ），对于同步发电机，此时的转子主极磁场超前气隙合成磁场，功率角 $\delta > 0$，所以发电机转子上将受到一个制动性质的电磁转矩作用，原动机必须输入驱动转矩来克服制动的电磁转矩，从而将机械能转变成电能从定子绕组输出。所以，同步发电机电磁转矩的产生和机电能量转换与交轴电枢反应直接有关。

（2）内功率因数角 $\psi_0 = 90°$（即电枢电流 $\dot{I}$ 滞后励磁电动势 $\dot{E}_0$ 以 $90°$）

此时同步发电机的空间矢量图、时间相量图以及时空矢量图分别如图 5-22a、b、c 所示。电枢磁动势 F_a 滞后 q 轴 $90°$，作用在 d 轴的反方向上，而且主极磁动势 F_{f1} 与电枢磁动势 F_a 及 d、q 轴同步旋转，电枢磁动势 F_a 始终与主极磁动势 F_{f1} 方向相反，气隙磁场被削弱，此时的电枢反应为直轴去磁电枢反应。

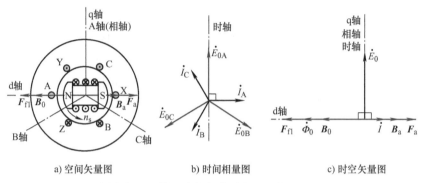

a) 空间矢量图　　　　b) 时间相量图　　　　c) 时空矢量图

图 5-22　同步发电机带纯感性负载时的时空矢量图（$\psi_0 = 90°$）

从图 5-22 可见，此时主极磁场轴线与气隙合成磁场轴线重合，功率角 $\delta = 0$，磁力线从主极发出后垂直进入定子，电磁转矩为零，同步发电机不发生机电能量转换，但可以发出无功功率。同步发电机与电网并联运行时，无功功率的性质及功率因数是超前还是滞后，与直轴电枢反应直接有关（可参见 5.8 节的详细分析）。

（3）内功率因数角 $\psi_0 = -90°$（即电枢电流 $\dot{I}$ 超前励磁电动势 $\dot{E}_0$ 以 $90°$）

此时同步发电机的空间矢量图、时间相量图以及时空矢量图分别如图 5-23a、b、c 所示。电枢磁动势 F_a 超前 q 轴 $90°$，作用在 d 轴上，与主极磁动势 F_{f1} 方向相同，气隙磁场被增强，此时的电枢反应为直轴增磁电枢反应，此时，发电机的功率角 $\delta = 0$，同步发电机不发生机电能量转换，但可以发出无功功率。

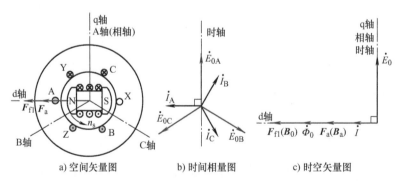

a) 空间矢量图　　　　b) 时间相量图　　　　c) 时空矢量图

图 5-23　同步发电机带纯容性负载时的时空矢量图（$\psi_0 = -90°$）

（4）内功率因数角 $0° < \psi_0 < 90°$（即电枢电流 $\dot{I}$ 滞后励磁电动势 $\dot{E}_0$ 一个锐角 ψ_0）

此时同步发电机的空间矢量图、时间相量图以及时空矢量图分别如图 5-20a、b、c

所示。电枢磁动势 F_a 既不作用在 d 轴上也不作用在 q 轴上,可以将 F_a 分解成直轴电枢磁动势 F_{ad} 和交轴电枢磁动势 F_{aq} 两个分量,即

$$F_a = F_{ad} + F_{aq} \tag{5-6}$$

其中

$$\begin{cases} F_{ad} = F_a \sin\psi_0 \\ F_{aq} = F_a \cos\psi_0 \end{cases} \tag{5-7}$$

相应地,电枢电流也可分解成直轴电枢电流 $\dot{I}_d$ 和交轴电枢电流 $\dot{I}_q$ 两个分量,即

$$\dot{I} = \dot{I}_d + \dot{I}_q \tag{5-8}$$

其中

$$\begin{cases} I_d = I\sin\psi_0 \\ I_q = I\cos\psi_0 \end{cases} \tag{5-9}$$

由图 5-20b 可见,电枢电流 $\dot{I}$ 滞后励磁电动势 $\dot{E}_0$ 一个锐角 ψ_0 时,电枢反应既有交轴电枢反应,也有直轴去磁电枢反应。此时,发电机的功率角 $\delta \neq 0$,电机内部将发生机电能量的转换。

(5)内功率因数角 $-90° < \psi_0 < 0°$(即电枢电流 $\dot{I}$ 超前励磁电动势 $\dot{E}_0$ 一个锐角 ψ_0)

同理,可画出同步发电机的空间矢量图、时间相量图以及时空矢量图如图 5-24 所示,此时的电枢反应既有交轴电枢反应,也有直轴增磁电枢反应。发电机的功率角 $\delta \neq 0$,电机内部将发生机电能量的转换。

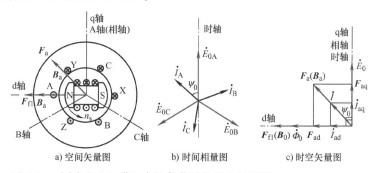

a)空间矢量图　　　　b)时间相量图　　　　c)时空矢量图

图 5-24　同步发电机带阻容性负载时的时空矢量图（$-90° < \psi_0 < 0°$）

总之,同步发电机的交轴电枢反应使气隙合成磁场轴线逆转子转向偏离转子主极磁场轴线一个锐角,即功率角 δ 角度,直接影响发电机电磁转矩和有功功率的产生,即影响发电机中机电能量的转换,而直轴电枢反应的增磁或去磁作用将使气隙内的合成磁通增加或减小,从而影响发电机端电压的变化。如果同步发电机接在电网上,其端电压将保持不变,此时,发电机的无功功率和功率因数是超前还是滞后将直接与直轴电枢反应相关,这部分内容将在本章 5.8 节中详细分析。

图 5-25　隐极同步发电机带负载运行时的磁场分布图（$2p = 2$）

图 5-25 为一台隐极同步发电机带负载运行时的磁场分布图，此时，$0 < \psi_0 < 90°$，功率角 $\delta > 0°$。

思考题

1. 同步发电机的空载特性与磁化曲线有何关系？

2. 同步发电机空载时的电磁过程是怎样的？负载运行时的电磁过程又是怎样的？

3. 何谓同步发电机的电枢反应？电枢反应的性质由什么决定？

4. 一台三相同步发电机对称稳态运行，试分析在下列情况下直轴电枢磁动势 $\boldsymbol{F}_{\mathrm{ad}}$ 和交轴电枢磁动势 $\boldsymbol{F}_{\mathrm{aq}}$ 各起什么作用：

　　1）$90° < \psi_0 < 180°$；

　　2）$-90° > \psi_0 > -180°$。

5. 已知一台凸极同步发电机的 $I_{\mathrm{d}} = I_{\mathrm{q}} = 10\mathrm{A}$，此时同步发电机的电枢电流是多少？

5.3　隐极同步发电机的电压方程、相量图和等效电路

本节将通过分析隐极同步发电机负载时的电磁关系，导出隐极同步发电机的电压方程，绘制相应的相量图和等效电路，并分不考虑铁心磁饱和与考虑铁心磁饱和两种情况进行分析。

5.3.1　不考虑铁心磁饱和的情况

1. 负载时隐极同步发电机的电磁关系

在隐极同步发电机中，由于转子主磁极励磁绕组在转子表面的分布排列，使得主极磁动势 $\boldsymbol{F}_{\mathrm{f}}$ 在空间通常按梯形波分布，如图 5-26 所示，设其基波分量为 $\boldsymbol{F}_{\mathrm{f1}}$。

当不考虑磁饱和时，发电机的磁路为线性，磁化曲线为直线，因此可应用叠加原理，将同步发电机负载运行时的主极基波磁动势 $\boldsymbol{F}_{\mathrm{f1}}$ 与电枢磁动势 $\boldsymbol{F}_{\mathrm{a}}$ 的作用分别单独考虑。主极基波磁动势 $\boldsymbol{F}_{\mathrm{f1}}$ 产生主磁通 $\dot{\boldsymbol{\Phi}}_0$，并在定子绕组中感应励磁电动势 $\dot{E}_0$，而电

隐极同步发
电机电压方
程相量图

枢磁动势 $\boldsymbol{F}_{\mathrm{a}}$ 产生电枢反应磁通 $\dot{\boldsymbol{\Phi}}_{\mathrm{a}}$，并在定子绕组中感应电枢反应电动势 $\dot{E}_{\mathrm{a}}$，将 $\dot{E}_0$ 和 $\dot{E}_{\mathrm{a}}$ 相量相加，可得每相合成电动势 $\dot{E}$（也称为气隙电动势）。与此同时，发电机电枢电流 $\dot{I}$ 还产生电枢漏磁通 $\dot{\boldsymbol{\Phi}}_{\sigma}$，并在定子绕组中感应电枢漏磁电动势 $\dot{E}_{\sigma}$。通过以上分析可知，隐极同步发电机负载运行时的电磁关系为

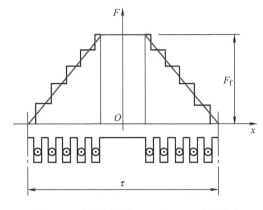

图 5-26　隐极同步发电机主极磁动势分布

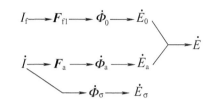

2. 电压方程

根据上述分析，按照发电机惯例，以输出电流作为电枢电流的正方向，同步发电机各物理量的正方向如图 5-27 所示，于是，可得定子电压方程为

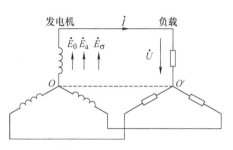

$$\dot{E}_0 + \dot{E}_a + \dot{E}_\sigma - \dot{I}R_a = \dot{U} \qquad (5\text{-}10)$$

图 5-27　同步发电机各物理量正方向的规定

因为电枢反应电动势 E_a 与电枢反应磁通 Φ_a 成正比，电枢磁动势 F_a 与电枢电流 I 成正比，当不计磁饱和时，可认为 Φ_a 与 F_a 成正比，于是可得

$$E_a \propto \Phi_a \propto F_a \propto I$$

即 E_a 正比于电枢电流 I；在时间相位上，$\dot{E}_a$ 滞后 $\dot{\Phi}_a$ 以 90°电角度，若不计定子铁耗时，$\dot{\Phi}_a$ 与 $\dot{I}$ 同相，因此 $\dot{E}_a$ 滞后 $\dot{I}$ 以 90°电角度，于是 $\dot{E}_a$ 可表示为负电抗电压降的形式，即

$$\dot{E}_a = -j\dot{I}X_a \qquad (5\text{-}11)$$

式中，X_a 为电枢反应电抗，且 $X_a = \dfrac{E_a}{I}$。X_a 是一个反映电枢反应磁通 Φ_a 作用的参数，它将电枢反应电动势 E_a 和电枢电流 I 直接联系起来，方便分析计算。需要注意的是，虽然 X_a 是一相的电抗，但其对应的电枢反应磁通 $\dot{\Phi}_a$ 是由三相电流产生的合成磁动势建立的，可以看作是三相对一相的影响。

由于漏磁通经过的磁回路也是线性的，同理，可引入一个反映电枢漏磁通 Φ_σ 作用的参数，将电枢漏磁电动势 E_σ 和电枢电流 I 直接联系起来，即

$$\dot{E}_\sigma = -j\dot{I}X_\sigma \qquad (5\text{-}12)$$

式中，X_σ 为电枢绕组的漏电抗，且 $X_\sigma = \dfrac{E_\sigma}{I}$。

将式（5-11）和式（5-12）代入式（5-10），可得电压方程

$$\dot{E}_0 = \dot{U} + \dot{I}R_a + j\dot{I}X_a + jX_\sigma = \dot{U} + \dot{I}R_a + j\dot{I}X_s \qquad (5\text{-}13)$$

式中，X_s 称为同步电抗，且 $X_s = X_a + X_\sigma$。X_s 是一个反映电枢总磁通（包括电枢反应磁通 $\dot{\Phi}_a$ 和电枢漏磁通 $\dot{\Phi}_\sigma$）作用的参数，不计磁饱和时，X_s 是常值，它通常与电枢绕组每相串联总匝数 N 的二次方成正比，与电枢反应磁通所经磁路的磁导 Λ_a 和电枢漏磁通所经磁路的磁导 Λ_σ 之和成正比，即

$$X_s \propto N^2 (\Lambda_a + \Lambda_\sigma) \qquad (5\text{-}14)$$

3. 相量图和等效电路

根据式(5-13)可画出隐极同步发电机带阻感性负载（$\varphi > 0°$）时的相量图和等效电路，如图5-28所示。同理可画出隐极同步发电机带纯阻性负载（$\varphi = 0°$）和阻容性负载（$\varphi < 0°$）时的相量图，分别如图5-29a、b所示。在图5-28a和图5-29的相量图中，无论发电机的功率因数是超前（$\varphi < 0°$）、滞后（$\varphi > 0°$），还是一致（$\varphi = 0°$），励磁电动势 $\dot{E}_0$ 与端电压 $\dot{U}$ 的夹角称为功率角 δ，并且有 $\delta = \psi_0 - \varphi$。

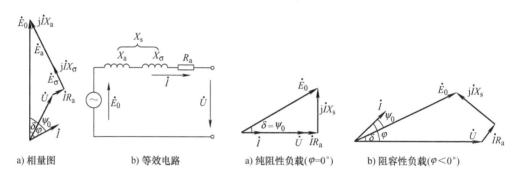

a) 相量图　　　　b) 等效电路　　　　a) 纯阻性负载（$\varphi=0°$）　　b) 阻容性负载（$\varphi<0°$）

图 5-28　不考虑磁饱和时隐极同步发电机　　图 5-29　隐极同步发电机带不同性质负载时的相量图
带阻感性负载（$\varphi > 0°$）时的相量图
和等效电路

5.3.2　考虑铁心磁饱和的情况

考虑铁心磁饱和时，电机的磁路和磁化曲线均是非线性的，叠加原理不再适用。此时应先求出作用在主磁路上的基波合成磁动势 F_1，即主极基波磁动势 F_{f1} 与电枢基波磁动势 F_a 的矢量和，有

$$F_1 = F_{f1} + F_a \tag{5-15}$$

然后利用电机的磁化曲线，查得由基波合成磁动势 F_1 产生的气隙合成磁场的磁通 $\dot{\Phi}$，进而计算得到定子绕组感应的气隙电动势 $\dot{E}$。此外，发电机电枢电流 $\dot{I}$ 还产生电枢漏磁通 $\dot{\Phi}_\sigma$，并在定子绕组中感应电枢漏磁电动势 $\dot{E}_\sigma$。上述的电磁关系可表示为

$$
\begin{aligned}
I_f &\longrightarrow F_{f1} \\
&\qquad\qquad\searrow \\
&\qquad\qquad\quad F_1 \longrightarrow \dot{\Phi} \longrightarrow \dot{E} \\
&\qquad\qquad\nearrow \\
\dot{I} &\longrightarrow F_a \\
&\qquad\qquad\searrow \\
&\qquad\qquad\quad \dot{\Phi}_\sigma \longrightarrow \dot{E}_\sigma(\dot{E}_\sigma = -\mathrm{j}\dot{I}X_\sigma)
\end{aligned}
$$

可得到定子电压方程

$$\dot{E} + \dot{E}_\sigma - \dot{I}R_a = \dot{U} \tag{5-16}$$

整理得

$$\dot{E} = \dot{U} + \dot{I}(R_a + \mathrm{j}X_\sigma) \tag{5-17}$$

与式(5-17)对应的相量图和等效电路如图5-30所示。

286

在上述计算过程中，需要注意两点：

1）通常同步电机磁化曲线的横坐标是励磁电流或励磁磁动势的幅值 F_f，如图5-31所示，对于隐极电机，其励磁磁动势（主极磁动势）为梯形波（见图5-26），故隐极电机磁化曲线的横坐标 F_f 为梯形波的幅值。而式(5-15) 中的磁动势均为正弦波，所以需要将式(5-15) 中的各磁动势转换为等效梯形波的作用，然后用等效的梯形波磁动势的值去查磁化曲线，才能得到相应比较准确的值。

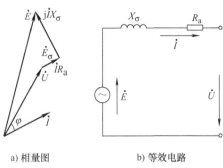

图5-30 考虑磁饱和时隐极同步发电机带阻感性
负载（$\varphi > 0°$）时的相量图和等效电路

a) 相量图　　b) 等效电路

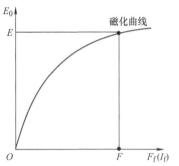

图5-31 同步电机磁化曲线

定义励磁磁动势梯形波的波形系数 $k_f = \dfrac{F_{f1}}{F_f}$，则 $F_f = \dfrac{F_{f1}}{k_f} = k_a F_{f1}$，$k_a$ 为梯形波波形系数的倒数，其意义是产生同样大小的基波气隙磁场时，1 安匝的基波电枢磁动势相当于多少安匝的梯形波励磁磁动势，通常 $k_a \approx 0.93 \sim 1.03$。

于是，将式(5-15) 中的各磁动势转换为等效梯形波磁动势，有

$$k_a F_{f1} + k_a F_a = k_a F_1 \quad 或 \quad F_f + k_a F_a = F \tag{5-18}$$

式中，F 是换算为等效梯形波时的气隙合成磁动势，$F = k_a F_1$；$k_a F_a$ 是换算为等效梯形波时的电枢磁动势。

2）如果已知电机负载时的合成气隙电动势 E，理论上应该能从负载磁化曲线查得对应的等效为梯形波的气隙合成磁动势幅值 F，再利用式(5-15) 计算梯形波励磁磁动势 F_f 或等效梯形波电枢磁动势 $k_a F_a$；反之亦然，即如果已得到换算为等效梯形波的气隙合成磁动势幅值 F，也需要从负载时的磁化曲线上查得与之对应的气隙电动势 E，才能再进行后续的相关计算。这样就需要进行一系列负载时的磁路计算。为简化计算，习惯上仍然利用同步电机的空载磁化曲线（即空载特性）来查取气隙电动势 E，以及与之相对应的等效梯形波气隙合成磁动势幅值 F。

为了弥补由此引起的误差，在利用电压方程，即式(5-17) 计算气隙电动势 E 时，用波梯电抗 X_p 代替定子漏电抗 X_σ，式(5-17) 变为

$$\dot{E} = \dot{U} + \dot{I}(R_a + jX_p) \tag{5-19}$$

式中，X_p 比 X_σ 略大，$X_p = X_\sigma + X_\Delta$；$X_\Delta$ 是考虑负载时转子漏磁比空载时增大，使得负载和空载时发电机的磁化曲线有一定差别而做出的修正值。波梯电抗 X_p 的相关计算可参阅其他相关参考资料。

考虑磁饱和的另一种方法是，对不计磁饱和的电压方程，即式(5-13) 中的同步电抗参数 X_s 用同步电抗饱和值 $X_{s(饱和)}$ 替换处理，而同步电抗饱和值 $X_{s(饱和)}$ 通常是在运行点将磁化曲线进行局部线性化计算得到的。

例5-1 一台三相汽轮发电机的额定容量为 2500kV·A，额定电压为 6.3kV，定子绕组丫连接，额定功率因数 $\cos\varphi_N = 0.8$ （滞后），同步电抗 $X_s = 10.4\Omega$，忽略电枢电阻，不计磁路饱和的影响，试求发电机额定运行时定子绕组每相励磁电动势 E_0 及其标幺值 E_0^*、功率角 δ、内功率因数角 ψ_0 各是多少？

解法一： 依据题意，计算发电机的相电压、相电流和阻抗基值为

$$U_{N\varphi} = U_N/\sqrt{3} = 6.3 \times 10^3/\sqrt{3}\,\mathrm{V} \approx 3637.3\,\mathrm{V}$$

$$I_{N\varphi} = S_N/(\sqrt{3}\,U_N) = 2500 \times 10^3/(\sqrt{3} \times 6.3 \times 10^3)\,\mathrm{A} \approx 229.1\,\mathrm{A}$$

$$Z_N = U_{N\varphi}/I_{N\varphi} = 3637.3/229.1\,\Omega \approx 15.88\,\Omega$$

同步电抗的标幺值为

$$X_s^* = X_s/Z_N = 10.4/15.88 \approx 0.655$$

由于发电机的额定功率因数 $\cos\varphi_N = 0.8$ （滞后），所以，$\sin\varphi_N = 0.6$；$\varphi = 36.87°$；发电机额定运行时，设以电压为参考相量，则额定电压和额定电流的标幺值分别为

$$\dot{U}^* = 1\angle 0°, \quad \dot{I}^* = \mathrm{j}\angle -36.87°$$

依据隐极同步发电机电压方程的标幺值形式，励磁电动势标幺值 E_0^* 为

$$
\begin{aligned}
\dot{E}_0^* &= \dot{U}^* + \mathrm{j}\dot{I}^* X_s^* \\
&= 1 + \mathrm{j}\angle -36.87° \times 0.655 \\
&= 1 + \mathrm{j}(0.8 - \mathrm{j}0.6) \times 0.655 \\
&= 1.393 + \mathrm{j}0.524 \\
&\approx 1.488 \angle 20.61°
\end{aligned}
$$

每相励磁电动势实际值 E_0 为

$$E_0 = E_0^* \frac{U_N}{\sqrt{3}} = 1.488 \times \frac{6.3 \times 10^3}{\sqrt{3}}\,\mathrm{V} \approx 5412\,\mathrm{V}$$

功率角 δ 为

$$\delta = 20.61°$$

内功率因数角 ψ_0 为

$$\psi_0 = \delta + \varphi = 20.61° + 36.87° = 57.48°$$

解法二： 依据隐极同步发电机相量图中的直角三角形，可得额定运行时励磁电动势标幺值 E_0^* 为

$$
\begin{aligned}
E_0^* &= \sqrt{(U^* \cos\varphi)^2 + (U^* \sin\varphi + I^* X_s^*)^2} \\
&= \sqrt{(1 \times 0.8)^2 + (1 \times 0.6 + 1 \times 0.655)^2} \\
&\approx 1.488
\end{aligned}
$$

每相励磁电动势实际值 E_0 为

$$E_0 = E_0^* \frac{U_N}{\sqrt{3}} = 1.488 \times \frac{6300}{\sqrt{3}}\,\mathrm{V} \approx 5412\,\mathrm{V}$$

根据相量图, 内功率因数角 ψ_0 为

$$\psi_0 = \arctan\left[\left(U^* \sin\varphi + I^* X_s^*\right) / \left(U^* \cos\varphi\right)\right] = 57.48°$$

功率角 δ 为

$$\delta = \psi_0 - \varphi = 57.48° - 36.87° = 20.61°$$

思考题

1. 隐极同步发电机不计磁饱和与考虑磁饱和时负载运行的电磁关系是怎样的? 区别在哪里?

2. 不计磁饱和时, 隐极同步发电机的电压方程是怎样的?

3. 何谓电枢反应电抗? 如何计算得到?

4. 隐极同步发电机接不同性质负载时的相量图是怎样的? 简要说明它们的相同点和不同点。

5. 不计磁饱和与考虑磁饱和时, 隐极同步发电机的等效电路各是怎样的? 它们有哪些相同点和不同点?

5.4 凸极同步发电机的电压方程、相量图和等效电路

凸极同步电机的气隙是不均匀的, 因此, 定量分析电机电枢反应作用时需要运用双反应理论。

5.4.1 双反应理论

凸极同步电机的气隙通常是不均匀的, 在磁极极面下的气隙 δ 较小, 而在两极之间的气隙 δ 较大。因此, 当同样幅值的正弦分布的电枢磁动势作用在气隙的不同位置时, 其基波磁场的磁密波幅值将是不同的。凸极同步电机气隙 δ 的不均匀, 表现为气隙的比磁导 $\left(\text{即单位面积的气隙磁导 } \lambda = \dfrac{\mu_0}{\delta}\right)$ 是变化的, 且直轴处的气隙比磁导要比交轴处的气隙比磁导大很多, 如图 5-32a 所示。当同样幅值的正弦分布的电枢磁动势恰好作用在直轴或交轴位置时, 电枢磁场的波形是对称的, 其基波磁场的幅值容易确定, 分别如图 5-32b、c 所示。

凸极同步发电机电压方程与相量图

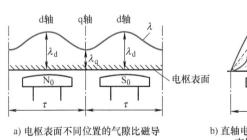
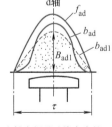
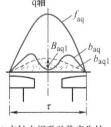

a) 电枢表面不同位置的气隙比磁导   b) 直轴电枢磁动势产生的直轴电枢反应   c) 交轴电枢磁动势产生的交轴电枢反应

图 5-32 凸极同步电机的气隙比磁导与直轴、交轴电枢反应

一般情况下, 电枢磁动势既不作用在直轴也不作用在交轴, 而是空间的任意位置,

此时电枢磁场的分布不对称，很难直接确定电枢反应的大小。

为了解决这一问题，勃朗德（Blondel）提出了双反应理论，其基本思想是：当电枢磁动势的轴线既不与直轴也不与交轴重合时，可以把电枢磁动势分解成直轴和交轴两个分量，然后分别求出直轴和交轴电枢磁动势所产生的电枢反应，最后把它们的效果叠加起来。这种考虑凸极电机气隙的不均匀，把电枢反应分成直轴和交轴电枢反应来分别处理的方法，称为双反应理论。实践证明，不计饱和时，理论分析结果与实测结果符合很好。因此双反应理论的分析方法已成为各类凸极电机分析的基本方法之一。

在凸极同步电机中，为了使用电机的空载磁化曲线，直轴电枢磁动势和交轴电枢磁动势需要换算到励磁磁动势，此时需要分别乘以直轴和交轴换算系数 k_{ad} 和 k_{aq}。k_{ad} 和 k_{aq} 的具体计算方法可参阅其他的相关参考资料。

5.4.2 不考虑磁饱和的电压方程和相量图

1. 负载时各物理量之间的电磁关系

不考虑磁饱和时，电机的磁路为线性，此时可应用双反应理论和叠加原理，将主极磁动势 F_{fl}、电枢磁动势 F_a 的直轴分量 F_{ad} 和交轴分量 F_{aq} 的作用分别单独考虑，由此得到负载时各物理量之间的电磁关系为

$$\dot{I}_f \longrightarrow F_{fl} \longrightarrow \dot{\Phi}_0 \longrightarrow \dot{E}_0$$

（关系图：$\dot{I}_f \rightarrow F_{fl} \rightarrow \dot{\Phi}_0 \rightarrow \dot{E}_0$；$\dot{I} \rightarrow \dot{I}_d \rightarrow F_{ad} \rightarrow \dot{\Phi}_{ad} \rightarrow \dot{E}_{ad}$；$\dot{I}_q \rightarrow F_{aq} \rightarrow \dot{\Phi}_{aq} \rightarrow \dot{E}_{aq}$；$\rightarrow \dot{E}$；$\dot{\Phi}_\sigma \rightarrow \dot{E}_\sigma(\dot{E}_\sigma = -j\dot{I}X_\sigma)$）

2. 电压方程

根据上述分析，可得

$$\dot{E}_0 + \dot{E}_{ad} + \dot{E}_{aq} + \dot{E}_\sigma - \dot{I}R_a = \dot{U} \tag{5-20}$$

与隐极电机类似，电枢反应电动势 E_{ad}、E_{aq} 分别与相应的磁通 Φ_{ad}、Φ_{aq} 成正比，不计磁饱和时，磁通 Φ_{ad}、Φ_{aq} 分别正比于电枢磁动势 F_{ad} 和 F_{aq}，而电枢磁动势 F_{ad}、F_{aq} 又分别与电枢电流的直轴和交轴分量 I_d、I_q 成正比，这里有

$$\begin{cases} I_d = I\sin\psi_0 \\ I_q = I\cos\psi_0 \end{cases} \tag{5-21}$$

于是可知，E_{ad}、E_{aq} 分别正比于电枢电流的直轴和交轴分量 I_d、I_q，即

$$E_{ad} \propto \Phi_{ad} \propto F_{ad} \propto I_d$$
$$E_{aq} \propto \Phi_{aq} \propto F_{aq} \propto I_q$$

在时间相位上，$\dot{E}_{ad}$、$\dot{E}_{aq}$ 分别滞后 $\dot{\Phi}_{ad}$、$\dot{\Phi}_{aq}$ 以 90°电角度，若不计定子铁耗时，$\dot{\Phi}_{ad}$、$\dot{\Phi}_{aq}$ 分别与 $\dot{I}_d$、$\dot{I}_q$ 同相，因此 $\dot{E}_{ad}$、$\dot{E}_{aq}$ 分别滞后 $\dot{I}_d$、$\dot{I}_q$ 以 90°电角度，于是 $\dot{E}_{ad}$ 和 $\dot{E}_{aq}$ 可表示为负电抗电压降的形式，即

$$\begin{cases} \dot{E}_{ad} = -j\dot{I}_d X_{ad} \\ \dot{E}_{aq} = -j\dot{I}_q X_{aq} \end{cases} \tag{5-22}$$

式中，X_{ad} 为直轴电枢反应电抗，$X_{ad} = \dfrac{E_{ad}}{I_d}$；$X_{aq}$ 为交轴电枢反应电抗，$X_{aq} = \dfrac{E_{aq}}{I_q}$。

将式(5-22) 和式(5-12) 代入式(5-20)，可得

$$
\begin{aligned}
\dot{E}_0 &= \dot{U} + \dot{I}R_a + j\dot{I}_d X_{ad} + j\dot{I}_q X_{aq} + j\dot{I}X_\sigma \\
&= \dot{U} + \dot{I}R_a + j\dot{I}_d(X_{ad} + X_\sigma) + j\dot{I}_q(X_{aq} + X_\sigma) \\
&= \dot{U} + \dot{I}R_a + j\dot{I}_d X_d + j\dot{I}_q X_q
\end{aligned}
\tag{5-23}
$$

式中，X_d 为直轴同步电抗，且 $X_d = X_{ad} + X_\sigma$，X_d 是一个反映直轴电枢电流产生直轴电枢总磁通（包括直轴电枢反应磁通和电枢漏磁通）的参数；X_q 为交轴同步电抗，且 $X_q = X_{aq} + X_\sigma$，X_q 是一个反映交轴电枢电流产生交轴电枢总磁通（包括交轴电枢反应磁通和电枢漏磁通）的参数。

由于电抗与绕组匝数和所经磁路的磁导成正比，所以

$$
X_d \propto N^2 \Lambda_d \qquad X_q \propto N^2 \Lambda_q
\tag{5-24}
$$

式中，N 为电枢绕组每相串联总匝数；Λ_d 和 Λ_q 分别为直轴和交轴的电枢等效磁导，且 $\Lambda_d = \Lambda_{ad} + \Lambda_\sigma$，$\Lambda_q = \Lambda_{aq} + \Lambda_\sigma$，$\Lambda_{ad}$ 和 Λ_{aq} 分别为直轴和交轴电枢反应磁通所经磁路的磁导，Λ_σ 为电枢漏磁通所经磁路的磁导。

对于凸极电机，由于直轴下的气隙比交轴下的气隙小，故 $\Lambda_{ad} > \Lambda_{aq}$，因此有 $X_{ad} > X_{aq}$，$X_d > X_q$，凸极同步电机有两个同步电抗。

3. 相量图

与式(5-23) 对应的相量图如图 5-33 所示。

需要说明的是，在画此相量图时，为将电枢电流 $\dot{I}$ 分解成直轴分量 $\dot{I}_d$ 和交轴分量 $\dot{I}_q$，需要先确定内功率因数角 ψ_0。实际上励磁电动势 $\dot{E}_0$（空载时存在）与电枢电流 $\dot{I}$（负载时存在）之间的夹角 ψ_0 是无法测出的，只能通过几何作图方法来确定。

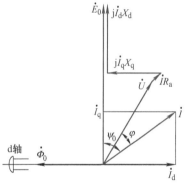

图 5-33 凸极同步发电机的相量图

假设已画出凸极同步发电机的相量图，如图 5-34 所示。如果从图中 R 点画垂直于相量 $\dot{I}$ 的直线并与相量 $\dot{E}_0$ 交于 Q 点，则得到一个虚拟电动势相量 $\dot{E}_Q$，$\dot{E}_Q$ 必然与 $\dot{E}_0$ 同相。不难看出线段 $\overline{RQ}$ 与相量 $j\dot{I}_q X_q$ 之间的夹角就是 ψ_0 角，线段 $\overline{RQ}$ 的长度为 $\dfrac{I_q X_q}{\cos\psi_0} = IX_q$，由此可得虚拟电动势为

$$
\dot{E}_Q = \dot{U} + \dot{I}R_a + j\dot{I}X_q
\tag{5-25}
$$

根据以上分析，凸极同步发电机相量图的实际画法如下：

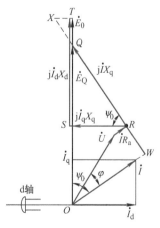

图 5-34 凸极同步发电机内功率因数角 ψ_0 的确定

1）根据已知条件画出端电压相量 $\dot{U}$ 和电枢电流相量 $\dot{I}$。

2）在相量 $\dot{U}$ 的末端叠加与相量 $\dot{I}$ 平行的电枢电阻电压降 $\dot{I}R_a$ 和超前相量 $\dot{I}$ 以 90°的相量 $j\dot{I}X_q$，得到虚拟电动势相量 $\dot{E}_Q = \dot{U} + \dot{I}R_a + j\dot{I}X_q$，由于 $\dot{E}_Q$ 与未知的 $\dot{E}_0$ 同相，因此 $\dot{E}_Q$ 与 $\dot{I}$ 之间的夹角即为 ψ_0 角。

3）根据 ψ_0 角，把相量 $\dot{I}$ 分解成直轴分量 $\dot{I}_d$ 和交轴分量 $\dot{I}_q$。

4）在电枢电阻电压降 $\dot{I}R_a$ 的末端叠加超前交轴电流 $\dot{I}_q$ 以 90°的交轴同步电抗电压降 $j\dot{I}_qX_q$ 和超前直轴电流 $\dot{I}_d$ 以 90°的直轴同步电抗电压降 $j\dot{I}_dX_d$，得到终点 T，把起点 O 和终点 T 连接起来，得到线段 $\overline{OT}$ 即为励磁电动势相量 $\dot{E}_0$。

从图 5-34 还可得出

$$\psi_0 = \arctan \frac{U\sin\varphi + IX_q}{U\cos\varphi + IR_a} \tag{5-26}$$

$$E_0 = E_Q + I_d(X_d - X_q) \tag{5-27}$$

引入虚拟电动势 $\dot{E}_Q$ 后，由式（5-25）可得凸极同步发电机的等效电路，如图 5-35 所示。此电路实质上是把凸极电机进行"隐极化"处理的一种方式，在工程上应用很广。

例 5-2 已知一台凸极同步发电机，其直轴和交轴同步电抗的标幺值分别为 $X_d^* = 1.0$，$X_q^* = 0.7$，忽略电枢电阻，不计磁饱和。试计算该发电机在额定电压、额定电流且 $\cos\varphi = 0.8$（滞后）时的励磁电动势 E_0^* 和功率角 δ。

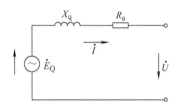

图 5-35 引入虚拟电动势 $\dot{E}_Q$ 后的凸极同步发电机等效电路

解：取端电压作为参考相量，即设 $\dot{U}^* = 1\angle 0°$
电枢电流为

$$\dot{I}^* = 1\angle -36.87°$$

虚拟电动势为

$$\dot{E}_Q^* = \dot{U}^* + j\dot{I}^*X_q^* = 1 + j0.7\angle -36.87° = 1.526\angle 21.52°$$

故功率角 $\delta = 21.52°$，于是内功率因数角为

$$\psi_0 = \delta + \varphi = 21.52° + 36.87° = 58.39°$$

电枢电流的直轴分量和交轴分量分别为

$$I_d^* = I^*\sin\psi_0 \approx 0.8516$$

$$I_q^* = I^*\cos\psi_0 \approx 0.5241$$

励磁电动势的标幺值为

$$E_0^* = E_Q^* + I_d^*(X_d^* - X_q^*) = 1.526 + 0.8516 \times (1.0 - 0.7) \approx 1.781$$

5.4.3 考虑磁饱和的电压方程和相量图

考虑磁饱和时，电机的磁路是非线性的，叠加原理不再适用。此时，气隙内的合成磁场由主极磁动势和电枢磁动势二者的合成磁动势建立。为简化分析，凸极同步发电机采用双反应理论，忽略交轴和直轴之间的相互影响，认为直轴方向的磁通由主极磁动势和直轴电枢磁动势的合成磁动势产生，交轴方向的磁通由交轴电枢磁动势产生。于是首先确定直轴和交轴各自的合成磁动势，再利用电机的磁化曲线，查得直轴和交轴磁通及其相应的感应电动势，进一步计及电枢电阻电压降和漏抗电压降，即可得到电枢的电压方程。

上述关系可表示为

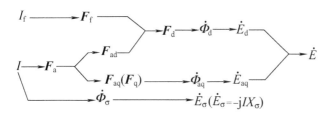

直轴合成磁动势 F_d 应为

$$F_d = F_f + k_{ad}F_{ad} \tag{5-28}$$

式中，F_f 为励磁绕组所产生的方波磁动势，如图 5-36 所示；F_{ad} 为电枢直轴基波磁动势，$F_{ad} = F_a\sin\psi_0$；k_{ad} 为把正弦波的 F_{ad} 换算为方波励磁磁动势时的换算系数，即产生同样大小的气隙基波磁场时，1 安匝的直轴基波磁动势相当于多少安匝的方波励磁磁动势。通过磁场作图和谐波分析可知，$k_{ad} = 0.859 \sim 0.907$。

F_d 确定后，利用电机的磁化曲线，可查得由 F_d 产生的直轴气隙磁通 Φ_d 及其感应的直轴气隙电动势 E_d，如图 5-37 所示。

对于交轴，由于没有励磁绕组，其合成磁动势 F_q 就是交轴电枢反应磁动势 F_{aq}，$F_{aq} = F_a\cos\psi_0$。F_{aq} 将产生交轴电枢反应磁通 Φ_{aq}，并感生电动势 E_{aq}。

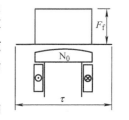

图 5-36 考虑磁饱和时的凸极同步发电机主极励磁磁动势波形

总的气隙电动势 $\dot{E}$ 应为直轴气隙电动势 $\dot{E}_d$ 和交轴电枢反应电动势 $\dot{E}_{aq}$ 之和，依据电磁关系，可得到电压方程为

$$\dot{E}_d + \dot{E}_{aq} = \dot{E} = \dot{U} + \dot{I}R_a + j\dot{I}X_\sigma \tag{5-29}$$

由于凸极同步发电机交轴的气隙较大，因此交轴磁路接近于线性，与不计饱和时相似，把 $\dot{E}_{aq}$ 当作负电抗电压降来处理，即 $\dot{E}_{aq} = -j\dot{I}_q X_{aq}$，于是式（5-29）的电压方程可表示为

$$\dot{E}_d = \dot{U} + \dot{I}R_a + j\dot{I}X_\sigma + j\dot{I}_q X_{aq} \tag{5-30}$$

式（5-30）就是考虑磁饱和时凸极同步发电机的电压方程。与式（5-30）相应的相量图如图 5-38 所示。

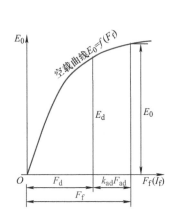

图 5-37　凸极同步发电机的空载磁化曲线

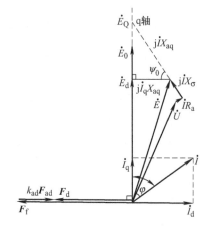

图 5-38　考虑磁饱和时的凸极同步发电机的相量图

思考题

1. 凸极同步发电机不计磁饱和与考虑磁饱和时负载运行的电磁关系是怎样的？区别在哪里？

2. 不计磁饱和时，凸极同步发电机的电压方程是怎样的？

3. 何谓直轴电枢反应电抗、交轴电枢反应电抗、直轴同步电抗、交轴同步电抗？

4. 不计磁饱和时，凸极同步发电机接不同性质负载时的相量图是怎样的？

5. 不计磁饱和与考虑磁饱和时，凸极同步发电机的等效电路各是怎样的？它们有哪些相同点和不同点？

5.5　同步发电机的功率方程与转矩方程

同步发电机利用气隙磁场将原动机输入的机械功率传递到定子，转换成电功率输出。下面按照功率的传递过程，对同步发电机内的各种有功功率和损耗进行分析，并导出功率方程和转矩方程。

5.5.1　功率方程

同步发电机
功率与转矩
方程

原动机拖动同步发电机旋转，若同步发电机的转子励磁损耗 p_{Cuf} 由另外的直流电源供给，则从原动机向发电机输入的机械功率 P_1 中，扣除发电机的机械损耗 p_Ω、定子铁耗 p_{Fe} 和杂散损耗（也称附加损耗）p_{ad} 后，余下部分将通过气隙磁场和电磁感应作用，转换成定子的电功率，这部分转换功率就是电磁功率 P_{e}，即

$$P_{\mathrm{e}} = P_1 - p_\Omega - p_{\mathrm{Fe}} - p_{\mathrm{ad}} \tag{5-31}$$

若是同轴励磁机，则式(5-31) 中还应从 P_1 中扣除转子励磁损耗 p_{Cuf}。

从电磁功率 P_{e} 中扣除电枢铜耗 p_{Cua} 后，可得发电机端口输出的电功率 P_2，即

$$P_2 = P_{\mathrm{e}} - p_{\mathrm{Cua}} \tag{5-32}$$

式中，$P_2 = mUI\cos\varphi$；$p_{\mathrm{Cua}} = mI^2 R_{\mathrm{a}}$；$m$ 为定子相数。

式(5-31) 和式(5-32) 即为同步发电机的功率方程。

5.5.2 电磁功率

由式(5-32) 可得

$$P_e = P_2 + p_{Cua} = mUI\cos\varphi + mI^2 R_a = mI(U\cos\varphi + IR_a)$$

由图 5-39 可知，$U\cos\varphi + IR_a = E\cos\psi = E_Q\cos\psi_0$，因此电磁功率可表示为

$$P_e = mEI\cos\psi = mE_Q I\cos\psi_0 = mE_Q I_q \qquad (5\text{-}33)$$

式中，ψ 为气隙电动势 $\dot{E}$ 与电枢电流 $\dot{I}$ 的夹角。

对于隐极同步电机，由于 $X_d = X_q$，$E_Q = E_0$，故有

$$P_e = mE_0 I\cos\psi_0 = mE_0 I_q \qquad (5\text{-}34)$$

由式(5-33) 和式(5-34) 可见，电枢电流的交轴分量 I_q 越大，电磁功率 P_e 就越大，因此同步电机进行机电能量转换时，其电枢电流必须含有交轴分量。

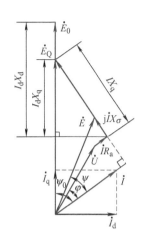

图 5-39 用相量图分析凸极同步发电机的电磁功率

在凸极同步发电机的相量图图 5-33 和图 5-34 中，励磁电动势 $\dot{E}_0$ 与端电压 $\dot{U}$ 之间的夹角 δ 称为功率角，简称功角。从相量图和功率方程不难发现，I_q 越大，交轴电枢反应越强，功率角 δ 就越大；δ 越大，在静态稳定范围以内，电机的电磁转矩就越大，电机中机电能量转换的电磁功率也就越多。

5.5.3 转矩方程

将功率方程式(5-31) 两边除以同步机械角速度 Ω_s，即

$$\frac{P_1}{\Omega_s} = \frac{P_e}{\Omega_s} + \frac{p_\Omega + p_{Fe} + p_\Delta}{\Omega_s}$$

可得到同步发电机的转矩方程

$$T_1 = T_e + T_0 \qquad (5\text{-}35)$$

式中，T_1 为原动机驱动转矩，$T_1 = \dfrac{P_1}{\Omega_s}$；$T_e$ 为电磁转矩，$T_e = \dfrac{P_e}{\Omega_s}$；$T_0$ 为与机械损耗 p_Ω、定子铁耗 p_{Fe} 和杂散损耗 p_{ad} 所对应的阻力转矩，且 $T_0 = \dfrac{p_\Omega + p_{Fe} + p_{ad}}{\Omega_s}$，若忽略杂散损耗，它就是空载转矩，此时 $T_0 = \dfrac{p_\Omega + p_{Fe}}{\Omega_s}$。

例 5-3 已知一台凸极同步发电机，额定容量为 93750kV·A，其直轴和交轴同步电抗的标幺值分别为 $X_d^* = 1.0$，$X_q^* = 0.6$，忽略电枢电阻，不计磁饱和。试计算该发电机在额定电压、额定电流且 $\cos\varphi = 0.8$（滞后）时的励磁电动势 E_0^*、功率角 δ 和电磁功率。

解：取端电压作为参考相量，即设 $\dot{U}^* = 1\angle 0°$

电枢电流为

$$\dot{I}^* = 1\angle -36.87°$$

虚拟电动势为

$$\dot{E}_Q^* = \dot{U}^* + j\dot{I}^* X_q^* = 1 + j0.6 \angle -36.87° \approx 1.442 \angle 19.44°$$

故功率角 $\delta = 19.44°$，于是内功率因数角为

$$\psi_0 = \delta + \varphi = 19.44° + 36.87° = 56.31°$$

$$\cos\psi_0 = \cos 56.31° \approx 0.5547$$

电枢电流的直轴分量和交轴分量分别为

$$I_d^* = I^* \sin\psi_0 \approx 0.8321$$

$$I_q^* = I^* \cos\psi_0 \approx 0.5547$$

励磁电动势的标幺值为

$$E_0^* = E_Q^* + I_d^*(X_d^* - X_q^*) = 1.442 + 0.8321 \times (1.0 - 0.6) \approx 1.775$$

电机的电磁功率标幺值为

$$P_e^* = E_Q^* I^* \cos\psi_0 = 1.442 \times 0.5547 \approx 0.8$$

于是电磁功率实际值为

$$P_e = P_e^* S_N = 0.8 \times 93750kW = 75000kW$$

注意：用标幺值计算时，电磁功率的标幺值公式 $P_e^* = E_Q^* I^* \cos\psi_0$ 中不用乘以3，因为单相电磁功率和三相电磁功率的标幺值相等。

思考题

1. 同步发电机的功率流程是怎样的？有哪些损耗？

2. 何谓同步发电机的电磁功率？如何计算？

3. 同步发电机的电磁功率、电磁转矩、功率角、电枢电流的交轴分量之间有何联系？

5.6 同步发电机参数的测定

为了分析同步电机的稳态运行性能，当已知电机的运行工况（即端电压、电枢电流和功率因数）外，还必须知道同步电机的相关参数，如直轴同步电抗 X_d、交轴同步电抗 X_q，定子漏抗 X_σ 等。同步电机的这些参数均可以利用试验方法测定。

5.6.1 利用空载特性和短路特性求取直轴同步电抗 X_d

1. 空载特性

空载特性可以通过空载试验测得。试验时，将电枢绕组开路，在同步转速下，测得励磁电动势 E_0 随励磁电流 I_f 变化的关系曲线 $E_0 = f(I_f)$，即为同步电机的空载特性。试验时，由于存在剩磁和磁滞现象，上升和下降的磁化曲线不重合，一般规定采用自 $E_0 \approx 1.25 U_N$ 开始至 $I_f = 0$ 的下降曲线，如图5-40中所示曲线1。该曲线当 $I_f = 0$ 时有剩磁电动势，将它延长（见图中虚线）与横轴相交，取交点与坐标原点的距

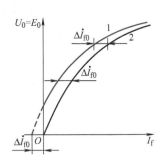

图5-40 空载特性的测定及校正

离 $\Delta \dot{I}_{f0}$ 为校正值，再将原实测曲线向右平移 $\Delta \dot{I}_{f0}$ 即可得到实用的校正曲线，如图 5-40 所示过原点的曲线 2。注意：绘制空载特性曲线时，纵坐标要用相电压。

2. 短路特性

短路特性可以通过三相稳态短路试验测得。试验线路如图 5-41a 所示。试验时，将电枢绕组三相端头短接，在同步转速下，调节发电机的励磁电流，使电枢电流从零逐渐增加至额定电流的 1.2 倍左右，记录电枢电流和相应的励磁电流，可得到电枢稳态短路电流 I 随励磁电流 I_f 变化的关系曲线 $I = f(I_f)$，即为同步电机的短路特性，如图 5-41b 所示。

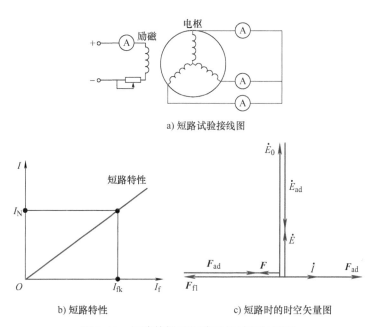

a) 短路试验接线图

b) 短路特性   c) 短路时的时空矢量图

图 5-41 短路特性及短路时的时空矢量图

由图 5-41 可见，短路特性是一条直线。这是因为三相短路时，端电压 $U = 0$，若忽略电枢电阻 R_a，则短路电流仅受电机本身电抗的限制，所以短路电流可认为是纯感性的，电枢磁动势则是纯去磁性的直轴磁动势，使得短路时气隙合成磁动势很小，电机的磁路处于不饱和状态，所以，短路特性是一条直线。

利用电压方程解释：短路时，端电压 $U = 0$，若忽略电枢电阻电压降 $\dot{I}R_a$，$\psi_0 = 90°$，故 $\dot{I}_q = 0$，$\dot{I} = \dot{I}_d$，此时电压方程为

$$\dot{E}_0 = \dot{U} + \dot{I}R_a + j\dot{I}_d X_d + j\dot{I}_q X_q \approx j\dot{I}X_d \qquad (5\text{-}36)$$

纯感性短路电流将产生直轴去磁电枢磁动势 $\boldsymbol{F}_{ad}$，使电机合成磁动势 $\boldsymbol{F}$ 很小，故气隙电动势 E 很小，短路时

$$\dot{E} = \dot{U} + \dot{I}R_a + j\dot{I}X_\sigma \approx j\dot{I}X_\sigma \qquad (5\text{-}37)$$

由式 (5-37) 可见，气隙电动势 E 仅与电枢漏抗电压降相平衡，数值很小，因此短路时电机铁心处于不饱和状态，磁路为线性，于是有 $E_0 \propto I_f$，由式 (5-36) 可知短路电流 $I \propto E_0$，

故有 $I \propto I_f$，短路特性是一条直线。短路时同步发电机的时空矢量图如图5-41c所示。

3. 直轴同步电抗 X_d 的求取

由式（5-36）可得

$$X_{d(\text{不饱和})} = \frac{E_0}{I} \tag{5-38}$$

式中，E_0 为某一励磁电流下的励磁电动势，可从空载特性上查出；I 为同一励磁电流下对应的短路电流，可从短路特性上查出。由于短路时电机铁心处于不饱和状态，因此式（5-38）中的励磁电动势 E_0 应该从气隙线（不饱和时的空载特性）上查得，如图5-42所示，求出的 X_d 为不饱和值。

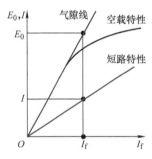

图5-42　$X_{d(\text{不饱和})}$ 值的求取

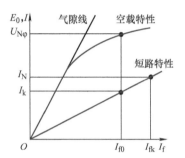

图5-43　$X_{d(\text{饱和})}$ 值的求取

发电机实际运行时，其主磁路通常处于饱和状态，主磁路的饱和程度取决于作用在主磁路上的合成磁动势，或者取决于相应的气隙电动势，若不计负载运行时定子电流所产生的漏阻抗电压降，气隙电动势就近似等于电枢的端电压，所以，通常用对应于额定相电压时的 X_d 值作为同步电抗的饱和值。

于是，可从空载曲线上查得产生额定相电压 $U_{N\varphi}$ 时所需的励磁电流 I_{f0}，再从短路特性上查得在三相短路情况下，I_{f0} 将会产生的短路电流 I_k，如图5-43所示，由此求得同步电抗饱和值为

$$X_{d(\text{饱和})} \approx \frac{U_{N\varphi}}{I_k} \tag{5-39}$$

4. 短路比 k_c

短路比 k_c 是指空载时产生额定电压所需的励磁电流 I_{f0} 与短路时产生额定电流所需的励磁电流 I_{fk} 之比，如图5-43所示，即

$$k_c = \frac{I_{f0(U=U_{N\varphi})}}{I_{fk(I=I_N)}} \tag{5-40}$$

由图5-43可知，短路比 k_c 还可表示为

$$k_c = \frac{I_{k(I_f=I_{f0})}}{I_N} \tag{5-41}$$

利用图5-43的空载特性和短路特性，经分析可知，短路比 k_c 与直轴同步电抗 $X_{d(\text{不饱和})}$ 成反比。短路比 k_c 是同步发电机设计的一个重要参数，与同步发电机的尺寸、造价和发电机运行稳定性等因素密切相关，反映了同步发电机的综合性能。短路比 k_c

大，则短路电流较大，直轴同步电抗 $X_{d(不饱和)}$ 较小，当负载变化时，发电机的电压调整率较小，发电机并联运行的静态稳定性较好。反之，短路比 k_c 小，则短路电流较小，直轴同步电抗 $X_{d(不饱和)}$ 较大，当负载变化时，发电机的电压调整率较大，发电机并联运行的静态稳定性较差。

5.6.2 利用转差法测定直轴、交轴同步电抗 X_d 和 X_q

采用转差法可以同时测定直轴、交轴同步电抗 X_d 和 X_q。试验时，将被测试同步电机用原动机拖动接近于同步转速，励磁绕组开路，再在定子绕组上施加约为（2% ~ 5%）U_N 的三相对称低电压，且确保外施电压的相序使定子旋转磁场的转向与转子转向一致。调节原动机的转速，使被测试电机的转差率小于0.5%，但不被牵入同步，这时定子旋转磁场与转子之间将保持一个低速的相对运动，使定子旋转磁场的轴线不断交替地与转子的直轴和交轴相重合。

当定子旋转磁场的轴线与转子直轴重合时，定子所表现的电抗为 X_d，此时电抗最大，定子电流为最小 $I = I_{min}$，线路电压降最小，定子端电压则为最大 $U = U_{max}$，故

$$X_d = \frac{U_{max}}{I_{min}} \qquad (5\text{-}42)$$

当定子旋转磁场的轴线与转子交轴重合时，定子所表现的电抗为 X_q，此时电抗最小，定子电流为最大 $I = I_{max}$，定子端电压则为最小 $U = U_{min}$，故

$$X_q = \frac{U_{min}}{I_{max}} \qquad (5\text{-}43)$$

式中，U、I 均为每相值。利用录波器记录转差试验中的电流和电压波形，如图5-44所示，利用式(5-42)、式(5-43) 即可计算出 X_d 和 X_q。由于试验是在低电压下进行，故测出的 X_d 和 X_q 均是不饱和值。

表5-2 列出了现代同步电机同步电抗的典型值（标幺值、不饱和值）。

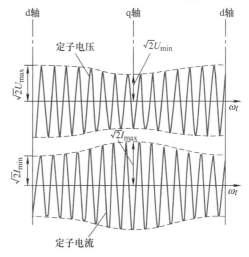

图5-44 转差试验时定子端电压和定子电流的波形（虚线为包络线）

表5-2 现代同步电机同步电抗的典型值

电机类型	电抗标幺值	
	X_d^*	X_q^*
汽轮发电机	1.7（平均值）	0.9X_d^*
	0.9 ~ 2.5（范围）	
凸极同步发电机	0.95（平均值）	0.70
	0.7 ~ 1.3（范围）	0.50 ~ 0.9
凸极同步电动机	1.90（平均值）	1.0
	1.40 ~ 2.5（范围）	0.70 ~ 1.3

同步电机实际负载运行时，d、q 轴磁路均有一定程度的饱和，因此，应该用同步电抗的饱和值进行相关电机性能的计算。大量计算表明，对于凸极同步电机，额定负载时 X_d 和 X_q 的饱和值约为不饱和值的 0.88 ~ 0.92 倍；对于隐极同步电机，此倍数为 0.80 ~ 0.85。

5.6.3 定子漏抗 X_σ 和电枢等效磁动势 $k_{ad}F_a$ 的求取

定子漏抗 X_σ 和电枢等效磁动势 $k_{ad}F_a$ 可以利用空载特性与零功率因数负载特性来求取。

1. 零功率因数负载特性

发电机被原动机拖动以同步转速运行，且负载为纯电感性（$\cos\varphi = 0$）、发电机的电枢电流为某一常值（如 $I = I_N$）时，发电机的端电压 U 与励磁电流 I_f 之间的关系 $U = f(I_f)$，就称为发电机的零功率因数负载特性。

试验接线如图 5-45a 所示。试验时，将发电机转子拖至额定转速并保持不变，电枢绕组接三相可调纯电感负载，使 $\cos\varphi \approx 0$；调节发电机的励磁电流 I_f 和负载大小，使电枢电流 I 为额定电流 I_N 并保持不变，记录不同励磁电流 I_f 时的端电压 U，可得到如图 5-45b 所示的零功率因数负载特性曲线 $U = f(I_f)$。当电枢电流 $I = 0$、$\cos\varphi = 0$ 时，零功率因数负载特性曲线就是空载特性曲线，故两曲线有相似的形状。

当发电机容量较大，实际试验很难有满足要求的零功率因数负载时，可通过空载特性画出发电机的理想零功率因数负载特性。

图 5-45c 为发电机接零功率因数负载时的时空矢量图。当负载为纯感性、功率因数 $\cos\varphi = 0$ 时，若不计电枢电阻，电枢磁动势应为直轴纯去磁性质的磁动势，此时励磁磁动势 F_f、电枢的直轴等效磁动势 $k_{ad}F_a$ 和合成磁动势 F 之间的矢量关系，将简化为代数加、减关系，在图 5-45c 中它们都在一条水平线上；相应地，此时的气隙电动势 $\dot E$、电枢漏抗电压降 jIX_σ 和端电压 $\dot U$ 之间的相量关系，也将简化为代数加、减关系，三者都在一条铅垂线上；就数值而言，有

$$\begin{cases} F_f = F + k_{ad}F_a \\ E = U + IX_\sigma \end{cases} \tag{5-44}$$

因此在图 5-45d 中，若 $\overline{BC}$ 表示空载时产生额定相电压 $U_{N\varphi}$ 所需的励磁电流，则在零功率因数负载时，为保持端电压为额定相电压 $U_{N\varphi}$，所需的励磁电流 $\overline{BF}$ 应比 $\overline{BC}$ 大；增加的部分 $\overline{CF}$ 中，$\overline{CA}$ 是用以克服电枢漏抗电压降 IX_σ 所需的磁动势，$\overline{AF}$ 则是抵消去磁的电枢磁动势 $k_{ad}F_a$ 所需的磁动势。由此可见，零功率因数负载特性和空载特性之间，将相隔一个由电枢漏抗电压降 IX_σ（铅垂边）和电枢等效磁动势 $k_{ad}F_a$（水平边）所组成的直角三角形 $\triangle AFE$，此三角形称为特性三角形。若电枢电流保持不变，则 IX_σ 和 $k_{ad}F_a$ 也不变，特性三角形的大小亦保持不变。于是，若使特性三角形的底边 $\overline{AF}$ 保持水平，将顶点 E 沿着空载特性移动，则顶点 F 的轨迹即为零功率因数负载特性。当特性三角形往下移动到 $\overline{AF}$ 与横坐标重合时，端电压 $U = 0$，故 K 点即为短路点。这种由空载

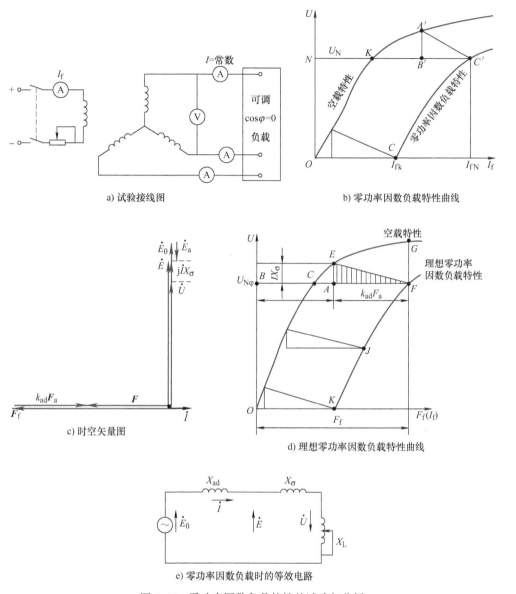

a) 试验接线图　　　　　　　　b) 零功率因数负载特性曲线

c) 时空矢量图

d) 理想零功率因数负载特性曲线

e) 零功率因数负载时的等效电路

图 5-45　零功率因数负载特性的试验与分析

特性和特性三角形所画出的零功率因数负载特性 $\overline{KJF}$，称为理想零功率因数负载特性。发电机在零功率因数负载时的等效电路如图 5-45e 所示。

2. 由空载特性和零功率因数负载特性求取 X_σ 和 $k_{ad}F_a$

如果空载特性和零功率因数负载特性已由试验测得，则特性三角形和电枢漏抗、直轴电枢等效磁动势即可确定。

在理想零功率因数负载特性上取两点，一点为额定电压点 F，另一点为短路点 K，如图 5-46所示。通过 F 点作平行于横坐标的水平线，并截取线段 $\overline{O'F}$，使 $\overline{O'F}=\overline{OK}$，再从 O' 点作气隙线的平行线，并与空载曲线交于 E 点，然后从 E 点作铅垂线，并与 $\overline{O'F}$

相交于 A 点，则 $\triangle AEF$ 即为特性三角形。由此可得，电枢漏抗 X_σ 为

$$X_\sigma = \frac{\overline{EA}(\text{相电压值})}{I} \qquad (5\text{-}45)$$

电枢电流为 I 时的直轴电枢等效磁动势 $k_{\mathrm{ad}}F_{\mathrm{a}}$ 为

$$k_{\mathrm{ad}}F_{\mathrm{a}} = \overline{AF} \qquad (5\text{-}46)$$

实践表明，由实测所得到的零功率因数负载特性，在端电压为 $0.5U_{\mathrm{N}\varphi}$ 以下部分，与理想零功率因数负载特性相吻合；在 $0.5U_{\mathrm{N}\varphi}$ 以上部分，实测曲线将逐渐向右偏离理想曲线，在相同的端电压时，实测励磁磁动势要比理想值大，如图 5-47 所示。其原因是：为了克服去磁的电枢磁动势，在产生相同的端电压时，负载时所需的励磁磁动势要比空载时大，因此负载时主极的漏磁通也比空载时大很多，从而使克服主极这段磁路所需的磁动势要比计算空载曲线时得出的值稍大。因此从实测的零功率因数负载特性上的 F' 点，按上述方法作特性三角形 $\triangle A'E'F'$，所得电枢等效磁动势 $k_{\mathrm{ad}}F_{\mathrm{a}}$ 将与理想情况时相同，所得电抗则将比定子漏抗 X_σ 稍大，此时的电抗用 X_{p} 表示，称为波梯电抗，有

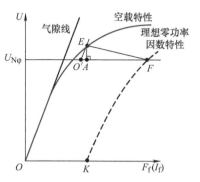

图 5-46　电枢漏抗和电枢等效磁动势的确定

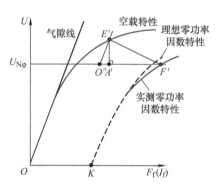

图 5-47　由实测的零功率因数负载特性确定特性三角形和波梯电抗

$$X_{\mathrm{p}} = \frac{\overline{E'A'}(\text{相电压值})}{I} \qquad (5\text{-}47)$$

波梯电抗 X_{p} 是定子漏抗 X_σ 的一个计算值，主要用于由空载特性、定子漏抗 X_σ 和 $k_{\mathrm{ad}}F_{\mathrm{a}}$ 来确定负载时所需的励磁磁动势，用以弥补负载时由于转子漏磁增大所引起的误差。对于凸极机，$X_{\mathrm{p}} = (1.1 \sim 1.3)X_\sigma$；对于隐极机，近似认为 $X_{\mathrm{p}} \approx X_\sigma$。

例 5-4　已知一台星形联结的汽轮发电机，$P_{\mathrm{N}} = 25000\mathrm{kV \cdot A}$，$U_{\mathrm{N}} = 10.5\mathrm{kV}$，$\cos\varphi_{\mathrm{N}} = 0.8$（滞后），不计电枢电阻，由空载和短路试验得到下列数据：

从空载特性上查得：额定相电压 $U_{\mathrm{N}\varphi} = 10.5/\sqrt{3}\,\mathrm{kV}$ 时，空载励磁电流 $I_{\mathrm{f0}} = 155\mathrm{A}$。

从短路特性上查得：额定电枢电流时，$I_{\mathrm{fk}} = 280\mathrm{A}$。

从气隙线上查得：$I_{\mathrm{f}} = 280\mathrm{A}$ 时，$E_0 = 22.4/\sqrt{3}\,\mathrm{kV}$。

试求同步电抗的不饱和值与饱和值、短路比 k_{c}。

解：从气隙线上查得：$I_{\mathrm{f}} = 280\mathrm{A}$ 时，励磁电动势（相电动势）$E_0 = 22.4 \times 10^3/\sqrt{3} \approx 12930\mathrm{V}$；在同一励磁电流下，从短路特性上查出，短路电流为额定电枢电流，即

$$I_{\mathrm{N}} = \frac{P_{\mathrm{N}}}{\sqrt{3}\,U_{\mathrm{N}}\cos\varphi_{\mathrm{N}}} = \frac{25000}{\sqrt{3} \times 10.5 \times 0.8}\mathrm{A} \approx 1718\mathrm{A}$$

所以同步电抗的不饱和值为

$$X_{\mathrm{d}}(\text{即 } X_{\mathrm{s}}) = \frac{E_0}{I} = \frac{12930}{1718}\Omega \approx 7.526\Omega$$

若用标幺值计算，短路电流为额定电流时，$I^* = 1$，$E_0^* = \dfrac{E_0}{U_{\mathrm{N}\varphi}} = \dfrac{22.4/\sqrt{3}}{10.5/\sqrt{3}} \approx 2.133$，所以同步电抗不饱和值的标幺值为

$$X_{\mathrm{d}}^* = \frac{E_0^*}{I^*} = \frac{2.133}{1} = 2.133$$

求同步电抗饱和值：从空载特性曲线得知，产生空载额定相电压 $U_{\mathrm{N}\varphi}$（即 $E_0^* = 1$）时，励磁电流 $I_{\mathrm{f0}} = 155\mathrm{A}$；由于短路特性为直线，则此 I_{f0} 可产生三相短路电流 I'，且 $I' = I_{\mathrm{N}}\dfrac{I_{\mathrm{f0}}}{I_{\mathrm{fk}}} = I_{\mathrm{N}}\dfrac{155}{280} \approx 0.5536 I_{\mathrm{N}}$，其标幺值为 $I'^* = 0.5536$，于是同步电抗的饱和值为

$$X_{\mathrm{d}(饱和)}^* \approx \frac{E_0^*}{I'^*} = \frac{1}{0.5536} \approx 1.806$$

短路比为

$$k_{\mathrm{c}} = \frac{I_{\mathrm{f0}}}{I_{\mathrm{fk}}} = \frac{155}{280} \approx 0.554$$

例 5-5 已知一台星形联结的汽轮发电机，$S_{\mathrm{N}} = 15000\mathrm{kV\cdot A}$，$U_{\mathrm{N}} = 6.3\mathrm{kV}$，$\cos\varphi_{\mathrm{N}} = 0.8$（滞后），不计磁饱和与电枢电阻，由空载和短路试验得到下列数据：

从空载特性上查得：额定相电压 $U_{\mathrm{N}\varphi} = 6300/\sqrt{3}\,\mathrm{V}$ 时，空载励磁电流 $I_{\mathrm{f0}} = 58.9\mathrm{A}$。

从短路特性上查得：短路励磁电流 $I_{\mathrm{fk}} = 102\mathrm{A}$ 时，短路电枢电流 $I = 887\mathrm{A}$。

从气隙线上查得：$I_{\mathrm{f}} = 102\mathrm{A}$ 时，$E_0 = 8000/\sqrt{3}\,\mathrm{V}$。

试求：

1）同步电抗的不饱和值和饱和值、短路比 k_{c}。

2）额定负载时发电机的励磁电动势。

解： 1）从气隙线上查出，$I_{\mathrm{f}} = 102\mathrm{A}$ 时，励磁电动势（相电动势）$E_0 = 8000/\sqrt{3} \approx 4618.9\mathrm{V}$；在同一励磁电流下，从短路特性上查出，短路电枢电流 $I = 887\mathrm{A}$；则同步电抗为

$$X_{\mathrm{d}}(\text{即 } X_{\mathrm{s}}) = \frac{E_0}{I} = \frac{4618.9}{887}\Omega \approx 5.207\Omega$$

若要计算同步电抗的标幺值，有

额定相电流 $\qquad I_{\mathrm{N}\varphi} = \dfrac{S_{\mathrm{N}}}{\sqrt{3}\,U_{\mathrm{N}}} = \dfrac{15000 \times 10^3}{\sqrt{3} \times 6.3 \times 10^3}\mathrm{A} \approx 1374.7\mathrm{A}$

额定相电压 $\qquad U_{\mathrm{N}\varphi} = U_{\mathrm{N}}/\sqrt{3} = 6.3 \times 10^3/\sqrt{3}\,\mathrm{V} = 3637.4\mathrm{V}$

阻抗基值 $\qquad Z_{\mathrm{b}} = \dfrac{U_{\mathrm{N}\varphi}}{I_{\mathrm{N}\varphi}} = \dfrac{3637.4}{1374.7}\Omega \approx 2.646\Omega$

同步电抗的标幺值为

$$X_{\mathrm{d}}^* = \frac{X_{\mathrm{d}}}{Z_{\mathrm{b}}} = \frac{5.207}{2.646} \approx 1.968$$

若直接采用标幺值计算，有

$$E_0^* = \frac{E_0}{U_{N\varphi}} = \frac{8000/\sqrt{3}}{6.3 \times 10^3/\sqrt{3}} \approx 1.2698$$

$$I^* = \frac{I}{I_{N\varphi}} = \frac{887}{1374.7} \approx 0.6452$$

$$X_d^* = \frac{E_0^*}{I^*} = \frac{1.2698}{0.6452} \approx 1.968$$

求同步电抗饱和值：从空载特性曲线得知，产生空载额定线电压 $U_{N\varphi}$（即 $E_0^* = 1$）时，励磁电流 $I_{f0} = 58.9A$；由于短路特性为直线，则此 I_{f0} 可产生三相短路电流 I'，且 $I' = I_N \frac{I_{f0}}{I_{fk}} = I_N \frac{58.9}{102} \approx 0.5775 I_N$，其标幺值为 $I'^* = 0.5775$，于是同步电抗的饱和值为

$$X_{d(饱和)}^* \approx \frac{E_0^*}{I'^*} = \frac{1}{0.5775} = 1.732$$

由于短路特性为一条直线，所以，当短路电流为额定电流 1374.7A 时，相应的励磁电流为

$$I_{fk} = I_{N\varphi} \frac{I_{fk}}{I} = 1374.7 \times \frac{102}{887} A \approx 158.08A$$

短路比为

$$k_c = \frac{I_{f0(U = U_{N\varphi})}}{I_{fk(I = I_N)}} = \frac{58.9}{158.08} \approx 0.373$$

2）取端电压作为参考相量，即

$$\dot{U}^* = 1 \angle 0°, \quad \dot{I}^* = 1 \angle -36.87°$$

励磁电动势为

$$\dot{E}_0^* = \dot{U}^* + j\dot{I}^* X_s^* = 1 + j1.732 \angle -36.87° \approx 2.602 \angle 23.5°$$

励磁电动势（相电动势）的实际值为

$$E_0 = E_0^* \times U_{N\varphi} = 2.602 \times 3637.4V \approx 9464.3V$$

思考题

1. 分析同步发电机的稳态运行性能时，需要哪些参数的值？
2. 何谓同步发电机的空载特性和短路特性？短路特性为何是一条直线？
3. 如何利用空载特性和短路特性求取同步发电机的直轴同步电抗的不饱和值和饱和值？
4. 利用何种试验可以测取同步发电机的直轴、交轴同步电抗不饱和值？如何求取得到？
5. 何谓零功率因数负载特性？
6. 利用空载特性和零功率因数负载特性如何求取同步发电机的漏电抗值？

5.7　同步发电机的运行特性

同步发电机在转速（频率）保持恒定的状态下，有三个相互影响的主要变量，即端电压 U、电枢电流 I 和励磁电流 I_f。此外，负载的功率因数 $\cos\varphi$ 也对它们之间的关系有影响。通常，为便于分析，将功率因数固定不变，在端电压、电枢电流和励磁电流三者中令其一为常数，而其他二者之间的关系就称为同步发电机的基本运行特性。这样就有五种基本特性：

1) 空载特性，即 $n=n_s$，$I=0$ 时，$(U_0)E_0=f(I_f)$（参见 5.6 节中内容）
2) 短路特性，即 $n=n_s$，$U=0$ 时，$I_k=f(I_f)$（参见 5.6 节中内容）
3) 负载特性，即 $n=n_s$，$I=$ 常值，$\cos\varphi=$ 常值时，$U=f(I_f)$（参见 5.6 节中内容）
4) 外特性，即 $n=n_s$，$I_f=$ 常值，$\cos\varphi=$ 常值时，$U=f(I)$。
5) 调整特性，即 $n=n_s$，$U=U_N$，$\cos\varphi=$ 常值时，$I_f=f(I)$。

另外还有发电机的效率特性，即 $n=n_s$，$U=U_N$，$\cos\varphi=\cos\varphi_N$ 时，$\eta=f(P_2)$ 或 $\eta=f(I)$。

同步发电机
的运行特性

同步发电机的运行特性是确定电机主要参数、评价电机性能的基本依据。其中利用空载特性、短路特性和零功率因数负载特性可以求取发电机的同步电抗、漏电抗等参数（参见 5.6 节中的详细分析）。而从外特性和调整特性中可以确定表征同步发电机运行性能的两个重要数据——电压调整率 Δu 和额定励磁电流 I_{fN}。本节主要介绍外特性、调整特性和效率特性。

5.7.1　外特性

外特性是指在同步转速下，保持励磁电流和负载功率因数为常值时，同步发电机端电压随电枢电流变化的关系，即 $n=n_s$，$I_f=$ 常值，$\cos\varphi=$ 常值时，$U=f(I)$。

图 5-48 所示为带不同功率因数负载时同步发电机的外特性。由图可见，带阻感性负载和纯电阻负载时，由于电枢反应的去磁作用和定子漏阻抗电压降的影响使端电压减小，故外特性是下降的；带阻容性负载且满足内功率因数角 $\psi_0<0$ 时，由于电枢反应的增磁作用及容性电流的漏抗电压使端电压增大，故外特性是上升的。

从外特性可以求出发电机的电压调整率，如图 5-49 所示。调节发电机的励磁电流，额定负载（$I=I_N$，$\cos\varphi=\cos\varphi_N$）时，发电机的端电压为额定电压 U_N，此时的励磁电流称为发电机的额定励磁电流 I_{fN}。保持励磁电流为 I_{fN}，转速为同步转速 n_s 不变，卸去负载（即 $I=0$），此时端电压升高的百分值称为同步发电机的电压调整率 Δu，即

$$\Delta u = \frac{E_0 - U_{N\varphi}}{U_{N\varphi}} \times 100\% \; (I_f = I_{fN}) \tag{5-48}$$

电压调整率是表征同步发电机运行性能的重要数据之一。通常 $\cos\varphi=0.8$（滞后）时，凸极同步发电机 $\Delta u=18\%\sim30\%$，隐极同步发电机 $\Delta u=30\%\sim48\%$。

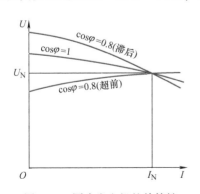

图 5-48　同步发电机的外特性

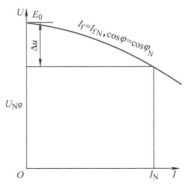

图 5-49　从外特性求电压调整率

305

外特性适用于同步发电机单机运行的情况。

5.7.2　调整特性

当发电机的负载变化时，为保持端电压不变，必须调节发电机的励磁电流。调整特性是指在同步转速下，保持端电压为额定电压，功率因数为常值时，励磁电流与电枢电流的关系，即 $n = n_s$，$U = U_N$，$\cos\varphi =$ 常值时，$I_f = f(I)$。图 5-50 为带不同功率因数负载时同步发电机的调整特性。

由图 5-50 可见，对于阻感性负载和纯电阻负载，为克服电枢反应的去磁作用和定子漏阻抗电压降的影响，随着电枢电流的增加，必须相应增大励磁电流，故调整特性是上升的；对于阻容性负载且满足内功率

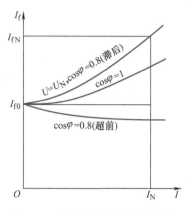

图 5-50　同步发电机的调整特性

因数角 $\psi_0 < 0$ 时，为了抵消电枢反应的增磁作用及容性电流的漏抗电压，随着电枢电流的增加，必须相应减小励磁电流，故外特性是下降的。

从调整特性可以确定同步发电机的额定励磁电流 I_{fN}，它是对应于额定电压、额定电流和额定功率因数时的励磁电流。

5.7.3　效率特性

效率特性是指发电机的转速为同步转速、端电压为额定电压、功率因数为额定功率因数时，发电机的效率与输出功率（或定子电流）的关系，即 $n = n_s$，$U = U_N$，$\cos\varphi = \cos\varphi_N$ 时，$\eta = f(P_2)$ 或 $\eta = f(I)$。

同步电机的总损耗 $\sum p$ 等于基本损耗和杂散损耗两项之和。基本损耗包括电枢基本铁耗 p_{Fe}、电枢基本铜耗 p_{Cua}、励磁损耗 p_{Cuf} 和机械损耗 p_{Ω}。电枢基本铁耗是指主磁通在电枢铁心齿部和轭部中交变所引起的损耗。电枢基本铜耗是换算到基准工作温度时，电枢绕组的直流电阻损耗。励磁损耗包括励磁绕组的基本铜耗、变阻器内的损耗、电刷的电损耗以及励磁设备的全部损耗。机械损耗包括轴承损耗、电刷的摩擦损耗和通风损耗。杂散损耗 p_{Δ} 包括电枢漏磁通在电枢绕组和其他金属结构部件中引起的涡流损耗、高次谐波磁场掠过主极表面所引起的表面损耗等。

总损耗 $\sum p$ 求出后，效率即可确定，即

$$\eta = \left(1 - \frac{\sum p}{P_2 + \sum p}\right) \times 100\% \qquad (5\text{-}49)$$

现代空气冷却的大型水轮发电机，额定效率大致为 95% ~ 98.5%。空冷汽轮发电机的额定效率大致为 94% ~ 97.8%；氢冷时，汽轮发电机的额定效率约可提高 0.8%。图 5-51 是一台国产 700MW 全空冷水轮发电机的效率特性。

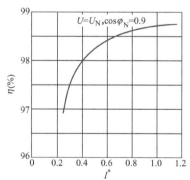

图 5-51　国产 700MW 全空冷水轮发电机的效率特性

调整特性和效率特性既适用于同步发电机单独运行的情况，亦适用于发电机与电网并联运行的情况。

思考题

1. 何谓同步发电机的外特性？发电机接不同性质负载时其外特性曲线有何差别？

2. 何谓同步发电机的电压调整率？

3. 何谓同步发电机的调整特性？发电机接不同性质负载时其调整特性曲线有何差别？

4. 何谓同步发电机的额定励磁电流 I_{fN}？

5.8 同步发电机与电网的并联运行

同步发电机单机运行时，随着负载的变化，同步发电机的频率和端电压将发生相应变化，供电的质量和可靠性降低。为克服这一缺点，现代电力系统由许多发电厂并联组成，每个发电厂又由多台发电机并联在一起运行，这样不仅可以根据负载的变化，统一调度投入运行的机组数目，提高机组的运行效率，合理调度电能，降低总的电能成本，保证整个电力系统在最经济的条件下运行，而且便于合理安排机组的定期轮流检修，提高供电的可靠性。

5.8.1 并联运行的条件和方法

1. 投入并联的条件

把同步发电机并联至电网的过程称为投入并联，或称为并车、整步。在并联时必须避免巨大的冲击电流，以防止同步发电机受到损坏和电网遭受干扰。为此，并联前必须检查发电机和电网是否满足以下三个条件：

1）发电机相序与电网相序相同。

2）发电机端电压频率与电网频率相等。

3）发电机励磁电动势 $\dot{E}_0$ 与电网电压 $\dot{U}$ 相等（大小相等且相位相同）。

上述三个条件中，第一个条件必须满足，其余两个条件允许稍有出入。

2. 不满足并联条件的后果

（1）相序不同

图 5-52a 所示为发电机投入并联时的单相示意图。如果发电机与电网的相序不同，就相当于在定子端加上一组负序电压，这是一种严重故障情况，发电机内将产生强大环流和机械冲击，使发电机遭到毁坏，因此，发电机与电网的相序不同绝不允许并联。

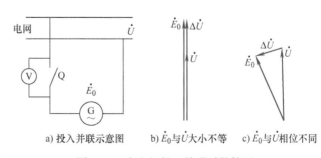

a) 投入并联示意图　　b) $\dot{E}_0$ 与 $\dot{U}$ 大小不等　　c) $\dot{E}_0$ 与 $\dot{U}$ 相位不同

图 5-52　发电机投入并联时的情况

同步发电机的
并网条件和方法

（2）频率不等

如果发电机端电压的频率与电网频率不等，则相量 $\dot{E}_0$ 与 $\dot{U}$ 之间的相位差将在0°~360°之间变化，电压差 $\Delta\dot{U}$ 忽大忽小，会产生拍振电流，在发电机内引起功率振荡。

（3）励磁电动势 $\dot{E}_0$ 与电网电压 $\dot{U}$ 不等

若 $\dot{E}_0$ 与 $\dot{U}$ 大小不等或相位不同时把发电机投入并联，如图5-52b、c所示，则将引发由于电压差 $\Delta\dot{U}$ 所产生的瞬态过程，此时将在发电机和电网组成的回路中产生一定的冲击电流，严重时可达额定电流的5~8倍。

综上所述，为了避免引起电流、功率和转矩的冲击，发电机投入并联时，最好同时满足上述三个条件。

对于相序问题，一般的大型同步发电机的转向和相序在出厂前都已经标定，如果没有标定，可以利用相序指示器来确定。对于电动势 $\dot{E}_0$ 的频率和大小，从频率公式 $f = pn/60$ 和感应电动势公式 $E_0 = 4.44fN_1k_{w1}\Phi_0$ 可知，调节原动机的转速和发电机的励磁电流就可以分别调节电动势的频率和大小。电动势 $\dot{E}_0$ 的相位可以通过调节发电机的瞬时转速来实现改变。

3. 投入并联的方法

（1）准确整步法

把发电机调整到完全合乎并联条件，然后投入电网，称为准确整步法。准确整步法的优点是合闸时无冲击电流，但操作比较复杂，整步时间较长。

为了判断是否满足并联条件，常采用同步指示器（包括同步指示灯、电压表、频率表、整步表等）。最简单的同步指示器由三个同步指示灯组成，指示灯可采用直接接法（灯光熄灭法）或交叉接法（灯光旋转法）。

直接接法就是把三个同步指示灯直接跨接于电网和发电机的对应相之间，即分别接在A与A'，B与B'和C与C'之间，如图5-53a所示。当发电机与电网的相序相同时，发电机电压（$\dot{U}'_A$、$\dot{U}'_B$、$\dot{U}'_C$）与电网电压（$\dot{U}_A$、$\dot{U}_B$、$\dot{U}_C$）的相量图如图5-53b所示。当三个灯同时熄灭，且A与A'之间的电压表指示为零时的瞬间，即可合闸投入并联，因此直接接法又称为灯光熄灭法。

采用直接接法将发电

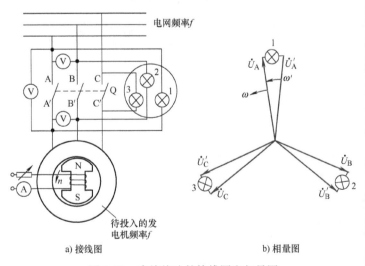

a) 接线图　　　　　　　b) 相量图

图5-53　直接接法的接线图和相量图

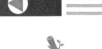

机投入并联时，可能会出现以下现象：

1）若发电机频率 f' 与电网频率 f 不等，三个同步指示灯上的电压降同时发生时大时小的变化，于是三个灯同时出现时亮时暗的现象。此时，应该调节发电机转速，直到三个灯的亮度不再闪烁，就表示发电机频率 f' 与电网频率 f 相同。

2）若发电机与电网电压大小不等或相位不同，三个同步指示灯将长亮不闪，亮度相同。此时，应调节发电机的励磁电流和瞬时转速，直到三个灯同时熄灭。

3）若发电机与电网相序不同且频率不等，三个同步指示灯将轮流亮暗，且灯光旋转。此时应首先改变发电机的相序，重新投入并联。

交叉接法时，如图 5-54a 所示，灯 1 仍接在 A 与 A′之间，灯 2 和灯 3 交叉地接在 B、C′和 C、B′之间。若发电机与电网的频率不等，三个同步指示灯的灯光将交替亮暗，形成灯光旋转的现象。此时调节发电机的转速，直到灯光不再旋转，表明 $f'=f$。再调节发电机的电压大小和相位，直到灯 1 熄灭，灯 2 和灯 3 的亮度相同，且 A 与 A′之间的电压表指示为零的瞬间，表明发电机已满足投入并联条件，即可合闸并网。交叉接法也称为亮灯法。

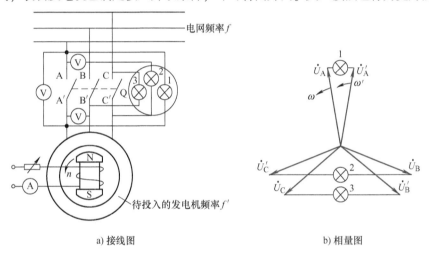

a) 接线图   b) 相量图

图 5-54 交叉接法的接线图和相量图

（2）自整步法

当电力系统发生故障时，电网电压和频率一直在变化，很难把发电机调整到完全合乎并联条件，此时为了把发电机迅速投入电网，可采用自整步法。自整步法的优点是操作简单、迅速，但合闸时有冲击电流。

自整步法的操作步骤是：首先校验发电机的相序并将励磁绕组经限流电阻短路，如图 5-55a 所示，然后用原动机将发电机拖动到接近于同步转速，此时将发电机投入电网并立即加上直流励磁，如图 5-55b 所示，利用定、转子磁场之间形成的电磁转矩的自整步作用，可迅速将发电机牵入同步。

5.8.2 同步发电机的功角特性

同步发电机接在电网上稳态运行时，在恒定励磁和恒定电网电压（即 $E_0=$ 常值，$U=$ 常值）的条件下，发电机发出的电磁功率 P_e 与功率角 δ 之间的关系 $P_e=f(\delta)$，称为同步发电机的功角特性。利用功角特性可以研究同步发电机与电网并联运行时的有

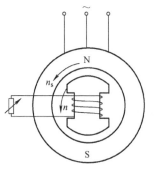

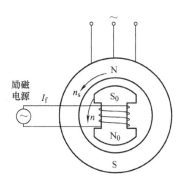

a) 励磁绕组经限流电阻短路   b) 加直流励磁

图 5-55   自整步法的接线示意图

功功率调节和静态稳定问题。

由于大、中型同步发电机的电枢电阻远小于其同步电抗，因此常常忽略不计。当忽略电枢电阻且不计磁饱和时，凸极同步发电机的相量图如图 5-56 所示，可知此时电磁功率为

$$P_e \approx P_2 = mUI\cos\varphi = mUI\cos(\psi_0 - \delta)$$
$$= mUI(\cos\psi_0\cos\delta + \sin\psi_0\sin\delta)$$
$$= mU(I_q\cos\delta + I_d\sin\delta) \qquad (5\text{-}50)$$

由图 5-56 可知

$$\begin{cases} I_q X_q = U\sin\delta \\ I_d X_d = E_0 - U\cos\delta \end{cases} \qquad (5\text{-}51)$$

即

$$\begin{cases} I_q = \dfrac{U\sin\delta}{X_q} \\ I_d = \dfrac{E_0 - U\cos\delta}{X_d} \end{cases} \qquad (5\text{-}52)$$

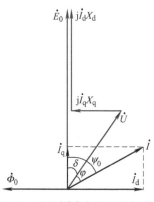

图 5-56   凸极同步发电机的相量图
（忽略电枢电阻 R_a）

将式（5-52）代入式（5-50），可得

$$P_e = m\frac{E_0 U}{X_d}\sin\delta + m\frac{U^2}{2}\left(\frac{1}{X_q} - \frac{1}{X_d}\right)\sin 2\delta$$
$$= P_{e1} + P_{e2} \qquad (5\text{-}53)$$

式中，P_{e1} 为基本电磁功率，$P_{e1} = m\dfrac{E_0 U}{X_d}\sin\delta$；

P_{e2} 为附加电磁功率（也称为磁阻功率，

由直、交轴磁阻不等造成），$P_{e2} = m\dfrac{U^2}{2}$

$\left(\dfrac{1}{X_q} - \dfrac{1}{X_d}\right)\sin 2\delta$。

根据式（5-53）可绘出凸极同步发电机的功角特性，如图 5-57 所示。由图可见，

图 5-57   凸极同步发电机的功角特性

$0° \leqslant \delta \leqslant 180°$ 时，电磁功率为正值，对应于发电机状态；$-180° \leqslant \delta \leqslant 0°$ 时，电磁功率为负值，对应于电动机状态。

由式(5-53) 和图 5-57 可知，当 $\delta = 90°$ 时，基本电磁功率 P_{e1} 达到最大值 $P_{e1max} = mE_0U/X_d$；当 $\delta = 45°$ 时，附加电磁功率 P_{e2} 等达到最大值 $P_{e2max} = m\dfrac{U^2}{2}\left(\dfrac{1}{X_q} - \dfrac{1}{X_d}\right)$；而凸极同步发电机电磁功率 P_e 的最大值出现在 $45° < \delta < 90°$ 之间，且 $P_{emax} \neq P_{e1max} + P_{e2max}$。

利用式(5-53) 的功角特性表达式，可以求出凸极同步发电机的最大电磁功率及其对应的功率角。把式(5-53) 中的 P_e 对功率角 δ 求导数，并使之等于零，可得到一个关于 $\cos\delta$ 的二次方程，求解该二次方程，可得到 P_e 达到最大值 P_{emax} 时的功率角 δ_{max} 以及相应的最大电磁功率值 P_{emax}。

通常定义同步发电机的最大电磁功率 P_{emax} 与其额定功率 P_N 之比为发电机的过载能力，用 k_p 表示，有

$$k_p = \frac{P_{emax}}{P_N} \tag{5-54}$$

对于隐极同步发电机，由于 $X_d = X_q = X_s$，附加电磁功率 P_{e2} 等于零，故电磁功率 P_e 等于基本电磁功率 P_{e1}，即

$$P_e = m\frac{E_0U}{X_s}\sin\delta \tag{5-55}$$

当 $\delta = 90°$ 时，有最大电磁功率

$$P_{emax} = m\frac{E_0U}{X_s} \tag{5-56}$$

隐极同步发电机的过载能力 k_p 为

$$k_p = \frac{P_{emax}}{P_N} \approx \frac{m\dfrac{E_0U}{X_s}}{m\dfrac{E_0U}{X_s}\sin\delta_N} = \frac{1}{\sin\delta_N} \tag{5-57}$$

式中，δ_N 为同步发电机额定运行时的功率角。对于汽轮发电机，一般设计 $\delta_N \approx 30° \sim 40°$，$k_p \approx 1.6 \sim 2.0$。

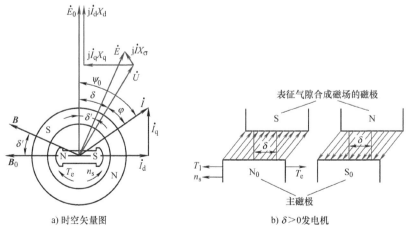

a) 时空矢量图　　　　　　　b) $\delta > 0$ 发电机

图 5-58　同步发电机功率角 δ 的时、空含义

在图 5-58a 的时空矢量图中，设主磁场 $\boldsymbol{B}_0$ 与气隙合成磁场 $\boldsymbol{B}$ 之间的空间夹角为 δ'，由于主磁场 $\boldsymbol{B}_0$ 超前励磁电动势 $\dot{E}_0$ 90°电角度，气隙合成磁场 $\boldsymbol{B}$ 也超前气隙电动势 $\dot{E}$ 90°电角度，因此励磁电动势 $\dot{E}_0$ 与气隙电动势 $\dot{E}$ 之间的时间夹角也为 δ'。由于漏阻抗电压降很小，气隙电动势 $\dot{E}$ 与端电压 $\dot{U}$ 之间的夹角常常忽略不计，可近似认为 $\delta' \approx \delta$，即通常认为励磁电动势 $\dot{E}_0$ 与端电压 $\dot{U}$ 之间的时间夹角 δ 也是主磁场 $\boldsymbol{B}_0$ 与气隙合成磁场 $\boldsymbol{B}$ 之间的空间夹角，这表明功率角 δ 具有双重物理意义。它既可以表示励磁电动势 $\dot{E}_0$ 与端电压 $\dot{U}$ 之间的时间相位差，具有时间含义；又可以表示主磁场 $\boldsymbol{B}_0$ 与气隙合成磁场 $\boldsymbol{B}$ 之间的空间相位差，具有空间含义，如图 5-58b 所示。

在同步发电机中，主磁场 $\boldsymbol{B}_0$ 总是超前气隙合成磁场 $\boldsymbol{B}$，所以，若采用发电机惯例，这时的功率角 δ 定义为正值，电磁功率也是正值。

例 5-6 一台 8750kV·A、11kV、50Hz、星形联结的三相水轮发电机并联于无穷大电网，额定运行时功率因数为 0.8（滞后），每相同步电抗 $X_d = 17\Omega$，$X_q = 9\Omega$，忽略电枢电阻，不计磁饱和，试求：

1）同步电抗的标幺值。

2）该发电机在额定运行时的功率角 δ 和励磁电动势 E_0。

3）该发电机的最大电磁功率 P_{emax}、过载能力 k_p 及产生最大电磁功率时的功率角 δ。

解：1）额定相电流为

$$I_{N\varphi} = \frac{8750 \times 10^3}{\sqrt{3} \times 11 \times 10^3}\text{A} \approx 459.3\text{A}$$

额定相电压为

$$U_{N\varphi} = \frac{11 \times 10^3}{\sqrt{3}}\text{V} \approx 6351\text{V}$$

同步电抗的标幺值为

$$X_d^* = X_d \frac{I_{N\varphi}}{U_{N\varphi}} = 17 \times \frac{459.3}{6351} \approx 1.229$$

$$X_q^* = X_q \frac{I_{N\varphi}}{U_{N\varphi}} = 9 \times \frac{459.3}{6351} \approx 0.6509$$

2）采用标幺值计算，以端电压作为参考相量，根据额定运行时功率因数为 0.8（滞后），可得

$$\dot{U}^* = 1\angle 0°, \quad \dot{I}^* = 1\angle -36.87°$$

虚拟电动势为

$$\dot{E}_Q^* = \dot{U}^* + j\dot{I}^* X_q^* = 1 + j0.6509\angle -36.87° \approx 1.485\angle 20.53°$$

故功率角 $\delta = 20.53°$，于是内功率因数角为

$$\psi_0 = \delta + \varphi = 20.53° + 36.87° = 57.4°$$

电枢电流的直轴和交轴分量分别为
$$I_d^* = I^* \sin\psi_0 = \sin 57.4° \approx 0.8425$$
$$I_q^* = I^* \cos\psi_0 = \cos 57.4° \approx 0.5388$$

励磁电动势的标幺值为
$$E_0^* = U^* \cos\delta + I_d^* X_d^* = \cos 20.53° + 0.8425 \times 1.229 \approx 1.972$$

励磁电动势（相电动势）的实际值为
$$E_0 = E_0^* U_{N\varphi} = 1.972 \times 6351\text{V} \approx 12524\text{V}$$

3）电磁功率的标幺值为
$$P_e^* = \frac{E_0^* U^*}{X_d^*} \sin\delta + \frac{U^{*2}}{2}\left(\frac{1}{X_q^*} - \frac{1}{X_d^*}\right)\sin 2\delta$$
$$= \frac{1.972}{1.229}\sin\delta + \frac{1^2}{2}\left(\frac{1}{0.6509} - \frac{1}{1.229}\right)\sin 2\delta$$
$$\approx 1.605\sin\delta + 0.3614\sin 2\delta$$

注意：用标幺值计算时，式中无相数，因为功率基值是三相额定视在功率 $S_N = 3U_{N\varphi}I_{N\varphi}$。

令 $\dfrac{\mathrm{d}P_e^*}{\mathrm{d}\delta} = 0$，即
$$\frac{\mathrm{d}P_e^*}{\mathrm{d}\delta} = 1.605\cos\delta + 0.7228\cos 2\delta = 0$$

整理得
$$1.605\cos\delta + 0.7228(2\cos^2\delta - 1) = 0$$
$$1.446\cos^2\delta + 1.605\cos\delta - 0.7228 = 0$$

解得 $\cos\delta = \dfrac{-1.605 + \sqrt{1.605^2 + 4 \times 1.446 \times 0.7228}}{2 \times 1.446} = \dfrac{-1.605 + 2.599}{2.892} \approx 0.3437$

产生最大电磁功率时的功率角
$$\delta_m = \arccos 0.3437 \approx 69.89°$$

对应的最大电磁功率标幺值为
$$P_{emax}^* = 1.605\sin 69.89° + 0.3614\sin 139.78° \approx 1.74$$

最大电磁功率实际值为
$$P_{emax} = P_{emax}^* S_N = 1.74 \times 8750\text{kW} = 15225\text{kW}$$

发电机的过载能力为
$$k_p = \frac{P_{emax}^*}{P_N^*} = \frac{1.74}{0.8} = 2.175$$

5.8.3 有功功率的调节和静态稳定

同步发电机与电网并联运行时，要求发电机能向电网输送有功功率和无功功率。

1. 有功功率的调节

以隐极发电机为例，分析如何调节发电机输出的有功功率。为简化分析，不计磁饱和与电枢电阻，并将电网看作无穷大电网，即电网电压 U = 常值，频率 f = 常值。

图 5-59a 为发电机满足并网条件刚刚投入并联，功率角 $\delta = 0$ 时的相量图。由于发

电机刚投入并联，此时，$\dot{E}_0 = \dot{U}$，功率角 $\delta = 0$。不计电枢电阻时，由式（5-53）可知，发电机的输出功率 P_2 与其电磁功率相等，均为零，所以发电机处于空载状态。此时，原动机输入的机械功率 P_1 仅用来克服发电机的空载损耗，即 $P_1 = p_\Omega + p_{Fe} = p_0$，原动机的驱动转矩 T_1 等于空载转矩 T_0。

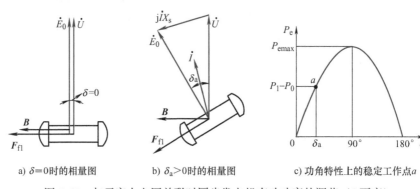

a) $\delta = 0$ 时的相量图   b) $\delta_a > 0$ 时的相量图   c) 功率特性上的稳定工作点 a

图 5-59   与无穷大电网并联时同步发电机有功功率的调节（I_f 不变）

有功功率
的调节

要使发电机输出有功功率，依据能量守恒原理，应当增加发电机的输入功率 P_1，即增大原动机的驱动转矩 T_1（通常可以开大汽轮机的汽门或水轮机的水门来实现）。原动机的驱动转矩 T_1 增大后，使发电机的转子瞬时加速，于是发电机的主磁场 B_0（与转子 d 轴重合）将超前气隙合成磁场 B（该磁场受发电机端口频率不变的约束，转速保持不变）。相应地，励磁电动势 $\dot{E}_0$ 将超前发电机端电压（电网电压）$\dot{U}$ 以 δ_a 角度，同时定子绕组将输出电流 $\dot{I}$，如图 5-59b 所示。此时功率角 $\delta_a > 0$，根据功角特性，此时发电机将向电网输出一定的有功功率 P_2，且 $P_2 \approx P_e = m\dfrac{E_0 U}{X_s}\sin\delta_a$。同时，转子上将受到一个制动的电磁转矩 T_e，与原动机的驱动转矩相平衡，转子转速仍然保持为同步转速。发电机处于负载运行状态，运行于如图 5-59c 所示的功角特性上的 a 点。

上述分析表明，要想增加发电机输出的有功功率，必须增加原动机的输入功率，使功率角 δ 适当增大。但要注意当 $\delta = 90°$ 时，发电机的电磁功率将达到最大值 $P_{emax} = m\dfrac{E_0 U}{X_s}$，$P_{emax}$ 称为隐极同步发电机的功率极限。如果继续增加原动机的输入功率，由于 $\delta > 90°$，发电机输出的有功功率反而减少，此时发电机达不到一个新的平衡状态，最终将失去同步。

在图 5-59b 中，当发电机并网运行并输出一定的有功功率时，如果再调节发电机的励磁，就会相应改变励磁电动势 E_0 的大小。图 5-60 为调节发电机的励磁电流 I_f，使励磁电动势 E_0 增大时发电机的相量图，此时，发电机不仅向电网输出有功功率，还会输出一定的无功功率。

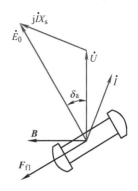

图 5-60   与无穷大电网并联时同步发电机有功功率的调节（I_f 增大）

2. 静态稳定

与电网并联运行的同步发电机，原先在某一工作点上稳定运行，当外界（电网或原动机）发生微小扰动时，工作点发生变化，若扰动消失后，发电机能自行回复到原先的状态下运行，就是静态稳定的，反之，则是不稳定的。

下面利用图5-61来分析隐极同步发电机的静态稳定问题。假设发电机的电磁功率为P_e，与原动机的输入有效功率P_T平衡，它与功角特性有A、B两个交点，其功率角分别为δ_A和δ_B，但A、B两点是否是静态稳定点，需要进一步分析。

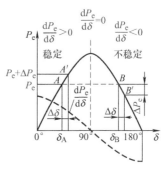

假定发电机原先在A点运行，功率角为δ_A。当某种微小扰动使原动机的输入有效功率增加ΔP_T时，功率角将随之增加$\Delta\delta$，相应地，发电机的电磁功率也增加ΔP_e，最终在A'点达到一个新的平衡状态，并满足功率平衡关系$P_T + \Delta P_T = P_e + \Delta P_e$，如图5-61所示$A'$点。当扰动消失后，由于$P_T < P_e + \Delta P_e$，使输入的有效驱动转矩小于

图5-61　与无穷大电网并联时同步发电机的静态稳定性

制动的电磁转矩，于是转子减速、功率角又减小，最终使电机回复到A点稳定运行。所以，A点是稳定运行点。

若发电机原先在B点运行，功率角为δ_B，当某种微小扰动使原动机的输入有效功率增加ΔP_T时，功率角将随之增大$\Delta\delta$，即图5-61中的B'点所示。从特性曲线上看，电磁功率没有增加反而减少了ΔP_e，有$P_T + \Delta P_T > P_e - \Delta P_e$，使输入的有效驱动转矩大于制动的电磁转矩，于是转子继续加速而无法达到新的平衡。即使扰动消失，原动机输入的有效功率P_T也大于电磁功率而使转子继续加速，最终导致发电机失去同步。所以B点是不稳定的。

上述分析表明，在功角特性的上升部分，即$0° \leqslant \delta < 90°$时，发电机是静态稳定的，此时$\dfrac{dP_e}{d\delta} > 0$；而在功角特性的下降部分，即$90° < \delta \leqslant 180°$时，发电机是不稳定的，此时$\dfrac{dP_e}{d\delta} < 0$；在$\delta = 90°$时，发电机处于稳定和不稳定的交界点，此时$\dfrac{dP_e}{d\delta} = 0$，称为静态稳定极限。

在$0° \leqslant \delta < 90°$稳定运行区内，工作点离静态稳定极限越远，稳定程度越高，即δ越小，$\dfrac{dP_e}{d\delta}$越大，发电机稳定性越好。由此可见，根据$\dfrac{dP_e}{d\delta}$的正负与大小不仅可以判断同步发电机是否稳定，还能衡量其稳定程度。

通常把导数$\dfrac{dP_e}{d\delta}$称为同步发电机的整步功率系数，对于隐极同步发电机，有

$$\frac{dP_e}{d\delta} = m\frac{E_0 U}{X_s}\cos\delta \tag{5-58}$$

隐极同步发电机的整步功率系数$\dfrac{dP_e}{d\delta}$如图5-61中的虚线所示。

可见，为使发电机能够稳定运行，发电机的额定运行点应当距离其稳定极限有一定的距离，即发电机的最大电磁功率应比其额定功率大一定的倍数，用发电机的过载能力 k_p 表示时，对于隐极电机，$k_p = \dfrac{P_{emax}}{P_N} = \dfrac{1}{\sin\delta_N}$，$\delta_N$ 为同步发电机额定运行时的功率角，且一般设计 $\delta_N \approx 30° \sim 40°$，相应的 $k_p \approx 1.6 \sim 2.0$。

由式(5-56) 和式(5-58) 可见，隐极同步发电机的最大功率（功率极限）和整步功率系数都正比于励磁电动势 E_0，反比于同步电抗 X_s，所以，增加励磁电流（即增大 E_0）和减小同步电抗 X_s 可提高同步电机的功率极限和静态稳定度。

5.8.4 无功功率的调节和 V 形曲线

1. 无功功率的功角特性

当忽略电枢电阻且不计磁饱和时，隐极同步发电机的相量图如图 5-62 所示，此时，发电机的无功功率为

$$Q = mUI\sin\varphi \tag{5-59}$$

由图 5-62 可知

$$IX_s\sin\varphi = E_0\cos\delta - U \tag{5-60}$$

即

$$I\sin\varphi = \frac{E_0\cos\delta - U}{X_s} \tag{5-61}$$

将式(5-61) 代入式(5-59)，可得

$$Q = m\frac{E_0 U}{X_s}\cos\delta - m\frac{U^2}{X_s} \tag{5-62}$$

根据式(5-62)，可画出隐极同步发电机的无功功角特性曲线，如图 5-63 中的实线所示。

无功功率
调节

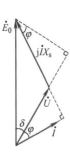

图 5-62 隐极同步发电机的
相量图（忽略电枢电阻）

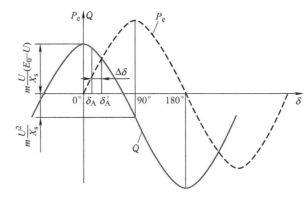

图 5-63 隐极同步发电机的
无功功角特性曲线

从图 5-63 可知，当保持 I_f = 常值，增加原动机的输入功率 P_1，使发电机的功率角从 δ_A 增大到 δ_A' 时，发电机输出的有功功率 P_2 增大的同时，发电机输出的无功功率 Q 却减少了。因此保持 I_f = 常值时调节发电机的有功功率，会影响发电机的

无功功率大小。

2. 无功功率的调节

与电网并联运行的同步发电机，不仅要向电网输出有功功率，通常还要输出无功功率。分析表明，调节发电机的励磁电流，即可调节其无功功率。下面以隐极发电机为例来说明。同样为简单计，忽略电枢电阻和磁饱和的影响，并假定调节励磁电流时，原动机的输入有功功率 P_1 保持不变。

图 5-64a 为发电机满足并网条件刚刚投入并联，功率角 $\delta = 0$ 时的相量图。此时，发电机正常励磁，$\dot{E}_0 = \dot{U}$，功率角 $\delta = 0$，不计电枢电阻时，由式（5-55）可知，发电机的输出功率 P_2 与其电磁功率相等，均为零，原动机输入的机械功率 P_1 仅用来克服发电机的空载损耗，所以，发电机处于空载状态，既无有功功率输出，也无无功功率输出。

若保持发电机输出的有功功率为零，而将励磁电流增大，则励磁电动势 E_0 将增大，根据发电机电压方程式（5-13），发电机将产生一个滞后端电压以 90° 的电枢电流，相量图如图 5-64b 所示，此时发电机过励运行，输出感性无功功率。且励磁电流越大，定子电枢电流也越大，发出的感性无功也越大。

若保持发电机输出的有功功率为零，而将励磁电流减小，则励磁电动势 E_0 将减小，根据发电机电压方程式（5-13），发电机将产生一个超前端电压以 90° 的电枢电流，相量图如图 5-64c 所示，此时发电机欠励运行，输出容性无功功率，且励磁电流越大，定子电枢电流也越大，发出的容性无功功率也越大。

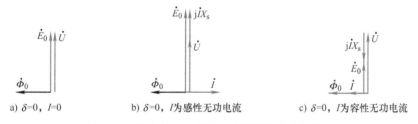

a) $\delta = 0$，$I = 0$　　　b) $\delta = 0$，I 为感性无功电流　　　c) $\delta = 0$，I 为容性无功电流

图 5-64　输出有功功率为零时不同励磁的相量图

当增大原动机的输入有功功率 P_1，使发电机输出一定的有功功率并保持不变，于是，根据功率平衡关系可知，在调节励磁电流后，发电机的电磁功率 P_e 和输出的有功功率 P_2 将近似保持不变，即

$$\begin{cases} P_e = m\dfrac{E_0 U}{X_s}\sin\delta = 常值 \\ P_2 = mUI\cos\varphi = 常值 \end{cases} \tag{5-63}$$

由于 m、U、X_s 均为定值，所以式（5-61）可改写为

$$\begin{cases} E_0\sin\delta = 常值 \\ I\cos\varphi = 常值 \end{cases} \tag{5-64}$$

保持发电机输出有功功率 $P_2 =$ 常值时，调节发电机的励磁电流 I_f，励磁电动势 E_0 将随之变化，由于 $E_0\sin\delta =$ 常值，因此功率角 δ 也将发生变化。由于电网电压 $U =$ 常值，频率 $f =$ 常值，即发电机端电压 $\dot{U}$ 不变，根据电压方程式（5-13）可知，E_0 变化必

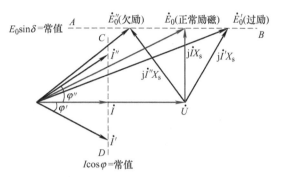

图 5-65　与无穷大电网并联时
同步发电机无功功率的调节

将引起电枢电流 $\dot{I}$ 变化，由于 $I\cos\varphi =$ 常值，因此功率因数角 φ 也会改变，此时发电机输出的无功功率 $Q = mUI\sin\varphi$ 必然会改变。可见，调节发电机的励磁电流就可以调节其输出的无功功率。图 5-65 为保持 $E_0\sin\delta =$ 常值，$I\cos\varphi =$ 常值，调节励磁电流时发电机的相量图。

在图 5-65 中，当调节励磁电流 I_f 使励磁电动势 E_0 变化时，由于 $E_0\sin\delta =$ 常值，故相量 $\dot{E}_0$ 的末端轨迹是一条与 $\dot{U}$ 平行的直线 $\overline{AB}$；又由于 $I\cos\varphi =$ 常值，故电枢电流 $\dot{I}$ 的末端轨迹是一条与 $\dot{U}$ 垂直的直线 $\overline{CD}$。

当励磁电流为 I_f 时，励磁电动势为 $\dot{E}_0$，电枢电流为 $\dot{I}$，此时发电机的功率因数 $\cos\varphi = 1$，发电机处于正常励磁状态。正常励磁时，由于 $\dot{I}$ 与 $\dot{U}$ 同相，发电机输出功率全部为有功功率。

若增加励磁电流到 I_f'，$I_f' > I_f$，则励磁电动势增加到 $\dot{E}_0'$，电枢电流变为 $\dot{I}'$，此时发电机处于过励状态。由于此时 $\dot{I}'$ 滞后于 $\dot{U}$，发电机功率因数 $\cos\varphi' < 1$（滞后），所以，发电机不仅输出有功功率，还将输出感性无功功率。

若减小励磁电流到 I_f''，$I_f'' < I_f$，则励磁电动势减小到 $\dot{E}_0''$，电枢电流变为 $\dot{I}''$，此时发电机处于欠励状态。由于此时 $\dot{I}''$ 超前于 $\dot{U}$，发电机功率因数 $\cos\varphi'' < 1$（超前），发电机输出有功功率和容性无功功率。若继续减小励磁电流使励磁电动势也继续减小，达到 $\delta = 90°$，则发电机将达到静态稳定极限，若进一步减小励磁电流，发电机将失去同步。

3. V 形曲线

保持发电机有功功率 P_2（或电磁功率 P_e）不变，改变励磁电流 I_f，可得到电枢电流 I 随励磁电流 I_f 变化的关系曲线 $I = f(I_f)$，如图 5-66 所示。因该曲线形似 V 字，故称为 V 形曲线。对应于每一个恒定的有功功率值 P_2，都有一条 V 形曲线，有功功率值 P_2 越大，曲线位置越往上移。在每条曲线的最低点，励磁电流 I_f 为正常励磁值，此时 $\cos\varphi = 1$，电枢电流 I 最小，全部为有功分量，这时无论增大还是减小励磁电流，电枢电流都会增加。将各条曲线的最低点连接起来，可得到 $\cos\varphi = 1$ 的一条曲线，如图 5-66 所示，在这条曲线的右侧，发电机处于过励状态，功率因数是滞后的，发电机

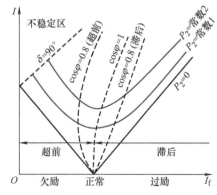

图 5-66　同步发电机的 V 形曲线

向电网输出感性无功功率；而在这条曲线的左侧，发电机处于欠励状态，功率因数是超前的，发电机向电网输出容性无功功率。V 形曲线左侧还存在着一个不稳定区（对应于 $\delta > 90°$），由于欠励区域更靠近不稳定区，因此，同步发电机不宜在过于欠励的状态下运行。

例5-7 一台三相隐极同步发电机并联于无穷大电网，定子绕组星形联结，发电机额定容量 31250kV·A，额定电压 10.5kV，额定频率 50Hz，额定运行时功率因数为 0.8（滞后），每相同步电抗 $X_s = 7\Omega$，忽略电枢电阻，不计磁饱和，试求：

1）发电机输出额定功率时的功率角 δ_N、电磁功率标幺值 P_e^*、电压变化率 Δu 和过载倍数 k_p。

2）若发电机输出功率减小一半且励磁不变时，发电机的功率角 δ'、电磁功率标幺值 $P_e'^*$、功率因数 $\cos\varphi'$。

3）若发电机输出额定功率，仅将励磁电流增大 10%，且认为励磁电动势与励磁电流成正比变化时，发电机的功率角 δ''、电磁功率标幺值 $P_e''^*$、功率因数 $\cos\varphi''$。

解：1）额定相电流为

$$I_{N\varphi} = \frac{31250 \times 10^3}{\sqrt{3} \times 10.5 \times 10^3}A \approx 1718.4A$$

额定相电压为

$$U_{N\varphi} = \frac{10.5 \times 10^3}{\sqrt{3}}V \approx 6062.4V$$

同步电抗的标幺值为

$$X_s^* = X_s \frac{I_{N\varphi}}{U_{N\varphi}} = 7 \times \frac{1718.4}{6062.4} \approx 1.984$$

采用标幺值计算，以端电压作为参考相量，根据额定运行时功率因数为 0.8（滞后），可得

$$\dot{U}^* = 1 \angle 0°, \dot{I}^* = 1 \angle -36.87°$$

发电机额定运行时的励磁电动势为

$$\dot{E}_0^* = \dot{U}^* + j\dot{I}^* X_s^* = 1 + j1.984 \angle -36.87° \approx 2.7 \angle 35.93°$$

故功率角 $\delta_N = 35.93°$。

不计电枢电阻，隐极同步发电机的电磁功率等于其输出功率，因此当发电机输出额定功率时，电磁功率的标幺值为

$$P_e^* = P_N^* = \frac{P_N}{S_N} = \frac{S_N \cos\varphi_N}{S_N} = \cos\varphi_N = 0.8$$

此时发电机的过载倍数为

$$k_p = \frac{1}{\sin\delta_N} = \frac{1}{\sin 35.93°} \approx 1.704$$

电压变化率为

$$\Delta u = \frac{E_0^* - U_N^*}{U_N^*} = \frac{2.7 - 1}{1} = 1.7$$

2）若发电机输出功率减小一半，即 $P_2 = P_N/2$，发电机的电磁功率 $P_e'^* = 0.4$；励磁不变，则励磁电动势不变，有 $E_0^* = 2.7$，于是，根据电磁功率计算式有

$$P_e'^* = 0.4 = \frac{E_0^* U_0^*}{X_s^*} \sin\delta' = \frac{2.7 \times 1}{1.984} \sin\delta'$$

可求出此时发电机的功率角为 $\delta' = 17.09°$。

此时发电机的无功功率标幺值为

$$Q'^* = \frac{E_0^* U^*}{X_s^*} \cos\delta' - \frac{U^{*2}}{X_s^*} = 2.7 \times \frac{\cos 17.09°}{1.984} - \frac{1}{1.984} \approx 0.7968$$

发电机的功率因数为

$$\cos\varphi' = \frac{P_e'^*}{S'^*} = \frac{P_e'^*}{\sqrt{(P_e'^*)^2 + (Q'^*)^2}} = \frac{0.4}{\sqrt{0.4^2 + 0.7968^2}} \approx 0.4486$$

3）若发电机仍输出额定负载，有 $P_2 = P_N$，$P_e''^* = P_N^* = 0.8$，由于励磁电流增大 10%，则励磁电动势 $E_0''^* = 2.7 \times 1.1 = 2.97$，根据电磁功率计算式有

$$P_e''^* = 0.8 = \frac{E_0''^* U_0^*}{X_s^*} \sin\delta'' = \frac{2.97 \times 1}{1.984} \sin\delta''$$

可求出此时发电机的功率角为 $\delta'' = 32.3°$。

此时发电机的无功功率标幺值为

$$Q''^* = \frac{E_0''^* U^*}{X_s^*} \cos\delta'' - \frac{U^{*2}}{X_s^*} = 2.97 \times \frac{\cos 32.3°}{1.984} - \frac{1}{1.984} \approx 0.7613$$

发电机的功率因数为

$$\cos\varphi'' = \frac{P_e''^*}{S^{*'}} = \frac{P_e''^*}{\sqrt{(P_e''^*)^2 + (Q''^*)^2}} = \frac{0.8}{\sqrt{0.8^2 + 0.7613^2}} \approx 0.724$$

思考题

1. 同步发电机并网运行的条件是什么？如果不满足会有什么后果？

2. 同步发电机投入并网有哪些方法？

3. 什么是同步发电机的功角特性？隐极机和凸极机的功角特性有哪些差别？

4. 功率角 δ 在时间上和空间上分别表示哪些量的夹角？

5. 同步发电机并网运行时，如何调节其有功功率？如何调节其无功功率？

6. 什么是同步发电机的静态稳定性？如何判定发电机的运行点是否为静态稳定的？

7. 一台三相隐极式同步发电机并联于无穷大电网，额定负载时功率角 $\delta = 25°$，现因外线路发生故障，电网电压降为 $80\% U_N$，若要使 δ 角保持在 $25°$，应调节励磁使 E_0 为原来的多少倍？

8. 同步发电机与无穷大电网并联运行时，其功率因数取决于什么？同步发电机单独运行时，其功率因数又取决于什么？

5.9 同步电动机与同步补偿机

同步电动机的特点是接于频率一定的电网上稳态运行时，其转速恒为同步转速，

不受负载变化的影响，而且其功率因数可以调节。因此在恒速负载和需要改变功率因数的场合，如大型空气压缩机、粉碎机、离心泵等，常常优先选用同步电动机。同步补偿机则是同步电机的一种特殊运行方式，即电机空载运行、专门调节电网无功功率以改善电网功率因数，也称为调相机。

5.9.1　同步电动机的电压方程、相量图和等效电路

若采用发电机惯例，当功率角 δ 为负值时，主极磁场滞后于气隙合成磁场，励磁电动势 $\dot{E}_0$ 滞后于端电压 $\dot{U}$，同步电机处于电动机状态，此时电磁功率 P_e 为负值，电机向电网输出负的电功率 $P_2 = mUI\cos\varphi$，故功率因数角 $\varphi > 90°$，隐极同步电动机的相量图如图 5-67 所示。显然，用负的功率角和负的电磁功率分析同步电动机是极不方便的。分析同步电动机时通常采用电动机惯例，规定以输入电流作为电枢电流的正方向，电网向电动机输入正的电功率 $P_1 = mUI\cos\varphi$，此时功率因数角 $\varphi > 0°$，电磁功率 P_e 和功率角 δ 亦为正值。此时隐极同步电动机的相量图和等效电路如图 5-68 所示。

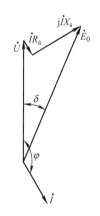

图 5-67　隐极同步电动机的
相量图（发电机惯例）

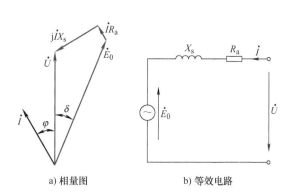

a) 相量图　　　　　　b) 等效电路

图 5-68　隐极同步电动机的相量图
和等效电路（电动机惯例）

根据图 5-68b 所示同步电动机各物理量的正方向，可得隐极同步电动机的电压方程为

$$\dot{U} = \dot{E}_0 + \dot{I}R_a + j\dot{I}X_s \qquad (5\text{-}65)$$

同理，凸极同步电动机的电压方程为

$$\dot{U} = \dot{E}_0 + \dot{I}R_a + j\dot{I}_dX_d + j\dot{I}_qX_q \qquad (5\text{-}66)$$

对应的凸极同步电动机的相量图如图 5-69 所示。

5.9.2　同步电动机的功角特性、功率方程和转矩方程

采用电动机惯例分析同步电动机时，电磁功率 P_e 和功率角 δ 均为正值，即规定励磁电动势 $\dot{E}_0$ 滞后于端电压 $\dot{U}$ 的功率角为正。此时同步电动机的功角特性表达式与同步发电机的功角特性表达式式（5-53）完全一样，即

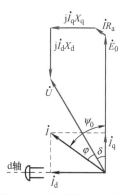

图 5-69　凸极同步电动机
的相量图

$$P_e = m\frac{E_0 U}{X_d}\sin\delta + m\frac{U^2}{2}\left(\frac{1}{X_q} - \frac{1}{X_d}\right)\sin2\delta \tag{5-67}$$

按照电动机惯例，$0° \leqslant \delta \leqslant 180°$时，电磁功率为正值，对应于电动机状态。同步电动机运行时，电网向电动机输入电功率P_1，扣除电枢绕组铜耗p_{Cua}后，余下部分将通过气隙磁场和电磁感应作用，转换为机械功率，这部分功率称为电磁功率P_e，即

$$P_e = P_1 - p_{Cua} \tag{5-68}$$

从电磁功率P_e中扣除电动机的机械损耗p_Ω、定子铁耗p_{Fe}和杂散损耗p_Δ后，余下部分就是转轴上输出的机械功率P_2，即

$$P_2 = P_e - p_\Omega - p_{Fe} - p_\Delta \tag{5-69}$$

将功率方程式（5-69）两边除以同步机械角速度Ω_s，即

$$\frac{P_e}{\Omega_s} = \frac{P_2}{\Omega_s} + \frac{p_\Omega + p_{Fe} + p_\Delta}{\Omega_s}$$

可导出同步电动机的转矩方程

$$T_e = T_2 + T_0 \tag{5-70}$$

式中，T_e为电磁转矩，$T_e = \dfrac{P_e}{\Omega_s}$；$T_2$为负载转矩，$T_2 = \dfrac{P_2}{\Omega_s}$；$T_0$为与机械损耗$p_\Omega$、定子铁耗$p_{Fe}$和杂散损耗$p_\Delta$所对应的阻力转矩，$T_0 = \dfrac{p_\Omega + p_{Fe} + p_\Delta}{\Omega_s}$，若忽略杂散损耗，它就是空载转矩，此时$T_0 = \dfrac{p_\Omega + p_{Fe}}{\Omega_s}$。

5.9.3　同步电动机的无功功率和功率因数调节

同步电动机与电网并联运行时，将从电网吸收有功功率和无功功率，调节电动机吸收有功功率和无功功率的过程与发电机类似，下面只分析如何调节电动机的无功功率以改善电网的功率因数。为简便计，仍以隐极电动机为例，不计磁饱和与电枢电阻，电网看作无穷大电网，即电网电压$U = $常值，频率$f = $常值。

调节电动机从电网吸取的无功功率时，如果保持负载转矩T_2不变，根据转矩平衡关系可知，电动机的电磁转矩T_e和相应的电磁功率P_e基本不变，忽略电枢绕组铜耗，电动机从电网输入的有功功率P_1亦基本不变，即

$$\begin{cases} P_e = m\dfrac{E_0 U}{X_s}\sin\delta = 常值 \\ P_1 = mUI\cos\varphi = 常值 \end{cases} \tag{5-71}$$

由于m、U、X_s均为定值，所以式（5-69）可改写为

$$\begin{cases} E_0\sin\delta = 常值 \\ I\cos\varphi = 常值 \end{cases} \tag{5-72}$$

图 5-70 为与无穷大电网并联时同步电动机无功功率的调节相量图。当调节励磁电流I_f使励磁电动势E_0变化时，相量$\dot{E}_0$的末端轨迹是一条与$\dot{U}$平行的直线$\overline{AB}$，而电枢电流$\dot{I}$的末端轨迹是一条与$\dot{U}$垂直的直线$\overline{CD}$。

由图 5-70 可知，当励磁电流为正常励磁值时，励磁电动势为 $\dot{E}_0$，电动机的功率因数 $\cos\varphi=1$，电枢电流 $\dot{I}$ 全部为有功分量，电动机只从电网吸收有功功率。

当励磁电流大于正常励磁值（过励）时，励磁电动势增加到 $\dot{E}_0'$，电枢电流变为超前于 $\dot{U}$ 的 $\dot{I}'$，此时电动机功率因数 $\cos\varphi<1$（超前），电动机从电网吸收有功功率和容性无功功率（或向电网发出感性无功功率）。

当励磁电流小于正常励磁值（欠励）时，励磁电动势减小到 $\dot{E}_0''$，电枢电流变为滞后于 $\dot{U}$ 的 $\dot{I}''$，此时电动机功率因数 $\cos\varphi<1$（滞后），电动机从电网吸收有功功率和感性滞后无功功率（或向电网发出容性无功功率）。

与同步发电机一样，保持电动机电磁功率 P_e 不变，也可以得到一簇 V 形曲线 $I=f(I_f)$，如图 5-71 所示。在 $\cos\varphi=1$ 这条曲线的右侧，电动机同样处于过励状态，但其功率因数为超前（与发电机相反）；在这条曲线的左侧，电动机同样处于欠励状态，但功率因数为滞后（与发电机相反）。对应于某一负载，当励磁电流减小到一定数值时，$\delta>90°$，电动机将不能稳定运行而失去同步。

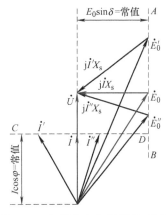

图 5-70　与无穷大电网并联时同步
电动机无功功率的调节

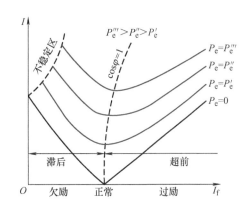

图 5-71　同步电动机的 V 形曲线

上述分析表明，当保持电动机拖动的负载转矩（T_2 = 常数）恒定时，电动机从电网吸取的有功功率 P_1 基本不变，而电动机从电网吸收的无功功率和电动机的功率因数，可以通过调节励磁电流来改变，这是同步电动机可贵的特点，常用来改善电网的功率因数。一般情况下，电网的大部分负载是感应电动机和变压器，它们都要从电网吸收感性无功功率，如果使运行在电网上的同步电动机工作在过励状态，它可以从电网吸收容性无功功率，从而提高电网的功率因数。现代同步电动机的额定功率因数一般设计为 0.8~1（超前）。

5.9.4　同步电动机的起动

同步电动机仅在同步转速时，定子旋转磁场与转子主极磁场才能在空间上保持相对静止，产生恒定的同步电磁转矩。起动时若把定子直接投入电网，转子加上直流励磁，则定子旋转磁场将以同步转速旋转，而转子磁场静止不动，定、转子磁场之间具有相对运动，因此作用在转子上的电磁转矩正、负交变，平均转矩为零，电动机不能自行起动。所以，必须借助于其他方法使同步电动机起动起来。

同步电动机常用的起动方法有以下三种。

（1）用辅助电动机起动

通常选用与同步电动机极数相同的感应电动机（容量约为主机的 10% ~ 15%）作为辅助电动机。先用辅助电动机将主机拖动到接近同步转速，再用自整步法将主机投入电网，并切断辅助电动机电源。这种方法只适合于空载起动，而且所需设备多，操作复杂。

（2）变频起动

起动时，同步电动机转子加上励磁，把变频电源的频率调得很低，使同步电动机投入电源后，定子旋转磁场转得极慢。这样，依靠定、转子磁场之间相互作用所产生的同步电磁转矩，使电动机开始起动，并在很低的同步转速下运转。之后逐步提高电源的频率，使定子旋转磁场和转子的转速逐步加快，一直到额定转速为止。变频起动过程平稳，性能良好，但这种方法必须有变频电源，而且励磁机必须是非同轴的，否则在最初低速运转时无法产生所需的励磁电压。

（3）异步起动

为实现异步起动，需在同步电动机的主极极靴上装设起动绕组，起动绕组类似于感应电动机转子上的笼型绕组。异步起动的接线图如图 5-72 所示。起动时，先把励磁绕组通过限流电阻短接，再把定子绕组接到三相交流电网上，此时定子旋转磁场与转子起动绕组中的感应电流相互作用，产生异步电磁转矩，使电动机起动起来。待转速上升到接近于同步转速时，再把励磁绕组接入励磁电源，使转子建立主极磁场，此时依靠定、转子磁场相互作用所产生的同步电磁转矩，再加上由于凸极效应所引起的磁阻转矩，通常可将转子牵入同步。目前，多数同步电动机都采用异步起动法来起动。

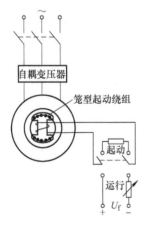

图 5-72　同步电动机异步
起动接线图

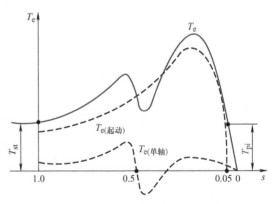

图 5-73　同步电动机异步起动时
的转矩 – 转差率曲线

同步电动机异步起动时转矩 – 转差率曲线（$T_e - s$ 曲线）如图 5-73 所示，其中起动绕组产生的转矩 $T_{e(起动)}$ 类似于感应电动机的异步电磁转矩。起动时，要求起动转矩 T_{st} 大，牵入转矩 T_{pi} 也要大。所谓牵入转矩，是指转速为 $0.95n_s$（即转差率 $s = 0.05$）时，起动绕组所产生的异步转矩值，牵入转矩越大，电动机越容易牵入同步。起动转矩和牵入转矩的大小与起动绕组的电阻有关，根据感应电动机理论可知，起动绕组的电阻在一定范围内越大，起动转矩就越大，但牵入转矩将变小，二者的矛盾应在设计电机时根据实际需要协调解决。

注意： 异步起动时励磁绕组不能开路，否则起动时定子旋转磁场会在匝数较多的励磁绕组中感应出高电压，易使励磁绕组击穿或引起人身事故。但也不能直接短路，否则励磁绕组（相当于一个单相绕组）中的感应电流与气隙磁场相互作用，将会产生显著的单轴转矩 $T_{e(单轴)}$，使合成电磁转矩在 $\frac{1}{2}n_s$ 附近产生明显的下凹，使电动机的转速停滞在 $\frac{1}{2}n_s$ 附近而不能继续上升，如图 5-73 所示。为减小单轴转矩，通常将励磁绕组串接一限流电阻，其阻值约为励磁绕组本身电阻的 5～10 倍。

当转子转速接近于同步转速时，磁阻转矩开始起作用，它叠加在异步起动转矩上，使转速发生振荡。加入直流励磁后，转子主极将呈现出固定的极性，此时除异步电磁转矩和磁阻转矩外，主极磁场与气隙磁场相互作用，还会产生一个按转差频率做周期性振荡的同步电磁转矩。在同步电磁转矩的作用下，转子经过一段时间的衰减振荡，通常即可牵入同步。加入直流励磁前后的曲线如图 5-74 所示。

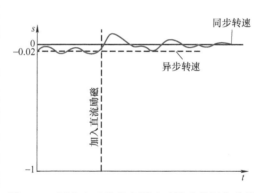

图 5-74　同步电动机牵入同步时转速的振荡曲线

5.9.5　同步补偿机

电网的负载主要是异步电动机和变压器，它们都从电网吸收感性无功功率，而使电网的功率因数降低，减少有功功率的传输能力，并使整个电力系统的设备利用率和效率降低。如能在适当地点，把负载所需的感性无功功率就地供给，避免远程输送，则既可以减少线路损耗和电压降，又可以减轻发电机的负担而使其得到充分利用。同步补偿机便能解决这一问题。

1. 同步补偿机的工作原理

同步补偿机实质上是一台轴上不带机械负载、专门用以调节无功功率、改善电网功率因数的同步电动机。除供应本身损耗外，它并不从电网吸收更多的有功功率，因此同步补偿机总是在接近于零的电磁功率和零功率因数的情况下运行。

下面按照电动机惯例进行分析。由于补偿机输出的机械功率 $P_2 = 0$，所以正常工作时，补偿机从电网输入的有功功率 P_1，仅需用以克服定子的铜耗 p_{Cua}、铁耗 p_{Fe} 和转子

的机械损耗 p_Ω。

假如忽略补偿机的全部损耗，则电枢电流只有无功分量，即 $\dot I = \dot I_d$，$\dot I_q = 0$，电压方程为 $\dot U = \dot E_0 + \mathrm{j}\dot I X_s$。图 5-75 为补偿机的相量图。

由图 5-75 可见，过励时，电流 $\dot I$ 超前 $\dot U$ 以 90°，而欠励时，电流 $\dot I$ 滞后 $\dot U$ 以 90°。所以补偿机在过励运行时是电网的一个电容性无功负载，相当于一组并联的三相可变电容器；补偿机在欠励运行时是一个电感性的无功负载，相当于一个三相可变电抗器。

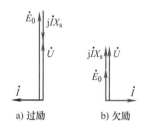

图 5-75　同步补偿机的相量图

当不计补偿机的损耗，可认为补偿机输入的有功功率和电磁功率均近似为零，所以补偿机的 V 形曲线 $I = f(I_f)$，相当于图 5-71 中电磁功率 $P_e \approx 0$ 时电动机的 V 形曲线。从 V 形曲线可知，当励磁为正常励磁时，补偿机的电枢电流接近于零；过励时，补偿机能从电网吸取超前的无功电流；欠励时，则从电网吸取滞后的无功电流。只要调节励磁电流，就能灵活地调节补偿机的无功功率大小。

由于电力系统大多数情况下带电感性无功功率，补偿机通常都在过励状态下运行，它的额定容量也指过励运行时的容量。只在电网基本空载，由于长输电线电容影响，使受电端电压偏高时，才让补偿机在欠励下运行，以保持电网电压的稳定。

由于同步补偿机具有调节电网功率因数（即调节电流相位）的作用，所以亦称为同步调相机。

2. 同步补偿机的特点

1）同步补偿机的额定容量是指过励时补偿机的最大无功功率，此值主要受定、转子绕组温升的限制。补偿机在欠励运行时的容量只有过励时容量的 0.5 ~ 0.65 倍。

2）由于补偿机不带任何机械负载，故可以没有轴伸，部件所受的机械应力较低。由于没有稳定问题，直轴同步电抗 X_d 可以设计得较大（其标幺值可达 2 以上），使得气隙较小，励磁电流也较小，转子的用铜量减少，使电机的造价降低。

3）为提高材料利用率，补偿机的极数较少，转速较高，此外，大容量的同步补偿机常采用氢冷或双水内冷方式进行冷却。

4）补偿机通常采用异步起动，在其转子上装设起动绕组。为了限制起动电流，通常起动时还要在定子回路中串入电抗器。

思考题

1. 并联于电网上运行的同步电机，从发电机状态变为电动机状态时，其功率角 δ、电磁转矩 T_e、电枢电流 I 及功率因数 $\cos\varphi$ 各会发生怎样的变化？

2. 三相同步电动机运行在过励状态时，从电网吸收什么性质的电流？

3. 为什么同步电动机不能直接接通电源起动？

4. 同步电动机在异步起动时，励磁绕组必须与一电阻串接，为什么？

5. 同步补偿机是如何调节电网功率因数的？

本 章 小 结

同步电机有旋转电枢式和旋转磁极式两类。旋转电枢式结构只在小型同步电机中有一定应用；旋转磁极式是中、大型同步电机的基本结构型式。并且，按照磁极形状，同步电机又分为隐极式和凸极式两种型式。隐极式电机适合高速运行；凸极式电机适合中低速运行。

学习过程中要注意以下几点：

1. 同步电机对称稳态运行时，电枢绕组将产生以同步速度旋转的定子磁场，直流励磁的转子主极磁场也以同步速度旋转，定、转子磁场之间保持相对静止，产生恒定的电磁转矩。当同步电机接在电网上时，同步电机处于发电机状态、电动机状态还是补偿机状态，或者说电磁转矩的性质是驱动还是制动，取决于定子合成磁场与转子主极磁场之间的空间夹角，即功率角 δ 是正、是负还是 0；电磁转矩的大小取决于功率角 δ 的大小。功率角 δ 也是时间相量励磁电动势 $\dot{E}_0$ 与端电压 $\dot{U}$ 之间的夹角，是同步电机的基本变量。此外，内功率因数角 ψ_0（即时间相量励磁电动势 $\dot{E}_0$ 与电枢电流 $\dot{I}$ 的相位差）也是同步电机的重要变量。

2. 同步发电机空载运行时，基波主极磁动势 F_{fl} 建立主极磁场 B_0（即空载时的气隙磁场），该磁场以同步转速旋转切割定子导体，在定子三相绕组中产生三相对称感应电动势，称为励磁电动势。励磁电动势（相电动势）的有效值 E_0 由励磁电流 I_f 决定，E_0 与 I_f 之间的关系曲线 $E_0 = f(I_f)$ 称为同步电机的空载特性。

3. 同步发电机带对称负载运行时，电枢绕组中流过三相对称电流，产生以同步转速旋转的电枢磁动势，基波电枢磁动势 F_a 对主极磁场 B_0 的影响称为电枢反应。电枢反应的性质（增磁、去磁或交磁）取决于基波电枢磁动势 F_a 与主磁场 B_0（或主极基波磁动势 F_{fl}）的空间相位差 $90° + \psi_0$，也就是取决于内功率因数角 ψ_0。$\psi_0 = 0$ 时，电枢反应是纯交轴电枢反应；$\psi_0 = \pm 90°$ 时，电枢反应是纯直轴电枢反应；ψ_0 在 0 和 $\pm 90°$ 之间时，除了交轴电枢反应之外，还有直轴电枢反应。

交轴电枢反应和电枢电流的交轴分量 I_q，与有功功率和能量转换相关；直轴电枢反应和电枢电流的直轴分量 I_d，则与无功功率、电枢反应是增磁还是去磁、电压变化和励磁调节等问题相关。对于凸极同步电机，只有 ψ_0 角确定后，才能画出相量图，并进行各种运行问题的计算。

4. 研究同步电机的电磁过程时，通常假定磁路为线性（即不考虑磁饱和），此时可利用叠加原理，分别求出定、转子各个磁动势所产生的磁通（$\dot{\Phi}_0$、$\dot{\Phi}_a$、$\dot{\Phi}_\sigma$）在电枢绕组内感应的电动势（$\dot{E}_0$、$\dot{E}_a$、$\dot{E}_\sigma$），然后把它们的效果叠加起来，得到电枢的电压方程和电机的等效电路。

对于气隙均匀的隐极电机，其电压方程为 $\dot{E}_0 = \dot{U} + \dot{I}R_a + j\dot{I}X_s$，其中 $\dot{E}_0$ 表征主磁通 $\dot{\Phi}_0$ 的作用；R_a 为电枢绕组的电阻；X_s 为同步电抗，是表征电枢反应磁通 $\dot{\Phi}_a$ 和电枢漏磁通 $\dot{\Phi}_\sigma$ 两者作用的综合电抗，且 $X_s = X_a + X_\sigma$；X_a 为电枢反应电抗，X_σ 为电枢绕组

漏电抗，有 $\dot{E}_a = -j\dot{I}X_a$，$\dot{E}_\sigma = -j\dot{I}X_\sigma$。隐极同步发电机的等效电路可以用励磁电动势 $\dot{E}_0$ 和一个串联阻抗 $Z_s = R_a + jX_s$ 来表示。

对于气隙不均匀的凸极电机，运用双反应理论将电枢磁动势 F_a 分解成直轴分量 F_{ad} 和交轴分量 F_{aq}，对应的电枢反应电动势为 $\dot{E}_{ad} = -j\dot{I}_d X_{ad}$ 和 $\dot{E}_{aq} = -j\dot{I}_q X_{aq}$，$X_{ad}$ 和 X_{aq} 分别为直轴电枢反应电抗和交轴电枢反应电抗。其电压方程为 $\dot{E}_0 = \dot{U} + \dot{I}R_a + j\dot{I}_d X_d + j\dot{I}_q X_q$，其中 X_d 和 X_q 分别为直轴同步电抗和交轴同步电抗，且 $X_d = X_{ad} + X_\sigma$，$X_q = X_{aq} + X_\sigma$。根据电压方程和确定的 ψ_0，可以画出相应的相量图和等效电路。

利用功率方程 $P_e = P_1 - p_\Omega - p_{Fe} - p_\Delta$，$P_2 = P_e - p_{Cua}$ 和转矩方程 $T_1 = T_e + T_0$，可以分析计算同步发电机的各种有功功率和转矩。

对于某些涉及励磁电流的性能和数据，必须考虑磁饱和，否则将会产生较大的误差。当考虑磁饱和时，叠加原理不再适用。此时，需要首先确定直轴和交轴各自的合成磁动势，再利用电机的磁化曲线，查得直轴和交轴磁通及其相应的感应电动势，进一步计及电枢电阻电压降和漏抗电压降，得到电枢的电压方程。

5. 同步发电机通常接在电网上并联运行。若电网为无穷大电网，则发电机的端压 U 和频率 f 将被电网约束为常值。此时若要调节同步发电机的有功功率，就要调节原动机的驱动转矩，使定、转子磁场间的相对位置和功率角 δ 发生改变，于是发电机的电磁转矩、电磁功率和输出的有功功率都会发生改变。对于隐极电机，最大电磁功率 $P_{emax} = m\dfrac{E_0 U}{X_s}$；整步功率系数 $\dfrac{dP_e}{d\delta} = m\dfrac{E_0 U}{X_s}\cos\delta$。当 $\dfrac{dP_e}{d\delta} > 0$ 时，发电机是静态稳定的，且 $\dfrac{dP_e}{d\delta}$ 越大，发电机静态稳定度越好。发电机的静态稳定极限取决于 E_0、U 和 X_d、X_q。

若要调节同步发电机的无功功率，则应调节励磁电流 I_f。在保持有功功率不变的情况下，增加励磁，将使输出的滞后（感性）无功功率增大；减小励磁，将使输出的超前（容性）无功功率增大。

当发电机处于过励状态，调节增加励磁电流，电枢电流将增大，发电机功率因数 $\cos\varphi < 1$（滞后），发电机输出有功功率和感性无功功率；若发电机处于欠励状态，调节增加励磁电流，则电枢电流将减小，发电机功率因数 $\cos\varphi < 1$（超前），发电机输出有功功率和容性无功功率。调节转子的励磁电流，就可以调节定子侧的无功功率和功率因数，这是具有定、转子两边激励的同步发电机的特点。

同步发电机发出的有功和无功功率的最大容许值，主要受电枢绕组和励磁绕组温升的限制，不同功率因数下最大容许功率的具体值不同。

若同步发电机为单独运行，则端电压和频率将不受电网的约束，此时调节励磁电流就可以调节电枢的端电压 U，调节原动机的输入转矩则可调节发电机的频率和输出的有功功率。发电机的功率因数取决于负载的功率因数。

6. 同步电动机接在无穷大电网上运行时，受电网频率的约束其转速为常值，不会随负载的变动而改变，而且同步电动机的功率因数可以通过调节励磁电流来改变，因此在需要改善功率因数和不需要调速的场合，常常优先采用同步电动机。

分析同步电机时，通常采用电动机惯例，此时电磁功率 P_e 和功率角 δ 为正值，气隙合成磁场超前主极磁场。隐极同步电动机的电压方程为 $\dot{U} = \dot{E}_0 + \dot{I}R_a + j\dot{I}X_s$；凸极同步电动机的电压方程为 $\dot{U} = \dot{E}_0 + \dot{I}R_a + j\dot{I}_d X_d + j\dot{I}_q X_q$。同步电动机不能自行起动，一般在同步电动机的主极极靴上装设起动绕组，采用异步起动法来起动，另外还可以采用辅助电动机起动法和变频起动法来起动。

同步补偿机（同步调相机）是一台轴上不带机械负载、专门用以调节无功功率，改善电网功率因数的同步电动机。补偿机在过励运行时是电网的一个电容性无功负载，相当于一组并联的三相可变电容器；在欠励运行时是电网的一个电感性无功负载，相当于一个三相可变电抗器。

习　题

5-1　同步电机的频率、极对数和同步转速之间有什么关系？一台 $f = 50\text{Hz}$、$n = 3000\text{r/min}$ 的汽轮发电机的极数是多少？一台 $f = 50\text{Hz}$、$2p = 60$ 的水轮发电机的转速是多少？

5-2　一台三相同步发电机的数据如下：额定容量 $S_N = 20\text{kV·A}$，额定电压 $U_N = 400\text{V}$，额定功率因数 $\cos\varphi_N = 0.8$（滞后），试求该发电机的额定电流 I_N 以及额定运行时发出的有功功率 P_N 和无功功率 Q_N。

5-3　分别画出隐极同步发电机带三相对称纯电感负载和三相对称纯电容负载两种情况下的时空矢量图，忽略电枢绕组电阻，在图上表示出时间相量 $\dot{U}$、$\dot{I}$、$j\dot{I}X_s$、$\dot{E}$ 和空间矢量 F_{fl}、F_a、F。分别比较两种情况下主极磁动势 F_{fl} 与合成磁动势 F 的大小，说明两种情况下电枢反应磁动势 F_a 各起什么作用？

5-4　三相汽轮发电机，额定容量为 25000kV·A，额定电压 10.5kV，定子绕组星形联结，功率因数为 0.8（滞后），同步电抗 7.52Ω，不计电枢电阻，已知每相励磁电动势为 14263V，发电机单机运行，接下列各种负载，试求电枢电流，并说明电枢反应的性质。

1）三相对称电阻负载，$R_L = 10\Omega$。

2）三相对称电容负载，$X_C = 10\Omega$。

3）三相对称电感负载，$X_L = 10\Omega$。

4）三相对称阻容性负载，$Z_L = 10 - j10\Omega$。

5）三相对称阻感性负载，$Z_L = 10 + j10\Omega$。

5-5　一台 1500kW 的三相水轮发电机，额定电压 $U_N = 6300\text{V}$（星形联结），额定功率因数 $\cos\varphi_N = 0.8$（滞后），直轴和交轴同步电抗分别为 $X_d = 21.3\Omega$，$X_q = 13.7\Omega$，忽略电枢电阻，不计磁饱和，试求：

1）X_d 和 X_q 的标幺值。

2）额定运行时发电机的功率角 δ 和励磁电动势 E_0。

5-6　一台三相汽轮发电机 $P_N = 25000\text{kW}$，$U_N = 10.5\text{kV}$，定子绕组星形联结，$\cos\varphi_N = 0.8$（滞后），同步电抗 $X_s = 9.39\Omega$，忽略电枢电阻，不计磁饱和，求额定负载

时发电机的励磁电动势 E_0 以及 E_0 与 I 的夹角 ψ_0。

5-7 一台三相凸极同步发电机，定子绕组星形联结，$P_N = 72500\text{kW}$，$U_N = 10.5\text{kV}$，$\cos\varphi_N = 0.8$（滞后），$R_a^* \approx 0$，$X_d^* = 1$，$X_q^* = 0.554$。不计磁饱和，试求额定负载时发电机的励磁电动势 E_0 和功率角 δ。

5-8 一台三相凸极同步发电机，定子绕组星形联结，$U_N = 380\text{V}$，$I_N = 10\text{A}$，$\cos\varphi_N = 0.8$（滞后），已知发电机每相励磁电动势与电枢电流之间的相位角 $\psi_0 = 60°$，每相励磁电动势 $E_0 = 400\text{V}$，每相电阻 $R_a = 0.4\Omega$，试求 I_d、I_q、X_d、X_q。

5-9 一台三相汽轮发电机 $S_N = 15000\text{kV}\cdot\text{A}$，$U_N = 6.3\text{kV}$，定子绕组星形联结，$\cos\varphi_N = 0.8$（滞后），由空载和短路试验得到如下数据：

类　　别	励磁电流/A	
	102	158
电枢电流 I（从短路特性上查得）/A	887	1375
线电压 U_L（从空载特性上查得）/V	6300	7350
线电压 U_L（从气隙线上查得）/V	8000	12390

试求：

1）同步电抗的不饱和值、饱和值的实际值与标幺值。

2）忽略电枢电阻且不计磁饱和，额定负载时发电机的励磁电动势 E_0。

5-10 一台 $70000\text{kV}\cdot\text{A}$、$60000\text{kW}$、$13.8\text{kV}$（星形联结）的三相水轮发电机，直、交轴同步电抗的标幺值分别为 $X_d^* = 1$，$X_q^* = 0.7$，试求额定负载时发电机的励磁电动势 E_0^*、功率角 δ 和电压调整率 Δu（不计磁饱和与电枢电阻）。

5-11 测定同步发电机短路特性时，如果把发电机的转速从额定转速 n_N 降低到 $\frac{1}{2}n_N$，对测量结果是否有影响？

5-12 同步发电机与电网并联的条件是什么？当其中的某一个并联条件不符合时，会产生什么后果？应采取什么措施使同步发电机满足并联条件？

5-13 与无穷大电网并联运行的隐极同步发电机，当调节发电机输出的有功功率且保持输出的无功功率不变时，功率角 δ 和励磁电流 I_f 是否变化？$\dot{I}$ 与 $\dot{E}_0$ 的变化轨迹是什么（忽略电枢电阻且不计磁饱和）？

5-14 一台与无穷大电网并联运行的三相隐极同步发电机，$S_N = 31250\text{kV}\cdot\text{A}$，$U_N = 10.5\text{kV}$（星形联结），$\cos\varphi_N = 0.8$（滞后），同步电抗 $X_s = 7.0\Omega$，忽略电枢电阻且不计磁饱和，发电机额定运行，试求：

1）功率角 δ、电磁功率 P_e、比整步功率 P_{syn} 和过载能力 k_p。

2）若维持额定励磁电流不变而输出有功功率减半时，求 δ、P_e 和功率因数角 φ，此时输出无功功率怎样变化？

3）若仅将其励磁电流增大 10%，求 δ、P_e 和 φ，此时输出无功功率怎样变化？

5-15 一台与大电网并联运行的三相隐极同步发电机，电网电压 $U_N = 380\text{V}$，定子绕组星形联结，$\cos\varphi_N = 0.8$（滞后），同步电抗 $X_s = 1.2\Omega$，定子相电流 $I = 69.51\text{A}$，相

电动势 $E_0 = 278\text{V}$，忽略电枢电阻且不计磁饱和，试求：

1）发电机输出的有功功率和无功功率各为多少？

2）发电机的功率角 δ 为多少？

5-16　一台与无穷大电网并联运行的三相隐极同步发电机，$\cos\varphi_N = 0.8$（滞后），同步电抗标幺值 $X_s^* = 0.8$，如果保持励磁电流不变，将输出的有功功率减半，求发电机的电枢电流和功率因数各为多少？

5-17　在直流电机中，$E_0 > U$ 或 $E_0 < U$ 是判断电机作为发电机还是电动机运行状态的根据之一，在同步电机中这个结论还正确吗？为什么？决定同步电机运行于发电机状态还是电动机状态的条件是什么？

5-18　同步发电机过励运行时，向电网输送什么性质的电流和功率？欠励时又向电网输送什么性质的电流和功率？同步电动机呢？

5-19　一台隐极同步电动机在额定状态下运行时，功率角 δ 为 30°，保持励磁电流不变，运行情况发生如下变化，问功率角有何变化（忽略电枢电阻且不计磁饱和）？

1）电网频率下降 5%，负载转矩不变。

2）电网频率下降 5%，负载功率不变。

3）电网电压和频率各下降 5%，负载转矩不变。

4）电网电压和频率各下降 5%，负载功率不变。

5-20　一台三相隐极同步电动机，额定电压 $U_N = 380\text{V}$（星形联结），同步电抗 $X_s = 5\Omega$，忽略电枢电阻，当功率角 $\delta = 30°$ 时，电磁功率 $P_e = 16\text{kW}$，试求：

1）每相励磁电动势 E_0。

2）保持励磁电流不变，求最大电磁功率。

5-21　一台三相同步电动机，额定功率 $P_N = 2000\text{kW}$，额定电压 $U_N = 3000\text{V}$（星形联结），额定功率因数 $\cos\varphi_N = 0.85$（超前），额定效率 $\eta_N = 95\%$，极对数 $p = 3$，定子每相电阻 $R_a = 0.1\Omega$，试求：

1）额定运行时定子输入的电功率 P_1。

2）额定电流 I_N。

3）额定电磁功率 P_e。

4）额定电磁转矩 T_e。

5-22　一台同步电动机在额定电压下运行，从电网吸收功率因数为 0.8（超前）的额定电流，电动机直、交轴同步电抗的标幺值分别为 $X_d^* = 0.8$，$X_q^* = 0.5$，试求励磁电动势 E_0^* 和功率角 δ，说明这台电动机运行于过励状态还是欠励状态（不计磁饱和与电枢电阻）。

5-23　某工厂电力设备的总功率为 4500kW，$\cos\varphi = 0.7$（滞后），由于生产发展，欲新添一台 500kW 的同步电动机，并使工厂的总功率因数提高到 0.9（滞后），问此电动机的容量和功率因数应为多少（电动机的损耗忽略不计）？

5-24　有一无穷大电网，受电端的线电压 $U_N = 6\text{kV}$，供电给一个线电流 $I = 1000\text{A}$、$\cos\varphi = 0.8$（滞后）的三相负载，今欲加装同步补偿机以把线路的功率因数提高到 0.96（滞后），问此时补偿机将输出多少滞后的无功电流？

参 考 文 献

[1] 汤蕴璆. 电机学 [M]. 5 版. 北京：机械工业出版社，2014.

[2] 孙旭东，王善铭. 电机学 [M]. 北京：清华大学出版社，2006.

[3] 马宏忠，方瑞明，王建辉. 电机学 [M]. 北京：高等教育出版社，2009.

[4] 戈宝军，梁艳萍，温嘉斌. 电机学 [M]. 3 版. 北京：中国电力出版社，2016.

[5] 刘慧娟，张威. 电机学与电力拖动基础 [M]. 2 版. 北京：国防工业出版社，2007.

[6] 胡敏强，黄学良，黄允凯，等. 电机学 [M]. 3 版. 北京：中国电力出版社，2014.

[7] 刘慧娟，范瑜. Electric Machinery 电机学：英汉双语 [M]. 北京：机械工业出版社，2014.

[8] 赵莉华，曾成碧，苗虹. 电机学 [M]. 2 版. 北京：机械工业出版社，2014.

[9] 李发海，朱东起. 电机学 [M]. 3 版. 北京：科学出版社，2001.

[10] 许实章. 电机学 [M]. 3 版. 北京：机械工业出版社，1995.

[11] 李书权. 电机学 [M]. 2 版. 北京：机械工业出版社，2016.

[12] 林明耀，徐德淦，付兴贺. 电机学 [M]. 3 版. 北京：机械工业出版社，2018.

[13] 辜承林，陈乔夫，熊永前. 电机学 [M]. 武汉：华中科技大学出版社，2001.

[14] 王正茂，阎治安，崔新艺，等. 电机学 [M]. 西安：西安交通大学出版社，2000.

[15] 周顺荣. 电机学 [M]. 北京：科学出版社，2002.

[16] 顾绳谷. 电机及拖动基础 [M]. 3 版. 北京：机械工业出版社，2004.

[17] 王毓东. 电机学 [M]. 杭州：浙江大学出版社，1990.

[18] 周定颐. 电机及电力拖动 [M]. 2 版. 北京：机械工业出版社，1996.

[19] 汪国梁. 电机学 [M]. 北京：机械工业出版社，1987.

[20] 李发海. 电机学 [M]. 北京：科学出版社，1982.